普通高等教育农业部“十二五”规划教材

普通高等教育“十四五”规划教材

食品酶学与酶工程

第3版

李　斌　于国萍　主编
贾英民　主审

中国农业大学出版社
·北京·

内 容 简 介

本教材结合现代生物和食品科学发展趋势，以食品酶学和食品酶工程的基本原理和实际应用为主线，分别介绍了食品酶学之：酶学基础理论，食品工业中应用的水解酶、氧化酶等；食品酶工程之：酶的生产与分离纯化，酶的修饰、改造与固定化，酶反应器与传感器，非水相酶学和酶工程新技术及其研究应用进展等。二维码的使用使得本教材内容更为丰富，也更加简明扼要、特色突出与科学实用，本教材适合高等院校食品科学与工程、食品质量与安全等专业作为教材使用，也可供其他相关专业学生或食品从业人员选择使用。

图书在版编目(CIP)数据

食品酶学与酶工程 / 李斌，于国萍主编. —3 版. —北京：中国农业大学出版社，2021.7（2023.7 重印）

ISBN 978-7-5655-2586-5

Ⅰ.①食… Ⅱ.①李…②于… Ⅲ.①食品工艺学-酶学-高等学校-教材②酶工程-高等学校-教材 Ⅳ.①TS201.2②Q814

中国版本图书馆 CIP 数据核字(2021)第 143876 号

书　　名　食品酶学与酶工程　第 3 版

作　　者　李　斌　于国萍　主编

策划编辑　宋俊果　王笃利　魏　巍　　**责任编辑**　田树君

封面设计　郑　川

出版发行　中国农业大学出版社

社　　址　北京市海淀区圆明园西路 2 号　　**邮政编码**　100193

电　　话　发行部 010-62733489，1190　　读者服务部 010-62732336

编辑部 010-62732617，2618　　出　版　部 010-62733440

网　　址　http://www.caupress.cn　　**E-mail** cbsszs @ cau.edu.cn

经　　销　新华书店

印　　刷　涿州市星河印刷有限公司

版　　次　2021 年 8 月第 3 版　　2023 年 7 月第 2 次印刷

规　　格　787×1092　　16 开本　　18.5 印张　　450 千字

定　　价　50.00 元

普通高等学校食品类专业系列教材

编审指导委员会委员

（按姓氏拼音排序）

第3版编审人员

主　　编　李　斌（华南农业大学）

　　　　　于国萍（东北农业大学）

副 主 编　生吉萍（中国人民大学）

　　　　　杨飞芸（内蒙古农业大学）

　　　　　李从发（海南大学）

　　　　　赵春燕（沈阳农业大学）

　　　　　段　杉（华南农业大学）

编写人员　（按姓氏拼音排序）

陈安均（四川农业大学）

陈忠正（华南农业大学）

崔素萍（黑龙江八一农垦大学）

段　杉（华南农业大学）

李　斌（华南农业大学）

李从发（海南大学）

林晓蓉（华南农业大学）

满都拉（内蒙古农业大学）

生吉萍（中国人民大学）

孙京新（青岛农业大学）

杨飞芸（内蒙古农业大学）

杨莉榕（山西农业大学）

于国萍（东北农业大学）

赵春燕（沈阳农业大学）

主　　审　贾英民（北京工商大学）

第2版编审人员

主　　编　李　斌（华南农业大学）
　　　　　　于国萍（东北农业大学）

副 主 编　生吉萍（中国人民大学）
　　　　　　杨飞芸（内蒙古农业大学）
　　　　　　李从发（海南大学）
　　　　　　赵春燕（沈阳农业大学）
　　　　　　段　杉（华南农业大学）

编写人员　（按姓氏拼音排序）

布日额（内蒙古民族大学）
陈安均（四川农业大学）
陈柄灿（西南大学）
陈忠正（华南农业大学）
崔素萍（黑龙江八一农垦大学）
段　杉（华南农业大学）
李　斌（华南农业大学）
李从发（海南大学）
林晓蓉（华南农业大学）
罗晓妙（西昌学院）
满都拉（内蒙古农业大学）
庞　杰（福建农林大学）
莎丽娜（内蒙古农业大学）
生吉萍（中国人民大学）
孙京新（青岛农业大学）
杨飞芸（内蒙古农业大学）
杨莉榕（山西农业大学）
于国萍（东北农业大学）
张长峰（山东商业职业技术学院）
赵春燕（沈阳农业大学）

主　　审　贾英民（北京工商大学）

第1版编审人员

主　编　李　斌（华南农业大学）
　　　　于国萍（东北农业大学）

副主编　生吉萍（中国农业大学）
　　　　庞　杰（福建农林大学）
　　　　莎丽娜（内蒙古农业大学）
　　　　布日额（内蒙古民族大学）

参编者　陈安均（四川农业大学）
　　　　孙京新（青岛农业大学）
　　　　赵春燕（沈阳农业大学）
　　　　李从发（海南大学）
　　　　崔素萍（黑龙江八一农垦大学）
　　　　陈柄灿（西南大学）
　　　　段　杉（华南农业大学）
　　　　陈忠正（华南农业大学）
　　　　杨飞芸（内蒙古农业大学）
　　　　张长峰（长江大学）
　　　　罗晓妙（西昌学院）

主　审　贾英民（河北科技大学）

出版说明
（代总序）

岁月如梭，食品科学与工程类专业系列教材自启动建设工作至现在的第4版或第5版出版发行，已经近20年了。160余万册的发行量，表明了这套教材是受到广泛欢迎的，质量是过硬的，是与我国食品专业类高等教育相适宜的，可以说这套教材是在全国食品类专业高等教育中使用最广泛的系列教材。

这套教材成为经典，作为总策划，我感触颇多，翻阅这套教材的每一科目、每一章节，浮现眼前的是众多著作者们汇集一堂倾心交流、悉心研讨、伏案编写的景象。正是大家的高度共识和对食品科学类专业高等教育的高度责任感，铸就了系列教材今天的成就。借再一次撰写出版说明（代总序）的机会，站在新的视角，我又一次对系列教材的编写过程、编写理念以及教材特点做梳理和总结，希望有助于广大读者对教材有更深入的了解，有助于全体编者共勉，在今后的修订中进一步提高。

一、优秀教材的形成除著作者广泛的参与、充分的研讨、高度的共识外，更需要思想的碰撞、智慧的凝聚以及科研与教学的厚积薄发。

20年前，全国40余所大专院校、科研院所，300多位一线专家教授，覆盖生物、工程、医学、农学等领域，齐心协力组建出一支代表国内食品科学最高水平的教材编写队伍。著作者们呕心沥血，在教材中倾注平生所学，那字里行间，既有学术思想的精粹凝结，也不乏治学精神的光华闪现，诚所谓学问人生，经年积成，食品世界，大家风范。这精心的创作，与敷衍的粘贴，其间距离，何止云泥！

二、优秀教材以学生为中心，擅于与学生互动，注重对学生能力的培养，绝不自说自话，更不任凭主观想象。

注重以学生为中心，就是彻底摒弃传统填鸭式的教学方法。著作者们谨记“授人以鱼不如授人以渔”，在传授食品科学知识的同时，更启发食品科学人才获取知识和创造知识的思维与灵感，于润物细无声中，尽显思想驰骋，彰耀科学精神。在写作风格上，也注重学生的参与性和互动性，接地气，说实话，“有里有面”，深入浅出，有料有趣。

三、优秀教材与时俱进，既推陈出新，又勇于创新，绝不墨守成规，也不亦步亦趋，更不原地不动。

首版再版以至四版五版，均是在充分收集和尊重一线任课教师和学生意见的基础上，对新增教材进行科学论证和整体规划。每一次工作量都不小，几乎覆盖食品学科专业的所有骨干课程和主要选修课程，但每一次修订都不敢有丝毫懈怠，内容的新颖性，教学的有效性，齐头并进，一样都不能少。具体而言，此次修订，不仅增添了食品科学与工程最新发展，又以相当篇幅强调食品工艺的具体实践。每本教材，既相对独立又相互衔接互为补充，构建起系统、完整、实用的课程体系，为食品科学与工程类专业教学更好服务。

四、优秀教材是著作者和编辑密切合作的结果，著作者的智慧与辛劳需要编辑专业知识和奉献精神的融入得以再升华。

同为他人作嫁衣裳，教材的著作者和编辑，都一样的忙忙碌碌，飞针走线，编织美好与绚丽。这套教材的编辑们站在出版前沿，以其炉火纯青的编辑技能，辅以最新最好的出版传播方式，保证了这套教材的出版质量和形式上的生动活泼。编辑们的高超水准和辛勤努力，赋予了此套教材蓬勃旺盛的生命力。而这生命力之源就是广大院校师生的认可和欢迎。

第 1 版食品科学与工程类专业系列教材出版于 2002 年，涵盖食品学科 15 个科目，全部入选“面向 21 世纪课程教材”。

第 2 版出版于 2009 年，涵盖食品学科 29 个科目。

第 3 版(其中《食品工程原理》为第 4 版)500 多人次 80 多所院校参加编写，2016 年出版。此次增加了《食品生物化学》《食品工厂设计》等品种，涵盖食品学科 30 多个科目。

需要特别指出的是，这其中，除 2002 年出版的第 1 版 15 部教材全部被审批为“面向 21 世纪课程教材”外，《食品生物技术导论》《食品营养学》《食品工程原理》《粮油加工学》《食品试验设计与统计分析》等为“十五”或“十一五”国家级规划教材。第 2 版或第 3 版教材中，《食品生物技术导论》《食品安全导论》《食品营养学》《食品工程原理》4 部为“十二五”普通高等教育本科国家级规划教材，《食品化学》《食品化学综合实验》《食品安全导论》等多个科目为原农业部“十二五”或农业农村部“十三五”规划教材。

本次第 4 版(或第 5 版)修订，参与编写的院校和人员有了新的增加，在比较完善的科目基础上与时俱进做了调整，有的教材根据读者对象层次以及不同的特色做了不同版本，舍去了个别不再适合新形势下课程设置的教材品种，对有些教材的题目做了更新，使其与课程设置更加契合。

在此基础上，为了更好满足新形势下教学需求，此次修订对教材的新形态建设提出了更高的要求，出版社教学服务平台“中农 De 学堂”将为食品科学与工程类专业系列教材的新形态建设提供全方位服务和支持。此次修订按照教育部新近印发的《普通高等学校教材管理办法》的有关要求，对教材的政治方向和价值导向以及教材内容的科学性、先进性和适用性等提出了明确且具针对性的编写修订要求，以进一步提高教材质量。同时为贯彻《高等学校课程思政建设指导纲要》文件精神，落实立德树人根本任务，明确提出每一种教材在坚持食品科学学科专业背景的基础上结合本教材内容特点努力强化思政教育功能，将思政教育理念、思政教育元素有机融入教材，在课程思政教育润物细无声的较高层次要求中努力做出各自的探索，为全面高水平课程思政建设积累经验。

教材之于教学，既是教学的基本材料，为教学服务，同时教材对教学又具有巨大的推动作用，发挥着其他材料和方式难以替代的作用。教改成果的物化、教学经验的集成体现、先进教学理念的传播等都是教材得天独厚的优势。教材建设既成就了教材，也推动着教育教学改革和发展。教材建设使命光荣，任重道远。让我们一起努力吧！

罗云波

2021 年 1 月

第3版前言

《食品酶工程》(第1版)于2010年7月出版。7年后,根据教学及行业发展需求,改版为《食品酶学与酶工程》(第2版)并于2017年9月与广大读者见面。3年来,作为21世纪高新技术核心之生物技术中的酶工程发展日新月异,在食品工业中的应用领域不断扩大,为保障食品质量安全,提供营养健康食品;为食品行业的绿色环保、智能化及可持续发展提供了强有力的理论支撑和技术保障。为反映食品酶学及酶工程的最新进展,根据教育部2019年12月印发的《普通高等学校教材管理办法》及中国农业大学出版社的"融入思政元素的新理念,吸纳学科建设的新进展,拓展学科边界的新内涵,融合数字资源的新形态"的教材修订要求,本教材全体编写人员在"必要、适度、及时"三原则指导下,对教材再次进行了修订。

本次修订在前两版结合现代生物科学与技术、食品科学与工程发展趋势,系统介绍食品酶学和食品酶工程相关内容的基础上,保持总体框架不变,即全书由11章组成,第1章为绪论,第2~4章为食品酶学,重点阐述酶学基础理论,食品工业中应用的水解酶、氧化酶等;第5~11章为食品酶工程,全面介绍酶的生产与分离纯化,酶的修饰、改造与固定化,酶反应器与酶传感器,非水相酶催化和酶工程新技术进展等。同时,为更好推进传统出版与新型出版融合,充分发挥信息技术对教学的积极作用,本版继续采用二维码技术,并利用教学平台增加资源,扩展教学内容,以便读者学习,既能确保本书专业内容的充实、丰富,又使全书结构紧凑、简明扼要,具有时代特色。本次修订在相关章节中,重点从下述3个方面进行了补充修改。其一,补充了相关学科新的理论及研究进展;其二,充实了辩证唯物主义的自然科学观;其三,通过历史及现代国内外杰出科学家事迹的举例性介绍,弘扬倡导了追求真理、科学严谨、实事求是的科学态度和胸怀祖国、团结协作、勇攀高峰的科研精神,以期教育培养学生们志存高远、服务人民,成为具有创新意识和创新能力的专业人才。

本书是全国高等学校食品类专业系列教材之一,由国内十几所高等院校的专家教授共同编写。参加本书第3版编写工作的有李斌、林晓蓉(第1章),于国萍(第2章),杨莉榕(第3章),满都拉、段杉(第4章),陈安均(第5章),赵春燕(第6章),杨飞芸(第7章),段杉(第8章),孙京新(第9章),李从发(第10章),陈忠正、崔素萍、生吉萍(第11章)。本书内容囊括了食品酶学和食品酶工程的基本原理、实际应用和发展趋势,既可作为高等院校食品专业教材，也可供食品科研、生产等部门的相关技术人员参考。

本书在编写过程中参考了国内外同行的相关文献和资料；本书完稿时，北京工商大学贾英民教授在百忙中对书稿进行了认真的审阅，在此对相关文献和资料作者及贾英民教授一并表示诚挚的感谢。

为贯彻落实党的二十大精神，本次重印结合实际教学，融入了相关内容，使得本教材更符合我国新时代青年人才德智体美劳全面发展的培养目标。

由于时间及编者的水平和能力有限，书中的错误和不足之处在所难免，敬请读者批评赐教。

编　者

2023 年 7 月

第2版前言

食品酶学是酶学的分支学科之一，是研究食品相关酶类以及酶与食品关系的一门学科。20世纪80年代以来，酶学基础理论日益丰富和深入，酶的生产应用技术不断创新，已成为食品科学研究的热点之一，推动了传统食品工业技术的改造和升级。

酶工程是酶学和微生物学的基本原理与化学工程相互渗透、结合发展而形成的一门交叉的科学技术。随着生物工程学科的发展，作为生物工程重要组成部分的酶工程发展迅速，并在科学研究和生产实践中显示出重要的意义和作用。将酶工程的新理论、新概念和新方法融入食品生产与技术之中，形成了食品酶工程学科。

本书结合现代生物科学和食品科学发展趋势，系统介绍食品酶学和食品酶工程的相关内容。全书共11章，第1章为绪论，第2～5章为食品酶学，重点阐述酶学基础理论，食品工业中应用的水解酶、氧化酶等。后6章为食品酶工程，全面介绍酶的生产与分离纯化，酶的修饰、改造与固定化，酶反应器与酶传感器，非水相酶学和酶工程新技术进展等。

本书第1版于2010年出版，重点阐述食品酶工程的基本原理和技术进展，被多所院校相关专业选为教材，取得良好的反响。时隔7年，食品工业快速发展，生物技术领域更是日新月异，极大地促进了食品酶学理论的深化和食品酶工程技术的发展。根据使用者反馈的信息，为更切合教学的实际需要，编者决定对本书第1版进行修订。全书内容结构调整为食品酶学和食品酶工程两部分，新增了食品工业常用水解酶、氧化酶等内容，更新了食品酶学、食品酶工程的理论和技术进展。同时，为更好推进传统出版与新型出版融合，充分发挥信息技术对教学的积极作用，本版采用二维码技术扩展教学内容，以便读者扫描学习，既能确保本书专业内容的充实、丰富，又使全书结构紧凑、简明扼要，具有时代特色。

本书是全国高等学校食品类专业系列教材之一。内容囊括了食品酶学和食品酶工程的基本原理及实际应用和发展趋势，既可作为高等院校食品专业教材，也可供食品科研、食品生产等部门的有关技术人员参考。

全书由国内十几所高等院校的专家教授共同编写，编者们来自各高校食品领域教学、科研的第一线，有着丰富的酶学、酶工程理论与技术基础及食品工业丰富的实践经验，编写过程中力求做到理论准确、技术实用、体系完整，尽可能概括最新的研究进展和成果。

编写中参考了国内外同行的相关文献和资料，在此表示诚挚的感谢。

在本书完稿之时，北京工商大学贾英民教授在百忙中对全书稿进行了认真的审阅，在此深表谢意！

鉴于编者的水平和能力，书中的错误和不足之处在所难免，敬请读者批评赐教。

编 者

2016 年 12 月

第1版前言

酶工程是酶学和微生物学的基本原理与化学工程相互渗透、结合发展而形成的一门交叉的科学技术。随着生物工程的进展，作为生物工程重要组成部分的酶工程同样迅猛发展，在科学研究和生产实践中显示出重要的意义和作用。为了将酶工程中涌现的许多新理论、新概念和新方法更好地融入食品生产与技术之中，我们编写了《食品酶工程》一书。

全书共12章，系统地介绍了酶学基础理论、酶的生产、酶的分离纯化等酶学理论知识，阐述了酶分子修饰与改造、酶与细胞固定化、酶反应器与传感器技术体系，介绍了有机相中的酶催化、极端酶、人工模拟酶、生物酶工程等酶工程的新进展，最后对食品酶工程的应用给予全面的介绍。

本书是全国高等学校食品类专业系列教材之一。全书由国内14所高等院校的专家教授共同编写，编者们来自各高校食品领域教学、科研的第一线，有着丰富的酶工程与食品生产知识和实践，编写过程中力求做到理论准确、技术实用、体系完整，尽量包括最新的研究进展和成果。编写中参考了较多国内外同行的相关文献和资料，在此表示诚挚的感谢。

在本书完稿之时，河北科技大学贾英民教授在百忙中对全书稿进行了认真的审阅，在此深表谢意！

由于编者水平有限，书中难免存在错误和不足之处，敬请读者批评赐教。

编　者

2009年11月

目　录

第1章 绪论

本章学习目的与要求

1. 了解食品酶学和酶工程的研究发展历史、研究内容及主要的技术方法。
2. 掌握酶学与化学、物理学、生物学等学科的关系。
3. 认识酶学和酶工程的发展前景及酶在生产实践尤其是食品工业中的应用及意义。

民以食为天。现代生活中丰富多彩的食品,其加工的最初原料主要来源于生物材料。生物,无论动物、植物还是微生物,区别于非生物的核心特征是其具有生命活动。新陈代谢是生命活动最重要的特征,新陈代谢中各种化学反应都是在酶的作用下进行的,酶是促进一切代谢反应的物质,没有酶,代谢就会停止,生命也就停止了。

何谓酶?现代生物学的研究结果表明,酶(enzyme)是由活细胞产生的、具有高效、专一催化功能的生物大分子。按照分子中起催化作用的主要组分不同,酶可以分为蛋白类酶(proteozyme,P 酶)和核酸类酶(ribozyme,R 酶)两大类。酶鲜明地体现了生物体系的识别、催化、调节等奇妙功能。酶学(enzymology)从分子水平更深入地揭示分子酶和生命活动的关系,阐明酶的催化机制和调节机制,探索作为生物大分子的酶蛋白的结构与性质、功能间的关系,其主要研究内容包括:酶在细胞内生物合成机理、酶的发酵生产及调节控制、酶的作用特性和反应动力学、酶的催化作用机制等。

20 世纪以来,化学与生物学的学科交叉,先后形成了生物化学、生物技术等新兴学科和研究领域。生物技术(biotechnology)被誉为 21 世纪高新技术的核心,将为人类在可持续发展上化解食品、资源、能源、环境、人口等危机发挥重要作用。酶工程(enzyme engineering)是生物技术的重要分支,是酶学与微生物学的基本原理与化学工程有机结合而产生的交叉科学技术,它是从应用的目的出发,研究酶的生产与应用的一门技术性学科。酶工程可分为化学酶工程和生物酶工程。化学酶工程主要指天然酶、化学修饰酶、固定化酶及化学人工酶的研究与应用;生物酶工程是酶学和以基因重组技术为主的现代分子生物学技术相结合的产物,主要包括:用基因工程技术大量生产酶(克隆酶);修改酶基因产生遗传修饰酶(突变酶);设计新的酶基因,合成自然界不曾有的新酶。酶工程的主要任务是经过预先设计,通过人工操作,获得人们所需要的酶,并通过各种方法使酶充分发挥其催化功能。

食品酶学(food enzymology)和食品酶工程(enzyme engineering of food)是将酶学、酶工程的理论与技术应用于食品科学与工程领域的科学,二者紧密联系、互相渗透,为新型食品及食品原料的发展提供理论与技术支持。酶工业是现代工业的重要组成部分,在食品工业领域,酶制剂的生产和应用具有非常重要的地位,食品原料的储藏、保鲜、改性;食品加工工艺的改进、食品品质的提高等都离不开酶学与酶工程。因此研究学习食品酶学与酶工程的理论与技术具有重要的理论及实践意义。

1.1 酶学和酶工程研究的历史与现状

1.1.1 史前期酶的应用

人类对酶的认识经历了从无知到有知,从不自觉到自觉乃至主动应用的过程,这一过程最初是从对发酵食品和消化作用的认识开始的。

酒是酵母发酵的产品,是细胞内酶作用的结果。2004 年,美国宾夕法尼亚州立大学考古和人类学博物馆的 McGovern 等在我国河南省贾湖遗址发现:早在 8 600 年前的新石器时代,古人类就已利用稻谷、蜂蜜和水果等制成混合发酵饮料,这是迄今世界上发现的最早的酿造酒。距今 4 000 多年前我国商周龙山文化时期,利用天然霉菌和酵母酿酒已流行。

据记载，约 3 000 年前，我国民间利用含淀粉酶的麦曲将淀粉降解为麦芽糖，制造了饴糖。约 2 500 年前，我国最早发现用酒曲可治疗消化不良症。酒曲富含消化酶和维生素，至今仍是常用的健胃药。用鸡内金治疗消化不良，用动物的胃液来制造干酪等。这一系列事例表明，人类很早已感觉到酶的存在，但是真正认识、利用酶，还是近百年的事情。

1.1.2 近代酶学和酶工程研究历史

1783 年，意大利科学家 Spallanzani 设计用一个钢丝小笼盛肉饲喂老鹰的实验，待小笼代谢排出时，笼中的肉已“消失”，这才意识到胃液有某些可以消化肉的物质存在，动摇了“胃壁机械碾磨”的蠕动消化理论。

二维码 1-1 意大利著名科学家 Spallanzani 的动物消化实验

1810 年，法国药物学家 Planche 在辣根中发现了一种能使愈创木脂氧化变蓝的物质，并分离出了这种耐热且水溶性的物质。

1814 年，俄国科学院院士 Kirchhoff 发现淀粉经稀酸加热水解为葡萄糖，而某些谷物种子在发芽时也能生成还原糖。若把种子发芽时的水提取物加到泡在水里的谷物中，也能发生相同的水解反应。很显然，活谷物种子的水解能力取决于包含在其中的水溶性物质，这种水溶性物质脱离了生物体后仍能发挥作用。

1833 年，法国的 Payen 和 Persoz 从麦芽的水抽提物中，用酒精沉淀分离出了一种能溶于水和稀酒精，不溶于浓酒精，对热不稳定的白色无定形粉末，它可促使淀粉水解成可溶性糖。他们把这种物质称为淀粉酶(diastase)，其意思是分离，表示它具有从淀粉颗粒的不溶解包膜内分离出可溶性糖的能力，并将其用于棉布退浆。这一发现被誉为酶学研究史上首次发现了酶。

1878 年，德国的 Kühne 首次提出“enzyme”(酶)的概念，此词来源于希腊文，由“en(在)”和“zyme(酵母)”二字组合，表示酶包含在酵母中。1898 年，Duelaux 提出引用 diastase 的最后三个字母“ase”作为酶命名的词根。例如：oxide(氧化物)→oxidase(氧化酶)；pectin(果胶)→pectinase(果胶酶)。

19 世纪中叶，科学界围绕酒精发酵机制展开的一场持续数十年的争论，对酶学和生物化学的产生和发展具有划时代的意义。以德国 Liebig(图 1-1A)为代表的化学家强调酵母发酵生成酒精是纯化学反应，而以法国细菌学家 Pasteur(图 1-1B)为代表的生物学家则坚持，发酵是活酵母细胞生命活动的结果。

这场长达半个世纪的争论，直到 Pasteur 逝世三年后的 1897 年，才由德国化学家 Buchner(图 1-1C)画上了终止符。他们用石英砂磨碎酵母细胞，并制备了不含酵母细胞的抽提液，用它能使蔗糖发酵，从而阐明了发酵是酶的作用这一化学本质。

二维码 1-2 酶催化酒精发酵实验示意图

这是理论上的飞跃，他们的成功为 20 世纪酶学和酶工程学的发展揭开了序幕，Eduard Buchner 因此获得了 1907 年诺贝尔化学奖。

1894 年，德国化学家 Fischer 提出了酶与底物作用的锁钥学说(图 1-2)，用以解释酶作用的专一性。

Justus Freiherrvon Liebig (1803—1873)

A

Louis Pasteur(1822—1895)

B

Eduard Buchner(1860—1917)

C

图 1-1　早期从事发酵研究的三位科学家

Hermann Emil Fischer (1852—1919)

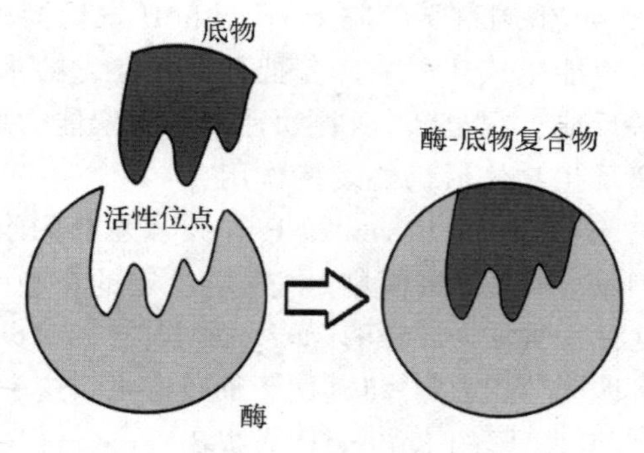

锁钥学说（lock and key model）

图 1-2　Fischer 及他提出的酶与底物作用的“锁钥学说”

这个学说认为：酶与底物分子或底物分子的一部分之间，在结构上有严格的互补关系。当底物结合到酶蛋白的活性中心时，很像一把钥匙插入一把锁中，因而使底物发生催化反应。

在上述研究基础上，各国科学家开始对酶的催化特性及催化作用机制等进行广泛研究，取得了一系列重要进展，为现代酶学和酶工程的发展奠定了坚实的理论基础。

1.1.3　现代酶学和酶工程研究进展

1.1.3.1　现代酶学研究进展

20 世纪初，酶学研究发展迅速。其中，法国物理化学家 Henri 和德国生物化学家 Michaelis 等关于酶催化作用的中间产物学说对酶催化作用机理的发展做出了卓越的贡献。

1902 年，Henri 根据蔗糖酶催化蔗糖水解的实验结果，提出中间产物学说，他认为底物必须首先与酶形成中间复合物，然后再转变为产物，并重新释放出游离的酶。1913 年，Leonor Michaelis 和 Maud Menten(图 1-3)根据中间产物学说，推导出了描述酶催化反应动力学的著名 Michaelis-Menten 方程，简称米氏方程。这一学说的提出是酶反应机理研究的一个重大突

Leonor Michaelis(1875—1949)

Maud Menten(1879—1960)

图 1-3　酶动力学的奠基人

破。1925 年,英国剑桥大学植物学教授 Briggs 和生物学家 Haldane 对米氏方程做了重要修正,提出了拟稳态学说(Briggs-Haldane kinetics)。这些学说为酶学研究奠定了理论基础,提出这些学说的科学家被誉为酶动力学研究的开拓者。

1926 年,美国生物化学家 Sumner 首次从刀豆提取液中分离纯化得到脲酶结晶,并证实这种结晶催化尿素水解,产生 CO_2 和 NH_3,提出酶的本质就是一种蛋白质。在此后的 50 多年中,美国化学家 Northrop 和 Stanley 对胃蛋白酶、胰凝乳蛋白酶、胰蛋白酶的结晶等一系列酶的研究,都证实酶的化学本质是蛋白质,于是人们普遍接受"酶是具有生物催化功能的蛋白质"这一概念。这三位科学家因此获得 1946 年诺贝尔化学奖。

1958 年美国生物化学家 Koshland 发现酶有相当的柔性,提出了诱导契合学说(induced fit model)(图 1-4),以解释酶的催化理论和专一性,同时也发现了某些酶的催化活性与生理条件变化有关。这个学说认为:酶分子的构象与底物原来并非恰当吻合,只有当底物分子与酶分子相碰撞时,诱导酶蛋白的构象变得能与底物配合,然后才结合形成中间络合物,进而引起底物分子发生相应的化学变化。

Daniel Edward Koshland, Jr. (1920—2007)

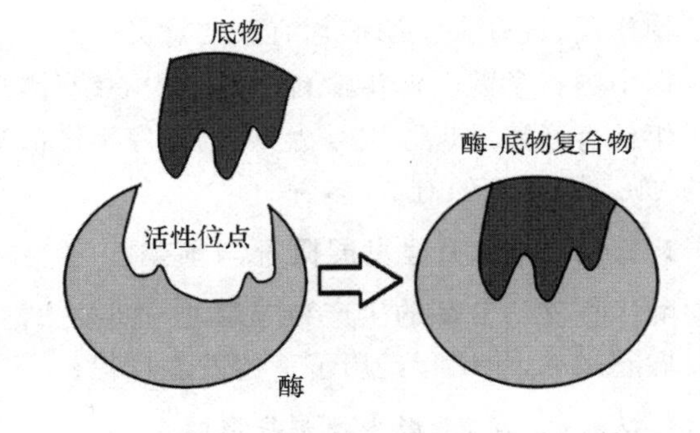

诱导契合学说

图 1-4　Koshland 及他提出的酶与底物作用的"诱导契合学说"

1961 年,法国生物学家 Monod 及其同事提出了变构模型,用以定量解释有些酶的活性可以通过结合小分子(效应物)进行调节,从而提供了认识细胞中许多酶调控作用的基础。

1965 年,结构生物学家 Phillips 利用 X 射线晶体衍射技术获得溶菌酶的三维结构,为揭示酶的分子作用机理提供了技术支持。

1969 年，美国生物化学家 Merrifield 等首次人工合成含有 124 个氨基酸的核糖核酸酶 A（蛋白质），并发明“固相合成”新方法。这一研究突破定性证明：酶和非生物催化剂没有区别。

1982 年，美国化学家 Cech 等发现四膜虫（*Tetrahynena*）细胞的 26S rRNA 前体具有自我剪接（self-splicing）功能，表明 RNA 亦具有催化活性，并将这种具有催化活性的 RNA 称为“ribozyme”（核酸类酶）。1983 年，加拿大分子生物学家 Altman 等发现核糖核酸酶 P（RNase P）的 RNA 部分（M1 RNA）具有核糖核酸酶 P 的催化活性，而该酶的蛋白质部分（C_5 蛋白）却没有酶活性。1995 年，美国哈佛医学院 Cuenoud 等发现某些 DNA 分子也具有催化功能。他们根据共有序列设计并合成了由 47 个核苷酸组成的单链 DNA——E47，其可催化两个底物 DNA 片段之间的连接。RNA 和 DNA 具有生物催化活性的发现，改变了传统酶的概念，被认为是近 20～30 年来生物科学领域最令人鼓舞的发现之一。为此，Cech 和 Altman 共同获得 1989 年诺贝尔化学奖。

20 世纪 80 年代以来的研究表明，核酸类酶具有完整的空间结构和活性中心，有其独特的催化机制，具有很高的专一性，其反应动力学亦符合米氏方程的规律，其具有生物催化剂的所有特性。由此引出酶的新概念，即“酶是具有生物催化功能的生物大分子”。酶可以分为蛋白类酶和核酸类酶两大类别，蛋白类酶分子中起催化作用的主要组分是蛋白质，核酸类酶分子中起催化作用的主要组分是核糖核酸。

1999 年，Kumar 等提出酶与底物作用的“群体移动模式（population shift）”，用以解释一些酶在与底物结合前后构象发生较大变化的现象。该模式假设酶在溶液中同时存在适合底物结合的构象（构象 A）和不适合底物结合的构象（构象 B）。在未添加底物前，溶液中以构象 B 为主；加入底物后，底物不断与构象 A 结合，两种构象间的平衡被打破，使构象 B 转化为构象 A，保持两种构象间的动态平衡。

2002 年以来，Kern、Agarwal 等利用核磁共振等技术揭示酶分子内部的动态作用（enzyme dynamics）与其催化机制的联系，指出酶分子可通过其内部的氨基酸残基、α-螺旋、β-折叠或结构域等组成元件的快速运动（$1\times10^{-15}\sim1$ s）调控其对底物的催化作用，这一新发现对了解酶的别构作用、设计人工酶等均有重要意义。

据中国科学院上海生命科学信息中心统计，现今全球已发现并鉴定的酶超过 8 000 种，而且每年都有新酶发现。迄今为止，已开发生产的酶制剂有 5 000 多种，已经工业化生产的酶制剂约 200 种，常见的有 30 多种。

1.1.3.2　酶工程发展概况与前景

酶工程是研究酶的生产和应用的一门技术性学科，是在酶的生产和应用过程中逐步形成并发展起来的，酶工程经历了下述发展过程。

1. 从植物、动物、微生物中提取酶

1894 年，日本化学家 Takamine 从米曲霉（*Aspergillus oryzae*）中制备得到淀粉酶，用作消化剂，开创了近代酶的生产和应用的先例。此后人们从各种生物体中不断得到相关的酶类。1908 年，德国化学家 Röhm 从动物胰脏中提取分离制得胰蛋白酶，用于皮革的软化和粗蚕丝的脱胶；1911 年，Wallerstein 从木瓜中分离获得木瓜蛋白酶用于啤酒的澄清等；1913 年，Röhm 利用胰蛋白酶、碳酸钠等制成含酶的洗涤剂；1917 年，Boidin 和 Effront 利用枯草芽孢杆菌(*Bacillus subtilis*)制备淀粉酶,用于纺织品的退浆。在约半个世纪的时间里,酶的生产和应用逐步发展。然而这些酶都是通过提取分离法从动物、植物或微生物细胞中获得的,由于受到原料来源和分离纯化技术的限制,难以进行大规模的工业化生产。

2. 微生物发酵大量生产酶

1949 年,微生物液体深层培养技术成功应用于细菌 α-淀粉酶的发酵生产,揭开了现代酶制剂工业的序幕。20 世纪 50 年代以后,随着发酵工程技术的发展,许多酶制剂采用微生物发酵方法生产。由于微生物种类繁多,生长繁殖迅速,可在人工控制条件的生物反应器中进行生产,从而使酶的生产得以大规模发展。

1960 年,法国生物学家 Monod 和 Jacob 提出著名的操纵子学说(Jacob-Monod Model),阐明了酶生物合成调节机制,推动了酶发酵生产技术的发展。依据操纵子学说,在酶的发酵生产过程中,通过适当的调节控制,可以显著提高酶的产率。

20 世纪 80 年代迅速发展起来的动、植物细胞培养技术,为酶的生产提供了一条新途径。动物和植物细胞都可以在人工控制条件的生物反应器中进行培养,通过细胞的生命活动,得到人们所需的各种产物,其中包括各种酶。例如,通过植物细胞培养可以获得超氧化物歧化酶、木瓜蛋白酶、过氧化物酶、糖苷酶、糖化酶等;通过动物细胞培养可以获得血纤维蛋白溶酶原激活剂、胶原酶等。

3. 酶的改性

酶的改性(enzyme improving)是指通过各种方法对酶的催化特性进行改进的技术。酶是具有特定结构的生物大分子,酶结构的改变将引起酶的某些催化特性的改变。

为了克服酶在医药、食品、工业、农业、能源、环保和科研等领域应用过程中出现的酶活力不高、稳定性较差、在溶液中与底物作用后与反应产物混在一起、分离纯化较为困难等不足,人们对酶的催化特性进行了各种改性技术研究,其主要有:酶分子修饰(enzyme molecule modification)、酶固定化(immobilization of enzymes)、酶的非水相催化(enzyme catalysis in nonaquaqous phase)等。经过改性,可以提高酶活力,增加稳定性,降低抗原性,改变选择性,更有利于酶的应用。

4. 分子酶工程

近年来,结构生物学和基因操作技术的快速发展使科学家能够对酶分子进行有效的改造、设计,促进了分子酶工程(molecular enzyme engineering)的发展。分子酶工程是利用基因工程和蛋白质工程的方法和技术,研究酶基因的克隆和表达、酶蛋白的结构与功能的关系以及对酶进行再设计和定向加工,以发展性能更加优良的酶或新功能酶。目前,分子酶工程主要集中在 3 个方面:一是利用基因工程技术大量生产酶制剂;二是通过基因定点突变(site directed mutagenesis)和体外分子定向进化(*in vitro* molecular directed evolution)对天然酶蛋白进行改造;三是通过基因和基因片段的融合构建双功能融合酶(fusion enzyme)。

现代酶学正沿着酶的分子生物学和酶工程(学)两个方向发展。酶分子生物学的任务是要更深入地揭示酶的结构和功能的关系;揭示酶的催化机制与调节机制;揭示酶和生命活动的关系;进一步设计酶、改造酶;在基因水平上进行酶的调节和控制。酶工程(学)的任务是要解决如何更经济有效地进行酶的生产、制备与应用,将基因工程、分子生物学成果应用于酶的生产,进一步开发固定化酶技术与酶反应器等。新酶的发现和开发、酶的优化生产和高效应用是当今酶工程发展的主攻方向，模拟酶、酶的人工设计合成、抗体酶、杂交酶、进化酶和由核酸构成的酶将成为活跃的研究领域，今后将以更快的速度向纵深发展，显示出更加广阔而诱人的前景。

1.2 食品酶学与酶工程研究内容与技术方法

1.2.1 食品酶学与酶工程研究的内容

食品酶学是以酶学为基础，重点研究酶对食品质量（包括卫生、理化和感官质量）的影响及控制、利用酶进行食品加工与化验分析、酶对食品营养与保健的影响等。其主要内容包括酶学基础理论、食品工业中应用的水解酶类、食品工业中应用的氧化酶类及其他酶类等。

食品酶工程的主要任务是经过预先设计，通过人工操作，获得食品工业所需要的酶，并通过各种方法使酶充分发挥其催化功能。其主要内容包括食品工业用酶的生产、酶的提取与分离纯化、酶分子修饰与改造、酶固定化、酶反应器、酶的非水相催化、极端酶、人工模拟酶、生物酶工程等。

1.2.2 食品酶学与酶工程研究的技术方法

食品酶学及酶工程研究主要涉及以下技术方法：①酶蛋白的结构与特性研究；②酶的分离纯化；③酶的固定化；④酶蛋白的化学修饰；⑤侧链修饰（羧基、氨基、精氨酸的胍基、巯基、组氨酸的咪唑基、色氨酸吲哚基、酪氨酸残基、脂肪族羟基、甲硫氨酸甲硫基等）；⑥酶的亲和修饰；⑦酶的化学交联；⑧酶分子的定向改造（包括易错 PCR 技术、DNA 的改造技术、外显子改组、计算机辅助设计和突变库的构建）。这些方法旨在提高酶的催化活性，提高酶分子的稳定性、专一性和高效性。

酶的生产、纯化、分子改造是酶工程的关键环节，层析技术、超离心分离、紫外/红外分析、同位素标记技术、旋光弥散、射线衍射、核磁共振等现代生物大分子分离与鉴定手段的出现，为酶的分离纯化奠定了技术基础，极大地促进了酶学研究。人们相继明确了溶菌酶（129 个氨基酸残基）、胰凝乳蛋白酶（245 个氨基酸残基）、羧肽酶 A（307 个氨基酸残基）、多元淀粉酶 A（460 个氨基酸残基）等的结构和作用机制。

DNA 重组是现代酶工程研究的重要技术。用定点突变法在指定位点突变，可以改变酶的催化活性与专一性。乳酸脱氢酶的专一性通过在活性部位引入 3 个特定的氨基酸侧链突变，成为苹果酸脱氢酶的实例就诠释了 DNA 重组技术的强大威力。DNA 重组有助于酶的人工定向改造，并为设计特定的酶提供了锐利的武器。

1.3 酶学与基础理论

1.3.1 酶学与现代化学

现代化学已经形成了一个完整的反应理论体系。它不仅为酶（促）反应动力学规律的建立、酶催化机理的阐明奠定了基础，也为酶学的进一步发展提供了依据，为新的酶学理论提供了有机反应实验模型，因此酶学的进步和现代化学有着十分密切的关系。

现代化学虽然使人们能够大量获得各种性能优异的物质。但是许多化学反应需在高温、高压等剧烈的反应条件下进行，同时还往往伴随着其他副反应。以工业合成氨为例，反应往往要求几百摄氏度的高温、数百个大气压（高压阀达700个以上的大气压，1个大气压等于0.1 MPa），这样既不安全，又要消耗大量能源。反之，地球上的固氮生物却能在常温、常压下，每年从空气中将1亿t左右的氮固定下来，这里的关键在于生物固氮是在固氮酶的催化下进行的。因此，阐明固氮酶的催化机理，无疑会对化学工业和催化理论产生重大的影响。

酶的作用原理包括两个方面：催化机制和调节机制，其中调节机制在现代化学中还未深入研究。因此，酶作用调节机制的揭示必将进一步充实现代化学理论。当然，酶作用原理的研究必须以蛋白质化学、物质结构理论、有机化学理论为基础，并依赖有机化学反应的模型实验。

从结构化学和物理化学的角度来获悉酶催化历程的本质是极其重要的。近几十年来，通过对酶反应动力学、化学修饰等的研究，已清楚了许多酶的结构，但是，还有许多问题有赖于现代化学来解决。

1.3.2　酶学与现代物理学

研究方法和实验技术的改革和创造将有力地推动酶学的发展。最近几十年来许多新技术，如超高速离心分离法、X射线衍射技术、核磁共振波谱法、电子自旋共振波谱法、质谱法、红外光波法、Raman光谱法、放射性同位素技术、电子显微镜、激光、计算机等的应用，使酶学研究进入了一个崭新的阶段，而这些新技术都同近代物理的理论和技术密切相关。这些近代物理技术推动了整个酶学向前发展，亦将是今后酶学研究和发展的有力工具，同时也期待着新的物理技术应用到酶学研究中。

1.3.3　酶学与生物学

1.3.3.1　酶学与近代生物学

酶与生命代谢具有密切的关系，在活细胞内进行的错综复杂的化学变化（生命的基础）几乎都与酶的催化有关，可以说没有酶就不可能有生命。维持生命机体的最基本条件是要具有一种能量转移机制。机体内很多生物合成反应都需要能量参与，而要连续产生并利用能量，需要通过一系列酶的活动来完成，但迄今对这一机制尚未彻底阐明。

酶与生命之间的联系是如此的紧密，以至于生命起源也与酶紧密相关。生命起源的问题，实质上就是酶的起源问题。酶在目前只能由活的机体在高度复杂的系统中合成，而这些酶的合成必须满足下列条件：合成酶蛋白所需的氨基酸，参与蛋白质合成作用的核酸的各种组分，以及通过有机分子的分解或合成作用产生的供应反应所需的能量。在预先有各种酶存在的条件下，其他酶的合成是可以理解的，但问题的焦点在于：如果酶只能由酶合成，那么原始的一些酶又是怎样形成的？这一难题同近代生物学联系在一起且仍未得到解释。

1.3.3.2　酶学与分子生物学

1.酶是分子生物学有力的研究工具

分子生物学的任务是从分子水平上阐明生命的本质和规律。核酸和蛋白质是生命的物质基础，研究核酸、蛋白质的结构与功能的关系是分子生物学的一个中心课题，而酶将在这一课题中发挥十分重要的作用。以核酸、蛋白质的一级结构测定为例：Sanger等在1955年首先完成了由51个氨基酸组成的胰岛素的一级结构测定，为蛋白质结构分析奠定了坚实的基础，从而使数以百计的蛋白质(包括酶)的一级结构测定得以迅速解决。而在这种测定中，第一步就是采用胰蛋白酶、葡萄球菌蛋白酶以及化学方法等将待测蛋白质进行专一性的部分水解，使之片段化，然后借助“二甲氨萘磺酰氯-Edman顺序降解法”进行片段的氨基酸序列测定，最后再通过“片段重叠法”确定整个蛋白质分子的结构序列。

与此相对应，核酸的结构分析比蛋白质的难度要高，因为核酸的分子大，而且核苷酸单位种类少，所以过去几十年这方面的研究进展较为缓慢。20世纪70年代后期，由于新技术、新方法的应用，特别是由于某些专一性的工具酶的出现以及它们的巧妙应用，核酸结构的研究有了重大突破。在DNA的测定方面，目前有Sanger和Maxam与Gillbert以及我国学者们分别发展的各种方法，利用这些方法能在短时间内完成大分子DNA全部一级结构的测定。除了核酸的一级结构测定外，酶在绘制基因地图、进行基因定位、基因体外重组以及蛋白质的定位突变等研究与应用中也是非常重要的有效工具。

2. 酶是分子生物学重要的研究对象

酶是具有催化功能的生物大分子，因此它也是分子生物学的重要研究对象。酶的分子生物学就是要从酶的分子水平出发探讨生命的本质与规律，它包括：酶的结构与功能，酶与细胞结构，酶和生命活动、生命过程，酶与代谢调节，酶和生物的生长发育、生物进化以及酶与疾病等研究内容。

1.4 酶工程及其在生产实践中的应用

1.4.1 酶制剂的应用概况

1.4.1.1 概述

酶与生产实践紧密相关。酶在食品、工农业生产、医疗及分析检测等领域有着广泛的应用，酶工程带动和促进了食品和其他相关行业的发展和提高。

酶的工业应用可追溯到1874年丹麦Hansen利用小牛胃凝乳酶制作奶酪，但酶制剂工业生产的起始，以1894年日本Takamine利用曲霉生产淀粉酶作为消化助剂为标志。目前，全球酶制剂市场规模虽然只有约100亿美元，但却支撑着下游数十倍甚至数百倍的工业。全球超过500种工业产品生产中使用了酶制剂，约150个生产工艺使用酶或完整的微生物细胞催化反应。工业酶制剂因此被称为新兴生物产业的“芯片”。

酶制剂的工业应用十分广泛，包括食品、饲料、洗涤、纺织、环保、制革、造纸、医药等工业领域，其中，以食品工业酶制剂主导着当前全球工业酶制剂市场。我国《食品安全国家标准　食品添加剂　食品工业用酶制剂》(GB 1886.174—2016)规定，食品工业用酶制剂是“由动物或植物的可食或非可食部分直接提取，或由传统或通过基因修饰的微生物(包括但不限于细菌、放线菌、真菌菌种)发酵、提取制得，用于食品加工，具有特殊催化功能的生物制品”。

1.4.1.2 食品工业酶制剂国内外产业化现状

1. 全球工业酶制剂产业发展概况

20世纪60年代，随着发酵技术和菌种选育技术的进步，酶成功应用于葡萄糖、果葡糖浆等淀粉深加工，促使酶制剂工业快速发展。1978年，全球酶制剂的市场规模尚不足2亿美元，1999年增至19.2亿美元，2017年突破50亿美元，2019年已接近100亿美元，据Grand View Reseach预测，2027年将达到149亿美元。碳水化合物酶是目前应用最广的工业酶制剂，其次是蛋白酶。2018年全球糖酶销售额高达32.5亿美元，占工业酶制剂总销售额的39.8%；其次是脂肪酶和蛋白酶。

二维码1-3 全球酶制剂市场价值变化趋势

世界工业酶制剂市场的分布，北美最大，欧洲次之，亚太地区紧随其后。2018年，北美市场占全球工业酶制剂市场的40.23%，并以美国所占市场份额最高。由于欧美等发达国家人口增长速度慢，工业产品市场成熟，工业酶制剂厂商的利润空间有限，未来这些地区工业酶制剂市场的增长将较为平缓。中国、印度等发展中国家中产阶级人口比例的增长，被认为是未来全球工业酶制剂市场的关键发展动力。这些国家人均收入水平提高，饮食模式等生活方式西方化，将促进食品、饲料、洗涤剂等产品生产用工业酶制剂的需求，从而推动全球工业酶制剂产业发展。

全球工业酶制剂市场处于寡头垄断格局，丹麦Novozymes（诺维信）公司是全球规模最大的工业酶制剂厂商（二维码1-4），美国DuPont（杜邦）公司次之，荷兰DSM（帝斯曼）公司是第三大厂商。2014年，诺维信占全球工业酶制剂市场份额高达44%，杜邦占20%，DSM占6%；2019年，诺维信公司工业酶制剂营业收入达到150.06亿丹麦克朗，占全球市场份额高达48%。

二维码1-4 诺维信公司简介

食品与饮料生产是全球工业酶制剂最大的应用领域，使用酶制剂可降低食品工业碳排放、提高产量、减少原料浪费等。世界（特别是发展中国家）食品工业的快速发展，是推动全球食品工业酶制剂产业持续增长的最大动力。2018年全球食品酶制剂市场规模为19.45亿美元，占市场份额超过35%。焙烤食品是食品工业酶制剂最主要的应用领域，其次是乳制品，饮料次之。

2. 我国工业酶制剂产业发展现状

我国工业酶制剂产业化起步较晚，主要经历起始阶段、上升阶段和快速发展阶段。

1965年，我国研制出第一个微生物酶制剂——BF7658淀粉酶，标志着我国酶制剂工业的起步。1979年研制出UV-11糖化酶，应用于白酒、酒精行业；1990年研制出2709碱性蛋白酶，并在全国洗涤剂行业推广应用；1992年研制了1.398中性蛋白酶、166中性蛋白酶，并应用于毛皮制革行业；1995年无锡酶制剂厂引进耐高温α-淀粉酶和高转化率的液体糖化酶，在全国掀起了新双酶法技术热潮；1998年国外酶制剂公司到华投资、建厂，通过引进国外先进技术和国际合作，技术水平和设备装备水平显著进步，产品品种和质量有了明显提高。2006年我国酶制剂工业向专用酶、特种复合酶等新应用领域发展。随着我国酶制剂工业技术、设备水平的不断提高，酶制剂产量也逐年攀升。1978年我国工业酶制剂产量仅0.45万t，1995年达到21.2万t，2006年突破50万t，2013年达到100万t，2018年

二维码1-5 中国工业酶制剂产量变化趋势

高达 146 万 t。

尽管我国工业酶制剂产业发展迅猛，但与欧美等发达国家相比仍存在较大距离，主要存在以下问题：①整个行业生产规模小，技术研发力量薄弱。我国酶制剂制造成本占销售总额70%～80%，研发投入却不到销售总额的 4.5%；国外酶制剂制造成本仅占销售总额的 30%～35%，研发投入一般占销售总额的 10%以上。全球最大酶制剂厂商诺维信公司每年研发投入占销售总额的比例均高于 13%，拥有专利超过 6 500 项。目前，国外酶制剂生产广泛采用基因工程、蛋白质工程、人工合成、模拟和定向进化改造等技术；但国内酶制剂生产多采用传统的发酵、分离提取技术和制剂制备技术，菌种选育多基于传统的诱变筛选，造成资源严重浪费、产品纯度不高、产品质量偏低等问题；②产品相对单一，结构不合理。目前，我国酶制剂仍以传统酶制剂为主，品种较少，产品形式以粗酶为主，产品质量参差不齐，而发达国家酶制剂以高附加值的复合酶为主流。2014 年，我国自主生产酶制剂产品有 20 多个原酶品种，其中糖化酶 30%、植酸酶 22%、淀粉酶 14%、蛋白酶 7%和纤维素酶 6%，占酶制剂总产量的 82%。单一的品种大大限制了我国工业酶制剂的应用范围，也严重阻碍了酶制剂工业的平衡及发展。

目前，酶制剂在我国食品工业中主要以加工助剂形式应用。我国《食品安全国家标准 食品添加剂使用标准》(GB 2760—2014)规定，溶菌酶、乳糖酶和谷氨酰胺转氨酶可直接作为食品添加剂，α-淀粉酶、β-淀粉酶、β-葡聚糖酶、木瓜蛋白酶、果胶酶、单宁酶、漆酶等 54 种食品用酶制剂可作为食品工业用加工助剂。

1.4.1.3 食品工业酶制剂的来源及特点

世界上几乎所有生物包括动物、植物、微生物都可作为酶制剂的来源，但由于微生物繁殖速度快、种类繁多、培养方法简单等，全球超过 1/2 的工业酶制剂主要源自真菌(特别是曲霉属)和酵母，约 1/3 来源于细菌(以杆菌属为主)，约 8%来源于动物，仅 4%源自植物。近年来，一些来源于微生物的极端酶开始投入工业应用，如利用嗜热菌的淀粉酶生产葡萄糖和果糖，将嗜冷菌的中性蛋白酶应用于奶酪成熟等工艺。

我国食品安全国家标准 GB 2760—2014 规定可作为食品工业加工助剂的 54 种酶制剂中，除木瓜蛋白酶、菠萝蛋白酶、无花果蛋白酶、麦芽碳水化合物水解酶源于木瓜等植物，磷脂酶、凝乳酶、胃蛋白酶、胰蛋白酶、胰凝乳蛋白酶来源于动物内脏外，其他 85%左右的酶制剂均可由微生物制备。

重组 DNA 技术的建立，使人们较容易克隆各种天然酶基因，并将其在微生物或其他生物系统中高效表达，从而摆脱对天然酶源的依赖。这一原理已成功应用于酶制剂的工业生产。利用大肠杆菌(*Escherichia coli*)K-12 表达生产的牛凝乳酶是第一个获得美国 FDA 批准(1990 年)用于食品的重组酶制剂。诺维信公司约 90%的工业酶制剂来源于基因工程菌。

1.4.2 酶在食品工业上的应用

酶制剂在食品工业中有着广泛的应用，涉及食品原料的储藏保鲜，添加剂、功能食品的生产，乳制品、肉制品、水产品、蛋品、果蔬、淀粉、油脂等加工，以及粮油、果蔬、畜产品、水产品加工副产物的综合利用等。第一，酶制剂可应用于生产食品原料。例如，用相应的水解酶水解淀粉、蛋白质和核酸以生产葡萄糖、氨基酸和核苷酸；用核苷磷酸基转移酶使肌苷磷酸化生产肌苷酸；用葡萄糖异构酶转化葡萄糖为果糖。第二，酶制剂可直接参与食品的生产过程。例如，利用凝乳酶生产奶酪；利用淀粉酶酿造啤酒。第三，酶制剂可用于改善产品质量。例如，利用蛋白酶分解肉类胶原蛋白，嫩化肉类组织；利用脂肪酶水解乳脂为低级脂肪酸，使之增加奶油风味；利用果胶酶澄清果汁、果酒；用柚苷酶、花青苷酶使果汁脱苦去色；利用葡萄糖苷酶、醛氧化酶等去除大豆生臭等。第四，酶制剂可用于生物活性成分制造。例如，利用胰蛋白酶和胰凝乳蛋白酶水解蛋白质生产活性多肽；利用淀粉酶和碱性蛋白酶水解小麦麸皮生产功能性低聚糖等。第五，酶制剂可用于食品保鲜和储藏。例如，在食品中添加葡萄糖氧化酶或过氧化氢酶用以抗氧化，添加溶菌酶用以杀菌防腐等。

1.4.2.1 酶在淀粉深加工中的应用

淀粉糖生产是食品发展最快的行业之一，主要包括葡萄糖、果葡糖浆、麦芽糖浆、麦芽糊精、高麦芽糖浆等产品。当前全球淀粉糖年产量已超过3 000万t，其中以果葡糖浆的数量最大。2019年我国淀粉糖总量达到1 435.5万t，居世界第二位，仅次于美国，其中果葡糖浆产量(415万t)最高，其次是麦芽糖浆(371万t)，结晶葡萄糖产量为260.08万t。近年来发展较快的是通过酶水解或酶转移反应生产功能性低聚糖等。

1. 双酶法生产葡萄糖

淀粉原料生产葡萄糖，首先利用α-淀粉酶使淀粉液化，将淀粉分子内切成较小分子的糊精，随后利用糖化酶(葡萄糖淀粉酶)水解淀粉生成β-葡萄糖。

2. 果葡糖浆

果葡糖浆是以淀粉为原料，首先利用α-淀粉酶和糖化酶将其水解为葡萄糖，再通过葡萄糖异构酶作用，使一部分葡萄糖转化为果糖形成混合糖浆。果糖的甜度是蔗糖的1.5～1.7倍，而葡萄糖的甜度只有蔗糖的70%，当混合糖浆中果糖含量超过42%时，可达到与蔗糖相当的甜度，从而在食品工业中替代蔗糖。2012年果葡糖浆在食品工业的应用比重依次是：饮料75%、面包9%、奶制品8%、糖果1%和其他食品3%。使用酶法生产果葡糖浆是现代酶工程在工业生产中最成功、规模最大的应用。

3. 高麦芽糖浆

利用α-淀粉酶使淀粉轻度液化，再用β-淀粉酶糖化，可制成麦芽糖含量达50%～60%的麦芽糖浆；在糖化阶段添加脱支酶水解支链淀粉分支点的α-1,6-糖苷键，可生产麦芽糖含量高达75%～85%的高麦芽糖浆。麦芽糖是由两分子葡萄糖通过α-1,4-糖苷键构成的双糖，其甜度仅为蔗糖的30%～40%，具有良好的防腐性和热稳定性，吸湿性低，广泛应用于制造糖果、果酱、果冻、面包、糕点、啤酒等。

4. 功能性低聚糖

低聚糖是指2～10个单糖分子通过糖苷键连接而成的低度聚合糖，其相对分子质量为200～2 000。功能性低聚糖，具有低热量、抗龋齿、防治糖尿病、改善肠道菌群结构等生理作用，其甜度只有蔗糖的30%～50%，主要包括低聚果糖、低聚异麦芽糖、低聚半乳糖、低聚乳果糖等。工业上利用β-果糖转移酶或β-呋喃果糖糖苷酶催化蔗糖，进行分子间果糖转移反应生产低聚果糖；以淀粉为原料，利用α-淀粉酶、β-淀粉酶和α-葡萄糖苷酶生产低聚异麦芽糖；以乳糖为原料，利用β-半乳糖苷酶催化半乳糖转移反应，生产低聚半乳糖等。功能低聚糖目前已广泛应用于制造焙烤食品、糖果、乳制品、饮料等。

1.4.2.2 酶在乳制品工业中的应用

1. 凝乳酶

酶在乳制品生产中用量最大、最典型的例子就是凝乳酶。凝乳酶可使原料乳凝固,用于干酪、干酪素、凝固型乳饮料等生产。最早的凝乳酶是从小牛皱胃中提取的,来源非常有限,现代已经利用DNA重组技术将牛凝乳酶基因转入大肠杆菌生产凝乳酶。经酶的固定化后,凝乳酶可以反复使用,大幅度提高了其利用率,并降低了成本。

2. 乳糖酶

乳糖酶又称β-半乳糖苷酶,可将乳制品中的乳糖分解为半乳糖和葡萄糖。经乳糖酶水解的乳制品,直接食用可有效减轻乳糖不耐受症,添加到浓缩乳制品可防止乳糖结晶、增加产品甜度,用于酸奶发酵可缩短酸化时间,用于干酪生产可缩短凝乳时间等。利用乳糖酶水解干酪加工副产品——乳清,可生产乳清糖浆,其甜度达到蔗糖的65%~80%,溶解度提高3~4倍,可替代鸡蛋和蔗糖进行美拉德反应,用于焙烤食品、糖果、饮料等加工。

3. 转谷氨酰胺酶

该酶可催化酰基转移反应,使蛋白质分子间和分子内产生共价交联反应,改变蛋白质分子结构,从而改善蛋白质发泡性、黏结性、乳化性、凝胶性、热稳定性等,可用于酸奶、奶酪等生产。

4. 其他酶类

溶菌酶可添加到婴儿乳粉中作为抗菌剂,提高婴儿乳粉的卫生质量;过氧化氢酶可用于牛乳消毒;脂肪酶可用于加速干酪成熟等。

1.4.2.3 酶在果蔬加工中的应用

水果蔬菜加工业中常用的酶制剂有果胶酶、纤维素酶、半纤维素酶、淀粉酶和阿拉伯糖酶等。

原果胶酶用于抽提果胶,使不溶性果胶变成可溶性果胶;真空加压渗酶(果胶酶)法用于橘子剥皮、脱囊衣;果胶酯酶用于罐头水果硬化,腌菜脆化等。柚苷酶是含有β-鼠李糖苷酶与β-葡萄糖苷酶的多组分酶系,在橘汁加工中可用于脱去柑橘中的柚苷,以消除柚苷引起的苦味。花青素酶用于处理桃酱、葡萄汁,使之脱色,以保证成品质量。葡萄糖氧化酶用于果汁脱氧等。

1.4.2.4 酶在肉制品加工中的应用

1. 谷氨酰胺转氨酶

该酶可使蛋白质分子发生交联,改善蛋白质的凝胶性、持水性、稳定性等,提高产品得率和原料利用率等。将谷氨酰胺转氨酶用于火腿、香肠、鱼糕等生产,可改善火腿的切片性、提高鱼糕的弹性、减少香肠的脱水等。

2. 蛋白酶

利用木瓜蛋白酶、菠萝蛋白酶、无花果蛋白酶等部分水解肌肉的肌原纤维,可有效改善肌肉嫩度;利用猪胰蛋白酶等处理含肉副产品,可从骨肉上回收残存肉、提高碎肉利用率;利用中性蛋白酶水解畜禽肉、骨,可生产骨素等调味剂。

此外，添加溶菌酶以延长方便肉制品和低温肉制品的货架期，利用硝酸盐还原酶以降低香肠等肉制品的亚硝酸盐残留等。

1.4.2.5 酶在焙烤工业中的应用

酶在焙烤工业中的应用包括改良面粉质量以延缓陈变、改善面团性质、改善面包外皮颜色、漂白面粉等。

向面粉中添加α-淀粉酶，可调节麦芽糖生成量、提高发酵率。蛋白酶可促进面筋软化、增强延伸性。用β-淀粉酶强化面粉可防止糕点老化。脂肪氧化酶添加到面粉中，可以使面粉中的不饱和脂肪酸氧化，同胡萝卜素发生共轭氧化作用将面粉漂白，同时由于生成了一些芳香族的羰基化合物而增加了面包的风味。乳糖酶如用于添加脱脂牛乳的面包制造中，可促进乳糖生成可发酵性糖而增加发酵度，改善面包的色泽和品质。脂肪酶可使乳脂中微量的醇酸或酮酸的甘油酯分解，其游离酸可生成δ-内酯等有香味的物质，在面包加工中添加适量的脂肪酶可增加产品的香味。

1.4.2.6 酶在酿酒工业中的应用

酿酒原料一般都是淀粉质，添加糖化酶可增加发酵度、缩短发酵时间、改善啤酒口味，可用于生产低热量啤酒。糖化酶代替麸曲用于白酒、酒精生产，可提高出酒率（2%～7%）、节约粮食、简化设备、节省厂房场地。

啤酒厂常用大麦、大米、玉米等作为辅助原料来代替一部分麦芽，以致原料中原有酶的活力不足，使糖化不充分，蛋白质降解不足，从而影响啤酒的风味和收率。使用微生物淀粉酶、蛋白酶、β-淀粉酶和β-葡聚糖酶等酶制剂，可作为外加酶补充其不足。

中性蛋白酶可分解原料中蛋白质以增加麦芽汁中氨基酸含量而促进酵母发酵，木瓜蛋白酶、菠萝蛋白酶或霉菌酸性蛋白酶主要用于啤酒澄清、防止混浊而延长保存期。

酸性蛋白酶、淀粉酶和果胶酶可用于果酒酿造，消除混浊或改善破碎果实压汁操作工艺。

1.4.2.7 酶在其他食品加工中的应用

1. 水产品

利用蛋白酶的水解作用，可以水产品下脚料为原料生产生物活性肽、高度不饱和脂肪酸，可用于脱鱼鳞、脱卵膜、去除鱼皮等，可发酵生产鱼露、制备虾味素等调味品；利用脲酶去除水产品的腥味、异味等；利用谷氨酰胺转氨酶改善鱼糜制品的质构等。

2. 蛋品

利用蛋白酶水解蛋清生产抗凝血肽、降血压肽、卵清糖肽等功能活性多肽；添加葡萄糖氧化酶和过氧化氢酶用于蛋白粉脱糖；利用磷脂酶转化蛋黄中的卵磷脂以生产耐热蛋黄粉等。

3. 油脂产品

利用纤维素酶、半纤维素酶、果胶酶等可提高油料压榨出油率；添加磷脂酶用于植物油脱胶；利用脂肪酶实现油脂脱酸和酯交换等。

1.4.3 酶制剂在食品分析检测中的应用

酶法分析是借助酶高效、专一的催化特性，以酶作为分析试剂或分析工具进行的一类分析，可用以检测样品（如食品、药品以及体液）中某种物质的含量。酶法分析测定范围广泛，凡是与酶反应有关的物质，如酶的底物、辅助因子甚至酶的抑制剂等都能采用这类分析方法。在具体实施时，只需根据待分析对象选择一种适宜的“工具酶”，并在该分析对象存在条件下进行反应，然后借助物理或化学方法跟踪检测，最后根据待测对象与酶反应的关系，将测得的结果进行动力学分析处理，就可以求知所要检测的物质的含量。例如，要测定发酵液中某氨基酸的含量，可选择专一于该氨基酸的脱羧酶作为工具酶进行催化。在这种情况下，被测对象是酶的底物，所以根据酶反应过程中释放出的 CO_2 的量，就可计算出该氨基酸的含量。

酶法分析不同于一般化学分析的显著特点是其具有较高的选择性，在待分析对象与其他相似物质混杂的复杂系统中能直接通过酶的专一性，选择性地催化待测物进行反应，然后根据测得的反应速度或酶活性与待测成分的对应相关性，求知待测成分的含量，从而免除了一般化学分析需要事先进行样品的一系列萃取和精制预处理，同时不受类似物的干扰，能简便地获得可靠的结果。此外，某些物质如辅酶 A、有机磷等有时很难，甚至根本没有直接、简便的纯化学分析法可供选用，这种情况下借助酶法分析即可解决。

食品的酶法分析包括食品组分的酶法测定、食品质量的酶法评价等，主要是利用酶制剂去除样品中的杂质，催化待测物生成新的、更易定量分析的产物，以及利用酶催化反应产生的信息实现分析等。

1.4.3.1 酶法分析测定食品成分

1. 碳水化合物

利用葡萄糖氧化酶催化葡萄糖产生过氧化氢，结合过氧化氢型电极、过氧化氢酶检测过氧化氢；或利用己糖激酶、6-磷酸葡萄糖脱氢酶催化葡萄糖与 ATP，转化为 6-磷酸葡萄糖酸和还原型烟酰胺腺嘌呤二核苷酸磷酸（NADPH），通过检测 NADPH 可计算食品中葡萄糖的含量。果糖、蔗糖、麦芽糖、淀粉、乳糖等可利用酶等方法转化为葡萄糖，通过上述两种方法检测葡萄糖，进而推算其含量。

二维码 1-6　酶法分析食品成分的示例

2. 有机酸及其盐类

利用乳酸脱氢酶、谷氨酸-丙酮酸转氨酶氧化乳酸，利用 *L*-苹果酸脱氢酶和谷氨酸-丙酮酸转氨酶氧化 *L*-苹果酸，同时将 NAD^+ 还原为 NADH，根据 NADH 增加比例计算食品中乳酸、苹果酸含量；利用柠檬酸裂解酶、苹果酸脱氢酶和乳酸脱氢酶催化柠檬酸转化为 *L*-苹果酸和 *L*-乳酸，同时将 NADH 氧化为 NAD^+，根据 NADH 的减少比例推算食品中柠檬酸含量；利用乙酸硫激酶在 ATP 和辅酶 A 存在下催化乙酸生成乙酰辅酶 A、AMP 和焦磷酸，利用磺胺或酶法检测乙酰辅酶 A 推算食品中乙酸含量；利用抗坏血酸氧化酶氧化抗坏血酸反应的耗氧量，或利用辣根过氧化物酶催化对苯二胺生成氧化型对苯二胺，同时样品中的抗坏血酸可迅速还原氧化型对苯二胺，根据氧化型对苯二胺产生的时间计算样品抗坏血酸含量。

3. 其他成分

利用氨基酸脱氢酶、氨基酸脱羧酶和转氨酶检测食品中氨基酸含量；利用乙醇脱氢酶、乙醛脱氢酶检测酒精饮料等食品中乙醇含量；利用胆固醇酯酶、胆固醇氧化酶、过氧化氢酶检测食品中胆固醇及胆固醇酯含量。

1.4.3.2 酶法分析评价食品质量安全

1. 农药和兽药残留分析

由于有机磷农药及氨基甲酸酯类农药对胆碱酯酶、鸡肝酯酶的活性具有抑制作用，利用胆碱酯酶水解碘代硫代乙酰胆碱生成硫代胆碱评价胆碱酯酶活性，利用鸡肝酯酶催化α-乙酸萘酯水解生成乙酸和α-萘酚评价鸡肝酯酶活性，通过分析样品提取液对胆碱酯酶、鸡肝酯酶活性的抑制作用判断食品中有机磷农药、氨基甲酸酯类农药的残留；利用羧肽酶、D-氨基酸氧化酶和过氧化物酶定量分析乳制品中的抗生素残留；利用β-内酰胺酶或青霉素酶和氯霉素乙酰转移酶可分别用于青霉素和氯霉素分析；利用β-内酰胺类抗生素对D,D-羧肽酶的抑制作用，通过测定D,D-羧肽酶活性可分析乳制品中抗生素残留。

二维码 1-7 酶法分析评价食品质量安全的示例

2. 重金属分析

重金属离子可与形成酶活性中心的巯基或甲硫基结合，改变酶活性中心的结构与性质，导致酶活性下降。利用重金属离子对酶活性的抑制可检测食品中镉、锡、铅、汞等重金属离子的含量。所用酶制剂包括脲酶、葡萄糖氧化酶、磷酸酯酶、黄嘌呤氧化酶、丁酰胆碱酯酶、异柠檬酸脱氢酶等，以脲酶最常用。

3. 有毒有害物检测

由于河鲀毒素可与碱反应生成草酸盐，利用草酸氧化酶与辣根过氧化物酶检测草酸盐生成量，可分析食品中河鲀毒素含量；利用腹泻性贝毒中大田软海绵酸对磷酸酶活性的抑制，可检测食品中腹泻性贝毒；利用亚硫酸盐氧化酶在氧气存在下催化亚硫酸盐氧化生成硫酸盐和过氧化氢，检测氧气消耗量或过氧化氢生成量可推算食品中的亚硫酸盐；利用酶法还原蔬菜中的硝酸盐，可实现蔬菜中硝酸盐、亚硝酸盐的快速检测；利用醇氧化酶法和甲醛脱氢酶法检测食品中甲醛含量；利用单胺氧化酶或二胺氧化酶催化生物胺脱去氨基生成醛、氨和过氧化氢，检测过氧化氢生成量分析食品中生物胺的含量。

4. 其他

天然苹果汁只含有L-苹果酸，利用D-苹果酸脱氢酶催化D-苹果酸，同时将NAD^+还原为NADH，根据NADH的生成量计算D-苹果酸含量，从而判断果汁是否掺杂D-苹果酸；利用脲酶催化尿素水解反应可快速检测鲜奶中是否掺杂尿素；利用葡萄糖氧化酶鉴定蜂蜜是否掺入麦芽糖、面粉和人工转化糖等物质；利用腺苷三磷酸双磷酸酶降解乳制品中非微生物ATP，结合萤火虫荧光素酶检测ATP，可用于乳制品细菌检测；利用单胺氧化酶电极、嘌呤氧化酶电极、乳酸传感器等可检测猪肉、鱼和牛奶的新鲜度等。

综上所述，食品酶学、酶工程正在生产实践中发挥着越来越重要的作用，而且蕴藏着巨大的潜力。随着酶学、酶工程的发展，它的应用必将跃入更新的境界，展现更加宽广的前景。未来，按照党的二十大精神，有望通过酶学、酶工程与信息技术、能源、材料等多学科的交叉与融合，推动食品工业智能化、绿色化等的高质量发展。

思考题

1. 何谓酶学、酶工程、食品酶工程？
2. 酶学、酶工程经历了哪几个历史发展阶段？各阶段有哪些代表性研究成果？

3. 酶学、酶工程当今发展趋势是什么？

4. 从学科交叉角度理解认识酶学、酶工程与化学、物理、生物学等学科的关系。

5. 食品酶工程主要研究哪些问题？运用哪些技术方法？

6. 酶工程在食品及相关领域有哪些应用？

7. 如何认识酶学、酶工程与食品科学的关系？

8. 目前主要通过什么手段对天然酶进行改造？

参考文献

［1］罗贵民. 酶工程. 3版. 北京：化学工业出版社，2016.

［2］王永华. 食品酶工程. 北京：中国轻工出版社. 2018.

［3］周晓云. 酶学原理与酶工程. 北京：中国轻工业出版社，2007.

［4］郭勇. 酶工程原理与技术. 北京：高等教育出版社，2005.

［5］陈石根，周润琦. 酶学. 上海：复旦大学出版社，2001.

［6］施巧琴. 酶工程. 北京：科学出版社，2005.

［7］梅乐和，岑沛霖. 现代酶工程. 北京：化学工业出版社，2011.

［8］袁勤生. 酶与酶工程. 上海：华东理工大学出版社，2012.

［9］彭志英. 食品酶学导论. 北京：中国轻工业出版社，2009.

［10］Tucker G A，Woods L F J. 酶在食品加工中的应用. 北京：中国轻工业出版社，2002.

［11］胡爱军，郑捷. 食品工业酶技术. 北京：化学工业出版社，2014.

第 2 章 酶学基础理论

本章学习目的与要求

1. 在生物化学的基础上，复习并加深对酶的分类、命名、基本结构及性质，酶催化反应动力学的认识。

2. 明确酶活力、比活力的基本概念及测定原理。

3. 了解酶在生物体内存在的几种形式，为深入学习食品酶工程的理论及应用奠定坚实的酶学理论基础。

酶学是对酶自身及其应用进行研究的一门学科，酶学基础理论主要包括酶的分类与命名、酶的结构、性质、酶活力测定等方面，是对酶自身研究的主要方面，这些内容的学习与掌握，为深入学习和掌握酶的应用的知识内容做好准备。

2.1 酶的分类和命名

在酶学和酶工程领域，要求对每一种酶都有准确的名称和明确的分类。国际酶学委员会(International Commission of Enzymes)成立于1956年，受国际生物化学与分子生物学联合会(International Union of Biochemistry and Molecular Biology)以及国际理论化学和应用化学联合会(International Union of Pure and Applied Chemistry)领导。该委员会一成立，第一件事就是着手研究当时混乱的酶的名称问题。在当时，酶的命名没有一个普遍遵循的准则，而是由酶的发现者或其他研究者根据个人的意见给酶命名。为了避免这种混乱，国际酶学委员会于1961年提出了酶的系统命名法和系统分类法，获得了国际生物化学与分子生物学联合会的批准，此后经过了多次修订，不断得到补充和完善。

2.1.1 国际系统分类法

2.1.1.1 蛋白类酶的分类

国际系统分类法是国际生物化学与分子生物学联合会酶学委员会提出的，其分类原则是：将所有已知的酶按其催化的反应类型分为六大类，分别用1、2、3、4、5、6的编号来表示，依次为氧化还原酶类、转移酶类、水解酶类、裂合酶类、异构酶类和合成酶类。再根据底物分子中被作用的基团或键的特点，将每一大类分为若干个亚类，每一亚类又按顺序编为若干亚亚类。均用1、2、3、4……编号，见表2-1。因此，每一个酶的编号由4个数字组成，数字间由“.”隔开。例如，葡萄糖氧化酶的系统编号为[EC 1.1.3.4]，其中，EC表示国际酶学委员会；第1位数字“1”表示该酶属于氧化还原酶(第1大类)；第2位数字“1”表示属于氧化还原酶的第1亚类，该亚类所催化的反应系在供体的CH—OH基团上进行；第3位数字“3”表示该酶属于第1亚类的第3小类，该小类的酶所催化的反应以氧为氢受体；第4位数字“4”表示该酶在小类中的特定序号。

表2-1 酶的国际系统分类原则

第1位数字(大类)	反应的本质	第2位数字(亚类)	第3位数字(亚亚类)	占有比例/%
1.氧化还原酶类	电子、氢转移	供体中被氧化的基团	被还原的受体	27
2.转移酶类	基团转移	被转移的基团	被转移的基团的描述	24
3.水解酶类	水解	被水解的键：酯键、肽键等	底物类型：糖苷、肽等	26
4.裂合酶类	键裂开*	被裂开的键：C—S、C—N等	被消去的基团	12
5.异构酶类	异构化	反应的类型	底物的类别，反应的类型和手性的位置	5
6.合成酶类	键形成并使ATP裂解	被合成的键：C—C、C—O等	底物类型	6

* 键裂开，此处指的是非水解地转移底物上的一个基团而形成双键及其逆反应。

六大类酶的特征如下。

1. 氧化还原酶类(oxido-reductases)

氧化还原酶类是催化氧化还原反应的酶。反应通式:

$$AH_2 + B \rightleftharpoons A + BH_2$$

该类酶有的以 NAD^+ 或 $NADP^+$ 作为氢受体,有的以 FAD 或 FMN 作为氢受体。例如,乳酸脱氢酶(EC 1.1.1.27)催化乳酸脱氢的反应就是以 NAD^+ 作为氢受体的。反应如下:

$$\begin{array}{c} CH_3 \\ | \\ HO-C-H \\ | \\ COOH \end{array} + NAD^+ \xrightleftharpoons{\text{乳酸脱氢酶}} \begin{array}{c} CH_3 \\ | \\ C=O \\ | \\ COOH \end{array} + NADH + H^+$$

乳酸　　　　丙酮酸

根据所作用的基团不同,该大类酶分为20个亚类。

2. 转移酶类(transferases)

转移酶类催化某一化合物上的某一基团转移到另一个化合物上,反应通式为:

$$AB + C \rightleftharpoons A + BC$$

该大类酶根据其转移的基团不同,分为8个亚类。每一亚类表示被转移基团的性质,如转移氨基、羰基、酰基、磷酸基等。例如,谷丙转氨酶(EC 2.6.1.2)属于转移酶类的转氨基酶,催化丙氨酸和α-酮戊二酸之间氨基转移。该酶需要磷酸吡哆醛为辅基,使谷氨酸上的氨基转移到丙酮酸上,使之成为丙氨酸,而谷氨酸成为α-酮戊二酸。反应如下:

$$\begin{array}{c} CH_3 \\ | \\ HC-NH_2 \\ | \\ COOH \end{array} + \begin{array}{c} COOH \\ | \\ C=O \\ | \\ CH_2 \\ | \\ CH_2 \\ | \\ COOH \end{array} \xrightleftharpoons{\text{谷丙转氨酶}} \begin{array}{c} CH_3 \\ | \\ C=O \\ | \\ COOH \end{array} + \begin{array}{c} COOH \\ | \\ CH-NH_2 \\ | \\ CH_2 \\ | \\ CH_2 \\ | \\ COOH \end{array}$$

丙氨酸　α-酮戊二酸　　　丙酮酸　谷氨酸

3. 水解酶类(hydrolases)

水解酶类催化底物的加水分解或其逆反应。这类酶在体内担负降解任务,其中许多酶集中于溶酶体。它们是目前应用最广的一类酶。一般不需要辅酶物质,但无机离子对某些水解酶的活性有一定影响。根据水解键的类型,分为9个亚类,每一亚类表示被水解键的性质,如水解酯键、水解糖苷键、水解肽键等。反应通式:

$$AB + H_2O \rightleftharpoons AH + BOH$$

例如,正磷酸单磷酸水解酶(EC 3.1.3.1)(碱性磷酸酯酶)催化反应如下。

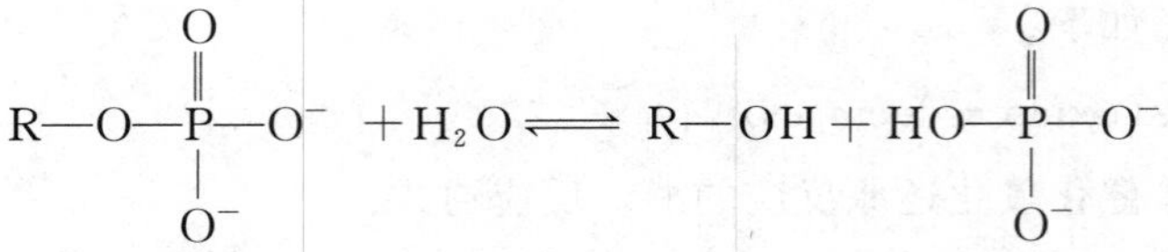

$$R-O-\overset{\overset{O}{\|}}{\underset{\underset{O^-}{|}}{P}}-O^- + H_2O \rightleftharpoons R-OH + HO-\overset{\overset{O}{\|}}{\underset{\underset{O^-}{|}}{P}}-O^-$$

有机磷酸酯　　　　　　　　无机磷酸

碱性磷酸酯酶专一性较低，在碱性 pH 下能作用于各种底物。

4. 裂合酶类(lyases)

裂合酶类催化底物的裂解或其逆反应。底物裂解时，一分为二；产物中往往留下双键。在逆反应中，催化某一基团加到这个双键上。反应通式为：

$$AB \rightleftharpoons A+B$$

如柠檬酸合成酶(EC 4.1.3.7)。

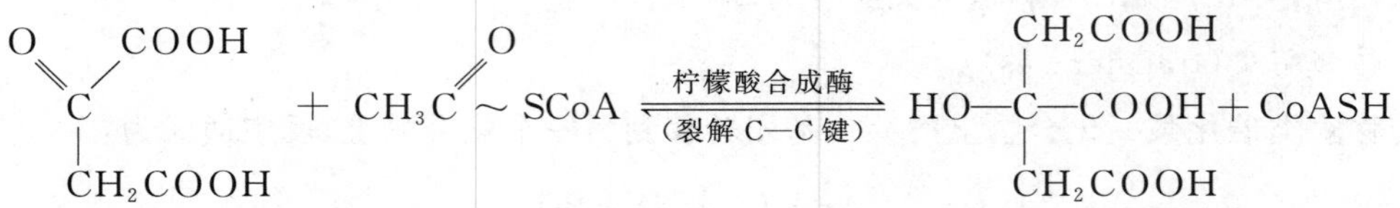

$$O=C(COOH)-CH_2COOH + CH_3C(=O)\sim SCoA \xrightleftharpoons[\text{(裂解 C—C 键)}]{\text{柠檬酸合成酶}} HO-C(CH_2COOH)_2-COOH + CoASH$$

该类酶包括 7 个亚类，亚类表示被裂解键的性质，如 C—C 键的断裂、C—O 键的断裂、C—N 键的断裂等。

5. 异构酶类(isomerases)

异构酶类催化同分异构体之间的相互转变。反应通式：

$$A \rightleftharpoons B$$

该类酶包括 6 个亚类，亚类表示异构作用的类型，如消旋酶、差向异构酶、顺反异构酶、分子内氧化还原酶、分子内转移酶和分子内裂解酶。例如，6-磷酸葡萄糖异构酶(EC 5.3.1.9)催化 6-磷酸葡萄糖转变成 6-磷酸果糖的反应。

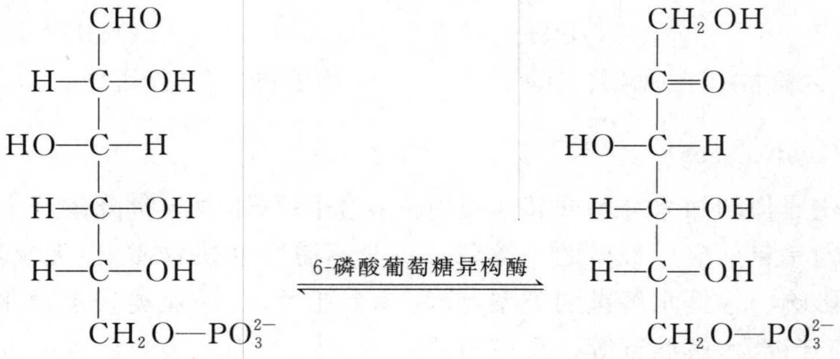

$$\begin{array}{c} CHO \\ | \\ H-C-OH \\ | \\ HO-C-H \\ | \\ H-C-OH \\ | \\ H-C-OH \\ | \\ CH_2O-PO_3^{2-} \end{array} \xrightleftharpoons{\text{6-磷酸葡萄糖异构酶}} \begin{array}{c} CH_2OH \\ | \\ C=O \\ | \\ HO-C-H \\ | \\ H-C-OH \\ | \\ H-C-OH \\ | \\ CH_2O-PO_3^{2-} \end{array}$$

6-磷酸葡萄糖　　　　　　　　6-磷酸果糖

6. 合成酶类(synthatases)

合成酶类催化由两种或两种以上的物质合成一种物质的反应，且必须有 ATP 参加。反应通式：

$$A+B+ATP \longrightarrow AB+ADP+Pi$$
$$A+B+ATP \longrightarrow AB+AMP+PPi$$

如乙酰 CoA 合成酶(EC 6.2.1.1)。

$$CH_3COOH + CoASH \xrightleftharpoons[\text{(催化 C—S 键连接)}]{\text{乙酰 CoA 合成酶}} CH_3\overset{O}{\overset{\|}{C}} \sim SCoA$$

合成酶类包括生成 C═O、C—S、C—N、C—C 和磷酸酯键 5 个亚类。各大类酶所分亚类的结果见本章后附录。

2.1.1.2　核酸类酶的分类

自 1982 年以来,被发现的核酸类酶(ribozyme,R 酶)越来越多,对它的研究也越来越深入和广泛。但是由于历史不长,对于其分类和命名还没有统一的原则和规定。现已形成以下几种分类方式。

根据酶催化反应的类型,可以将 R 酶分为 3 类:剪切酶、剪接酶和多功能酶。

根据酶催化的底物是其本身 RNA 分子还是其他分子,可以将 R 酶分为分子内催化(incis 或称为自我催化)和分子间催化(intrans)2 类。

二维码 2-1　核酶研究进展所体现的辩证思维及最新应用

根据 R 酶的结构特点不同,可分为锤头形 R 酶、发夹形 R 酶、含Ⅰ型 IVS R 酶、含Ⅱ型 IVS R 酶等。

2.1.2　国际系统命名法

根据国际系统命名法原则,每一种酶都有一个系统名称(systematic name)。系统名称应明确表明酶的底物及所催化的反应性质两个部分。如果有两个底物则都应写出,中间用冒号隔开。此外,底物的构型也应写出。如谷丙转氨酶,其系统名称为 *L*-丙氨酸:α-酮戊二酸氨基转移酶。如 ATP 酶,其系统名称为己糖磷酸基转移酶。如果底物之一是水,可省去水不写,后面为所催化的反应名称。如 *D* -葡萄糖-δ-内酯水解酶,不必写成 *D* -葡萄糖-δ-内酯水水解酶。

系统命名的原则是相当严格的,一种酶只可能有一个名称,不管其催化的反应是正反应还是逆反应。如催化 *L*-丙氨酸和α-酮戊二酸生成 *L*-谷氨酸及丙酮酸的反应的酶只是称为 *L*-丙氨酸及α-酮戊二酸氨基转移酶,而不称 *L*-谷氨酸及丙酮酸氨基转移酶。

当只有一个方向的反应能够被证实,或只有一个方向的反应有生化重要性时,就以此方向来命名。有时也带有一定的习惯性,例如在包含有 NAD^+ 和 NADH 相互转化的所有反应中($DH_2+NAD^+=D+NADH+H^+$),命名为 DH_2:NAD^+ 氧化还原酶,而不采用其反方向命名。

2.1.3　习惯名或常用名

采用国际系统命名法所得酶的名称往往很长,使用起来十分不便。时至今日,日常使用最多的还是酶的习惯名称。因此,每一种酶有一个系统名称外,还有一个常用的习惯名称。1961

年以前使用的酶的名称都是习惯沿用的，称为习惯名(recommended name)。其命名原则如下。

(1) 根据酶作用的底物命名，如催化淀粉水解的酶称淀粉酶，催化蛋白质水解的酶称蛋白酶。有时还加上酶的来源，如胃蛋白酶、胰蛋白酶。

(2) 根据酶催化的反应类型来命名，如水解酶催化底物水解，转氨酶催化一种化合物的氨基转移至另一化合物上。

(3) 有的酶将上述两个原则结合起来命名，如琥珀酸脱氢酶是催化琥珀酸氧化脱氢的酶，丙酮酸脱羧酶是催化丙酮酸脱去羧基的酶等。

(4) 在上述命名基础上有时还加上酶的来源或酶的其他特点，如碱性磷酸酯酶等。

2.2 酶的结构与性质

2.2.1 酶的化学本质及其组成

2.2.1.1 酶的化学本质

迄今为止，除了某些具有催化活性的 RNA 和 DNA 外，所发现的酶的化学本质均是蛋白质。其主要依据如下。

(1) 酶的分子质量很大。如胃蛋白酶的分子质量为 36 ku，牛胰核糖核酸酶为 14 ku，*L*-谷氨酸脱氢酶为 1 000 ku 等，属于典型的蛋白质分子质量的数量级；且酶的水溶液具有亲水胶体的性质。

(2) 酶由氨基酸组成。酶经酸碱水解后其最终产物为氨基酸。

(3) 酶具两性性质。酶同蛋白质一样，在不同 pH 下可解离成不同的离子状态，每种酶都有其特定的等电点。

(4) 酶易变性失活。一切可使蛋白质变性的因素均可使酶变性失活。

由此可见，酶的化学本质是蛋白质，因为凡是蛋白质所具有的性质酶也同样具有。

2.2.1.2 酶的组成

酶的组成也与蛋白质相似，根据其组成可将酶分为 2 类，即单纯酶(simple enzyme)和结合酶(conjugated enzyme)。如脲酶、蛋白酶、淀粉酶、脂肪酶、核糖核酸酶等一般水解酶都属于简单蛋白酶，这些酶的活性仅仅取决于它们的蛋白质结构，酶只由氨基酸组成，此外不含其他成分。结合酶也称为全酶，由酶蛋白(全酶中的蛋白质部分)和辅助因子(全酶中的非蛋白质部分)两部分组成，如转氨酶(transaminases)、乳酸脱氢酶(lactate dehydrogenase，LDH)、碳酸酐酶(carbonic anhydrase)及其他氧化还原酶类(oxidoreductases)等均属结合酶。根据全酶中非蛋白部分与酶蛋白结合的紧密程度不同，将酶的辅助因子分为辅酶(coenzyme)和辅基(prosthetic group)。辅酶或辅基一般指小分子的有机化合物或一些金属离子，二者之间没有严格的界限。有的酶仅需其中一种，有的酶则二者都需要。一般来说，辅基与酶蛋白通过共价键相结合，不易用透析等方法除去。辅酶与酶蛋白结合较松，可用透析等方法除去而使酶丧失活性。自然界中酶的种类很多，但辅酶、辅基的种类并不多，一种辅酶或辅基可以和多种酶蛋白结合构成不同的酶。例如，脱氢酶类的辅酶为 NAD^+ 、$NADP^+$ 或 FAD、FMN；转氨酶类的辅酶都是磷酸吡哆醛和磷酸吡哆胺。酶蛋白和辅酶、辅基是酶表现催化活性不可缺少的两部分。辅酶、辅基和酶蛋白单独存在时均无活性，只有二者结合成全酶才有活性。酶蛋白决定反应的专一性，辅酶或辅基则起着传递电子、原子和某些功能基团的作用，决定反应性质。约有25%的酶含有紧密结合的金属离子或在催化过程中需要金属离子，包括铁、铜、锌、镁、钙、钾、钠等，它们在维持酶的活性和完成酶的催化过程中起作用。有的金属离子在酶与底物间起桥梁作用，将酶与底物连接起来；有的金属离子与酶的催化活性直接相关，如羧肽酶A中的Zn^{2+}；也有的金属离子主要是维持酶的空间构象或诱导其活性部位的形成，如谷氨酰胺合成酶由Mg^{2+}稳定其活性构象；还有的在氧化还原反应中传递电子，如细胞色素氧化酶中的Fe^{2+}等。有时把辅酶和辅基统称为辅酶。大多数辅酶为核苷酸和维生素或它们的衍生物（表2-2）。它们经常是生物体食物的必需成分，因此当供应不足时，即引起缺乏性疾病。上述6类酶中，除水解酶和连接酶外，其他酶在反应时都需要特定的辅酶。

表2-2 部分通用辅酶，它们的维生素前体和缺乏性疾病

辅 酶	前 体	缺乏性疾病
辅酶A	泛酸	皮炎
FAD，FMN	核黄素（维生素B_2）	生长阻滞
NAD^+，$NADP^+$	烟酸	糙皮病
焦磷酸硫胺素	硫胺素（维生素B_1）	脚气病
四氢叶酸	叶酸	贫血症
脱氧腺苷	钴胺素（维生素B_{12}）	恶性贫血症
胶原中脯氨酸羟化作用的辅助底物	维生素C（抗坏血酸）	坏血病
磷酸吡哆醛	吡哆醇（维生素B_6）	皮炎

虽然一直认为酶的化学本质就是蛋白质，但从20世纪80年代初开始，人们陆续发现某些RNA也具有酶的催化性质，并将具有酶催化活性的RNA称为核酶。后来人们又逐渐发现了多种人工合成的具有生物催化功能的DNA分子，同样将具有酶催化活性的DNA称为脱氧核酶（deoxyribozyme）。只是到目前为止，尚未发现自然存在的脱氧核酶。另外，在20世纪80年代后期，一种本质上是免疫球蛋白的抗体酶（abzymes）得以产生。

2.2.2 酶的分子结构与活性中心

虽然少数有催化活性的RNA分子已经鉴定，但几乎所有的酶都是蛋白质，因此酶也是由20种氨基酸组成的，其初级结构和高级结构含义与其他蛋白质相同。因而酶必然有四级空间结构形式，其中一级结构是指具有一定氨基酸顺序的多肽链的共价骨架，二级结构为在一级结构中相近的氨基酸残基间由氢键的相互作用而形成的带有螺旋、折叠、转角、卷曲等细微结构，三级结构系在二级结构基础上进一步进行分子盘曲以形成包括主侧链的专一性三维排列，四级结构是指低聚蛋白中各折叠多肽链在空间的专一性三维排列。具有低聚蛋白结构的酶（寡聚酶）必须具有正确的四级结构才有活性。

有些酶只有一条多肽链，如RNA酶、胃蛋白酶和溶菌酶等，这些酶只有一、二、三级结构。有些酶由2条或2条以上的多肽链组成（称为寡聚酶），如乳酸脱氢酶由4条肽链所组成，谷氨酸脱氢酶由6条肽链构成，所有寡聚酶都有四级结构。酶的分子结构是酶功能的物质基础，各

种酶的生物学活性都是由其分子结构的特殊性决定的。酶的催化活性不仅与酶分子的一级结构有关，而且与其高级结构的构象以及酶的活性部位的形成有关。

酶是大分子蛋白质，而反应物是小分子物质。因此酶与底物的结合不是整个酶分子，催化反应的也不是整个酶分子，而是只局限在它的大分子的一定区域，一般把这一区域称为酶的活性部位。活性部位（或称活性中心，active center）是指酶分子中直接和底物结合，并与酶的催化作用有直接关系的部位。对单纯酶来说，活性中心就是酶分子中在三维结构上比较靠近的少数几个氨基酸残基或是这些残基上的某些基团组成的。它们在一级结构中可能相差甚远，但由于肽链的盘绕折叠使它们在空间结构中相互靠近。对结合酶来说，它们在肽链上的某些氨基酸以及辅酶或辅酶分子上的某一部分结构往往就是其活性中心的组成部分。不同的酶在结构和专一性，甚至在催化机制方面均有相当大的差异，但它们的活性中心有许多共性存在。

活性中心的某些功能基团（如氨基、羧基、巯基、羟基及咪唑基等）称为酶的必需基团（essential group）。由于整个催化过程包括 2 步：酶与底物结合、催化底物转化。所以，活性部位又可以分为结合部位（binding site）和催化部位（catalytic site）。从功能上讲，前者结合底物，后者催化底物进行化学反应。

（1）结合部位与底物分子直接结合，并且使底物分子处于被催化的最优位置，使底物分子中的敏感键接近催化基团，有利于催化反应。

（2）催化部位为酶分子上直接催化底物化学反应的部位。

活性中心只占酶分子的很小一部分结构。已知几乎所有的酶都由 100 多个氨基酸残基所组成，而活性中心却只由几个氨基酸残基所构成。

酶的活性中心是一个三维实体，三维结构由酶的一级结构所决定。活性中心的氨基酸残基在一级结构上可能相距较远，甚至位于不同的肽链上，但通过肽链的盘绕、折叠而在空间结构上相互靠近。可以说没有酶的空间结构，也就没有酶的活性中心。一旦酶的高级结构受到物理或化学因素影响时，酶的活性中心遭到破坏，酶即失活。

酶的活性中心并不是和底物的形状正好互补的，而是在酶和底物结合的过程中，底物分子或酶分子的构象（有时是二者的构象）发生了一定的变化后才互补的。这种动态的辨认过程称为诱导契合（induced-fit）。

值得注意的是，虽然酶的催化作用取决于构成活性中心的几个氨基酸，但并不意味着酶分子中的其他部分就不重要了。因为酶活性中心的形成首先依赖于整个酶分子的结构。如木瓜蛋白酶，在失去 N 端的 20 个氨基酸后虽然仍有活性，但此时酶分子并不稳定，很容易丧失活性。因此，没有酶蛋白结构的完整性，酶分子的稳定性就随之降低，活性中心也就不存在了。另外，在活性中心以外的某些区域，尚有不和底物直接作用，却是酶表现催化活性所必需的基团，将这些基团称之为酶活性中心外的必需基团。

二维码 2-2　酶活性中心研究方法

2.2.3　酶催化作用的特点

酶是生物体活细胞产生的一类生物催化剂，具有一般催化剂所具有的共性，如需用量少，能显著提高化学反应的速率，在反应的前后自身没有质和量的改变；能加快反应速度，使之提前到达平衡，但不能改变反应的平衡点等。但酶作为细胞产生的生物催化剂，与一般非生物催化剂相比较又有其显著特点，即酶促反应具有温和性、专一性、高效性和可调性。

2.2.3.1 酶的温和性

酶催化作用与非酶催化作用的一个显著差别在于酶催化作用的条件温和。酶催化作用一般都在常温、常压、pH 近中性的条件下进行。与之相反，一般非酶催化作用往往需要高温、高压和极端的 pH 条件。究其原因，一是由于酶催化作用所需的活性能较低，二是由于酶是具有生物催化功能的生物大分子，在极端的条件下会引起酶的变性而失去其催化功能。

酶的反应条件温和，能在接近中性 pH 和生物体温以及在常压下催化反应。酶促反应的这一特点使得酶制剂在工业上的应用展现了良好的前景，使一些产品的生产可免除高温高压耐腐蚀的设备，因而可提高产品的质量，降低原材料和能源的消耗，改善劳动条件和劳动强度，降低成本。

2.2.3.2 酶的专一性

酶对底物及催化的反应有严格的选择性，一种酶仅能作用于一种物质或一类结构相似的物质，发生一定的化学反应，而对其他物质不具有活性，这种对底物的选择性称为酶的专一性。被作用的反应物，通常称为底物(substrate)。一般催化剂没有这样严格的选择性。如氢离子可以催化淀粉、脂肪和蛋白质等多种物质的水解，而淀粉酶只能催化淀粉糖苷键的水解，蛋白酶只能催化蛋白质肽键的水解，脂肪酶只能催化脂肪中酯键的水解，对其他类物质则没有催化作用。酶作用的专一性，是酶最重要的特点之一，也是和一般催化剂最主要的区别。

酶的专一性主要取决于酶的活性中心的构象和性质，各种酶的专一性程度是不同的。有的酶可作用于结构相似的一类物质，有的酶则仅作用于一种物质。根据酶对底物要求的严格程度不同，其专一性可分为结构专一性和立体异构专一性。

1. 结构专一性(structure specificity)

在结构专一性中，有的酶只作用于一定的键，对键两端的基团没有一定的要求，如二肽酶只催化二肽键，而与肽键连接的氨基酸没有关系；酯酶既能催化甘油酯，也能催化丙酰胆碱、丁酰胆碱中的酯键，这种专一性称为“键专一性”。有的酶对底物要求较高，不但要求一定的化学键，而且对键的一端的基团也有一定的要求，如胰蛋白酶对某些蛋白质水解酶表现出的水解专一性，这种专一性称为“基团专一性”。

2. 立体异构专一性(stereospecificity)

立体异构专一性是从酶和底物的立体化学性质来划分的，包括旋光异构专一性和几何异构专一性等不同类型。前者指对于底物的旋光性质要求严格，如乳酸脱氢酶(EC 1.1.1.27)催化丙酮酸生成 *L*-乳酸，而 *D*-乳酸脱氢酶(EC 1.1.1.28)催化丙酮酸却只能生成 *D*-乳酸；后者则对底物的顺反异构具有高度的选择性。

2.2.3.3 酶的高效性

生物体内进行的各种化学反应几乎都是酶促反应，可以说，没有酶就不会有生命。酶的催化效率比无催化剂要高 $10^8 \sim 10^{20}$ 倍，比一般催化剂要高 $10^6 \sim 10^{13}$ 倍。在 0℃时，1 g 铁离子每秒钟只能催化 10^{-5} mol 过氧化氢分解，而在同样的条件下，1 mol 过氧化氢酶却能催化 10^5 mol 过氧化氢分解，两者相比，酶的催化效率比铁离子高 10^{10} 倍。又如存在于血液中催化 $H_2CO_3 \longrightarrow CO_2 + H_2O$ 的碳酸酐酶，每分钟每分子的碳酸酐酶可催化 9.6×10^8 个 H_2CO_3 进行分解，以保证细胞组织中的 CO_2 迅速通过肺泡及时排出，维持血液的正常 pH。再如刀豆脲酶催化尿素水解的反应。

$$H_2N—CO—NH_2 + H_2O \xrightarrow{\text{脲酶}} 2NH_3 + CO_2$$

在 20℃时，尿素非酶催化水解的速率常数为 $3\times10^{-10}\ s^{-1}$，而酶催化反应的速率常数是 $3\times10^{4}\ s^{-1}$，因此，20℃下脲酶水解脲的速率比微酸水溶液中的反应速率增大 10^{14} 倍，再如将唾液淀粉酶稀释 10^{6} 倍后，仍具有催化能力。由此可见，酶作为一种生物催化剂其催化效率极高。

2.2.3.4 酶的可调性

酶作为细胞蛋白质的组成成分，随生长发育不断地进行自我更新和组分变化，其催化活性又极易受到环境条件的影响而发生变化，细胞内的物质代谢过程既相互联系，又错综复杂，但生物体却能有条不紊地协调进行，这是由于机体内存在着精细的调控系统。

参与这种调控的因素很多，但从分子水平上讲，仍是以酶为中心的调节控制。酶作用的调节和控制也是区别于一般催化剂的重要特征。如果调节失控就会导致代谢紊乱。酶作用调节的方式主要是通过调节酶的含量和酶的活性来实现的。

二维码 2-3　酶的可调性

1. 酶含量的调节

酶含量的调节主要有 2 种方式：一种是诱导或抑制酶的合成；另一种是调节酶的降解。

2. 酶活性的调节

酶活性调节的方式主要有下列几种方式。

(1) 酶的可逆共价调节(covalent regulatory)。可逆共价调节是指酶蛋白分子上的某些残基在另一种酶的催化下进行可逆的共价修饰，从而使酶在活性形式与非活性形式之间互相转变的过程。在一种酶分子上共价地引入一个基团从而改变它的活性。引入的基团又可以被第三种酶催化除去。

糖原磷酸化酶其活性受可逆的磷酸化作用的调节(图 2-1)。

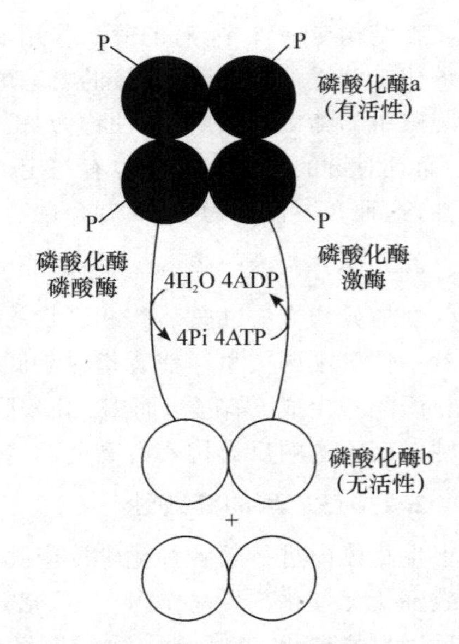

图 2-1　磷酸化酶 a 和磷酸化酶 b 的相互转化

(施巧琴. 酶工程. 北京：科学出版社，2005)

共价修饰调节酶分子中的一些基团，在其他酶的催化下，可以共价结合或脱去，常见的修饰有磷酸化/去磷酸化、乙酰化/去乙酰化、甲基化/去甲基化、腺苷酰化/去腺苷酰化等几种调节。

(2) 前馈和反馈作用调节酶活性。底物和产物通常均会影响酶的活性。一般把底物对酶作用的影响称之为前馈(feedforward)，而把代谢途径终产物对酶作用的影响称之为反馈(feedback)。二者都有正作用和负作用。在代谢途径中，底物通常对其后某一催化反应的调节起激活作用，即正前馈作用；反之为负前馈作用。而代谢反应产物使代谢过程加快的调节就称为正反馈；反之为负反馈。

(3) 激素对酶活性的调节。激素的一个主要生理作用就是通过直接和间接作用影响酶的活性从而调节生物体物质代谢。如肾上腺素以及胰高血糖素在糖代谢过程中升高血糖的作用就在于这两种激素可分别与其在细胞膜上的专一性受体结合，激活了与受体偶联的G蛋白，从而活化了细胞膜上的腺苷酸环化酶，促进ATP分解为cAMP。而cAMP形成后立即经一系列激活过程生成磷酸化酶a(图2-2)，从而使糖原分解以升高血中的葡萄糖。从激素促进cAMP生成的起始反应，到生成磷酸化酶a为止，经过4次放大，调节效率可大大提高，这是一个典型的酶的连续激活和共价修饰过程。

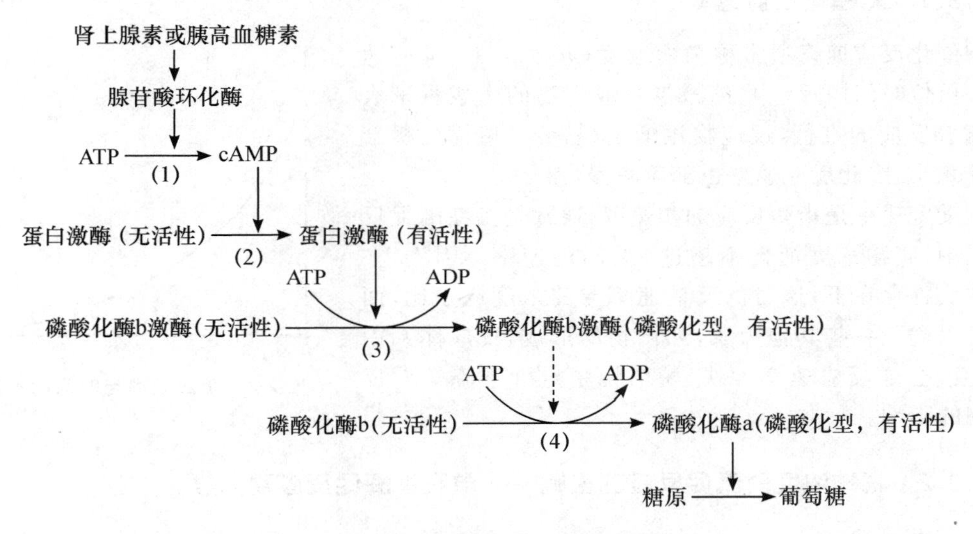

图2-2　修饰酶的逐级放大效应

(周晓云.酶学原理与酶工程.北京:中国轻工出版社,2007)

(4) 金属离子和其他小分子化合物的调节。有一些酶需要K^+活化，NH_4^+往往可以代替K^+，但不能活化这些酶，有时还有抑制作用，这一类酶有*L*-高丝氨酸脱氢酶、丙酮酸激酶、天冬氨酸激酶和酵母丙酮酸羧化酶。另一些酶需要Na^+活化，K^+起抑制作用。

(5) 酶的分子修饰对酶活性的影响。在体外通过酶的分子修饰，如酶中金属离子的置换修饰、大分子结合修饰、肽链的有限水解修饰、酶蛋白的侧链基团修饰、氨基酸的置换修饰以及一些物理的修饰方法，均可使酶蛋白的构象发生不同程度的改变，使酶的活性显著提高。例如，将锌型蛋白酶的Zn^{2+}置换成Ca^{2+}，其活力提高了20％～30％；将1分子胰凝乳蛋白酶与11分子右旋糖酐结合后，酶的活力达到原有的5.1倍等。因此，酶的分子修饰在酶的应用研究方面具有重要的意义。

(6) 抑制剂的调节。酶的活性受到大分子抑制剂或小分子抑制剂抑制，从而影响活力。前者如胰脏的胰蛋白酶抑制剂(抑肽酶)，后者如2,3-二磷酸甘油酸，是磷酸变位酶的抑制剂。

(7) 酶之间的相互作用。在酶促反应中，有时还出现酶与酶之间作用的相互影响，当在某一特定反应体系中，一种酶的加入可使得另一种酶促反应速度加快或减慢。这种作用的机制尚不完全清楚，但在实践中的确常常存在着这种相互作用，应加以注意。

2.3 酶催化反应动力学

酶反应动力学(kinetics of enzyme-catalyzed reactions)和化学反应动力学一样，是研究各种因素对酶反应速度影响规律的科学。它的研究对于生产实践、基础理论都有着十分重要的意义。酶催化的反应体系复杂，因为在酶反应系统中除了反应物(底物)外，还有酶这样一种决定性的因素，以及影响酶的其他各种因素。主要包括底物浓度、酶浓度、产物的浓度、pH、温度、抑制剂和激活剂等。因此酶促反应动力学是个很复杂的问题。

2.3.1 酶催化反应速率

酶催化反应速率通常称为酶速度(velocity)。反应速率是以单位时间内反应物的减少量或产物的生成量来表示。随着反应的进行，反应物逐渐消耗，分子碰撞的机会也逐渐减小，因此反应速率也随着减慢(图 2-3)。

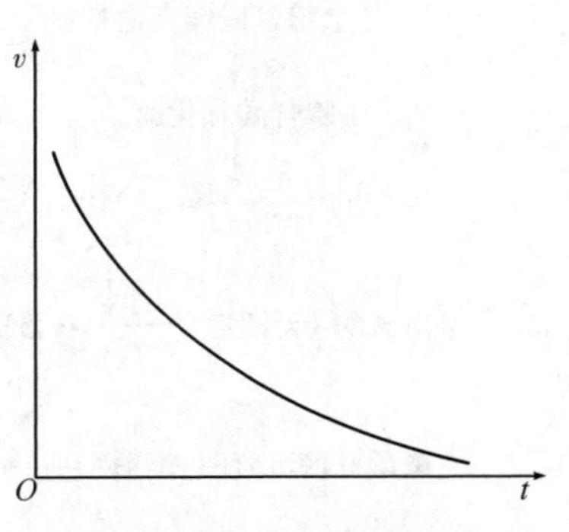

图 2-3 反应速率与时间的关系

故反应速率是指酶反应的初速率，通常是指在酶促反应过程中，底物浓度消耗不超过 5%时的速率。因为，在过量的底物存在下，这时的反应速率与酶浓度成正比，而且还可以避免一些其他因素，如产物的形成、反应体系中 pH 的变化、逆反应速率加快、酶活性稳定性下降等对反应速率的影响。

2.3.2 底物浓度对酶促反应的影响——单底物酶促反应动力学

1. 米氏方程

1902 年，Brown 在研究转化酶催化蔗糖酶解的反应时发现，随着底物浓度增加，反应速度的上升呈双曲线。1903 年，Henri 用蔗糖酶水解蔗糖的实验中观察到，在蔗糖酶作用的最适条件下，向反应体系中加入一定量的蔗糖酶，在底物浓度[S]低时，反应速率与底物浓度的增加成正比关系，表现为一级反应；但随着底物浓度的继续增加，反应速率的上升不再成正比，表现为混合级反应；当底物浓度增加到某种程度时，反应速率达到最大，此时即便仍在增加底物浓度，反应速率不再增加，表现为零级反应(图 2-4)。这就是单底物酶促反应或多底物酶促反应中只有一个底物浓度变化的情形。

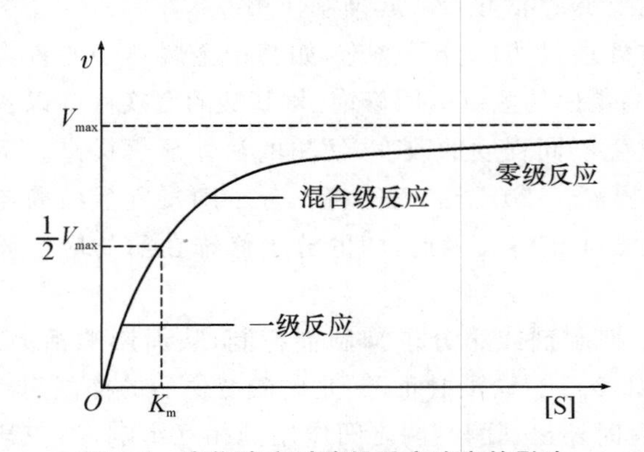

图 2-4 底物浓度对酶促反应速率的影响

Henri 提出酶催化底物转化成产物之前，底物与酶首先形成一个中间复合物(ES)，然后再转变成产物(P)并释放出酶。因此反应的速率不完全与底物浓度成正比，而是取决于中间复合物的浓度，即

$$E+S \underset{k_2}{\overset{k_1}{\rightleftharpoons}} ES \underset{k_4}{\overset{k_3}{\rightleftharpoons}} E+P \tag{2.1}$$

式中，k_1、k_2、k_3 和 k_4 分别代表速率常数。

1913 年，Michaelis 和 Menten 在前人工作的基础上，根据酶反应的中间产物学说，提出了酶促反应的快速平衡法(rapid equilibrium)，这是基于以下 3 个假设条件。

(1) E、S 与 ES 迅速建立平衡，在初速率范围内，产物生成量极少，可以忽略 E+P=ES 这一逆反应的存在。

(2) 相对于底物的浓度[S]，酶浓度[E]是很小的，ES 的形成不会明显地降低底物浓度[S]，即可忽略生成中间产物而消耗的底物，底物浓度以起始浓度计算。

(3) 中间复合物 ES 分解为 E+S 的速率远远大于 ES 分解为 E+P 的速率，后者是反应的限速步骤；在初速率范围内，E+S=ES 的正、逆向反应迅速达到平衡，ES 复合物分解生成产物的速率不足以破坏这一平衡。反应初速度 v 正比于[ES]。

利用快速平衡法，推导出一个数学方程式来表示底物浓度和反应速率之间的定量关系，如式(2.2)所示。

$$v=\frac{V_{max}[S]}{K_s+[S]} \tag{2.2}$$

式中，v 为反应速率，V_{max} 为酶完全被底物饱和时的最大反应速率，[S]为底物浓度，K_s 为 ES 的解离常数。

根据“快速平衡学说”，不难理解，式(2.2)中的 K_s 为：

$$\frac{k_1}{k_2}=\frac{[E][S]}{[ES]}=K_s \tag{2.3}$$

因为大多数酶促反应进行得十分迅速，ES 复合物形成后会迅速地分解为产物并释放出酶。

$$E+S \rightleftharpoons ES \longrightarrow E+P \tag{2.4}$$

实际的酶促反应应是这样进行的：ES 复合物形成后，ES 可分解为 E 和 S，也可解离为 E 和 P，同样 E 和 P 也可以重新形成 ES；当中间复合物的生成速率和分解速率相等，其浓度变化很小时，反应即处于“稳态平衡”状态。针对 Michaelis-Menton 方程的不足，1925 年 Briggs 和 Haldane 对米氏方程的推导假设作了以下修正。与 Michaelis 和 Menton 的快速平衡假设相比，稳态假说的最大的不同就是用稳态的概念代替了快速平衡态的概念。所谓稳态就是指这样一种状态：反应进行一段时间，系统的中间物浓度由零逐渐增加到一定数值，在一定时间内，尽管底物浓度不断地变化，中间物也在不断地生成和分解，但是当中间物生成和分解的速度接近相等时，它的浓度改变很小，这种状态叫作稳态。对于稳定状态，要满足以下的假设。

① 在初速率阶段产物浓度极低，那么：$E+P \longrightarrow ES$ 的反应速率极小，可以忽略不计。

② 在反应体系中，酶和底物结合形成 ES 复合物，因底物浓度远远大于酶的浓度，所以[S]－[ES]约等于底物浓度[S]。

③ 在稳态平衡条件下，ES 复合物分解为产物的速率不能忽略，即反应达到稳态时，ES 浓度不变，保持动态的平衡，即 ES 生成的速率等于 ES 分解的速率：

$$k_1[E][S]=k_2[ES]+k_3[ES]$$

该方程可转变为：

$$\frac{k_2+k_3}{k_1}=\frac{[E][S]}{[ES]}$$

令：

$$\frac{k_2+k_3}{k_1}=K_m$$

则：

$$K_m=\frac{[E][S]}{[ES]} \tag{2.5}$$

在反应体系中，总酶浓度$[E]_t$＝游离酶浓度$[E]$＋结合酶浓度$[ES]$。则有：

$$[E]=[E]_t-[ES]$$

代入式(2.5)得：

$$K_m=\frac{([E]_t-[ES])[S]}{[ES]}$$

将上式整理得：

$$[ES]=\frac{[E]_t[S]}{K_m+[S]} \tag{2.6}$$

由于反应初速度 v 正比于$[ES]$，即

$$v=k_3[ES] \tag{2.7}$$

将式(2.6)代入式(2.7)，并整理成：

$$v=\frac{k_3[E]_t[S]}{K_m+[S]} \tag{2.8}$$

在反应系统$[S]\gg[E]_t$时，所有的酶都被底物所饱和形成 ES 复合物，即$[E]_t=[ES]$，此时，酶促反应最大速率 $V_{max}=k_3[ES]=k_3[E]_t$代入式(2.8)，即得：

$$v=\frac{V_{max}[S]}{K_m+[S]} \tag{2.9}$$

这就是 Briggs-Haldane 根据稳态理论推导出的动力学方程，与 Michaelis-Menten 推导出的方程从形式上看是一样的，其中的常数定义发生了变化，比前者更合理，更具普遍性。但是为了纪念 Michaelis 和 Menten 所做的开创性工作，故把式(2.9)仍称为米氏方程，或修正的米氏方程，K_m 称为米氏常数。

米氏常数的物理意义如下。

当酶促反应处于 $v=\frac{1}{2}V_{max}$ 的特殊情况时，代入式(2.9)，即

$$\frac{1}{2}V_{max}=\frac{V_{max}[S]}{K_m+[S]}$$

$$K_m = [S]$$

由此可以看出 K_m 值的物理意义，即 K_m 值是当酶促反应速度达到最大反应速度一半时的底物浓度，它的单位是摩尔/升(mol/L)，与底物浓度单位一致。

根据米氏方程式还可进行如下讨论。

(1) 当[S]≪K_m 时，表示 [S]可以忽略，米氏方程可转变为：

$$v = \frac{V_{max}[S]}{K_m}$$

说明在底物浓度很低时，v 与[S]呈线性关系，表现为一级反应。这时由于底物浓度低，酶没有全部被底物所饱和，因此在底物浓度低的条件下是不能正确测得酶活力的。

(2) 当[S]≫K_m 时，表示 K_m 可以忽略，酶促反应初速度值达到最大值，并与底物浓度无关，米氏方程转变为：

$$v = V_{max}$$

说明反应速率已达最大值。此时，酶活性部位全部被底物占据，反应速率与底物浓度无关，表现为零级反应。酶活力只有在此条件下才能正确测得。

(3) 当[S]=K_m 时，米氏方程可为：

$$v = \frac{1}{2}V_{max}$$

也就是说，当底物浓度等于 K_m 值时，反应速率为最大反应速率的一半。这进一步说明了 K_m 值就是代表反应速率为最大反应速率一半时的底物浓度。

2. 米氏常数的意义

(1) K_m 是酶的一个极重要的动力学特征常数之一，给出一个酶能够应答底物浓度变化范围的有用指标，一般只与酶的性质有关，与酶的浓度无关；不同的酶 K_m 值一般不同。当反应体系中各种因素如 pH、离子强度、溶液性质等因素保持不变时，即对于特定的反应和特定的反应条件来说，K_m 是一个特征常数。大多数酶的 K_m 在 10^{-6}～10^{-1} mol/L。

(2) 判定酶的最适底物。同一种相对专一性的酶，一般有多个底物，则对于每一种底物来说各有一个特定的 K_m 值，K_m 最小的那个底物为该酶的最适底物或天然底物。

(3) K_m 值可帮助判断某一代谢的方向及生理功能。催化可逆反应的酶，对正逆两个方向反应的 K_m 常常是不同的。测定这些 K_m 的大小及细胞内正逆两向的底物浓度，可以大致推测该酶催化正逆两向反应的效率；这对了解酶在细胞内的主要催化方向及生理功能具有重要的意义。

(4) 作为酶和底物亲和力的量度。K_m 与 K_s 不同，这在前面推导过程中已经论述得很清楚了。若 $k_2 \gg k_3$，k_3 可忽略不计，$K_m = k_2/k_1$，此时 K_m 等于 ES 复合物的解离常数 K_s。故这时的 K_m 可以近似地说明酶与底物结合的难易程度；K_m 大，表示酶与底物的亲和力小；K_m 小，表示酶与底物的亲和力大。K_m 是 ES 分解速度和形成速度的比值；而 $1/K_m$ 表示形成 ES 趋势的大小。

(5) K_m 在特殊的情况下 $v = V_{max}$ 时，反应速率与底物浓度无关，只与[E]成正比，表明酶的全部活性部位均被底物所占据。当 K_m 已知时，任何[S]时酶活性中心被底物饱和的分数

f_{ES} 可求出,即

$$f_{ES}=\frac{v}{V_{max}}=\frac{[S]}{K_m+[S]}$$

(6) 测定不同抑制剂对某个酶的 K_m 及 V_{max} 的影响,可区别抑制剂是竞争性的还是非竞争性的抑制剂。在没有抑制剂(或者只有非竞争性抑制剂)存在的情况下,ES 分解速度和形成速度的比值符合米氏方程,此时称为 K_m。而在另外一些情况下,它发生变化,不符合米氏方程,此时的比值称为表观米氏常数 K_m。

从 v-[S]图上,直接求出最大反应速率 V_{max} 是非常困难的,该法也不易求得 K_m。为了克服这个困难,通常将米氏方程转化为各种直线方程,并作出相应图形来测定 K_m 和 V_{max}。最常用的方法有双倒数作图法(Lineweaver-Burk 作图法),以 $1/v$ 对 $1/[S]$作图,可以得到一条直线(图 2-5)。

二维码 2-4 动力学参数 K_m 与 V_{max} 的求法与米氏方程的变形

2.3.3 酶浓度对酶促反应的影响

从米氏方程可以看出酶反应速度与酶浓度的关系。将 $V_{max}=k_3[E]_t$,代回米氏方程(2.9),在 $[S]\gg K_m$ 时,酶促反应的速率与酶浓度成正比,$v=k_3[E]$,说明底物浓度足够大,足以使酶得到饱和。这种性质是测定酶活力的依据。即在测定酶活力时,要求[E]远小于[S],从而保证酶促反应速率与酶浓度成正比。而在$[S]\ll K_m$ 时,反应速度与酶浓度间不再是简单的线性函数,当酶的浓度增加到一定程度,以致底物浓度已不足以使酶饱和时,再继续增加酶的浓度反应速度也不再成正比例地增加(图 2-6)。

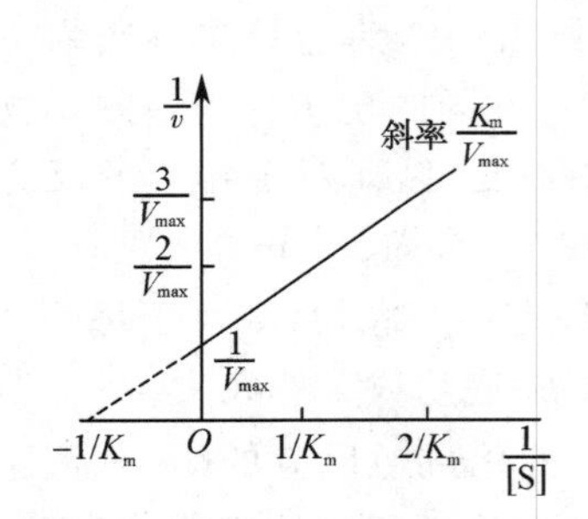

图 2-5 Lineweaver-Burk 作图法

(于国萍. 酶及其在食品中应用. 哈尔滨:哈尔滨工程大学出版社,2000)

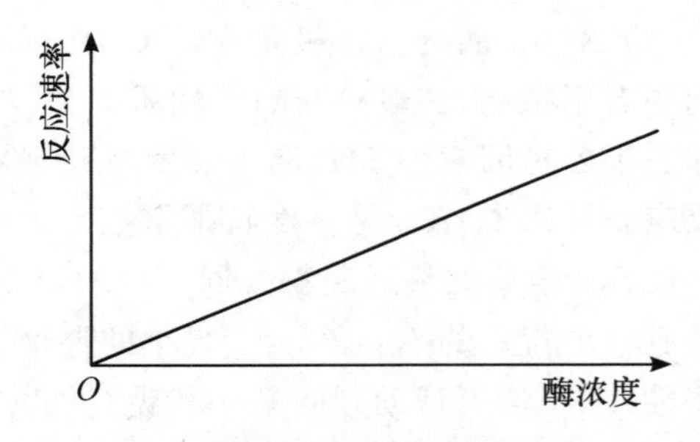

图 2-6 酶浓度对酶促反应的影响

2.3.4 温度对酶促反应的影响

温度对酶促反应速度影响较大。低温时酶的活性非常微弱,随着温度逐步升高,酶的活性也逐步增加,但超过一定温度范围后,酶的活性反而下降。如果以温度为横坐标,反应速率为纵坐标,可得到如图 2-7 所示的曲线。对每一种酶来说,在一定的条件下,都有一个显示其最大反应速率的温度,这一温度称为该酶反应的最适温度(optimum temperature)。

最适温度并非酶的特征常数，因为一种酶具有的最高催化能力的温度不是一成不变的，它往往受到酶的纯度、底物、激活剂、抑制剂以及酶促反应时间等因素的影响。因此对同一种酶而言，必须说明什么条件下的最适温度。温度的影响与时间有紧密关系，这是由于温度促使酶蛋白变性是随时间累加的。不同来源的酶，最适温度不同。一般植物来源的酶，最适温度为40～50℃；动物来源的酶最适温度较低，为35～40℃；微生物酶的最适温度差别较大，细菌高温淀粉酶的最适温度达80～90℃。但大多数酶当温度升到60℃以上时，活性迅速下降，甚至丧失活性，此时即使再降温也多不能恢复其活性。可见只是在某一温度范围时酶促反应速度最大。

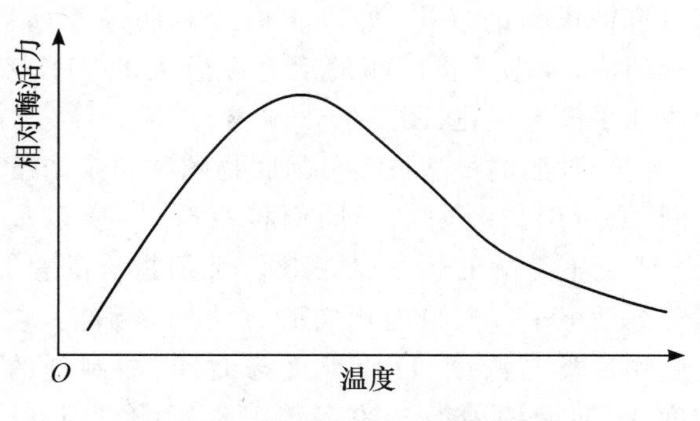

图 2-7　温度对酶活力的影响

温度对酶促反应有两方面影响。一方面与一般化学反应相似，当温度升高时，反应速率加快。可以用温度系数(temperature coefficient)Q_{10}表示，即每升高10℃，其反应速率与原反应速率之比，对大多数酶来讲Q_{10}多为1～2，即温度每升高10℃，酶反应速率为原反应速率的1～2倍。另一方面由于酶是蛋白质，温度过高会使酶蛋白逐渐变性而失活。升高温度对酶促反应的这两种相反的影响是同时存在的，在较低温度(0～40℃)时前一种影响大，所以酶促反应速度随温度上升而加快；随着温度不断上升，酶的变性逐渐成为主要矛盾。酶促反应速度随之下降。

2.3.5　pH对酶促反应的影响

每种酶对于某一特定的底物，在一定pH下酶表现最大活力，高于或低于此pH，酶的活力均降低。酶表现其最大活力时的pH通常称为酶的最适pH(optimum pH)。在一系列不同pH的缓冲液中，测定酶促反应速度，可以得到酶促反应速度对pH的关系曲线，pH关系曲线近似于钟罩形(图2-8)。

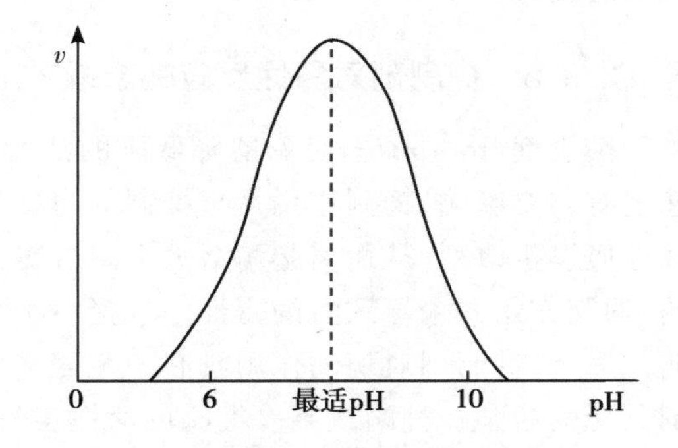

图 2-8　pH对酶活力的影响

最适pH发生微小偏离时，由于使酶活性部位的基团离子化发生变化而降低酶的活力。pH发生较大偏离时，维护酶三维结构的许多非共价键受到干扰，导致酶蛋白自身的变性。偏离酶的最适pH愈远，酶的活性愈小，过酸或过碱则可使酶完全失去活性。各种酶在一定条件下都有一定的最适pH。但是各种酶的最适pH是多种多样的，因为它们要适应不同环境。一般说来大多数酶的最适pH为5～8，植物和微生物的最适pH大多为4.5～6.5，动物体内的酶其最适pH为6.5～8.0。人体内大多数酶的最适pH为7.35～7.45。但也有不少例外，消化酶胃蛋白酶(pepsin)要适应在胃的酸性pH下工作(大约pH 2.0)，胃蛋白酶最适pH是1.5，胰蛋白酶的最适pH为8.1，肝中精氨酸酶的最适pH是9.8。pH对不同酶的活性影响不同，有的

酶只有钟罩形的一半，如胃蛋白酶和胆碱酯酶；也有的酶，如木瓜蛋白酶的活力在较大的pH范围内几乎没有变化（图2-9）。

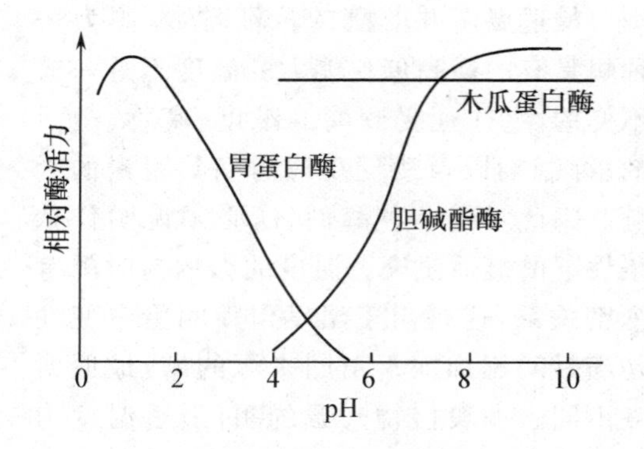

图2-9　3种酶的pH-酶活力曲线

（施巧琴.酶工程.北京：科学出版社，2005）

同一种酶的最适pH可因底物的种类及浓度不同，或所用的缓冲剂不同而稍有改变，所以最适pH也不是酶的特征性常数。必须指出的是，酶的最适pH目前只能用实验方法加以确定，它受底物种类与浓度、反应温度与时间、酶制剂的纯度、缓冲液的种类与浓度等因素影响。因此，酶的最适pH只有在一定条件下才有意义。因此，它不是一个常数，而只能作为一种实验参数。

pH影响酶促反应速率的原因有以下几个方面。

1.影响酶分子的构象

过酸或过碱可以使酶的空间结构破坏，引起酶构象改变，特别是酶活性中心构象的改变，使酶活性丧失。这种失活包括可逆和不可逆两种方式。

2.影响酶和底物的解离

pH影响酶的催化活性的机理，主要因为pH能影响酶分子，特别是酶活性中心内某些氨基酸残基的电离状态。若底物也是电解质，pH也可影响底物的电离状态。在最适pH时，恰能使酶分子和底物分子处于最合适电离状态，有利于二者结合和催化反应的进行。pH的改变影响了酶蛋白中活性部位的解离状态。催化基团的解离状态受到影响，将使得底物不能被酶催化成产物；结合基团的解离状态受到影响，则底物将不能与酶蛋白结合，从而改变了酶促反应速度。

2.3.6　抑制剂对酶促反应的影响

抑制剂（inhibitor）是指能降低酶的活性，使酶促反应速度减慢的物质。抑制剂对酶反应速度有重要影响，抑制作用是指抑制剂与酶分子上的活性有关部位相结合，使这些基团的结构和性质发生改变，从而引起酶活力下降或丧失的一种效应。抑制作用与酶的变性作用是不同的，抑制作用并未导致酶的变性。酶蛋白水解或变性引起的酶活力下降不属于抑制作用的范畴。另外，抑制剂对酶的作用具有一定的选择性，而变性剂对酶的作用没有选择性。一种抑制剂只能引起某一种酶或某一类酶的活性丧失或降低，变性剂却均可使酶蛋白变性而使酶丧失活性。

根据抑制剂与酶作用方式的不同，将抑制作用分为可逆的抑制作用和不可逆的抑制作用两种。

2.3.6.1　不可逆的抑制作用（irreversible inhibition）

抑制剂与酶分子形成稳定的共价键结合，引起酶活性下降或丧失，并且不能用透析等方法除去抑制剂而使酶的活性恢复，这种作用称为不可逆的抑制作用。

这种抑制的动力学特征是抑制程度与共价键形成的速度成比例，并随抑制剂浓度及抑制剂与酶接触时间而增大。最终抑制水平仅由抑制到酶的相对量决定，与抑制剂浓度无关。在测酶活系统中加入不同浓度的抑制剂，每一抑制剂浓度都作一条初速率和酶浓度的关系曲线，可以得到一组不通过原点的平行线（图 2-10），每条直线都依赖于抑制剂浓度的增加而向右平行移动。这是因为抑制剂使一定量的酶失活，只有加入的酶量大于不可逆抑制剂的量时才表现出酶活力，故不可逆抑制剂的作用相当于把原点向右移动了。

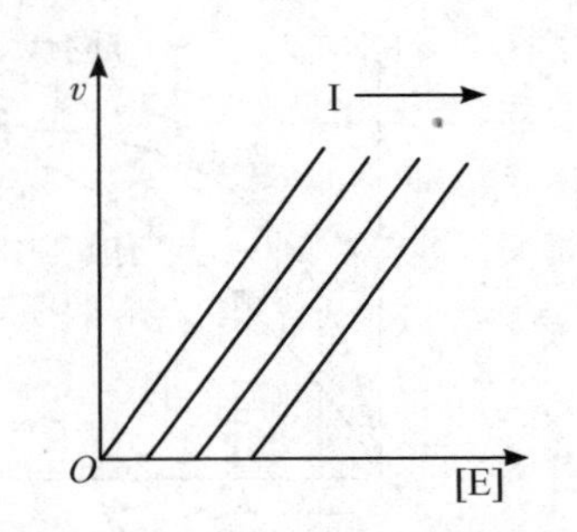

图 2-10　不同浓度不可逆抑制剂存在时初速率和酶浓度关系曲线

（于国萍. 酶及其在食品中应用. 哈尔滨：哈尔滨工程大学出版社，2000）

2.3.6.2　可逆的抑制作用(reversible inhibition)

抑制剂与酶以非共价键方式结合而引起酶的活性降低或丧失，在用透析、超滤等物理方法除去抑制剂后，酶的活性又能恢复，即抑制剂与酶的结合是可逆的，此种抑制作用称为可逆的抑制作用。对于不同浓度的抑制剂，每一抑制剂浓度都作一条初速率和酶浓度的关系曲线，结果表明可逆抑制都可得到一组通过原点的直线（图 2-11），随抑制剂浓度升高，斜率下降。抑制剂浓度一定时可逆抑制剂与不可逆抑制剂的区别见图 2-12。根据抑制剂、底物与酶分子三者结合关系，将可逆抑制作用分为下列 4 种。

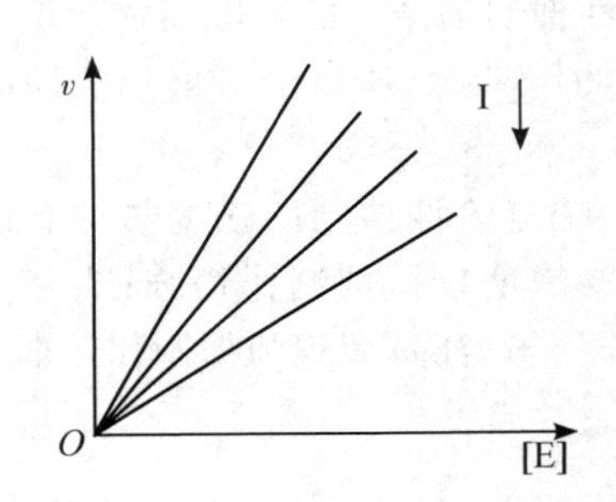

图 2-11　不同浓度可逆抑制剂存在时初速率和酶浓度关系曲线

（于国萍. 酶及其在食品中应用. 哈尔滨：哈尔滨工程大学出版社，2000）

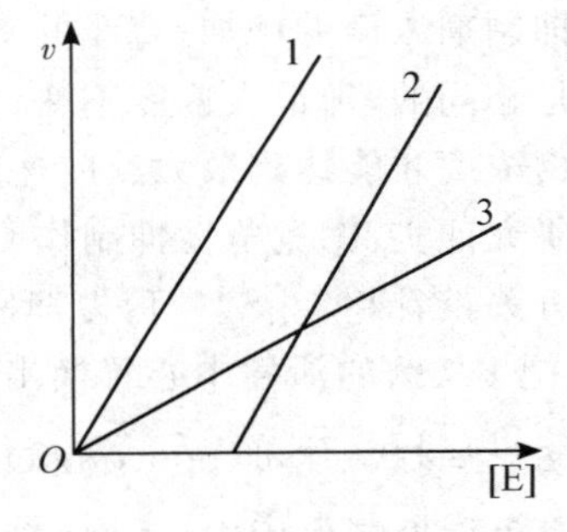

1. 无抑制剂　2. 不可逆抑制剂　3. 可逆抑制剂

图 2-12　抑制剂浓度一定时 v-[E]曲线

（于国萍. 酶及其在食品中应用. 哈尔滨：哈尔滨工程大学出版社，2000）

1. 竞争性抑制作用(competitive inhibition)

在这种类型中，抑制剂(I)通常与底物的结构有某种程度的类似，可与底物(S)竞争酶的结合部位，并与酶形成可逆的 EI 复合物，但酶不能同时与底物及抑制剂结合，既不能形成 EIS 三元复合物，EI 也不能分解成产物(P)，使酶反应速率下降（图 2-13a），反应式如下：

$$
\begin{array}{l}
E+S \underset{}{\overset{K_s}{\rightleftharpoons}} ES \longrightarrow E+P \\
+ \\
I \\
K_i \Big\Updownarrow \\
EI \not\longrightarrow P
\end{array}
$$

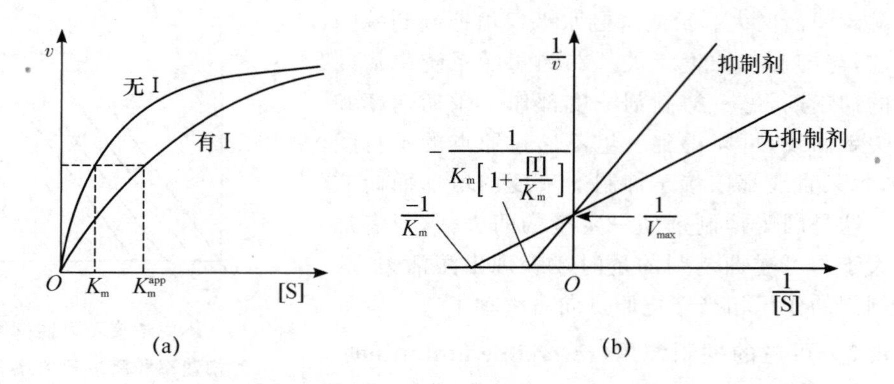

(a)[S]对 v 作图;(b)Linerveaver-Burk 作图

图 2-13　竞争性抑制动力学图

(于国萍. 酶及其在食品中应用. 哈尔滨:哈尔滨工程大学出版社,2000)

抑制剂与底物竞争酶的活性中心,从而阻止底物与酶的结合,使反应速度下降。当它与酶的活性中心结合后,底物就不能与酶结合;若底物先与酶结合,则抑制剂就不能与酶结合。所以竞争性抑制的抑制程度取决于底物和抑制剂的相对浓度,且这种抑制作用可通过提高底物浓度的方法来解除。在竞争性抑制剂存在下,可得到如图 2-13 所示的曲线;从中可以看出,随着竞争性抑制剂浓度的增加,直线的斜率增加,表明竞争性抑制剂结合的强度增加。但在纵轴上的截距是相同的,即最大速度不变,但酶对底物的亲和力降低了,所以 K_m 增加。即酶需要更高的底物浓度才能达到最大反应速度。

许多研究证实:①竞争性抑制作用的反应是可逆的。②竞争性抑制的强度与抑制剂和底物的浓度有关,当[I]≫[S]([I]为抑制剂浓度,[S]为底物浓度)时,抑制作用强;当[S]≫[I]时,S 可以把 I 从酶的活性中心置换出来,从而使酶抑制作用被解除,表现为抑制作用弱。

2. 非竞争性抑制作用(noncompetitive inhibition)

在非竞争性抑制作用中,底物、抑制剂与酶的结合互不相干,二者可同时独立地与酶结合,形成酶-底物-抑制剂(ESI)三元复合物,两者没有竞争作用。但 ESI 不能转变为产物。

$$
\begin{array}{ccccc}
E+S & \xrightleftharpoons{K_s} & ES & \longrightarrow & E+P \\
+ & & + & & \\
I & & I & & \\
K_i \Big\Updownarrow & & K_i' \Big\Updownarrow & & \\
EI+S & \xrightleftharpoons{K_i'} & ESI & \nrightarrow & P
\end{array}
$$

在非竞争性抑制剂存在下,作双倒数图可得到如图 2-14(b)所示的曲线。随着非竞争性抑制剂浓度的增加,直线的斜率增加,在纵轴上的截距也增加,即最大反应速度减小,但 K_m 不变,所以酶对底物的亲和力不变。

3. 反竞争性抑制作用(uncompetitive inhibition)

反竞争性抑制作用的特点是抑制剂必须在酶与底物结合后才能与之结合,即 I 不单独与酶结合,只与 ES 复合物结合形成 ESI,但 ESI 不能转变成产物。当反应体系中存在反竞争性

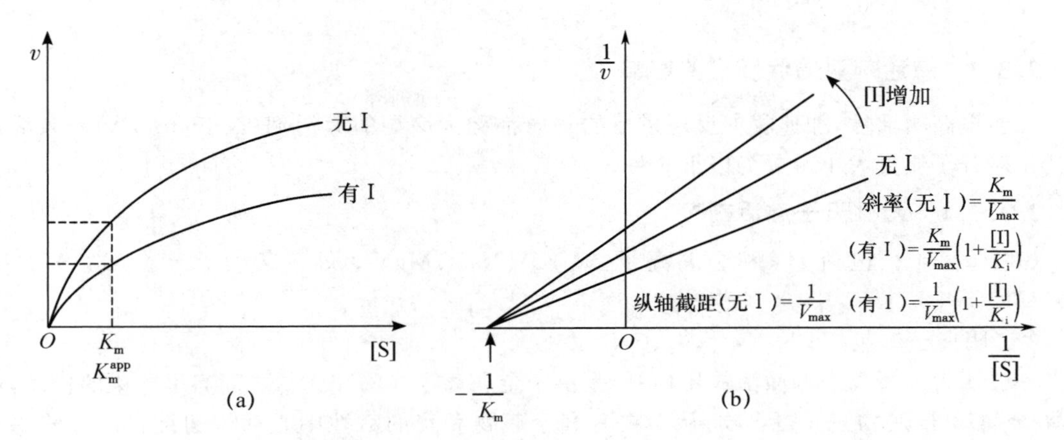

(a)[S]对 v 作图;(b)Linerveaver-Burk 作图

图 2-14 非竞争性抑制动力学图

(施巧琴.酶工程.北京:科学出版社,2005)

抑制剂时,不仅不排斥酶和底物的结合,反而增加了二者的亲和力,这与竞争性抑制作用恰好相反,所以称为反竞争性抑制作用。产生这种现象的原因可能是S和E的结合改变了E的构象,有利于抑制剂同酶的结合。

$$\begin{array}{l} E+S \rightleftharpoons ES \longrightarrow E+P \\ + \\ I \\ \Updownarrow \\ ESI \not\longrightarrow P \end{array}$$

有反竞争性抑制剂存在 v 与 S 的关系如图 2-15 所示,K_m 和最大反应速率都减小。

增加底物浓度,不但不能减轻或消除抑制,反而增加了抑制程度。这恰好与竞争性抑制作用相反。

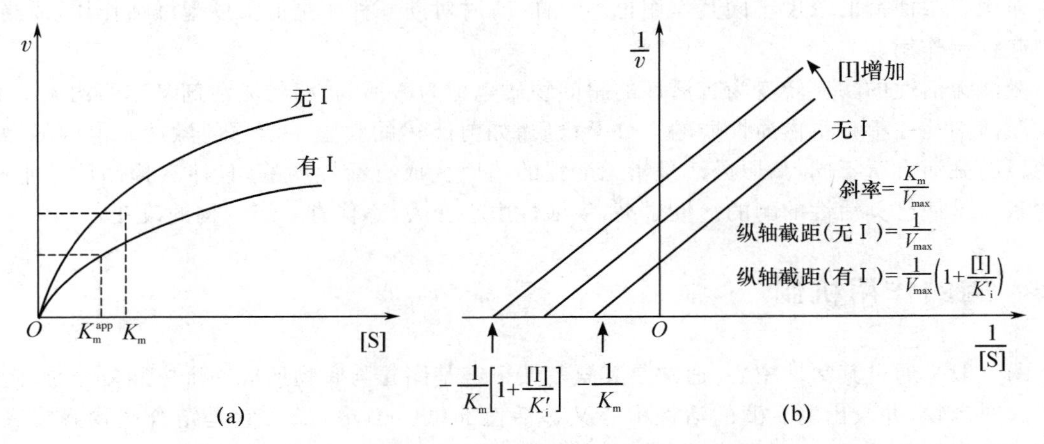

(a)[S]对 v 作图;(b)Linerveaver-Burk 作图

图 2-15 反竞争性抑制动力学图

(施巧琴.酶工程.北京:科学出版社,2005)

2.3.7 激活剂对酶促反应的影响

凡能提高酶活性,加速酶促反应进行的物质都称为该酶的激活剂(activator,A)。激活剂按其相对分子质量大小可分为以下 3 种。

2.3.7.1 无机离子激活剂

(1) 阳离子。包括 H^+ 和金属离子,如 K^+、Na^+、Mg^{2+}、Ca^{2+}、Zn^{2+}、Cu^{2+}(Cu^+)、Fe^{2+}(Fe^{3+})等。

(2) 阴离子。包括 Cl^-、Br^-、I^-、CN^-、NO_2^- 等。

一般认为金属离子的激活作用,主要是由于金属离子在酶和底物之间起了桥梁的作用,形成酶-金属离子-底物三元复合物,从而更有利于底物和酶的活性中心部位的结合。有的酶只需要一种金属离子作为激活剂,如乙醇脱氢酶;有的酶则需要一个以上的金属离子作为激活剂,如α-淀粉酶以 Na^+、K^+、Ca^{2+} 为激活剂。无机离子对酶活性的影响与其浓度有关,一般低浓度提高酶活性,高浓度降低酶活性。有时在一起的两种离子对酶活性的作用恰好相反,出现拮抗作用。

2.3.7.2 一些小分子的有机化合物

有一些以巯基为活性基团的酶,在分离提纯过程中,其分子中的巯基常被氧化而降低活力。因此需要加入抗坏血酸、半胱氨酸、谷胱甘肽或氰化物等还原剂,使氧化了的巯基还原以恢复活力。

2.3.7.3 生物大分子激活剂

某种蛋白酶能使无活性的酶原(zymogen 或 proenzyme)变成有活性的酶。如胰蛋白酶可以将无活性的胰凝乳蛋白酶原变成有活性的α-胰凝乳蛋白酶。如磷酸化酶 b 激酶可激活磷酸化酶 b,而磷酸化酶 b 激酶又受到 cAMP 依赖性蛋白激酶的激活。

激活剂对酶的作用具有一定的选择性:一种激活剂对某种酶可能是激活,但对另一种酶则可能是抑制。如脱羧酶、烯醇化酶、DNA 聚合酶等的激活剂,对肌球蛋白腺三磷酸酶的活性有抑制作用。激活剂的浓度不同其作用也不一样,有时对同一种酶是低浓度起激活作用,而高浓度则起抑制作用。

激活无活性的酶原转变为有活性的酶的物质也称为激活剂,酶的激活剂又称酶的激动剂。这类激活剂往往都是蛋白质性质的大分子物质,如前所述的胰蛋白酶原的激活。但酶的激活与酶原的激活有所不同,酶原激活是指无活性的酶原变成有活性的酶,且伴有抑制肽的水解;酶的激活是使已具活性的酶的活性增高,使活性由小变大,不伴有一级结构的改变。

2.4 酶的作用机制

酶一般是通过其活性中心,通常是其氨基酸侧链基团先与底物形成一个中间复合物,随后再分解成产物,并放出酶。酶的活性中心又称活性部位(active site),它是结合底物和将底物转化为产物的区域,通常是整个酶分子相当小的一部分,它是由在线性多肽链中可能相隔很远的氨基酸残基形成的三维实体。活性部位通常在酶的表面空隙或裂缝处,形成促进底物结合的优越的非极性环境。在活性部位,底物被多重的、弱的作用力结合(静电相互作用、氢键、范德华力、疏水相互作用),在某些情况下被可逆的共价键结合。酶结合底物分子,形成酶-底物复合物(enzyme-substrate complex)。酶活性部位的活性残基与底物分子结合,首先将它转变为过渡态,然后生成产物,释放到溶液中。这时游离的酶与另一分子底物结合,开始它的又一次循环。

2.4.1 酶催化的化学机制

2.4.1.1 酸碱催化

在酶反应中起到催化作用的酸与碱,在化学上应与非酶反应中酸与碱的催化作用相同。酸碱催化剂是催化有机反应的最普遍、最有效的催化剂。酸与碱,在狭义上常指能离解 H^+ 与 OH^- 的化合物。广义的酸碱是指能供给质子(H^+)与接受质子的物质。酸碱催化剂有 2 种,一种是狭义的酸碱催化剂(specific acid-base catalyst),即 H^+ 和 OH^- 的催化;由于酶反应的最适 pH 一般接近中性,因此 H^+ 和 OH^- 的催化在酶反应中的重要性不大;另一种是广义的酸碱催化剂(general acid-base catalyst),即质子供体和质子受体所致的酸碱催化在酶反应中的重要性则大得多。如 $HA = A^- + H^+$。在狭义上 HA 是酸,因为它能离解 H^+,但在广义上,HA 也为酸,是由于它供给质子。在狭义上,A^- 既不是酸,也不是碱,但在广义上,它能接受质子,因此它就是碱。由此可见,在广义上酸与碱可以存在成相关的或共轭的对,如 CH_3COOH 为共轭酸,而 CH_3COO^- 则为共轭碱。

影响酸碱催化反应速率的因素有 2 个:酸碱强度和质子传递的速率。在以下的功能团中,由于组氨酸的咪唑基解离常数约为 6.0,因此在接近于生理体液 pH 的条件下(即在近中性的条件下),有一半以酸形式存在,另一半以碱形式存在。也就是说,咪唑基既可作为质子供体,也可作为质子受体在酶促反应中发挥催化作用。同时咪唑基接受质子和供出质子的速率十分迅速,其半衰期小于 10^{-10} s,而且供出质子和接受质子速率几乎相等。由于咪唑基有如此特点,因此咪唑基是酶催化反应中最有效、最活泼的一个功能基团。所以组氨酸在大多数蛋白质中含量虽然很少,却占很重要的地位。

酸碱催化剂在酶反应中的协调一致可能起到特别重要的作用。由于生物体内酸碱度偏于中性,在酶反应中起到催化作用的酸碱不是狭义的酸碱,而是广义的酸碱。在酶蛋白中有许多可起广义酸碱催化作用的功能团,如氨基、羧基、巯基、酚羟基及咪唑基等。它们能在近中性 pH 的范围内,作为催化性的质子供体或质子受体参与广义的酸催化或碱催化(表 2-3)。

表 2-3 酶蛋白中可起广义酸碱催化作用的功能团

(周晓云.酶学原理与酶工程.北京:中国轻工出版社,2007)

质子供体(广义酸)	质子受体(广义碱)	质子供体(广义酸)	质子受体(广义碱)
$-COOH$	$-COO^-$	$-SH$	$-S^-$
$-NH_3^+$	$-NH_2$	HC=CH, HN, N⁺H, C, H 咪唑基(酸)	HC=CH, HN, N:, C, H 咪唑基(碱)
$-C_6H_4-OH$	$-C_6H_4-O^-$		

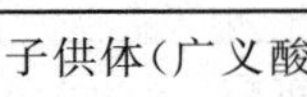

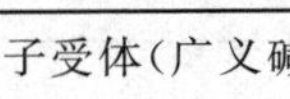

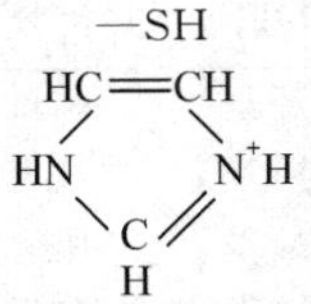

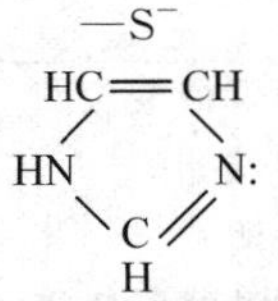

许多酶如溶菌酶、牛胰核糖核酸酶、牛胰凝乳蛋白酶等，均包含有广义酸碱催化作用。胰凝乳蛋白酶的活性部位由 Ser195、His57、Asp102 三个氨基酸残基组成，依据对酶活性部位的结构分析及一系列实验证实，Asp102 与 His57 形成氢键，His57 又与 Ser195 形成氢键，这三个氨基酸构成了具有电荷转接系统的催化三联体(图 2-16)。

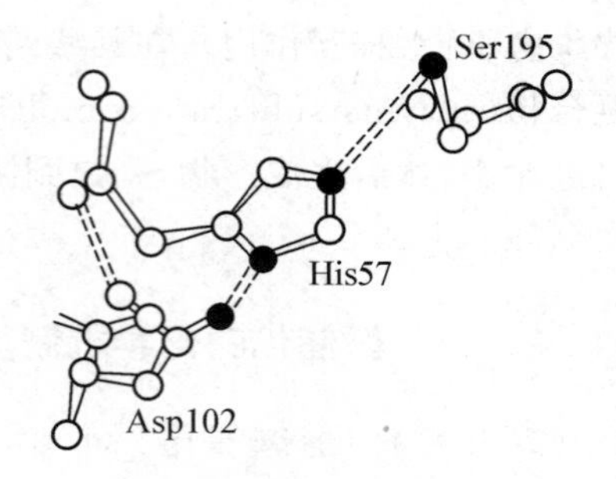

图 2-16　胰凝乳蛋白酶活性部位的催化三连体

(施巧琴. 酶工程. 北京：科学出版社，2005)

Asp102 以解离形式存在，His57 是非离子化的形式，Asp102 的 COO^- 可稳定过渡态中 His57 的正电荷形式，使组氨酸正确定位，并从 Ser195 接受一个质子，使 Ser195 羟基中的氧原子便于对底物进行亲核攻击，这个电荷转接系统得以如图 2-17 那样工作，在催化反应中，直接参与电子的接收和传递。

Asp102—C(=O)—O⁻ ··· ⁺H—N(His57 咪唑环：HC═C，C—H) N ··· H—O(⊖)—Ser195

图 2-17　胰凝乳蛋白酶的催化机制

(于国萍. 酶及其在食品中应用. 哈尔滨：哈尔滨工程大学出版社，2000)

在胰凝乳蛋白酶的催化作用中，His57 的咪唑基起着广义酸碱催化剂的作用，通过电荷转接系统进行酸碱催化形成共价中间产物，增加的催化速率约为非催化水解反应的 10^3 倍。

2.4.1.2　共价催化

有一些酶反应可通过共价催化(covalent catalysis)来提高反应速度。共价催化又可分为亲核催化和亲电催化两大类型，在酶促反应机制中占极其重要的地位。这种催化方式是底物与酶形成一个反应活性很高的共价中间物，这种中间物可以很快转变为活化能大为降低的转变态，从而提高催化反应速度。底物可以越过较低的“能域”而形成产物。例如，糜蛋白酶与乙酸对硝基苯酯可结合成为乙酰糜蛋白酶的复合中间物，同时生成对硝基苯酚。在复合中间物中乙酰基与酶的结合为共价形式。乙酰糜蛋白酶与水作用后，迅速生成乙酸并释放出糜蛋白酶。乙酰糜蛋白酶是共价结合的酶-底物(enzyme-substrate，ES)复合物。能形成共价 ES 复合物的酶还有一些，详见表 2-4。

表 2-4　部分酶-底物共价复合物

(梅乐和，岑沛霖. 现代酶工程. 北京：化学工业出版社，2011)

酶	与底物共价结合的酶功能基团	酶-底物共价复合物	酶	与底物共价结合的酶功能基团	酶-底物共价复合物
葡萄糖磷酸变位酶	丝氨酸的羟基	磷酸酶	葡萄糖-6-磷酸酶	组氨酸的咪唑基	磷酸酶
乙酰胆碱酯酶	丝氨酸的羟基	酰基酶	琥珀酰辅酶 A 合成酶	组氨酸的咪唑基	磷酸酶
糜蛋白酶	丝氨酸的羟基	酰基酶	转醛酶	赖氨酸的 ε-氨基	Schiff 碱
磷酸甘油醛脱氢酶	半胱氨酸的巯基	酰基酶	*D*-氨基酸氧化酶	赖氨酸的 ε-氨基	Schiff 碱
乙酰辅酶 A-转酰基酶	半胱氨酸的巯基	酰基酶			

共价催化的常见形式是酶的催化基团中亲核原子对底物的亲电子原子的攻击。它们类似亲核试剂与亲电试剂。

1. 亲核催化

亲核催化是具有一个非共用电子对的原子或基团,攻击缺少电子具有部分正电性的原子,并利用非共用电子对形成共价键的催化反应。简单地说,是从亲核试剂(催化剂)供给一个电子对到底物的反应过程。反应速率的快慢取决于亲核试剂供出电子对的能力。所谓亲核试剂就是一种试剂具有强烈供给电子的原子中心。如 H_2N∶的 N∶,HO∶的 O∶,O═C—O^- 的 O∶及 HS∶的 S∶。酶的催化基团如丝氨酸的—OH 基团,半胱氨酸的—SH 基团及组氨酸的—CH—N═CH—基团。

酶活性中心部位常见的亲核基团有巯基、羟基、咪唑基。如 3-磷酸甘油醛脱氢酶催化 3-磷酸甘油醛生成 1,3-二磷酸甘油酸的反应:反应的第一步是酶分子中 149 位半胱氨酸的巯基对底物的醛基进行亲核攻击,形成硫代半缩醛(硫酯共价键),然后转变为酰基酶,酰基酶进行磷酸解作用而转变为产物,放出自由的酶。

2. 亲电催化

亲电催化剂正好与亲核催化剂相反,它从底物移去电子的步骤才是反应速度的决定因素。它是指亲电催化剂从底物中汲取一个电子对。所谓亲电试剂就是一种试剂具有强烈亲和电子的原子中心。最典型的亲电催化剂是酶中非蛋白组分的辅助因子,如 Mg^{2+}、Mn^{2+}、Fe^{2+} 等。酶蛋白组分的酪氨酸羟基及亲核碱基被质子化了的共轭酸,如 NH_4^+ 等也可作为亲电催化剂。含有—C—O—及—C═N—基团的化合物也是亲电子的,其中—C—O 的 O 及—C—N—的 N 都有吸引电子的倾向,因而使得邻近的 C 原子缺乏电子,可以 δ^+ 表示,而吸引电子的 O 与 N 则可以 δ^- 表示。其电子移动的方向则以从 δ^+ 至 δ^- 的弯曲箭头线表示,如下所示。

$$\gt \overset{\delta^+}{C}{=}\overset{\delta^-}{O} \qquad \gt \overset{\delta^+}{C}{=}\overset{\delta^-}{N} \qquad \overset{\delta^+}{CH}{=}CH{-}C{=}\overset{\delta^-}{O}$$

值得提出的是:酶分子中的氨基、羧基、巯基、咪唑基等既可以作为酸碱催化剂,又可作为亲核催化剂。在不同的微环境中其作用方式不同。事实上,亲电步骤与亲核步骤常常相互在一起发生。当催化剂为亲核催化剂时,它就会进攻底物中的亲电核心。反之亦然。在酶促反应中,酶的亲核基团对底物的亲电核心起作用要比酶的亲电基团对底物的亲核中心起作用的可能性大得多。

2.4.1.3　多元催化

酶的多元催化通常是几个基元反应协同作用的结果,如胰凝乳蛋白酶中 Ser195 作为亲核基团进行亲核催化反应,而 His57 侧链基团则起碱催化作用。又如羧肽酶水解底物时,亲核基团为 Glu270,或是由 Glu270 所激活的水分子,而 Tyr248 则起广义酸的作用。其他如 RNaseA 水解核酸分子时,His119 及 His12 分别起广义酸和广义碱的作用等。

2.4.1.4　金属离子催化

过渡态也可通过底物的荷电基团与催化剂的荷电基团加以稳定,正碳离子可以通过负电荷的羧基稳定,同样含氧阴离子的负电荷,也可通过金属离子加以稳定。在所有已知的酶中,几乎有 1/3 的酶表现活性时需要存在金属离子，金属所起的作用可能很不同：有的参与酶和底物的结合，并起稳定催化构象的作用，如某些碱土金属 Ca^{2+} 与 Mg^{2+} 等；有的和酶的结合力很弱，起活化作用，如碱金属 K^{+} 等是某些与磷酸基转移有关酶的活化剂；至于过渡态金属，它们或者通过静电结合导致底物扭曲、张变，或者作为亲核电子试剂进行共价催化。它们通过结合底物为反应定向，通过可逆地改变金属离子的氧化态调节氧化还原反应，还有的通过静电来稳定或屏蔽负电荷。

氧化还原反应中包含了金属离子价的变化，许多氧化还原酶含有金属离子，因此电子的转移和金属离子的配基数目和性质有很大的关系。

2.4.1.5 微观可逆原理

在研究酶的动力学和作用机制时，常要用到这一原理以检查提出的历程是否合理。

根据这个原理，可以引申出许多不同的表达方式，其中一种提法为正反应方向最可能产生的过渡态也是逆反应最可能生成的过渡态。或者说正反应沿着某一最可能的途径进行反应，那么逆反应最可能的途径是它的逆转。

2.4.2 酶催化的专一性与高效性

2.4.2.1 酶作用的专一性机制

1. 酶的刚性与锁钥学说

1894 年，德国化学家 E. Fischer 提出"锁钥学说"来解释酶的专一性，该学说认为酶与底物结合时，酶活性中心的结构与底物的结构必须吻合，只有那些符合这种特征要求的物质，才能作为底物与酶结合，就如同锁和钥匙一般，非常配合地结合形成中间复合物[图 2-18(a)]。

这一学说有相当多的事实支持，如乙酰胆碱酯酶催化乙酰胆碱化合物生成乙酸和胆碱，在这个酶促反应中，乙酰胆碱酯酶要求底物中的胆碱氮带正电，据此特点可推测该酶分子中至少有一个阴离子部位与酯解部位，事实也的确如此，这两个部位间有严格的距离，胆碱和酰基间多一个或少一个亚甲基的衍生物都不适合于作为底物或竞争抑制剂，而符合这种键长、键角要求的化合物却都能与酶结合。

锁钥学说的前提是酶分子具有确定的构象，并具有一定的刚性。这也正是这一学说的局限所在，难以解释一个酶可以催化正、逆两个反应，因为产物的形状、结构是与底物完全不同的。

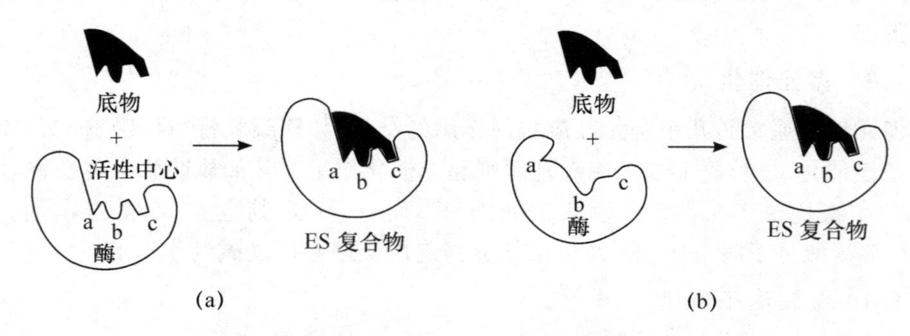

图 2-18 酶催化作用的锁钥学说(a)与诱导契合学说(b)

2. 酶的柔顺性与诱导契合学说

这个学说是Koshland于1958年提出的，依据酶分子的柔顺性，他认为酶与底物在接触之前两者并不是完全契合的，只有底物与酶分子相碰撞时，才可诱导后者构象变得与底物配合，然后才结合成中间复合物。进而引起底物分子发生化学变化，即所谓通过诱导，达到酶与底物的完全契合而发生催化作用[图2-18(b)]。

诱导契合学说不仅能解释锁钥学说不能解释的实验事实，而且已经用X射线衍射方法研究了溶菌酶、弹性蛋白酶等与底物结合后结构改变的信息，证实了诱导契合学说的存在。

诱导契合学说的主要观点是：①酶分子具有一定的柔顺性；②酶作用的专一性不仅取决于酶与底物的结合，也取决于酶对底物的催化，取决于催化基团的正确取位。该学说认为酶的催化部位要诱导才能形成，而不是现成的，这可以很好地解释所谓无效结合，因为这种物质不能诱导催化部位形成。

3. 扭曲与过渡态学说

这种学说认为，酶的作用专一性既寓于酶与底物的结合，也寓于酶对底物的催化，酶与底物的结合不仅促成了结合基团和催化基团的正确取位，同时也为下一步酶对底物的催化做了准备。

20世纪40年代，Pauling把过渡态的概念从化学动力学引入生化领域以解释酶催化反应的原理。该理论认为：任何一个化学反应的进行都必须经过活性中间络合物阶段或者说过渡态阶段，并且反应速度与过渡态底物的浓度成正比；酶的活性中心对过渡态底物有更好的互补性，即酶和过渡态底物有更强的结合力。酶和底物的过渡态结合，释放出结合能，使ES的过渡态能级降低，有利于底物分子跨越能垒，使酶促反应大大加速。

通过利用过渡态底物类似物，人们研究发现，它们与酶的结合比底物与酶的结合紧密10^2～10^6倍，从而证明了酶与反应过渡态互补的概念是正确的，其实过渡态学说涵盖了对专一性机制和高效性机制的解说。

2.4.2.2 酶作用的高效性机制

1. 邻近效应及定位效应

化学反应速度与反应物浓度成正比例。假使在反应系统的局部，底物浓度增高，则反应速度也相应增高；如果溶液中底物分子进入酶的活性中心，则活性中心区域内底物浓度可以大为提高。酶与专一性底物结合时，酶的结合基团与底物之间结合于同一分子，使酶活性部位的底物浓度远远大于溶液中的浓度，从而使反应速率大大增加。曾测到某底物在溶液中的浓度只有0.001 mol/L，而在酶的活性中心部位测到的底物浓度达到了100 mol/L，比溶液中高出10^5倍，故在酶的活性中心反应速率加快了10^5倍。

底物分子进入酶的活性中心，除浓度增高使反应速度增快外，还有特殊的邻近效应及定位效应。所谓邻近效应，就是底物的反应基团与酶的催化基团越靠近，其反应速度越快。以双羧酸的单苯基酯的分子内催化为例，当—COO^-与酯键相距较远时，酯水解相对速度为1，而两者相距很近时，酯水解速度可增加53 000倍，详见表2-5。

表 2-5　双羧酸的单苯基酯的分子构造与水解的相对速度关系

（梅乐和，岑沛霖. 现代酶工程. 北京：化学工业出版社，2006）

酯	酯水解的相对速度	酯	酯水解的相对速度
$CH_2-C(=O)-O-R$，$CH_2-CH_2-COO^-$	1	$CH=CH$（顺式），$C(=O)-O-R$，COO^-	1 000
$(CH_3)_2C(CH_2COO^-)-CH_2-C(=O)-O-R$	20	$CO-O-R$，COO^-（含 O 桥的双环结构）	53 000
$CH_2-C(=O)-O-R$，CH_2-COO^-	230		

在酶促反应中，除了底物向酶的活性中心“邻近”，形成局部的高浓度区外，还需要使底物分子的反应基团和酶分子上的催化基团，严格地排列与“定向”。酶与底物的定向效应（orientation effects）在酶催化作用中非常重要，普通有机化学反应中分子间常常是随机碰撞方式，难以产生高效率和专一性作用。而酶促反应中由于活性中心的特定空间构象和相关基团的诱导，使底物分子结合在酶的活性中心部位，使作用基团互相靠近和定向，大大提高了酶的催化效率。由 X 射线衍射分析证明，溶菌酶和羧肽酶均具有这样的机制。

严格来讲，仅仅靠近还不能解释反应速度的提高。要使邻近效应达到提高反应速度的效果，必须是既靠近又定向，即酶与底物的结合达到最有利于形成转变态，使反应加速（图 2-19）。

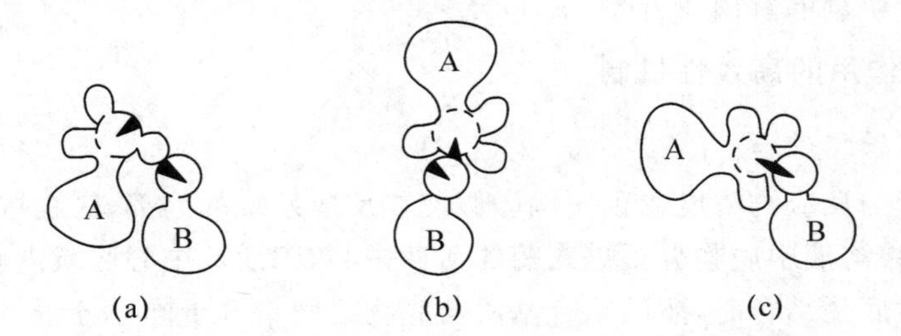

（a）不靠近，不定向；（b）靠近，不定向；（c）靠近，又定向

图 2-19　底物与酶的邻近效应的 3 种情形

（梅乐和，岑沛霖. 现代酶工程. 北京：化学工业出版社，2006）

有人认为，这种加速效应可能使反应增加 10^8 倍。要使酶既与底物靠近，又与底物定向，就要求底物必须为酶的最适宜底物。当特异底物与酶结合时，酶蛋白发生一定构象变化，与底物发生诱导契合。

2. 底物分子形变

由于酶同底物的结合，酶中的某些基团或离子可以使底物敏感键中的某些基团的电子云密度增高或降低，从而产生一种“电子张力”，使底物分子发生形变。此时的底物比较接近它的过渡态，降低了反应活化能，使底物分子中的敏感键发生变形或张力，从而使底物的敏感键更易于破裂，详见图 2-20。

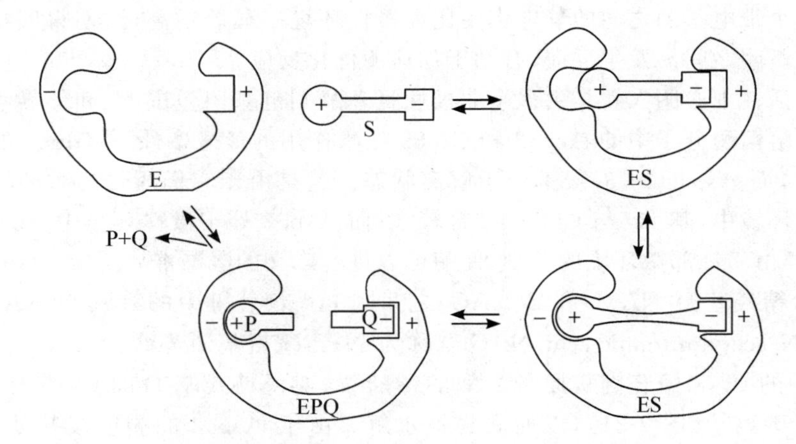

E—酶；S—底物；P、Q—产物；ES—酶-底物复合物

图 2-20　变形或张力示意图

（罗贵民，曹淑桂，张今. 酶工程. 北京：化学工业出版社，2003）

另外，X 射线衍射分析证明，酶和底物结合时，底物分子向酶的活性部位靠近并结合，底物诱导酶的构象发生改变，特别是酶的活性部位的结构；同时，酶也可诱导底物的构象发生变化，从而形成一个互相契合的酶底物复合物，进而促使底物分子中的敏感键变形、断裂，加速反应的进行。

下面是在非酶系统中存在变形或张力加速反应速度的实例。

化合物Ⅰ：

$$\text{(环状 } -O-CH_2-CH_2-O- \text{ 连于 } P(=O)O^-) + H_2O \longrightarrow HO-CH_2CH_2-O-P(=O)(O^-)-O^-$$

化合物Ⅱ：

$$(CH_3O)_2P(=O)O^- + H_2O \longrightarrow CH_3OH + O{=}P(OCH_3)(O^-)-O^-$$

化合物Ⅰ的水解反应速度快，而化合物Ⅱ水解反应速度小，这是因为前者的反应物中的环状结构存在张力，而后者的反应物却无环状结构，两者反应速度常数的比值为 10^8，这表明，张力或变形可使反应速度常数增加 10^8 倍。

3. 活性部位微环境的影响

酶的活性中心常处于由非极性氨基酸残基组成的酶分子的凹穴部位，即酶的活性部位是一个疏水的微环境，它极大影响酶活性部位本身催化基团的解离状态。疏水区域的特点是介电常数低，化学基团的反应活性和化学反应的速率在极性和非极性介质中有显著差别。在非极性环境中两个带电基团之间的静电作用比在极性环境中显著增高，这使得底物分子的反应键和酶的催化基团之间易发生反应，有助于加速酶催化反应。

溶菌酶的活性中心凹穴就是由多个非极性氨基酸侧链基团包围的、和外界水溶液显著不同的微环境。溶菌酶分子中的 Asp52 和 Glu35 在酶作用的最适条件下，Glu35 的 α-羧基基本上是不解离的，而 A*sp*52 的 β-羧基处于解离状态。这是由于它们所处的微环境不同，Glu35 处在非极性微环境中，其 H^+ 与 COO^- 结合较牢；而 Asp52 处于极性环境中，在较低的 pH 时就能解离，这样由于局部微环境的差别，使酶可以进行广义的酸碱催化反应。Glu35 的羧基提供一个质子给糖残基 D(NAM)和 E(NAG)之间的 1,4-糖苷键中的氧原子(NAM 全称为 *N*-乙酰胞壁酸、*N*-acetylmuramic acid；NAG 全称为 *N*-乙酰氨基葡萄糖、*N*-acetylglucosamine)，使糖残基 D 中的 C_1 和糖苷键氧原子之间的键断裂，使得糖残基 D 的 C_1 带有一个正电荷，形成了一个正碳离子(图 2-21)，以使底物被水解。由于 Asp52 的侧链羧基处于解离状态，所带的负电荷可以稳定这个正碳离子。直至水分子中的羟基与正碳离子结合，催化反应完成。

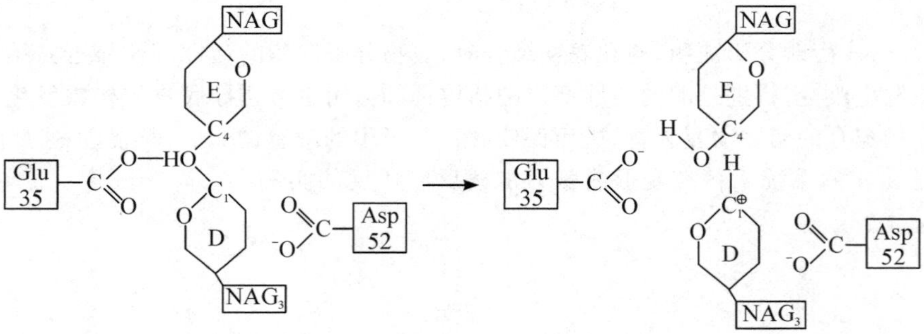

图 2-21　溶菌酶的作用机制

(施巧琴. 酶工程. 北京：科学出版社，2005)

计算表明，这种低介电常数的微环境可能使 Asp52 对正碳离子的静电稳定作用显著增强，从而使催化速度得以增大 3×10^6 倍。

另外，在酶催化反应中，往往是几个因素配合在一起共同起作用。以羧肽酶的催化作用为例加以说明：羧肽酶 A 是胰腺分泌的一种能专一性水解多肽链羧基末端肽键的外肽酶，若羧基端的氨基酸为芳香族氨基酸或具有大的非极性侧链的氨基酸时水解最快。William Lipscomb 及其同事 1967 年测定了该酶的三维结构(图 2-22)。

羧肽酶 A 分子由 307 个氨基酸残基构成，其空间构象是一个致密的椭圆形球体，大小约 5.0 nm×4.2 nm×3.8 nm，活性部位在分子表面的深沟内。锌离子紧密结合在活性部位，是酶的催化活性所必需的，Glu270、Arg71、Arg127、Arg145、Asn144 和 Tyr248 的侧链基团是其活性中心内的必需基团，是结合底物所必需的。锌离子与酶蛋白中 His69、His196、Glu72 及一分子水配位结合，形成四面体(图 2-23)，在锌离子附近还有一个非极性的袋状结构可容纳多肽底物羧基末端残基的侧链基团。

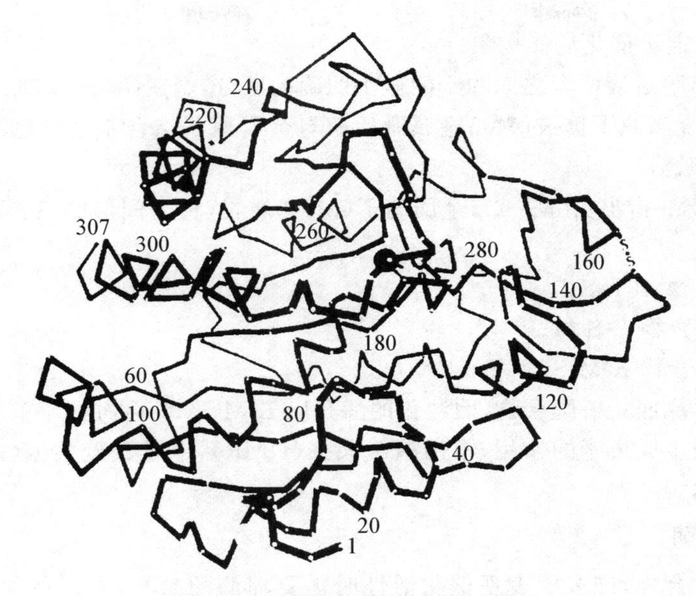

图 2-22　羧肽酶 A 的三维结构
（于国萍. 酶及其在食品中应用. 哈尔滨：哈尔滨工程大学出版社，2000）

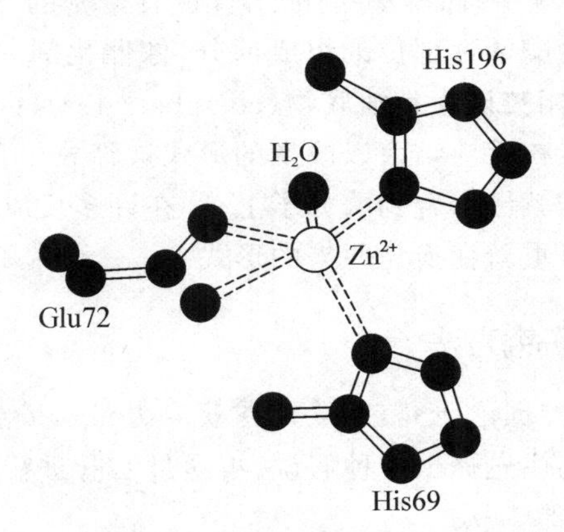

图 2-23　羧肽酶 A 活性部位中锌离子的配位结构
（施巧琴. 酶工程. 北京：科学出版社，2005）

2.4.3　辅因子在反应中的作用

2.4.3.1　金属激活酶和金属酶

已知所有酶中大约有 1/3 的酶，需要金属离子的存在才能充分发挥其催化活性。金属离子能以多种方式参与酶的催化作用。

(1) 可接受或供出电子，激活亲电剂或亲核剂，即使在中性溶液中也能进行。

(2) 金属离子本身就可作为亲电剂或亲核剂。

(3) 可掩蔽亲核剂，以防止不需要的副反应产生。

(4) 通过配位键，将酶和底物组合在一起，在此过程中，可能引起底物分子变形。

(5) 可保持反应基团处于所需的三维取向。

(6) 可使酶稳定于催化活性构象。

金属酶和金属激活酶两者之间并不能做出明确的区分，金属酶与金属原子结合较为紧密，在酶纯化过程中，金属原子仍被保留；金属激活酶与金属原子结合不很紧密，纯化的酶需加入金属离子，才能被激活。

1970 年 Mildvan 指出：在酶(E)，金属离子(M)和底物(S)之间形成三元配合物，可有以下几种形式。

(1) 酶桥配合物 M-E-S。

(2) 底物桥配合物 E-S-M。

(3) 金属桥配合物 E-M-S。

金属酶不能形成底物桥配合物，因纯化的酶是以 E-M 形式存在的。

研究酶分子中金属离子的作用，常用核磁共振(NMR)，电子自旋共振(ESR)和质子张弛率(PRR)放大技术。

2.4.3.2 辅酶

辅酶是有机化合物，许多酶表现催化活性时需要辅酶的参与，它们往往是维生素或衍生物。有时，在没有酶存在的情况下，它们也能作为催化剂。但没有像和酶结合时那样有效。

如同金属离子-酶键合情况一样，辅酶-酶的结合也有紧密的、疏松的。与酶紧密结合的辅酶称为辅基，它们实际上成为酶活性部位的组成部分，像催化剂一样，作用结果不发生键的变化。与酶疏松结合的辅酶可能被认为是辅底物(co-substrates)，因为在反应开始时，它们常与其他底物一起和酶蛋白结合，在反应结束以改变的形式被释放。它们被认为辅酶是由于：①它们通常在其他底物结合之前，就已结合到酶分子上；②在许多反应中，它们参与了反应；③通过细胞内存在的许多酶，它们可重新变换为原来的形式。

2.4.4 酶作用机制的研究方法

酶作用机制的研究是一种理论研究，一般是在获取大量实验数据的基础上，经过推敲，提出或建立一种学说，有时也往往先提出一种假说，再通过实验进行验证，不管实验是先是后，都是酶学研究中必不可少的重要环节。

研究酶的作用机制的实验方法多种多样。为了研究一种酶的催化机制，往往不是一种研究手段就可解决问题，而是要同时采用多种手段进行研究，取得相互验证、相互补充的数据和信息。再在此基础上进行综合分析，提高到理论高度。

二维码 2-5　酶作用机制的研究方法

酶作用机制的研究方法分为四大类：X 射线衍射法、中间产物检测法、酶分子修饰法和酶反应动力学研究。

2.5 酶活力及其测定

2.5.1 酶的活力单位

酶的活力单位是衡量酶活力大小的计量单位。在实际工作中，酶活力单位往往与所用的测定方法、反应条件等因素有关。因此，所谓的酶活力是指在特定的系统和条件下测到的反应速度。对于同一种酶由于测定方法的不同，酶的活力单位常常有不同的规定。例如，蛋白酶的活力单位，规定为：1 min 内，将酪蛋白水解，产生 1 mg 酪氨酸所需要的酶量，定为一个单位（1 U=1 mg 酪氨酸/min）；淀粉酶的活力单位，规定为：每小时催化 1 g 可溶性淀粉液化所需要的酶量，定为一个单位（1 U=1 g 淀粉/h）；或者，每小时催化 1 mL 2%可溶性淀粉液化所需要的酶量，定为一个单位（1 U=1 mL×2%淀粉/h）。

但这些表示方法不够严格，每一种酶都有好几种不同的单位，也不便于对酶活力进行比较。为了统一酶活力单位的计算标准。1961 年，国际生物化学与分子生物学联合会酶学委员会对酶活力单位做了下列规定：在特定的反应条件下，1 min 内转化 1 mmol 底物所需的酶量，定为一个国际单位（1 IU=1 mmol/min）。如果底物分子有一个以上可被作用的化学键，则一个酶活力单位便是 1 min 使 1 mmol 有关基团转化所需要的酶量。同时规定的特定条件为：反应必须在 25℃，在具有最适底物浓度、最适缓冲液离子强度和 pH 的系统内进行。这是一个统一的标准，但使用起来不如习惯用法方便。目前，在许多场合下，仍然采用上述习惯用法。

为了使酶活力单位与国际单位制中的反应速度（mol/s）相一致，1972 年，国际酶学委员会正式推荐用 Kat（Katal）作为酶活力单位。规定为：在最适条件下，每秒钟内能使 1 mol 底物转化成产物所需要的酶量，定为一个 Kat 单位（1 Kat=1 mol/s）。依此类推有 mKat、nKat、pKat 等。Kat 与国际单位（IU）的互算关系如下：

$$1\ \text{Kat}=1\ \text{mol/s}=60\ \text{mol/min}=60\times10^{6}\ \mu\text{mol/min}=6\times10^{7}\ \text{IU}$$

$$1\ \text{IU}=1\ \mu\text{mol/min}=\frac{1}{60}\ \mu\text{mol/s}=\frac{1}{60}\ \mu\text{Kat}=16.67\ \text{nKat}$$

虽然酶活力单位有上述国际统一定义，但实际上在文献及商品酶制剂中，酶活力单位的定义一直处于相当混乱的状态。即使同样的酶，用同样的测定方法和同样的单位定义，但由于条件稍有不同，也会使测到的酶活力难以相互比较。因此，在比较某种酶活力时，必须注意它们的单位定义和测定方法及条件。

2.5.2　酶的比活力

酶的比活力又称比活性（specific activity，简写 SA），是指每毫克酶蛋白所含的酶活力单位数。

$$\text{比活力}=\frac{\text{活力单位数}}{\text{每毫克酶蛋白}}$$

有时也用每克酶制剂或每毫升酶制剂所含的活力单位数来表示。比活力是表示酶制剂纯度的一个重要指标，在酶学研究和提纯酶时常常用到。对同一种酶来说，酶的比活力越高，纯度越高。对于不纯的酶，特别是含有大量的盐或其他非蛋白物质的商品酶制剂，单位质量酶制剂中酶活力只能表示单位质量制剂的酶含量，不宜称为比活力，比活力必须测定酶制剂中的蛋白质含量才能确定。

在酶分离提纯过程中，每完成一个关键的实验步骤，都需要测定酶的总活力和比活力，以监视酶的去向。判断分离提纯方法的优劣和提纯效果，一要看纯化倍数高不高，二要看总活力的回收率大不大。利用比活力，可以计算分离提纯过程中每一步骤所得到的酶的纯化倍数：

纯化倍数＝每次比活力/第一次比活力

利用总活力可以计算分离提纯过程中每一步骤所得到的酶的回收率：

回收率＝(每次总活力/第一次总活力)×100%

2.5.3 常用酶活力测定方法原理

在酶学和酶工程的研究和生产中，经常需要进行酶的活力测定，以确定酶量的多少以及变化情况。根据酶催化反应的不同，酶活力测定方法很多，其原理都是用单位时间内、单位体积中底物的减少量或产物的增加量来表示酶反应速度。在外界条件相同的情况下，反应速度越大，意味着酶活力越高。

二维码 2-6 酶活力测定步骤及酶活力测定方法

2.6 酶在生物体内存在的几种形式

2.6.1 单体酶、寡聚酶、多酶复合体

酶和其他蛋白质一样，由 20 种 L-氨基酸组成，也有特定的氨基酸排列和特定的空间结构。根据酶的存在类型可将酶分成不同类型。

2.6.1.1 单体酶

单体酶(monomeric enzyme)是指只有一条具有三级结构的多肽链，相对分子质量为 13 000～35 000 的酶类。这些酶不能再解离成更小的组成单位。其中多是催化水解反应的酶，一般不需要辅助因子。绝大多数单体酶只表现一种酶活性。

在单体酶中有一些是蛋白水解酶，它们多以无活性的酶原形式合成，在需要时再水解除去部分肽链转变为有活性的酶。常见的单体酶见表 2-6。

表 2-6 常见的单体酶

(董晓燕. 生物化学. 北京：高等教育出版社，2010)

酶	相对分子质量	氨基酸残基数	酶	相对分子质量	氨基酸残基数
溶菌酶	14 600	129	胰蛋白酶	23 800	223
核糖核酸酶	13 700	124	羧肽酶 A	34 600	307
木瓜蛋白酶	23 000	203			

2.6.1.2 寡聚酶

已知的酶绝大多数是寡聚酶(oligomeric enzyme)。具有四级结构，相对分子质量在 35 000 至几百万。由几个甚至几十个亚基组成，组成寡聚酶的亚基可以相同，也可以不同。亚基之间一般以非共价键、对称的形式排列，亚基之间彼此易于分开。有的亚基上有结合基团，叫结合亚基，有的亚基上有催化基团，叫催化亚基。在含有相同亚基的寡聚酶中，有的是多催化部位酶，每个亚基上都有一个催化部位，一个底物与酶的一个亚基结合对其他亚基与底物的结合没有影响，同样对已经结合了底物的亚基解离也没有影响。从这一点来看，一个带有 n 个催化部位的酶和 n 个只有一个催化部位的酶是相等的，但值得注意的是，这类多催化部位酶的游离亚基没有活性，必须聚合成寡聚酶后才有活性，也就是说，多催化部位酶并不是多个分子的聚合体，而仅仅是一个功能分子。此外，有相当数量含有相同亚基的寡聚酶是调节酶，在调节控制代谢过程中起着非常重要的作用，它们的活性可通过多种方式，特别是通过别构机制进行调节。常见的寡聚酶见表 2-7。

表 2-7　常见的寡聚酶

（李斌. 食品酶工程. 北京：中国农业出版社，2010）

酶	亚基		相对分子质量
	数目	相对分子质量	
磷酸化酶 a	4	92 500	370 000
醛缩酶	4	40 000	16 000
3-磷酸甘油醛脱氢酶	2	72 000	140 000
烯醇化酶	2	41 000	820 000
肌酸激酶	2	4 000	80 000
乳酸脱氢酶	4	35 000	150 000
丙酮酸激酶	4	57 200	237 000

2.6.1.3　多酶复合体

多酶复合体（multienzyme complex）又称多酶体系，相对分子量很大，一般在几百万，是由几种酶彼此嵌合而形成的络合物。一般由 2～6 个功能相关的酶组成。其中的每一种酶分别催化一个反应，所有反应依次连接，构成一个代谢途径或代谢途径的一部分。由于这一连串反应是在高度有序的多酶复合体内完成的，反应效率非常高。多酶复合体集不同催化活性于一身，有两个方面的意义：一是调节功能，即能在不同的条件下表现不同的催化作用；二是能使催化连续反应的活性中心邻近化从而提高催化效率。如大肠杆菌色氨酸合成酶复合体和大肠杆菌丙酮酸脱氢酶复合体。

1. 大肠杆菌色氨酸合成酶复合体

来源于大肠杆菌的色氨酸合成酶复合体是由 2 个 α 亚基和 2 个 β 亚基构成的双功能四聚体（$\alpha \cdot \alpha \cdot \beta_2$）。游离的 α 亚基可以催化吲哚甘油磷酸分解成吲哚和磷酸甘油醛；单独的 β 亚基无催化活性，但 β_2 可催化吲哚和 L-丝氨酸反应生成 L-色氨酸。当组成 $\alpha \cdot \alpha \cdot \beta_2$ 复合体后能催化吲哚甘油磷酸和 L-丝氨酸反应生成 L-色氨酸和 3-磷酸甘油醛，高效完成色氨酸的合成。研究证明，尽管游离的 α 和 β_2 都有催化活性，但催化效率却显著低于复合体，α 亚基的催化效率只有复合体的 1/30，而 β_2 亚基的催化效率大约只有复合体的 1%，说明形成复合体后，中间产物可在亚基之间移动，对催化能力的提高十分有利。

2. 大肠杆菌丙酮酸脱氢酶复合体

大肠杆菌丙酮酸脱氢酶复合体是由丙酮酸脱氢酶（E_1）、二氢硫辛酸转乙酰基酶（E_2）和二氢硫辛酸还原酶（E_3）彼此嵌合而成的。这 3 种酶催化的反应是不同的，丙酮酸脱氢酶（E_1）以 TPP 作为辅酶催化丙酮酸和硫辛酸反应生成 S-乙酰二氢硫辛酸；二氢硫辛酸转乙酰基酶（E_2）

催化 S-乙酰二氢硫辛酸与 CoA 反应生成乙酰 CoA 和二氢硫辛酸；二氢硫辛酸还原酶(E_3)催化二氢硫辛酸与 NAD^+ 生成硫辛酸。而由 12 个 E_1、8 个 E_2 和 24 个 E_3 组成的丙酮酸脱氢酶复合体催化的则是三种酶催化反应的总反应，即丙酮酸、CoA 和 NAD^+ 生成硫辛酸。已经知道丙酮酸脱氢酶复合体是一个直径为 30 nm 的多面体，其中 8 个 E_2(三聚体)形成核心，12 个 E_1(二聚体)组成 12 个边，24 个 E_3(二聚体)分布于表面，如图 2-24 所示。

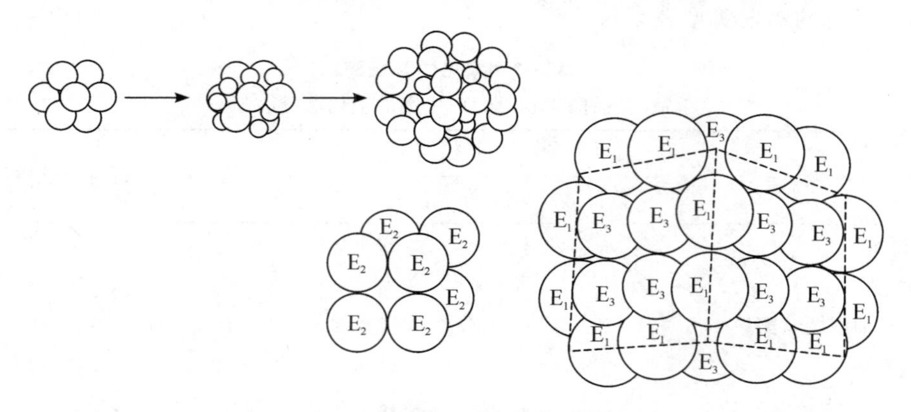

图 2-24 丙酮酸脱氢酶复合体的结构

(梅乐和，岑沛霖. 现代酶工程. 北京：化学工业出版社，2006)

组成大肠杆菌丙酮酸脱氢酶复合体的 3 种酶的辅助因子都牢固地连接在酶分子上，生成的中间产物也在复合体内传递，并不扩散到介质中去。大肠杆菌丙酮酸脱氢酶复合体是以非共价键维系的，复合体解离后，除去解离因素，它又能自动装配成天然复合体形式并恢复功能。

关于多酶体系有几点值得注意。

(1) 多酶复合体中各组成成分的结合强度可能差别很大，如果各组成成分之间仅以次级键彼此连接，则形成的复合体称为多酶蛋白(multienzyme protein)；如果各组成成分之间是以共价键结合，那么形成的复合体称为多酶多肽(multienzyme polypeptide)。

(2) 在催化活性上没有直接联系的酶也可能组成多酶复合体。如在肌肉中的磷酸化酶 b 和丙氨酸转氨酶就可能形成复合体，而且，它们的活性也同样被代谢物如 AMP 等所影响。

(3) 在细胞内各种多酶复合体还可能通过和细胞膜或细胞器结合在一起，从而组成高效的物质或能量代谢系统。

2.6.2 同工酶

自 1959 年 Market 等用电泳法从动物血清中发现了乳酸脱氢酶同工酶以来，由于蛋白质分离技术的发展，人们从动物界、植物界、微生物界发现了数百种各种各样的同工酶。

同工酶(isonzyme)是指能催化相同的化学反应，但蛋白质分子结构不同的一组酶。由于蛋白质分子结构不同，各同工酶的理化性质、免疫学性质都存在很多差异。同工酶是寡聚酶，一般由两种或两种以上的亚基组成。同工酶不仅存在于同一机体的不同组织中，也存在于同一细胞的不同亚细胞中。

近年来随着酶分离技术的进步，已陆续发现的同工酶达数百种，其中研究得最多的是乳酸脱氢酶(LDH)。哺乳动物中有 5 种乳酸脱氢酶同工酶，在电泳图谱上出现了等距离的 5 条带

(图 2-25)。它们都能催化同一种乳酸脱氢反应：

$$\underset{\displaystyle OH}{CH_3\overset{|}{C}HCOO^-} + NAD^+ + \underset{}{\overset{LDH}{\rightleftharpoons}} \underset{\displaystyle O}{CH_3\overset{\|}{C}COO^-} + NADH + H^+$$

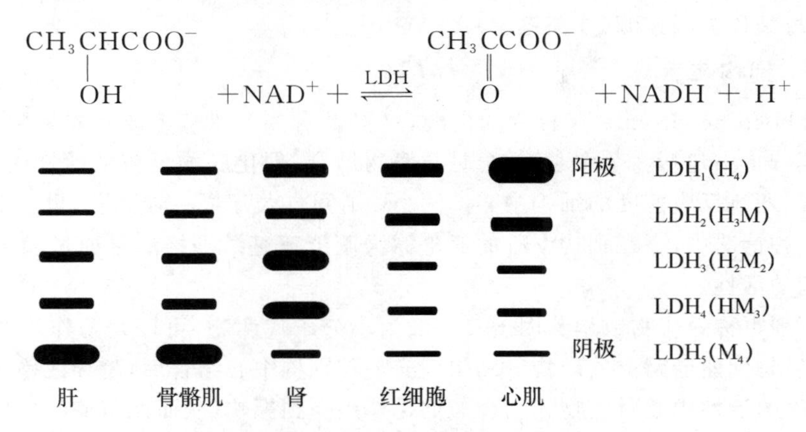

图 2-25　乳酸脱氢酶同工酶电泳图谱

(史仁玖.生物化学.北京:中国医药科技出版社,2012)

乳酸脱氢酶(LDH)是第一个被发现的同工酶。存在于哺乳类动物中的该酶有 H(心肌型)和 M(骨骼肌型)2 种亚基,用电泳法分离 LDH 可得到 5 种同工酶区带,分别是 $LDH_1(H_4)$、$LDH_2(H_3M)$、$LDH_3(H_2M_2)$、$LDH_4(HM_3)$、$LDH_5(M_4)$。LDH 的 5 种同工酶在不同组织或不同细胞器中的分布详见表 2-8,如 LDH_1 主要催化乳酸脱氢生成丙酮酸,而 LDH_5 主要催化丙酮酸还原成乳酸。

表 2-8　同工酶的亚单位组成

同工酶	亚单位	分布的主要器官和组织
LDH_1	$HHHH(H_4)$	心肌,肾
LDH_2	$HHHM(H_3M)$	红细胞,心肌
LDH_3	$HHMM(H_2M_2)$	肾上腺,淋巴结,甲状腺等
LDH_4	$HMMM(HM_3)$	骨骼肌
LDH_5	$MMMM(M_4)$	肝,骨骼肌

关于同工酶和同功酶的译名问题,过去曾用后一名称,现在则多倾向于前者。主要是因为酶的分子结构不但决定了它的催化性质,也决定了它的效率、细胞结构及其相关效应物(包括调控因子)的相互关系,及对外界条件改变做出反应的能力,这就是说,同工酶在机体内虽然催化相同反应,做相同的工作,但由于其结构与性质不同,它们在生命活动中发挥的作用、具有的功能就可能有所差别。正因为如此,同工酶的测定可作为某些疾病的诊断指标。如正常人血清 LDH 活力很低,它主要来自红细胞渗出。当某一组织病变时,LDH 释放入血液中,血清 LDH 同工酶电泳图谱就会发生变化。有时单纯测定血清 LDH 的总活性,测定值可在正常范围,但其同工酶谱已经发生改变,若测定其同工酶,就可以鉴别诊断何种组织有病变。如肝细胞受损早期,LDH 总活性在正常范围内,但 LDH_5 升高;急性心肌病变时,LDH_1 可升高。

2.6.3　别构酶与修饰酶

别构酶(变构酶)与修饰酶统称为调节酶。调节酶通常在一连串的反应中催化单向反应,或催化反应速度最慢的反应步骤。其活性的改变可以决定全部反应的总速度，甚至可以改变代谢的方向，故又称为限速酶（或关键酶）。

2.6.3.1 别构酶

别构酶（allosteric enzyme）又称为变构酶，一般是由多个亚基组成的寡聚酶，含有两个或多个亚基。其分子中包括 2 个中心：一个是与底物结合、催化底物反应的活性中心；另一个是与调节物结合、调节反应速度的别构中心。两个中心可能位于同一亚基上，也可能位于不同亚基上。在后一种情况中，存在别构中心的亚基称为调节亚基。别构酶是通过酶分子本身构象变化来改变酶的活性。

别构效应剂也称效应物或调节因子。一般为小分子代谢物，可以是酶作用的底物或底物类似物，也可以是代谢通路上的产物。别构效应剂与别构中心结合后，诱导或稳定住酶分子的某种构象，使酶的活性中心对底物的结合与催化作用受到影响，从而调节酶的反应速度和代谢过程，此效应称为酶的别构效应（allosteric effect）。别构调节是建立在别构酶四级结构基础上的，通过酶分子本身构象的变化来改变酶的活性。别构酶分子中的别构中心，可能存在于同一个亚基的不同部位上，也可能存在于不同的亚基（多为调节亚基）上。别构酶的活性中心负责对底物的结合与催化，别构中心可结合效应物，负责调节酶促反应的速率。别构酶其中一组亚基称为催化亚基，另一组亚基称为调节亚基。

别构酶可具有不止一个配基的结合部位，在活性部位以外的配基结合部位，可以和底物结构完全不同的物质结合，结合后通过构象的变化影响底物和活性部位的相互作用，从而对酶的催化作用产生正或负的影响。因别构导致酶活力升高的物质，称为正效应物或别构激活剂；导致酶活力降低的物质称为负效应物或别构抑制剂。例如，异柠檬酸脱氢酶是别构酶，NAD^+、ADP 和柠檬酸是该酶的别构激活剂，而 NADH 和 ATP 是别构抑制剂。不同别构酶其调节物分子也不相同。有的别构酶其调节物分子就是底物分子，酶分子上有 2 个以上与底物结合中心，其调节作用取决于分子中有多少个底物结合中心被占据。别构酶的反应初速度与底物浓度（v 对[S]）的关系不服从米氏方程，而是呈现 S 形曲线。S 形曲线表明，酶分子上一个功能位点的活性影响另一个功能位点的活性，显示协同效应（cooperative effect），当底物或效应物一旦与酶结合后，导致酶分子构象的改变，这种改变了的构象大大提高了酶对后续的底物分子的亲和力。结果底物浓度发生的微小变化能导致酶促反应速度极大的改变。

别构酶通常在代谢反应中催化第一步反应或交叉处反应，来调节物质代谢的速度及方向，并受代谢终产物的反馈抑制。例如，糖酵解中的 2 个别构酶——磷酸果糖激酶和果糖二磷酸酯酶对糖氧化性能的调节，见图 2-26。

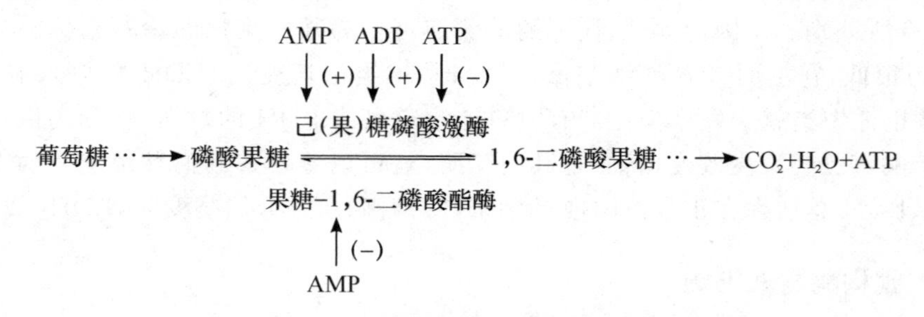

图 2-26　别构酶对糖氧化性能的调节

在上述反应中，磷酸果糖激酶催化正向反应，AMP 和 ADP 是它的别构激活剂，ATP 是它的别构抑制剂。果糖二磷酸酯酶催化逆向反应，AMP 是它的别构抑制剂。当细胞处于静息状态时，耗能较少，ATP 分解速度减慢，ATP 积聚，对磷酸果糖激酶产生别构抑制效应，使1,6-二磷酸果糖生成速度减慢，ATP 生成减少。当细胞处于活动状态时，耗能较多，ATP 分解速度加快，ADP 和 AMP 随之增加，对磷酸果糖激酶产生别构激活效应，1,6-二磷酸果糖生成速度增加，ATP 生成增多，以满足细胞对能量的需要。

2.6.3.2　修饰酶

某些酶蛋白肽链上的侧链基团在另一酶的催化下可与某种化学基团发生共价结合或解离，从而改变酶的活性，这一调节酶的活性的方式称为酶的共价修饰调节(covalent modification regulation)，这类酶称为修饰酶(modification enzyme)。最常见的共价修饰是磷酸化修饰。通过蛋白激酶的催化，被修饰酶分子中丝氨酸或酪氨酸侧链上的羟基进行磷酸化，也可通过各种磷酸酶使此类磷酸基团去除，从而形成可逆的共价修饰。磷酸化修饰是体内重要的快速调节酶活性的方式之一。

绝大多数修饰酶以 2 种不同修饰和不同活性的形式结合，且催化其正、逆两方向反应的酶不同。一般为耗能过程，但能耗少。如磷酸化/脱磷酸化过程中，每个亚基磷酸化仅仅需 1 分子 ATP，比生物合成多肽链消耗的 ATP 要少得多，速度也快得多。由于化学修饰反应一般是酶促反应，且受体内调节因子的控制，故对调节信号有放大的效应。体内酶促化学修饰反应往往是连锁反应，即一种酶经化学修饰后，被修饰的酶又可催化另一种酶分子进行化学修饰，每修饰一次就产生一次放大效应。因此，极少量的调节因子经化学修饰酶的逐级放大，可产生显著的生理效应。

2.6.4　结构酶与诱导酶

根据酶的合成与代谢物的关系。将酶相对的分为结构酶和诱导酶。结构酶(structural enzyme)亦称组成酶，是细胞内天然存在的酶，以恒定速率和恒定数量生成，含量较为稳定，受外界的影响很小。诱导酶(induced enzyme)指当细胞中加入特定诱导物后，诱导产生的酶，其含量在诱导物存在下显著提高，这种诱导物往往是该酶底物的类似物或底物本身。例如，大肠杆菌分解乳糖的半乳糖苷酶就属于诱导酶。又如，催化淀粉分解为糊精、麦芽糖等的 α-淀粉酶也是一种诱导酶，多种微生物都能产生这种酶。如果将能合成 α-淀粉酶的菌种培养在不含淀粉的葡萄糖溶液中，它就直接利用葡萄糖而不产生 α-淀粉酶；如果将它培养在含淀粉的培养基中，它就会产生活性很高的α-淀粉酶。诱导酶的合成除取决于诱导物以外，还取决于细胞内所含的基因。如果细胞内没有控制某种酶合成的基因，即便有诱导物存在也不能合成这种酶。因此，诱导酶的合成取决于内因和外因 2 个方面。诱导酶在微生物需要时合成，不需要时就停止合成。这样，既保证了代谢的需要，又避免了不必要的浪费，增强了微生物对环境的适应能力。

在某些种类的细菌细胞中，正常时只存在很少量的诱导酶，但当培养基中有特定的诱导物时，酶的数量能迅速增加 1 000 多倍，尤其当这种底物是细胞唯一的碳源时。

2.6.5　胞内酶与胞外酶

根据酶合成后分布的位置，通常将酶分为胞内酶(intracellular enzyme)和胞外酶(extracellular enzyme)。胞内酶在合成后仍留在细胞内发挥作用。通过将细胞破碎，经适当溶剂提取，再经一定分离纯化步骤如盐析、等电点沉淀、层析、结晶等可获得较纯酶制品。可溶的胞内酶并不直接与细胞中任何特定结构组分连接；不溶的则与细胞膜或细胞器结合较难与其分开。根据不同细胞部位及细胞器的不同生物功能，酶在细胞内存在部位是不同的。如线粒体上分布着三羧酸循环酶系和氧化磷酸化酶系，而蛋白质合成的酶系则分布在内质网的核糖体上。胞外酶是指那些在合成后分泌到细胞外发挥作用的酶。这种酶在细胞质中以游离状态存在，能从细胞中提取出来并能用蛋白质分级分离的一般方法提纯。如人和动物的消化液中以及某些细菌所分泌的水解淀粉、脂肪和蛋白质的酶。

值得提到的是"ectoenzyme"，在某些文献中将它译为胞外酶，但它和通常所说的胞外酶不同，它是一种和细胞膜结合的酶，其活性中心位于细胞的外表面，指向细胞外空间，作用尚未完全清楚。

思考题

1. 酶是如何进行命名和分类的？遵守哪些原则？
2. 为什么说大多数酶的化学本质是蛋白质？
3. 酶的分子结构组成包括哪些内容？用什么方法可对其进行研究？
4. 酶的催化作用有哪些特点？
5. 如何解释酶催化的高效性及高度专一性？
6. 酶促反应动力学研究哪些内容？
7. 什么是酶的抑制剂与激活剂？如何区分可逆抑制及不可逆抑制？
8. 如何定义酶的活力单位？什么是酶的比活力？
9. 酶在生物体内有哪些存在形式？各种形式有何特点？

参考文献

[1] 孙君社，江正强，刘萍. 酶与酶工程及其应用. 北京：化学工业出版社，2006.

[2] 周晓云. 酶学原理与酶工程. 北京：中国轻工业出版社，2007.

[3] 施巧琴. 酶工程. 北京：科学出版社，2005.

[4] 卜友泉. 酶和核酶的词源学研究及现实意义. 中国生物化学与分子生物学报，2020，36(4)：475-480.

[5] 李丹彬，张静，陈东戎. 乙醇脱氢核酶 riboxO_2 与 NAD^+/NADH 结合位点的探测. 复旦学报(医学版)，2018，45(5)：664-670.

[6] 范思思，程进，冀斌，等. 脱氧核酶在生物检测及基因治疗中的研究进展. 科学通报，2019，64(10)：1027-1036.

[7] 陈石根，周润琦. 酶学. 上海：复旦大学出版社，2001.

[8] 陈宁. 酶工程. 北京：中国轻工业出版社，2005.

[9] 梅乐和，岑沛霖. 现代酶工程. 北京：化学工业出版社，2011.

[10] 罗贵民. 酶工程. 3版. 北京：化学工业出版社，2016.

[11] 于国萍. 酶及其在食品中应用. 哈尔滨：哈尔滨工程大学出版社，2000.

[12] 甘玲. 动物生物化学　案例版. 重庆：西南师范大学出版社，2015.

[13] 郑里翔. 生物化学. 北京:中国医药科技出版社,2015.

[14] 史仁玖. 生物化学. 北京:中国医药科技出版社,2012.

[15] 夏延斌. 食品化学. 北京:中国农业出版社,2015.

[16] 杨海灵. 基础生物化学. 北京:中国林业出版社,2015.

[17] 康爱英. 生物化学. 郑州:河南科学技术出版社,2012.

[18] 李斌. 食品酶工程. 北京:中国农业出版社,2010.

[19] 董晓燕. 生物化学. 北京:高等教育出版社,2010.

[20] Crabbe M J C. Enzyme biotechnology: protein engineering, structure prediction and fermentation. New York: Ellis. Horwood, 1990.

[21] Hammes G G. Enzyme catalysis and regulation. New York: Academic Press, 1982.

[22] Suckling C J, Gibson C L, Pitt AR. Enzyme chemistry: impact and applications. 3rd ed. London: Blackie Academic & Professional, 1998.

[23] Horton H R, Moran L A, Ochs R S, et al. Principles of biochemistry. 2nd ed. New Jersey: Prentice Hall PTR, 1996.

[24] Stauffer C E. Enzyme assays for food scientists. New York: Van Nostrand Reinhold, 1989.

二维码 2-7 附录:酶的分类和编号的简单说明

第3章

食品工业中应用的水解酶

本章学习目的与要求

1. 明确水解酶的概念。
2. 了解水解酶的种类。
3. 认识并掌握食品工业中常用水解酶的特性与应用。

3.1 糖酶

糖酶是食品工业中最重要的一类酶，在淀粉食品和果蔬加工中大量使用。它的作用：一是断裂多糖中的化学键，使多糖降解成较小的分子；二是催化糖单位结构重排，形成新的糖类化合物，这类反应被称为转糖苷作用。除上述两类反应外，一些酯酶还能作用于酯化的糖类，这类反应在改变果胶物质的功能性质上起着非常重要的作用。

3.1.1 淀粉酶

淀粉酶属于水解酶类，是催化淀粉、糖原和糊精中糖苷键水解的一类酶的统称。它广泛分布于自然界，几乎所有植物、动物和微生物都含有淀粉酶。它是研究较多、生产最早、应用最广和产量最大的一类酶。按其来源可分为细菌淀粉酶、霉菌淀粉酶、麦芽淀粉酶。根据其对淀粉作用方式的不同，可以将淀粉酶分成4类：α-淀粉酶，它从底物分子内部将糖苷键随机断裂开来；β-淀粉酶，它从底物的非还原性末端将麦芽糖单位水解下来；葡萄糖淀粉酶，它从底物的非还原性末端将葡萄糖单位水解下来；脱支酶，只对支链淀粉、糖原等分支点的α-1,6-糖苷键有专一性。

3.1.1.1 α-淀粉酶

α-淀粉酶（α-amylase）又称为液化型淀粉酶，是一种催化淀粉水解生成糊精的淀粉酶，系统命名为α-1,4-*D*-葡聚糖葡萄糖水解酶（α-1,4-*D*-glucan glucano-hydrolase，EC 3.2.1.1）。该酶作用于淀粉与糖原时，从底物分子内部随机地切开α-1,4-糖苷键，从而生成麦芽糖、少量葡萄糖与一系列分子质量不等的低聚糖和糊精。由于它不水解支链淀粉的α-1,6-糖苷键，也不水解紧靠分支点α-1,6-糖苷键附近的α-1,4-糖苷键，因此它的水解终产物中，还含有大量带有α-1,6-糖苷键的葡萄糖残基。因为所产生的还原糖在光学结构上是α-型的，故将此酶叫作α-淀粉酶。

α-淀粉酶是一种金属酶，每分子酶至少含一个钙离子，多的可达10个钙离子，大多数α-淀粉酶的相对分子质量在50 000左右。从达到电泳纯的α-淀粉酶结晶测得的相对分子质量为96 900，然而这个样品经凝胶过滤色谱分离得到两个部分，快速移动部分的相对分子质量是100 000，而缓慢移动部分的相对分子质量是50 000。因此，相对分子质量为50 000的部分可能是α-淀粉酶的单体。当锌存在时，形成的二聚体中含有一个锌原子，锌原子的作用是在酶的两个单体之间形成交联。

二维码3-1　α-淀粉酶研究简史

二维码3-2　α-淀粉酶的性质

3.1.1.2 β-淀粉酶

β-淀粉酶（β-amylase）又称麦芽糖苷酶，是一种外切酶。系统名称为α-1,4-*D*-葡聚糖麦芽糖水解酶（α-1-4-*D*-glucan maltohydrolase，EC 3.2.1.2）。它作用于淀粉时，从淀粉链的非还

原端开始，作用于α-1,4-糖苷键，顺次切下麦芽糖单位，由于该酶作用于底物时发生沃尔登转位反应（Walden inversion），使生成的麦芽糖由α-型转为β-型，故称β-淀粉酶。β-淀粉酶既不能裂解支链淀粉中的α-1,6-糖苷键，也不能绕过支链淀粉的分支点继续作用于α-1,4-糖苷键，故遇到分支点就停止作用，并在分支点残留1～3个葡萄糖残基。因此，β-淀粉酶对支链淀粉的作用是不完全的。

二维码 3-3　β-淀粉酶研究简史

β-淀粉酶作用于直链淀粉时，理论上应100%水解为麦芽糖，当直链淀粉含有偶数葡萄糖基时，β-淀粉酶作用的最终产物是麦芽糖；当直链淀粉含有奇数葡萄糖基时，β-淀粉酶作用的最终产物除含有麦芽糖外，还有麦芽三糖和葡萄糖。β-淀粉酶催化麦芽三糖水解生成麦芽糖和葡萄糖的速度远低于淀粉最初水解的速度，而且需要在高浓度酶的条件下才能进行。但实际上因直链淀粉的老化、混有微量分支点以及氧化改性等因素，在很多情况下，只有70%～90%降解成麦芽糖。支链淀粉经β-淀粉酶作用后，其中50%～60%转变成麦芽糖，而其余部分称为β-限制糊精。当β-淀粉酶作用于高度分支的糖原时，仅有40%～50%转变成麦芽糖。

二维码 3-4　β-淀粉酶的性质

3.1.1.3　葡萄糖淀粉酶

葡萄糖淀粉酶俗称糖化酶（glucoamylase）或α-1,4-D-葡萄糖苷酶（exo-α-1,4-D-glucosidase），是一种催化淀粉水解生成葡萄糖的淀粉酶，系统命名为α-1,4-葡聚糖葡萄糖水解酶（α-1,4-glucan glucohydrolase，EC 3.2.1.3），是一种外切酶。糖化酶的作用方式是从淀粉分子的非还原性末端开始逐个地水解α-1,4-糖苷键，生成葡萄糖。

该酶还具有一定的水解α-1,6-糖苷键和α-1,3-糖苷键的能力。糖化酶的相对分子质量约为69 000。该酶分子中含有一定量的糖类，如爪哇根霉糖化酶中含有27个甘露糖和4个N-乙酰氨基葡萄糖。

二维码 3-5　葡萄糖淀粉酶的性质

3.1.1.4　脱支酶

脱支酶（debranching enzymes）是一类酶的统称，只对支链淀粉、糖原等分支点的α-1,6-糖苷键有专一性。

根据它的作用方式可以分为直接脱支淀粉酶和间接脱支淀粉酶。直接脱支淀粉酶水解未改性的支链淀粉和糖原中的α-1,6-糖苷键，而间接脱支淀粉酶只能作用于已由其他酶改性的支链淀粉和糖原。

根据底物特性差异，脱支酶可分为3类：①高等生物中发现的淀粉-1,6-葡萄糖苷酶，也称糊精6-α-D-葡萄糖苷酶。②微生物茁霉多糖酶和植物R酶（也称茁霉多糖-6-葡聚糖水解酶或支链淀粉酶）。③异淀粉酶，也称葡萄糖基-6-葡聚糖水解酶。

另一种分类是根据来源不同，可分为酵母异淀粉酶、高等植物异淀粉酶（又称R酶）和细菌异淀粉酶。

1. 支链淀粉酶

支链淀粉酶(pullulanse)又称普鲁糖酶、茁霉多糖酶或极限糊精酶，是一种催化支链淀粉、普鲁糖(茁霉多糖)、极限糊精水解为线性α-葡聚糖的α-1,6-糖苷键酶。系统名称为支链淀粉 6-葡聚糖水解酶(EC 3. 2. 1. 41)。曾先后在蚕豆、马铃薯和甜玉米中发现了支链淀粉酶，它们能够水解支链淀粉和相应的β-限制糊精中的α-1,6-糖苷键。

二维码 3-6　支链淀粉酶的基本性质

它们也能裂开α-限制糊精中的α-1,6-糖苷键结合的α-麦芽糖和α-麦芽三糖残基，但是不能除去以α-1,6-糖苷键结合的葡萄糖单位。支链淀粉酶不能作用于糖原，但是它能降解支链淀粉。

2. 异淀粉酶

异淀粉酶是水解支链淀粉、糖原、某些分支糊精和寡聚糖分子α-1,6-糖苷键的脱支酶(EC 3.2.1.68)，曾先后从酵母、极毛杆菌和纤维细菌等微生物中分离出来。与茁霉多糖酶不同的是它对支链淀粉和糖原的活性很高，能完全脱支，但是不能从β-限制糊精和α-限制糊精水解由 2 个或 3 个葡萄糖单位构成的侧链，而对茁霉多糖的活性却很低。异淀粉酶只能水解构成分支点的α-1,6-糖苷键，而不能水解直链分子中的α-1,6-糖苷键。异淀粉酶对α-1,6-糖苷键所处位置的严格要求，使它成为研究糖类结构很有价值的工具。

二维码 3-7　异淀粉酶的性质

3. 间接脱支酶

间接脱支酶包括 2 种酶:淀粉-1,6-葡萄糖苷酶和寡-1,4-葡聚糖转移酶，它以间接的方式催化底物的脱支反应。

淀粉-1,6-葡萄糖苷酶是淀粉-1,6-葡萄糖苷酶和 4-α-*D*-葡聚糖转移酶复合物的组成部分，与糖原磷酸化酶联合作用能使糖原完全降解成 1-磷酸葡萄糖和葡萄糖。在哺乳动物体内，糖原磷酸化酶作用于糖原分子最末端的分支，可以形成包含 4 个葡萄糖单位的极限糊精。如果侧链只含有一个葡萄糖单位时，那么淀粉-1,6-葡萄糖苷酶仅仅水解α-1,6-分支点。

极限糊精必须经 4-α-*D*-葡萄糖转移酶进行改性才能进一步降解。该酶能将麦芽三糖残基转移到另一链的 1,4-α-位置上，如图 3-1 所示，这样就把单个 1,6-α-连接的葡萄糖单位暴露出来。Lee 报道了焙烤酵母有相似的机理，只是麦芽糖残基比麦芽三糖基优先转移而已。

淀粉-1,6-葡萄糖苷酶能水解的最小底物是分支五聚糖，其产物是葡萄糖和麦芽四糖。

3.1.1.5　淀粉糖生产应用的其他酶

1. 葡萄糖异构酶

葡萄糖异构酶的正确名称为 *D*-木糖异构酶，能将 *D*-木糖、*D*-葡萄糖和 *D*-核糖等醛糖可逆地转化为相应的酮糖，系统命名为 *D*-木糖酮醇异构酶(*D*-xylose ketolismerase, EC 5. 3. 1. 5)。它的分布很广，大多数能在木糖培养基上生长的微生物都可以产生此酶。至今已发现 50 多种

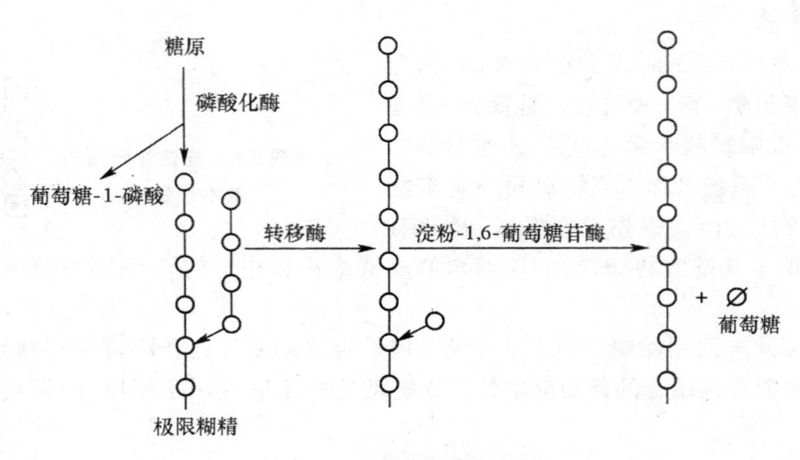

图 3-1　淀粉-1,6-葡萄糖苷酶的作用

（刘欣.食品酶学.北京：中国轻工业出版社，2010）

产生这种酶的微生物，酵母、麦芽和小麦胚中也有这种酶。但适合于工业生产的菌种不多。由于葡萄糖异构化为果糖具有重要的经济意义，因此工业上习惯把 *D*-木糖异构酶称为葡萄糖异构酶，葡萄糖异构化在早期的工业化生产中是利用热处理细胞直接作为酶原，现在生产上都使用固定化酶或固定化细胞。

目前工业上采用的菌种主要是暗色产色链霉菌、凝结芽孢杆菌和节杆菌等。

曾报道有 4 种酶都被称为葡萄糖异构酶。

第 1 种是木糖异构酶，1957 年 Marshall 等首先发现嗜水假单胞杆菌等的木糖异构酶可以使葡萄糖异构化为果糖。

第 2 种是葡萄糖磷酸化异构酶，1963 年由 Natake 发现。它不需要木糖的诱导，也无木糖异构酶的活力，反应时需要砷酸盐存在。

第 3 种是葡萄糖异构酶，1962 年高崎从巨大芽孢杆菌中发现，这种酶与 NAD^+ 有关，也只对葡萄糖有专一性。

第 4 种是高崎从副大肠杆菌中发现的，没有合适的酶名。这种酶可使葡萄糖与甘露糖异构化为果糖，需 NAD^+ 与 Mg^{2+} 作为辅助因子。

2. 环状糊精葡萄糖基转移酶

环状糊精葡萄糖基转移酶（cyclodextrin glycosyl-transferase，CGT）又称环状糊精生成酶（EC 2.4.1.19）。1939 年 Tilden 等首次发现软化芽孢杆菌（*B. macerans*）分泌的酶能使淀粉生成环状糊精，以后很长时间内没有发现其他微生物产 CGT，因而将此酶命名为软化芽孢杆菌淀粉酶。后来又发现巨大芽孢杆菌等亦产此酶。

二维码 3-8　葡萄糖异构酶的性质

二维码 3-9　环状糊精葡萄糖基转移酶的性质

3.1.1.6　淀粉酶在食品工业中的应用

目前商品淀粉酶制剂最重要的应用是从淀粉制备糊精糖浆、葡萄糖和麦芽糖。

由于地衣形芽孢杆菌α-淀粉酶具有特别高的耐热性，因而被广泛地应用在淀粉的酶液化工艺中，基本流程见图3-2。在进料桶中配制含固体30%～40%的淀粉糊，用NaOH调节淀粉糊的pH至6.0～6.5。如果反应混合物中的游离钙离子浓度低于50 mg/kg，必须添加适量的钙盐。将液化酶计量地直接加入从进料桶排出的淀粉糊流中，淀粉糊被连续地泵送通过“喷射蒸煮器”，并由直接注入的蒸汽加热至105℃，当淀粉糊被泵送通过“喷射蒸煮器”时，它承受了巨大的剪切力，因此除了酶的作用使淀粉糊黏度降低外，机械变稀作用也是重要的。淀粉糊在105℃的高温下保持5 min，然后瞬间冷却到常压，并泵送通过多级反应器，在95℃下，酶催化淀粉降解持续2 h。液化淀粉的葡萄糖当量（dextrose equivalent，DE）取决于酶的用量，此条件下可达到8～12。

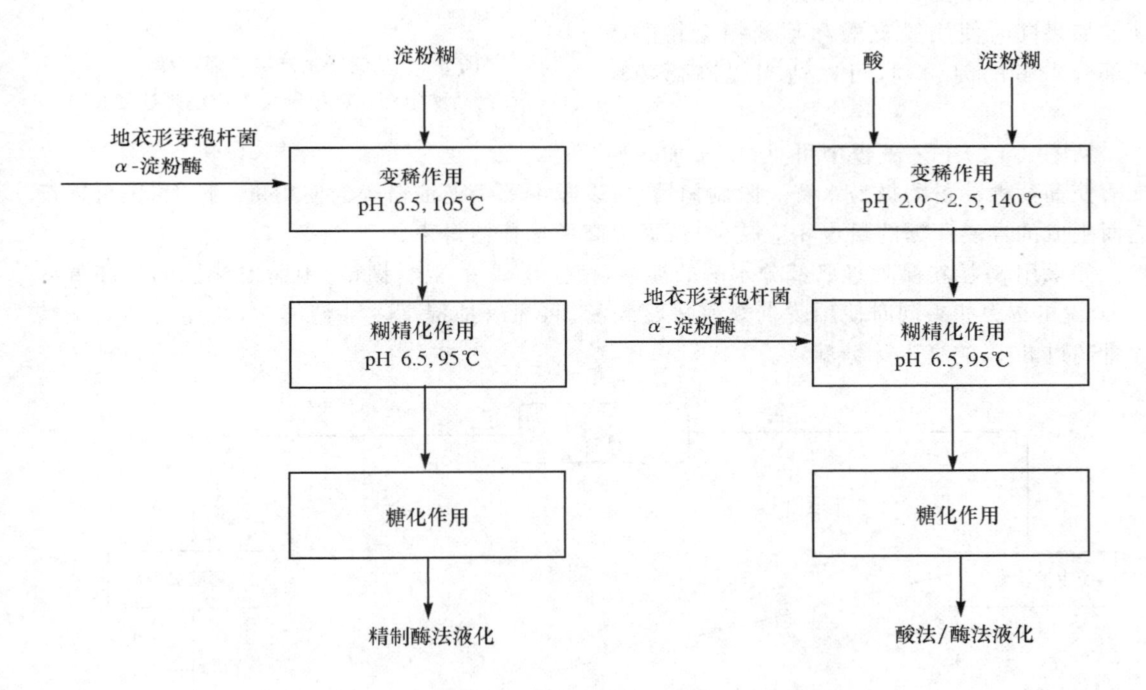

图3-2　淀粉液化工艺

（王璋.食品酶学.北京：中国轻工业出版社，2005）

淀粉酶法液化除步骤简单外，另一个主要优点是能耗低，它的最高操作温度只有105℃。严格地控制温度是非常重要的。如果温度太低，底物将不能充分地糊化；如果温度太高，酶活力将损失太多。

在酸-酶法淀粉液化工艺中也使用了地衣形芽孢杆菌α-淀粉酶（图3-2）。在加入耐热α-淀粉酶之前，淀粉糊在140℃和pH 2.0～5.0下蒸煮5 min。如果pH太低，将会生成许多副产物；如果pH太高，酸变稀效果将会消失，并且淀粉糊的颜色也会变深。在蒸煮之后，淀粉糊瞬间冷却至100℃，pH调节至6.0～6.5，然后加入耐热α-淀粉酶。采用酸-酶法液化工艺可以节省酶的使用量，然而，由于工艺过程中采用了高温蒸煮会增加能耗。

葡萄糖淀粉酶已被广泛应用于葡萄糖生产。在淀粉糊液化和部分水解后，将 pH 调节到 4.0～5.0，温度降低到 60℃，再加入葡萄糖淀粉酶，淀粉在酶作用下持续水解，直到葡萄糖含量不再增加为止。用过滤方法除去糖浆中的蛋白质和脂肪后，再用活性炭除去色素和可溶性蛋白质。最后用离子交换剂除去糖浆中的灰分，经干燥得到结晶葡萄糖。淀粉制备葡萄糖的过程见图 3-3。在采用葡萄糖淀粉酶生产葡萄糖时，由于可逆反应，即酶催化葡萄糖聚合成异麦芽糖，影响了葡萄糖得率，这个现象在高底物浓度和高酶浓度时更为明显。

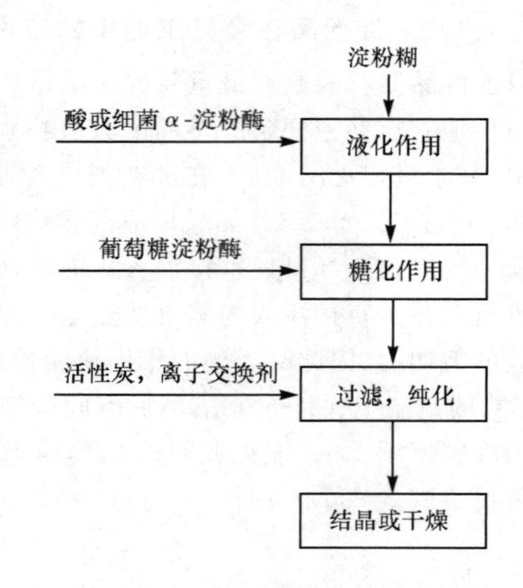

图 3-3　从淀粉生产结晶葡萄糖

（王璋. 食品酶学. 北京：中国轻工业出版社，2005）

如果同时使用脱支酶和葡萄糖淀粉酶糖化部分水解的淀粉糊，可以适当提高葡萄糖得率。

从图 3-4 的工艺流程中可见，由于加入脱支酶使葡萄糖淀粉酶极易水解α-限制糊精，可以减少葡萄糖淀粉酶的使用量。同时，因可逆反应而生成的异麦芽糖的量也相应减少，从而提高了葡萄糖得率。

如果用β-淀粉酶处理已部分水解的淀粉，由于生成β-限制糊精，因而麦芽糖的最高得率仅 60%左右。如果同时使用脱支酶和β-淀粉酶，将显著地提高麦芽糖得率，从而得到麦芽糖含量超过 80%的高麦芽糖糖浆。

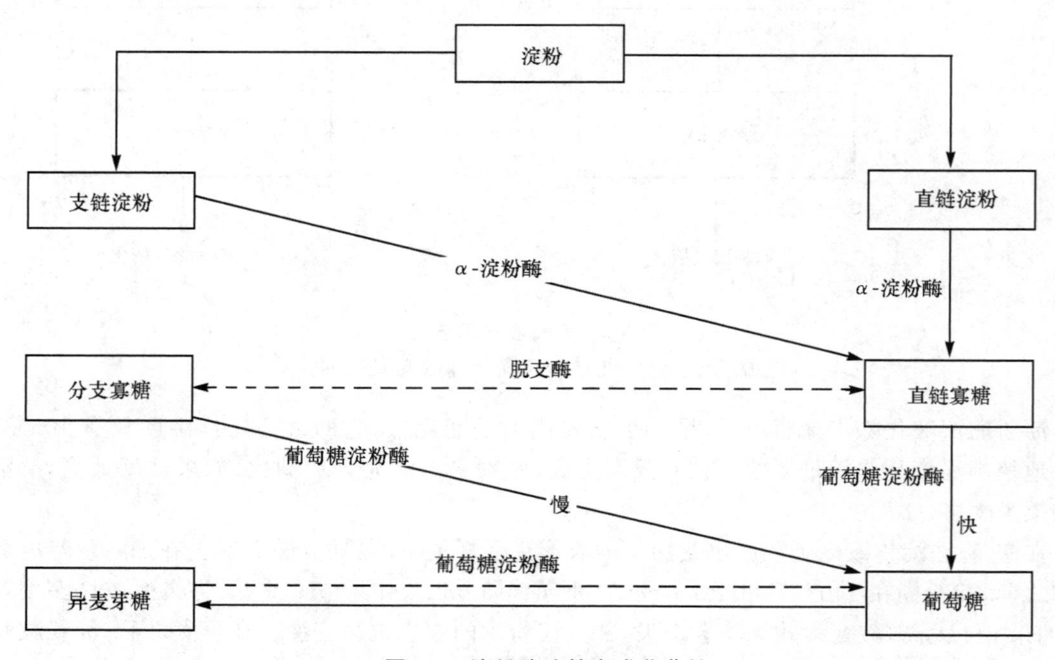

图 3-4　淀粉酶法转变成葡萄糖

（王璋. 食品酶学. 北京：中国轻工业出版社，2005）

在工业生产中，如何提高淀粉转化成还原性糖的转化率一直是科研人员所关注的问题。如果能在糖化时降低底物浓度，可以提高糖转化率，但是过低的底物浓度增加了浓缩成本，使得生产率降低。所以在生产中，许多研究采用几种复合酶来提高淀粉转化率，研究表明，采用异淀粉酶与葡萄糖淀粉酶复合糖化，能够提高底物浓度，从而提高淀粉的转化率。

3.1.2　蔗糖酶及乳糖酶

3.1.2.1　蔗糖酶

蔗糖酶又称转化酶或 β-呋喃果糖苷酶（β-D-呋喃果糖苷果糖水解酶，EC 3.2.1.26）。蔗糖酶将蔗糖水解为 D-葡萄糖与 D-果糖，由于生成果糖，故甜度增加；且由于旋光度由 $+66.5°$ 转变为 $-20°$，所以催化此反应的酶又被称为转化酶。

蔗糖酶广泛分布于自然界，在植物、动物和微生物（酵母、曲霉、青霉、毛霉等）中存在，但工业上均从酵母中制取。有2种酶，β-呋喃果糖苷酶和 α-葡萄糖苷酶都能水解蔗糖，然而前者催化水解 C_2—O 键，后者催化水解 C_1—O 键。

酵母蔗糖酶反应最适 pH 为 4.0～5.5。最适温度随酶制剂纯度和底物蔗糖浓度的改变而改变，因此很难确定。糖浓度低时，商品蔗糖酶的最适温度为 55℃；浓度高时，最适温度为 60～70℃。

3.1.2.2　蔗糖酶在食品工业中的应用

蔗糖酶在食品工业中的用途包括：浓的蔗糖溶液经转化酶作用后水解成较甜的糖浆；蔗糖溶液转化后具有较高的沸点、较低的凝固点和较高的渗透压；经转化作用生成的单糖具有比蔗糖更高的溶解度，因而不易从高浓度的糖浆中结晶出来。利用此原理，蔗糖酶在制造软心和液心糖果方面有特殊用途，这些糖果属于质地较硬、容易加工、容易包裹涂层的产品，如在巧克力的制作中若加入少量蔗糖酶，由于在数周内蔗糖逐渐水解、部分转化为葡萄糖和果糖而有下述效果。

（1）糖心变软，甚至成为液状。

（2）由蔗糖转化成的果糖部分有吸湿性，可防止产品在储存期间水分损失。

（3）果糖可抑制配方中其他组分的结晶，以保证在整个储存有效期中有适当的均一性。

（4）糖果制品有被酵母污染，产生不良发酵的可能，蔗糖转化后提高了渗透压，足以阻止发酵作用的进行。

3.1.2.3　乳糖酶

乳糖酶（lactase）是一种催化乳糖水解成为半乳糖和葡萄糖的酶，也可将其他 β-半乳糖苷水解生成半乳糖，故其推荐名为 β-半乳糖苷酶（β-galactosidase），系统名称为 β-D-半乳糖苷半乳糖水解酶（β-D-galactoside galactohydrolase，EC 3.2.1.23）。

二维码 3-10　乳糖酶的性质

乳糖酶存在于植物（尤其是杏、桃、苹果）、细菌（乳酸菌、大肠杆菌等）、真菌（米曲霉、黑曲霉、胞壁酵母等）、放线菌（天蓝色链霉菌）以及动物（特别是婴儿）肠道中。

3.1.2.4　乳糖酶在食品工业中的应用

乳糖酶在食品工业中用于生产低乳糖牛乳、低乳糖奶粉、果味酸奶酪等乳制品。在处理牛乳时，使乳糖分解，从而提高牛乳的消化性，防止乳糖等从炼乳析出。乳糖约占牛乳固形物的30%，但溶解度低，在20℃水中溶解度仅20%，而其甜度仅为蔗糖的16%。久贮的乳制品由于乳糖析出，呈砂样感觉而影响风味。此外，有些人特别是婴儿的肠道缺乏乳糖酶，饮用牛乳后会引起腹疼腹泻等“乳糖不耐受症”，牛乳添加乳糖酶或服用乳糖酶可以部分水解乳制品中的乳糖，消除此症，并能提高其营养价值。

1. 乳糖酶在乳制品制作中的应用

难溶性的、无甜味的乳糖，水解后成为葡萄糖和半乳糖，溶解度较乳糖增加了3～4倍。因此，乳糖水解后的牛乳，因乳糖水解产物不易结晶而特别适合制备浓缩加工产品。牛乳中的乳糖25%～30%水解后，在甜炼乳中可防止其他糖类结晶的生成。

在冰激凌和冰冻浓缩牛乳制造中，30%～40%乳糖水解后，可防止在长期储藏中砂状结晶物析出和蛋白质凝絮的形成。

2. 乳糖水解在生产发酵乳制品中的应用

虽然大多数被选作“引子”的菌类都具有一定的乳糖发酵能力，但是乳糖的完全水解仍然是牛乳发酵的限速阶段，因此，乳糖的水解可促使那些不能以乳糖作为它们的唯一碳源的菌类生长。

乳糖的水解可减少酸乳凝固时间的15%～20%，也可缩短鲜乳酪的凝固时间，使其凝结坚固，还可减少由于乳酪澄清而造成的损失，产量可增加10%。同时可得到黏度较大的产品，乳酸菌的数量也较多，可延长酸乳的货架时间。水解程度较大时，甜度也增加，这样在制作水果配乳时可减少糖的用量，水果风味也会增强。

乳糖水解用于Cheddar乳酪的生产时，也能取得较快酸化的结果，早期蛋白质水解的越多，最后的菌数也越多。在Cheddar乳酪中游离氨基酸和脂肪酸产生的愈快，香味愈浓，所希望的结构和香味得以尽早形成。

乳清和超滤乳清中乳糖的部分水解可增加其甜味和提高糖的溶解度。不同比例的葡萄糖和半乳糖混合物的甜度，相当于蔗糖甜度的65%～80%。可制造出总固形物达75%的糖浆，这种糖浆微生物难以分解，有广泛的用途。

食品工业中对乳糖酶的研究，已不仅仅局限在解决乳糖不耐受问题上，乳糖酶的应用范围越来越广泛，如增加乳产品的甜度、风味，开发功能性乳制品等，这就要求乳糖酶在生产方式上必须有所创新。目前，为提高乳糖酶的产量和活性，国内外的研究主要集中在菌株的选育、诱变和发酵条件的优化，以及基因重组上。基因工程技术有望从根本上解决乳糖酶产量等问题，将是乳糖酶未来主要的研究方向。

3.1.3 纤维素酶

纤维素是葡萄糖以β-1,4-糖苷键结合的聚合物，为植物细胞壁的构成成分，占植物干重的1/3～1/2。全球一年间由光合作用生成的纤维素达1 000亿t，是最丰富的可再生资源。但目前只有小部分用于纺织、造纸、建筑和饲料等方面，一部分用作燃料，还有很大部分没有利用，而是由微生物自然分解，参与自然界碳素循环。如果这些资源能合理地开发利用，将会造福于人类。

纤维素用酸、酶水解便得到葡萄糖，后者经发酵可以生成酒精、有机酸等一系列产品。酸水解法虽然很早已经发明，但由于需要高温高压处理，且要用耐酸设备，得率又低，仅为50%，现已被淘汰。纤维素酶是将纤维素水解为葡萄糖的一类酶，作用于纤维素和纤维素衍生的产物。虽说它的应用还有一些问题有待解决，但作为一个发展方向，已经引起了国内外学者的广泛重视。

3.1.3.1　纤维素酶的分类及作用模式

纤维素酶在自然界中分布极为广泛，节肢动物、环节动物、软体动物、原生动物、高等植物、细菌、放线菌和真菌都能产生纤维素酶。反刍动物的瘤胃以及猪大肠中也有分解纤维素的细菌存在。

纤维素酶不是单种酶，而是起协同作用的多组分酶系，故又称为纤维素酶系。可分为以下3类。

第1类是 C_1 酶，也称纤维二糖水解酶(cellobio-hydrolase)，它能够作用于纤维素中分子排列整齐的结晶区，也能作用于分子排列不整齐的非结晶区。

二维码3-11　纤维素酶的性质

第2类是 C_X 酶，也称 β-1,4-葡聚糖酶，它能水解溶解的纤维素衍生物或无定形纤维素，但不能作用于结晶纤维素。它又包括2种酶，外切-β-1,4-葡聚糖酶(EC 3.2.1.91)和内切-β-1,4-葡聚糖酶(EC 3.2.1.4)。前者从纤维素链的非还原性末端逐个地将葡萄糖水解下来，并将其构型从 β-型转变成 α-型；而后者以随机的方式从纤维素链的内部将其裂开，它作用于较长纤维素链，对末端的敏感性比中间键小，并不改变产物的构型。

第3类是纤维二糖酶，也称 β-葡萄糖苷酶(EC 3.2.1.21)，作用于纤维二糖和短链的纤维寡糖生成葡萄糖。

3.1.3.2　纤维素酶在食品工业中的应用

纤维素酶具有广泛的用途。在环境保护中，纤维素酶将农副产品和城市废料中的纤维素转化为葡萄糖和单细胞蛋白，美国有人将里氏木霉的培养滤液作用于纸浆，生产葡萄糖；在能源开发上，利用纤维素作为廉价的糖源生产燃料酒精、甲烷、丙酮，是解决世界能源危机的最有效的途径之一；在饲料工业中，纤维素酶和纤维素酶生产菌能转化粗饲料如麦秆、麦糠、稻草、玉米芯等，把其中一部分转化为糖、菌体蛋白质、脂肪等，降低饲料中的粗纤维含量，提高粗饲料营养价值，扩大饲料来源。同时，纤维素酶在医药、生物工程技术等领域都有应用。

食品加工中，用纤维素酶对农产品进行预处理相较于传统的加热蒸煮或酸碱处理有很多优点，如使植物组织膨化松软，减少农产品香味和营养物质的损失，改善口感，更利于消化，节约处理时间等。纤维素酶在食品中主要用于发酵工业，如制豆馅，用于大豆脱种皮制豆腐，生产淀粉，抽提茶叶，橘子脱囊衣等。

在果蔬加工中用纤维素酶进行果蔬的软化处理，可避免由于高温加热、酸碱处理引起的香味和维生素的大量损失；在果酱制作中用纤维素酶处理可使口感更好；也可用纤维素酶分解蘑菇，制造新调味料。

在食品发酵工业中可利用纤维素酶处理原料，提高细胞内含物的提取率，改善食品质量，简化生产工艺。如在酱油生产中，加入纤维素酶，可使大豆等原料的细胞壁膨胀软化而破坏，使包藏在细胞中的蛋白质、碳水化合物释放，缩短酿造时间，提高产率，同时还可提高品质，使氨基酸、还原糖含量增加。以 78B2 为菌种制曲，在酱油酿造入池时，加入 1%，一般可使酱油产量增加 5%左右，而且成品酱油中还原糖增加，使得酱香味明显提高。再如纤维素酶在酿酒中的应用，每 100 kg 原料可增加出酒量 10～15 kg，节粮 20%，酒味醇香，杂醇油含量低；白酒酿造所用原料中纤维含量较大，使用纤维素酶后，可同时将淀粉和部分纤维质转化为葡萄糖，再经酵母分解全部转化为酒精，提高出酒率 3%～5%，酒体质量纯正，淀粉和纤维利用率高达 90%。

然而，纤维素酶的应用远没有完善，还需解决酶活力较低、单位酶活力的生产成本较高及相应的生产工艺需要完善等问题。

3.1.4 果胶酶

果胶质是植物中由碳水化合物聚合而成的胶状物，是高等植物细胞间层和细胞壁的重要组分。果胶物质由 3 种化学成分 α-1，4-*D*-聚半乳糖醛酸、阿拉伯聚糖和 β-1，4-*D*-聚半乳糖组成。果胶质按其分子中 *D*-半乳糖醛酸上羧基酯化程度不同，可分为原果胶（protopectin）、果胶酸（pectic acid）和果胶酯酸（pectinic acid）。果胶酶降解果胶物质，它主要存在于高等植物和微生物中，但除了蜗牛以外，在动物界中没有发现果胶酶存在。果胶质的存在影响果汁饮料的澄清度和生产得率，故利用果胶酶（EC 3.2.1.15）降解果汁中的果胶物质，是提高果汁产率和果汁澄清的较佳方法。

3.1.4.1 果胶酶的分类及作用模式

果胶酶是指分解果胶物质的多种酶的总称。至少有 8 种酶分别作用于果胶分子的不同位点，基本上分为两大类：一类是催化果胶物质解聚的果胶质解聚酶，另一类是催化果胶分子中的酯水解的果胶酯酶。解聚酶利用内切或外切的方式使果胶解聚；果胶酯酶（PE）则催化果胶分子中果胶酯酸水解，形成低脂果胶和果胶酸。

果胶质解聚酶又可按如下 3 点进一步分类：①对底物作用的专一性，是对高度酯化的果胶作用还是对果胶作用；②对 *D*-半乳糖醛酸间的糖苷键的作用机理，是基于水解作用还是裂解作用；③切断糖苷键的方式，是无规则切断还是顺序逐个切断，即采取外切式还是内切式。

果胶酯酶对果胶中聚半乳糖醛酸中的甲酯具有高度的特异性，却不能水解聚甘露糖醛酸甲酯。果胶中的甲酯是果胶酯酶的特异底物，但该特异性是相对的，个别酶也能分解果胶中的乙酯、丙酯和聚丙酯。植物源性的果胶酯酶从果胶分子的还原末端或其邻近的游离羧基开始，沿着分子链以单链机制进行水解。

果胶酶的分类如表 3-1 所示，其中外切-PMG 和外切-PMGL 还没有发现，而内切-PMG 是否存在还有疑问。

表 3-1 果胶酶的分类

（刘欣. 食品酶学. 北京：中国轻工业出版社，2010）

1. 果胶质解聚酶
   - （1）对果胶作用的解聚酶
     - A. 聚甲基半乳糖醛酸酶（PMG）
       - a）内切-PMG（EC 3.2.1.41）
       - b）外切-PMG
     - B. 聚甲基半乳糖醛酸裂解酶（PMGL）

续表 3-1

a）内切-PMGL（EC 4.2.2.3）

b）外切-PMGL

（2）对果胶酸作用的解聚酶

A. 聚半乳糖醛酸酶（PG）

a）内切-PG（EC 3.2.1.15）

b）外切-PG（EC 3.2.1.40）

B. 聚半乳糖醛酸裂解酶（PGL）

a）内切-PGL（EC 4.2.2.1）

b）外切-PGL（EC 4.2.2.9）

2. 果胶酯酶（PE）

3.1.4.2　果胶酶的性质

1. 果胶酯酶

果胶酯酶（pactinesterase，PE）是一种催化果胶分子中的甲酯水解生成果胶酸和甲醇的水解酶，系统名称为果胶酰基水解酶（pectin pectylhydrolase，EC 3.1.1.11）。它可由植物、真菌、某些细菌和酵母菌产生，对果胶中的甲酯并不表现为绝对的特异性，水解乙酯的速度相当于甲酯的3%～13%。但是该酶对于半乳糖醛酸部分表现为很强的专一性，它水解果胶比水解非半乳糖醛酸至少快1 000倍。

二维码 3-12　果胶酯酶的性质

2. 内切聚半乳糖醛酸酶

内切聚半乳糖醛酸酶（endopolygalacturonase，endo-PG）可随机水解果胶酸和其他聚半乳糖醛酸分子内部的糖苷键，生成相对分子质量较小的寡聚半乳糖醛酸，系统名称为聚（1，4-α-*D*-半乳糖醛酸）聚糖水解酶（poly[1，4-α-*D*-galacturonide glycanohydrolase]，EC 3.2.1.15）。通常所说的聚半乳糖醛酸酶就是指内切聚半乳糖醛酸酶。

二维码 3-13　内切聚半乳糖醛酸酶的性质

3. 外切聚半乳糖醛酸酶

外切聚半乳糖醛酸酶（exopolygalacturonase，exo-PG）从聚半乳糖醛酸链的非还原性末端开始，逐个水解α-1，4-糖苷键，生成*D*-半乳糖醛酸和每次少一个半乳糖醛酸单位的聚半乳糖醛酸，系统名称为聚（1，4-α-*D*-半乳糖苷酸）半乳糖醛酸水解酶（poly[1，4-α-*D*-galacturonide galacturonohydrolase]，EC 3.2.1.67）。

二维码 3-14　外切聚半乳糖醛酸酶的性质

4. 聚半乳糖醛酸裂解酶

聚半乳糖醛酸裂解酶（PGL）又称果胶酸裂解酶，可分为内切聚半乳糖醛酸裂解酶（endo-PGL）和外切聚半乳糖醛酸裂解酶（exo-PGL）。endo-PGL又称为果胶酸裂解酶（pectate

二维码 3-15 聚半乳糖醛酸裂解酶的性质

lyase)，系统名称为聚(1,4-α-D-半乳糖醛酸苷)裂解酶(poly[1,4-α-D-galacturonide lyase]，EC 4.2.2.2)。该酶通过反式消去作用，随机切断果胶酸分子内部的α-1,4-糖苷键，生成具有不饱和键、相对分子质量较小的聚半乳糖醛酸，黏度迅速下降。exo-PGL 的系统命名为聚(1,4-α-D-半乳糖醛酸苷)外切裂解酶(poly[1,4-α-D-galacturonide exo-lyase]，EC 4.2.2.9)。该酶通过反式消去作用，切断果胶酸分子非还原性末端的α-1,4-糖苷键，生成具有不饱和键的半乳糖醛酸，使还原性增加，但黏度下降不明显。

5. 聚甲基半乳糖醛酸酶

聚甲基半乳糖醛酸酶(PMG)分为内切聚甲基半乳糖醛酸酶(endo-PMG)和外切聚甲基半乳糖醛酸酶(exo-PMG)。endo-PMG 随机切断果胶分子内部的α-1,4-糖苷键，使果胶的分子变小，黏度迅速下降。exo-PMG 从果胶分子的非还原末端开始，逐次水解α-1,4-糖苷键，黏度下降不明显。

6. 聚甲基半乳糖醛酸裂解酶

聚甲基半乳糖醛酸裂解酶(PMGL)又称果胶裂解酶(pectinlyase)，系统名称为聚甲氧基半乳糖醛酸苷裂解酶(poly[methoxygalacturonide] lyase)。它可分为内切聚甲基半乳糖醛酸裂解酶(endo-PMGL，EC 4.2.2.10)和外切聚甲基半乳糖醛酸裂解酶(exo-PMGL)。endo-PMGL 通过反式消去作用随机切断果胶分子中的α-1,4-糖苷键，生成相对分子质量较小的聚甲基半乳糖醛酸，使黏度迅速下降；exo-PMGL 则通过反式消去作用，从果胶分子的末端逐次水解α-1,4-糖苷键，释放出具有不饱和键的甲基半乳糖醛酸。

二维码 3-16 聚甲基半乳糖醛酸裂解酶的性质

3.1.4.3 果胶酶在食品工业中的应用

果胶酶存在于水果和蔬菜中，能降解果胶物质，它的变化对水果和蔬菜的结构有重要影响，因而在食品加工和保藏中起重要作用。微生物果胶酶是食品工业中使用量最大的酶制剂之一，它主要应用于果汁的萃取和澄清。目前，市售的果胶酶制剂主要含有酯酶、水解酶和裂解酶 3 组分，酶制剂的剂型主要为液体和固体 2 种。果胶酶加入水果破碎物中，催化果胶质类成分生成半乳糖醛酸和寡聚半乳糖醛酸、不饱和半乳糖醛酸，使不溶性果胶质溶解和可溶果胶质黏度降低，利于果汁饮料的澄清和过滤。

1. 果胶酶在苹果汁澄清中的应用

在苹果汁加工中使用果胶酶的作用是减轻提取果汁的困难，促使果汁中悬浮的粒子能用沉降、过滤或离心的方法分离。对于苹果来说，未经果胶酶处理，就不能得到澄清的果汁。有的水果在破碎后具有很高的黏稠性，如果不用果胶酶处理，直接用压榨的方法提取果汁是很困难的。通常，首先将果胶酶溶于水或果汁后加入混浊果汁中，果汁在搅拌过程中黏度逐渐下降。接

二维码 3-17 果胶酶在苹果汁加工中的应用

着，果汁中细小的粒子开始聚结成絮凝物而沉淀下来。由于上清液中仍然含有少量的悬浮物，因此还需要加入硅藻土作为助凝剂，再用离心或过滤的方法得到稳定的澄清果汁。

2. 果胶酶在葡萄汁加工中的应用

葡萄破碎后具有很高的黏稠性，仅用压榨的方法很难提高果汁的提取率。若添加果胶酶制剂，则可降低葡萄汁液的黏稠度，提高出汁率，减轻强度，缩短加工时间，获得澄清的葡萄汁。

生产中，将葡萄洗涤、破碎、去梗，再将葡萄浆与果胶酶制剂混合，加入酶制剂量一般为0.2%～0.4%（质量分数），于40～50℃处理30 min左右，处理过程中不断搅拌。然后再升温至60～90℃，保持5～30 min。最后将浆体压榨，取得汁液。

3. 果胶酶对于混浊柑橘汁稳定性的影响

柑橘汁一般制成混浊果汁，柑橘汁的色泽、风味和营养主要依赖于果汁的悬浮微粒。柑橘含有果胶和果胶酯酶，果胶主要存在于橘皮和囊衣中，而果胶酯酶主要存在于囊衣中。从柑橘中提取果汁，使果汁中同时含有果胶和果胶酯酶。新鲜制备的柑橘汁中含有各种不溶解的微小的粒子（≤2 μm），它们导致果汁处于混浊状态。这些不溶解的颗粒主要由果胶、蛋白质和脂肪构成，也可能含有橙皮苷。如果果汁不经热处理，那么由于果胶酯酶的作用，使果胶转变成低甲氧基果胶，它有可能与果汁中的高价阳离子作用生成不溶解的果胶酸盐。由于果胶酸盐的吸附作用，导致混浊粒子沉降。如果柑橘果汁中不存在高浓度的高价阳离子，那么，由低甲氧基果胶提供的混浊粒子的表面负电荷将提高颗粒的稳定性。实验证明，在pH 3.5时混浊粒子产生絮凝现象，而在pH 5.0时却没有。如最早生产甜橙汁罐头是采用65.6℃低温杀菌，认为已经抑制了大部分腐败菌。但是，这种处理的橙汁罐头经储藏后，果汁会分离为两层，上层为清液，下层为沉淀物。显然，果汁中腐败菌被杀灭后，果汁是受其他原因影响而引起沉淀分层。要增加甜橙汁的稳定性以保持混浊度，加热杀菌的温度必须达到93.3℃，进行瞬时高温杀菌，使果胶酯酶失活。

4. 橘子脱囊衣

糖水橘子加工中，在橘子去皮、去络分瓣后，必须除去囊衣。囊衣系指瓤囊外皮，瓤囊外皮由两层皮膜即外表皮与内表皮组成，其间有果胶物质起黏合作用，内表皮薄而透明并紧紧地包裹着囊肉。

目前我国去囊衣的方法有2种：化学药品处理法和酶法。

化学药品处理法是利用烧碱、盐酸、硫酸等溶液促使内外囊衣间的果胶物质分解，以及囊衣中所含有的纤维物质部分水解，使内外囊衣间细胞黏着力减弱，从而达到去除囊衣的目的。

酶法处理是利用果胶酶液，控制pH在1.5～2.0，温度30～40℃，将橘瓣浸入其中。瓤囊内、外表皮之间的果胶物质在果胶酶的作用下分解成可溶性果胶，使内外表皮细胞间的黏着力减弱，外表皮随之软化。然后将橘瓣取出，于清水中漂洗，在水力的冲击下外表皮脱落，而达到去囊衣的目的。此法操作简便，罐头风味好、香气浓、色泽鲜艳，质量优于酸碱法，并减轻了对罐壁的腐蚀作用，延长了保存期，降低了成本，提高了劳动生产率。

5. 其他方面的应用

制取浓缩果汁用的原汁，不宜有过量的果胶。为此，需要加入足够量的果胶酶制剂，否则果汁中的果胶不能充分地降解，将会导致浓缩果汁混浊，甚至可能凝结成果冻使浓缩果汁失去复水能力。

用果汁制备果冻，必须在高浓度的糖存在下才能凝结成冻，但甜味太浓又失去果实自然风味。用不含PG的PE制剂处理果汁，使其中果胶成为甲酯化程度低的果胶，在钙离子存在下，即使糖浓度比较低也可以制作成稳定的果冻。

在葡萄酒生产中应用果胶酶，可以提高葡萄汁和葡萄酒的得率，增强葡萄酒的澄清效果，大大提高葡萄酒的过滤速度。

6.果胶酶应用研究展望

我国对果胶酶需求量很大，但国内果胶酶的发展却较缓慢，且通常是将果胶酶单一使用，这限制了果胶酶的应用范围及效果。

目前果胶酶研究已发展到分子水平，由从自然界中筛选、分离发展到诱变和基因工程等多种手段相结合。分离纯化方法的发展推动了对果胶酶特性的研究。果胶酶在食品中的应用领域也由传统的果汁澄清、提高出汁率、去壳逐渐拓宽至活性功能成分的提取、茶和咖啡发酵、油脂提取等领域，并且由应用单一酶逐渐发展至与其他酶类复合使用，解决复杂问题。未来果胶酶的研究领域中对菌种的改良选育、发酵机制、果胶酶特性的探索仍将占主导地位，将会有更多的研究者致力于对果胶酶分子水平上的调节机制、酶的诱导、抑制、激活、阻遏以及不同果胶酶对果胶质底物的作用机制的研究，为深入研究果胶酶的性质、提高果胶酶活性、缩小我国与国外果胶酶产品的质量及拓宽果胶酶应用范围奠定基础。

3.2 蛋白酶

3.2.1 蛋白酶概述

蛋白酶是食品工业中最重要的一类酶，在干酪生产、肉类嫩化和植物蛋白质改性中大量使用。此外，胃蛋白酶、胰凝乳蛋白酶、羧肽酶和氨肽酶都是人体消化道中的蛋白酶，在它们的作用下，人体摄入的蛋白质被水解成小分子肽和氨基酸。血液吞噬细胞中的蛋白酶能水解外来的蛋白质，而细胞中溶菌体含有的组织蛋白酶能促使蛋白质的细胞代谢。

二维码 3-18 四类蛋白酶的性质

3.2.1.1 蛋白酶的分类

最早根据蛋白酶的来源不同分为3类：①存在于食品原料中的内源蛋白酶；②由生长在食品原料中的微生物所分泌的蛋白酶；③被加入食品原料中的蛋白酶制剂。还可以根据蛋白酶所存在的生物体不同，将其分为植物源蛋白酶、动物源蛋白酶、微生物蛋白酶三大类。其中微生物蛋白酶根据其作用时的最适 pH 不同，又分为酸性、中性、碱性蛋白酶。

根据蛋白酶催化蛋白质水解反应的作用方式，1997年国际生物化学与分子生物学联合会酶学委员会公布的酶的命名及其分类中，将作用于蛋白质分子中肽键的酶归类于水解酶的第4亚类中，这一亚类又分为2个亚亚类，即蛋白酶(proteinase)和肽酶(peptidase)。蛋白酶又称肽链内切酶(endopeptidase)，它能水解肽链内部的肽键。它广泛存在于植物种子、块茎、叶子及果实等器官中。如番木瓜乳汁中存在的木瓜蛋白酶，菠萝果皮、茎中存在的菠萝蛋白酶，无花果乳汁中存在的无花果蛋白酶，剑麻中存在的剑麻蛋白酶，动物骨中存在的骨蛋白酶。肽酶又称肽链外切酶，它从肽链末端一个一个地或两个两个地将肽键水解。其中，作用于羧基末端的叫羧肽酶；作用于氨基末端的叫氨肽酶。

另外，根据蛋白酶的化学结构、活性中心的特点，1966 年开始将它们分成丝氨酸蛋白酶（serine protease）、巯基（半胱氨酸）蛋白酶（cysteine protease）、金属蛋白酶（metallloprotease）、天冬氨酸蛋白酶（或羧基酸性蛋白酶，aspartic protease）。这种分类方法较常用，从名称中已经指出了在这些酶的活性中心中所含有的必需催化基团分别是羟基、巯基、金属离子和羧基。

3.2.1.2　蛋白酶的特异性要求

1. R_1 和 R_2 基团的性质

蛋白酶催化的最普通的反应是水解蛋白质中的肽键，见式(3.1)。

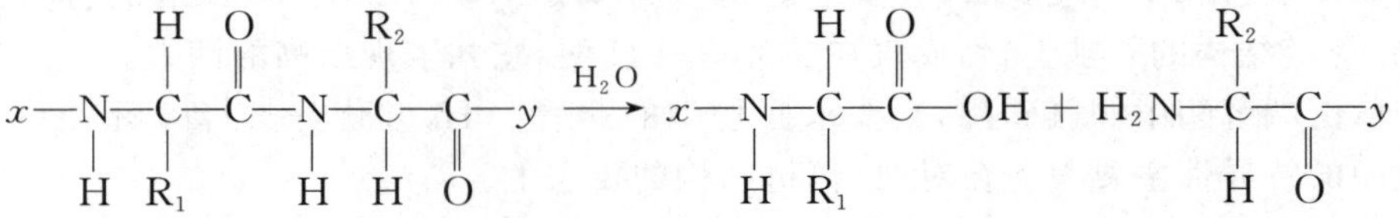

$$x-\underset{H}{N}-\underset{R_1}{\overset{H}{C}}-\overset{O}{\overset{\|}{C}}-\underset{H}{N}-\underset{H}{\overset{R_2}{C}}-\underset{\underset{O}{\|}}{C}-y \xrightarrow{H_2O} x-\underset{H}{N}-\underset{R_1}{\overset{H}{C}}-\overset{O}{\overset{\|}{C}}-OH + H_2N-\underset{H}{\overset{R_2}{C}}-\underset{\underset{O}{\|}}{C}-y \quad (3.1)$$

蛋白酶对于 R_1 和（或）R_2 基团式(3.1)具有特异性要求。例如，胰凝乳蛋白酶仅能水解 R_1 是酪氨酸、苯丙氨酸或色氨酸残基侧链的肽键；胰蛋白酶仅能水解 R_1 是精氨酸或赖氨酸残基侧链的肽键。另一方面，胃蛋白酶和羧肽酶对 R_2 基团具有特异性要求，如果 R_2 是苯丙氨酸残基的侧链，那么这两种酶能以最高的速度水解肽键。

2. 氨基酸的构型

蛋白酶不仅对 R_1 和（或）R_2 基团的性质具有特异性的要求，而且提供这些侧链的氨基酸必须是 *L*-型的。天然存在的蛋白质或多肽都是由 *L*-氨基酸构成的。

3. 底物分子的大小

对于有些蛋白酶，底物分子的大小不重要。例如，α-胰凝乳蛋白酶和胰蛋白酶的最佳合成酰胺类底物分别是α-*N*-乙酰基-*L*-酪氨酰胺和α-*N*-苯甲酰-*L*-精氨酰胺（图 3-5）。虽然这些底物

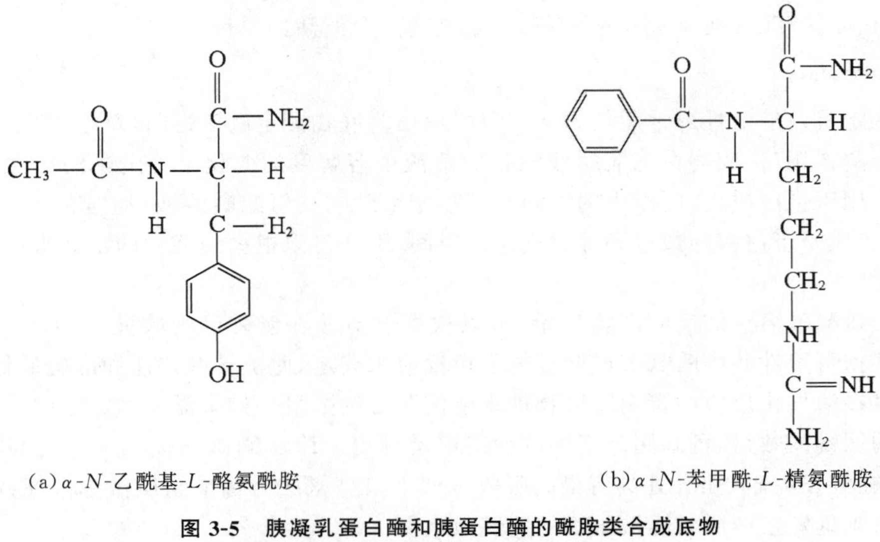

$CH_3-C(=O)-NH-CH(CONH_2)-CH_2-C_6H_4-OH$

(a) α-*N*-乙酰基-*L*-酪氨酰胺

$C_6H_5-C(=O)-NH-CH(CONH_2)-CH_2-CH_2-CH_2-NH-C(=NH)-NH_2$

(b) α-*N*-苯甲酰-*L*-精氨酰胺

图 3-5　胰凝乳蛋白酶和胰蛋白酶的酰胺类合成底物

（王璋. 食品酶学. 北京：中国轻工业出版社，2005）

仅含有一个氨基酸残基,但是 R_1 基团的性质和氨基酸的 L-构型都能满足蛋白酶的特异性要求。然而也有一些蛋白酶对于底物分子的大小具有严格的要求,酸性蛋白酶就属于这一类。

4. x 和 y 的性质

式(3.1)中的 x 和 y 可以分别是—H 或—OH,它们也可以继续衍生下去。从蛋白酶对 x 和 y 性质的特异性要求可以判断它们是肽链内切酶还是肽链端解酶。如果是肽链内切酶,那么在 R_1 和(或)R_2 的性质能满足酶的特异性要求的前提下,它们能从蛋白质分子的内部将肽链裂开。显然,x 和 y 必须继续衍生下去,肽链内切酶才能表现出最高的活力。肽链内切酶的底物中的 x 可以是酰基(乙酰基、苯甲酰基、苄氧基羰基等),y 可以是酰胺基或酯基,x 和 y 也可以是氨基酸残基。

对于肽链端解酶中的羧肽酶,它要求底物中的 y 是一个—OH。羧肽酶的特异性主要表现在对 R_2 侧链结构的要求上,然而仅在 x 不是—H 时,它才表现出高的活力。

对于肽链端解酶中的氨肽酶,它要求底物中的 x 是—H,并优先选择 y 不是—OH 的底物。氨肽酶的特异性主要表现在对 R_1 侧链结构的要求上。

5. 对肽键的要求

大多数蛋白酶不仅限于水解肽键,它们还能作用于酰胺(—NH_2)、酯(—COOR)、硫羟酸酯(—COSR)和异羟肟酸(—CONHOH)。例如,对于α-胰凝乳蛋白酶和胰蛋白酶等一些蛋白酶,底物只要能和酶的活性部位相结合,并使底物中敏感的键正确地定向到接近催化基团的位置,反应就能发生,至于敏感键的性质倒不是至关紧要的。然而胃蛋白酶和其他一些酸性蛋白酶对于被水解的键的性质具有较高的识别能力。如果肽键被换成酯键,即使 R_2 的性质能满足酶的特异性要求,这样的化合物也不能作为酶的底物。

3.2.1.3 蛋白酶的活力测定

为了表示酶的活性大小,需要测定酶的活力。酶活力单位大小与测定方法、条件的选择有关,所得结果根据底物的不同、定义的不同而有所不同。例如,以酪蛋白为底物时,通常以在给定的水解条件下(40℃,pH 7.2)、单位时间内(1 min)、1 g 酶制剂或 1 mL 酶溶液水解酪蛋白,释放出 1 μmol 的 TCA 可溶酪氨酸的酶量,定义为一个酶活力单位。

1. 蛋白质底物

这是测定蛋白酶活性最常用的方法。以蛋白质为底物测定酶活性时,基本原理是:根据蛋白质底物经酶作用后,底物在三氯醋酸(TCA)溶液中溶解度的变化来确定酶的活性大小。由于蛋白酶作用于蛋白质后,所产生的能溶解于一定浓度的三氯醋酸溶液(通常是 10%)中的肽分子的量,正比于蛋白酶的数量和催化反应的时间,因此可以根据酶活性的定义来计算蛋白酶的活性大小。

溶于三氯醋酸溶液的反应产物的量,可以根据上清液在紫外区吸收波长为 280 nm 的吸光度或者根据可溶性肽中酪氨酸或肽键的显色反应来确定,此法具有快速和准确的优点,但是它不能提供在酶催化反应中蛋白质底物被水解的肽键的数目。如果需要测定蛋白质在酶反应中被水解的肽键的数目,可采用茚三酮试剂来定量测定。茚三酮试剂按化学计量与游离氨基反应,产物在波长为 570 nm 处具有最高吸收。通常以亮氨酸为标准物质做标准曲线,然后通过比色分析来确定蛋白质实际被水解的肽键数量。

在实际酶活性分析中,最常用的底物是酪蛋白和变性血红蛋白,酪蛋白适用于碱性或中性条件下的分析，血红蛋白适用于酸性条件下的分析。

2. 合成底物

硝基苯酯在酶的作用下生成对硝基苯酚，在酸性条件下对硝基苯酚的最大吸收光波长为340 nm，在碱性条件下它的最大吸收光波长变为400 nm。因此，可以采用分光光度法测定酶的活力。

α-*N*-苯甲酰-*L*-精氨酸乙酯(BAEE)在酶作用下发生水解时，产物中形成有机酸，所以可以利用pH-Stat方法进行酶活性测定。

α-*N*-苯甲酰-*L*-精氨酰-*L*-对硝基苯胺在酶的作用下释放出对硝基苯胺，对硝基苯胺在400 nm波长下有最大吸收，从而可以用于计算酶活性。

3.2.2　丝氨酸蛋白酶

3.2.2.1　丝氨酸蛋白酶共性

常见的丝氨酸蛋白酶中，有肝脏组织分泌的胰蛋白酶、*α*-胰凝乳蛋白酶(胰糜蛋白酶)、弹性蛋白酶以及来自某些细菌的蛋白酶。共同特征包括：均为内切酶，活性中心含有丝氨酸残基(图3-6)，此外活性中心还有咪唑基和羧基，并且在一些蛋白酶中活性中心部分的氨基酸连接顺序相似，除此外所具有的相似性很少。

蛋白酶	部分氨基酸顺序(加 * 的为活性中心丝氨酸)
牛胰蛋白酶	----Asp-Ser-Cys-Gln-Gly-Asp-Ser-Gly-Gly-Pro-Val-Val-Cys-Ser-Gly-Lys----
牛胰糜蛋白酶	-----Ser-Ser-Cys-Met-Gly-Asp-Ser-Gly-Gly-Pro-Leu-Val-Cys-Lys-Lys-Asn----
猪弹性蛋白酶	----Ser-Gly-Cys-Gln-Gly-Asp-Ser-Gly-Gly-Pro-Leu-His-Cys-Leu-Val-Asn----
牛凝血酶	----Asp-Ala-Cys-Glu-Gly-Asp-Ser-Gly-Gly-Pro-Phe-Val-Met-Lys-Ser-Pro----

图3-6　一些丝氨酸蛋白酶活性中心附近的氨基酸组成

(刘欣. 食品酶学. 北京：中国轻工业出版社，2010)

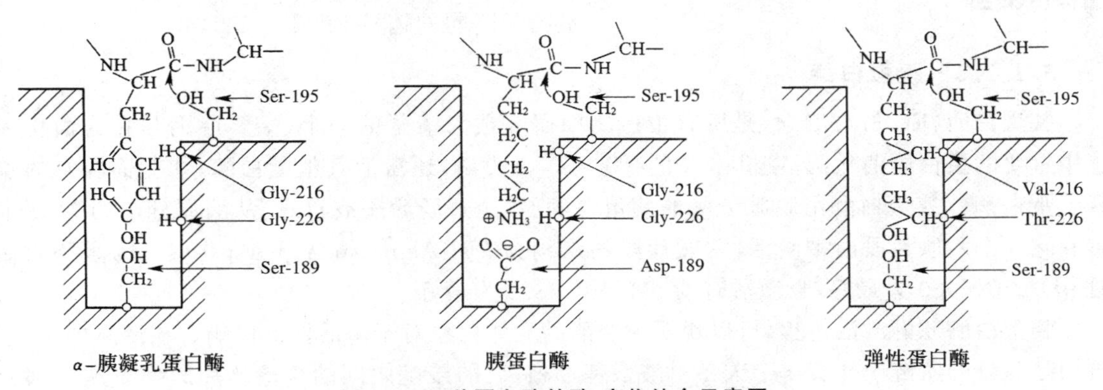

图3-7　三种蛋白酶的酶-底物结合示意图

(刘欣. 食品酶学. 北京：中国轻工业出版社，2010)

丝氨酸蛋白酶中，由于酶分子中与蛋白质结合的部位有差异，导致了酶分子只能催化不同氨基酸残基形成的肽键的水解，所以底物专一性经常是不同的。从图3-7中可以看出，*α*-胰凝乳蛋白酶由于在肽链的216、226位置连接的均是甘氨酸残基，它的侧链只是一个H，所以在空间上可以允许底物中侧链空间体积较大的残基进入(如酪氨酸或苯丙氨酸),并由 195 位置上的丝氨酸产生催化作用。对于胰蛋白酶,由于在底部有一个谷氨酸残基(肽链的 189 位置),它的离解使得其带负电荷,所以底物中侧链带正电荷的氨基酸残基(如赖氨酸或精氨酸)可以进入,并由 195 位置上的丝氨酸产生相应的催化作用;而对于弹性蛋白酶,由于在肽链的 216 位存在缬氨酸、226 位存在丝氨酸,妨碍了底物中有较大侧链基团的残基进入,所以只有拥有较小空间体积的氨基酸残基(如丙氨酸)进入,只能水解由丙氨酸残基形成的酰胺键。

表 3-2 给出了一些丝氨酸蛋白酶催化蛋白质水解时的底物中基团专一性情况。

表 3-2　丝氨酸蛋白酶的基团专一性

(刘欣. 食品酶学. 北京:中国轻工业出版社,2010)

酶	基团专一性		
α-胰凝乳蛋白酶(牛)	Tyr	Phe	Trp
胰蛋白酶(牛)	Lys	Arg	
弹性蛋白酶(牛)	Ala		
枯草杆菌蛋白酶	Tyr	Phe	Trp
α-裂解蛋白酶	Tyr	Phe	Trp

3.2.2.2　α-胰凝乳蛋白酶

α-胰凝乳蛋白酶(EC 3.4.21.1)是由牛的肝脏中两种没有活性的胰凝乳蛋白酶原 A 和 B 产生,在化学结构上,两个酶原的氨基酸组成不同,等电点分别为 8.5 和 4.5。两种酶原在转化为具有活性的酶时,理化性质也存在差异,但是在进行酶的编号时,仍然给予相同的编号 EC 3.4.21.1。来自猪胰腺的是胰凝乳蛋白酶 C 原,在被胰蛋白酶激活后转变为胰凝乳蛋白酶 C,由于它对亮氨酸残基有专一性,而不是对所有的芳香族氨基酸残基有专一性,所以胰凝乳蛋白酶 C 被给予不同的编号 EC 3.4.21.2。

二维码 3-19　α-胰凝乳蛋白酶的性质

3.2.2.3　胰蛋白酶

胰蛋白酶(EC 3.4.21.4)是所有蛋白酶中研究最为清楚的一个,主要原因是它为消化系统中重要的蛋白质消化酶,在机体内它不仅可以自激活,还激活其他蛋白酶,如上面提及的胰凝乳蛋白酶。胰蛋白酶由胰脏分泌的胰蛋白酶原,经过肠激酶或自身,从酶原分子的 N-端水解脱除一个六肽片段而被激活,六肽片段的结构为 Val-Asp-Asp-Asp-Asp-Lys。肠激酶激活时 pH 6.0～9.0 为最好,自激活时的 pH 7.0～8.0 为最好。

胰蛋白酶原的激活过程,可以说明一个酶的立体构象对于酶活性的影响。在酶原中,由于被切除部分的肽链中含有 4 个天冬氨酸残基,离解后的羧基之间的静电排斥力使得这一部分保持伸展结构,也造成了胰蛋白酶原分子整体被拉伸,无法形成活性中心。切除六肽部分后,解除了拉伸张力,剩下的肽链部分可以形成卷曲结构,这样肽链中 His46 被带到 183 位置上的丝氨酸附近,正好形成了酶分子的活性中心(图 3-8)。

不同哺乳动物的胰蛋白酶在氨基酸数目和顺序上有一些差异,但是活性中心均有丝氨酸(活性中心的氨基酸还包括 His、Asp),均由一条单肽链组成,并且作用机制相同。由于 Asp-189 决

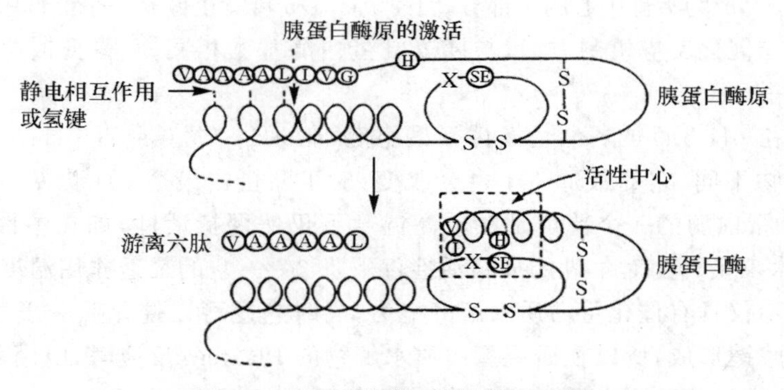

图 3-8 胰蛋白酶的激活过程示意图

(刘欣.食品酶学.北京:中国轻工业出版社,2010)

定了它只能水解由 Arg、Lys 形成的肽键,所以胰蛋白酶具有较高的专一性。牛胰蛋白酶由 233 个氨基酸残基组成,相对分子质量约为 24 000。

胰蛋白酶催化蛋白质水解时的适宜 pH 为 7.0～9.0,较高 pH 下自我催化分解。钙离子对它有保护和激活作用,但是像大豆中存在的胰蛋白酶抑制物、蛋类中存在的卵糖蛋白等对它有抑制作用。

3.2.3 巯基蛋白酶

木瓜蛋白酶、无花果蛋白酶和菠萝蛋白酶等是最常见的巯基蛋白酶,微生物蛋白酶中的一些链球菌蛋白酶也是巯基蛋白酶。在这些植物源的巯基蛋白酶的活性中心附近,其氨基酸组成具有相似性(图 3-9),并且它们在动力学、作用机制等方面也类似。

蛋白酶	部分氨基酸顺序(加 * 的为活性中心)
木瓜蛋白酶	----Pro-Val-Lys-Asn-Glu-Gly-Ser-Cys-Gly-Ser-Cys*-Trp----
无花果蛋白酶	----Pro-Ile-Arg-Gln-Gln-Gly-Gln-Cys-Gly-Ser-Cys-Trp----
菠萝蛋白酶	----Asn-Gln-Asp-Pro-Cys-Gly-Ala-Cys*-Trp----

图 3-9 一些蛋白酶活性中心附近氨基酸残基的连接顺序

(刘欣.食品酶学.北京:中国轻工业出版社,2010)

巯基蛋白酶的专一性较差,木瓜蛋白酶和无花果蛋白酶可以大致相同的速度催化水解含有 Arg、Lys、Gly 和 Ala 的底物分子,与前面的胰蛋白酶、胰凝乳蛋白酶有所不同。它们的适宜 pH 为 6.0～7.5,并且有较好的热稳定性,在中性条件下,这些酶在 60～80℃ 活力还是稳定的。

3.2.3.1 木瓜蛋白酶

木瓜蛋白酶(EC 3.4.22.2)是巯基蛋白酶中研究得最多的一种,它存在于木瓜的汁液中,相对分子质量约为 23 900,是由 212 个氨基酸残基组成的一条多肽链。它的活性中心除了 Cys 25 外(这是唯一的一个游离巯基,其他的半胱氨酸—SH 以双硫键形式存在),还包括了 His 159 羧基。根据木瓜蛋白酶的 X 射线衍射结果,在巯基附近最近的羧基离巯基有 0.75 nm,这个距离对于 Asp 158 来讲太远,除非底物与酶结合以后酶分子的构象发生改变,才有可能使 Asp 158 成为活性中心的一部分,因而 Asn 175 可能更像是一个活性中心的催化基团。

木瓜蛋白酶在催化反应机制方面,与胰凝乳蛋白酶基本相同,只是此时半胱氨酸的—SH替代了丝氨酸的—OH。

木瓜蛋白酶在 pH 5.0 的弱酸性条件下最稳定,在 pH <3.0 或者 pH > 11.0 的条件下很快失活。随底物不同,它的最适 pH 也会改变,对于酪蛋白最适 pH 为 7.0,对于明胶最适 pH 为 5.0。木瓜蛋白酶的一个特点是在较高温度下仍然保持活性,如在中性条件下 70℃加热处理 30 min,木瓜蛋白酶对牛乳的凝结活性仅下降 20%;它的最适作用温度一般在 65℃。

木瓜蛋白酶不仅具有催化蛋白质水解的能力,同时它还可以催化肽分子之间或肽分子与氨基酸之间的酰胺键形成,所以在研究蛋白质水解物的 Plastein 反应时,应用最多的是木瓜蛋白酶,通过这种反应来改善蛋白质的氨基酸组成模式。

3.2.3.2 无花果蛋白酶

无花果蛋白酶(EC 3.4.22.3)的相对分子质量约为 26 000,来自无花果的乳汁中,商品化的酶制剂中含有多种蛋白酶,酶的质量与无花果的种类相关。它的作用与木瓜蛋白酶相似,但是热稳定性差一些,在 80℃下溶液中无花果蛋白酶将完全失活,固体酶制剂则需要数小时才会失活。另外,重金属离子对其有抑制作用。

无花果蛋白酶在 pH 3.5～9.0 的范围内稳定,最适 pH 为 6.0～8.0。但它的最适 pH 不随底物的变化而发生明显的改变,如对于酪蛋白,它的最适 pH 为 6.7～9.5,对于明胶的液化为 pH7.5。

3.2.4 金属蛋白酶

几乎所有的这类蛋白酶均是外切酶。像羧肽酶 A 和羧肽酶 B 等一些金属蛋白酶需要 Zn^{2+},脯氨酰氨基酸酶、亚氨基二肽酶等需要 Mn^{2+},这些酶只是动物体内众多酶中的几种。金属蛋白酶中的金属离子大多是二价金属离子,这些金属离子是否发挥相似的作用尚不清楚,但酶的活性均能被金属离子螯合剂抑制。在所有的金属蛋白酶中,羧肽酶 A 可能是研究得最为彻底的一种。

嗜热菌蛋白酶(EC 3.4.24.4)的活性位点、专一性以及反应机理都与羧肽酶 A 相似,但该酶是一种金属内切酶,另外胶原酶和来自毒蛇毒液中的出血蛋白酶也是金属内切酶。

3.2.5 酸性蛋白酶

酸性蛋白酶的活性中心中有羧基,适宜作用 pH 范围为 2.0～4.0,并且被胃蛋白酶抑制剂(pepstatin)抑制其活性。这类酶中研究得最多的是胃蛋白酶,而在干酪加工中最具有应用价值的是凝乳酶。一些微生物蛋白酶也属于此类蛋白酶,如来自微小毛霉(*Mucor pusillus*)、米黑毛霉(*Mucor hiehei*)、栗疫菌(*Endothia parasitica*)中的蛋白酶,其中一些在乳品加工中可以作为凝乳酶的替代物。

在催化作用专一性上,胃蛋白酶和凝乳酶具有一定的基团专一性,如它们对氧化胰岛素的水解专一性就说明了这一点,它们一般优先作用于芳香族氨基酸残基,同时凝乳酶比胃蛋白酶更具有选择性,因为比较二者的催化肽键数量可以发现,凝乳酶比胃蛋白酶少催化 3 个肽键(图 3-10)。

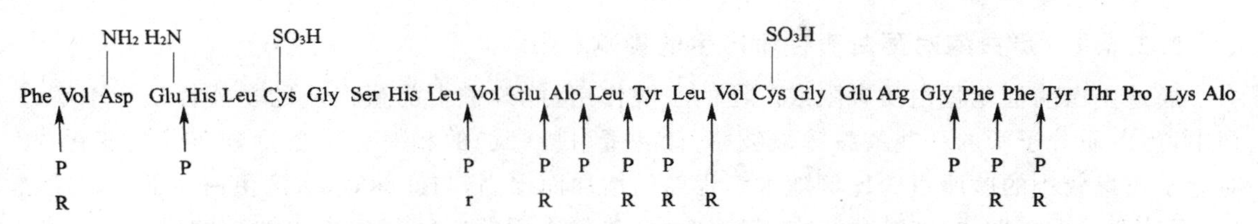

大写字母表示迅速作用的位点，小写字母表示较慢作用的位点

图 3-10 胃蛋白酶(P)和凝乳酶(R)对氧化胰岛素水解的催化专一性

(刘欣.食品酶学.北京:中国轻工业出版社,2010)

3.2.5.1 胃蛋白酶

胃蛋白酶(EC 3.4.23.1)是由胃黏膜细胞分泌出胃蛋白酶原，经过激活而得到的。胃蛋白酶原的激活，既可在胃液中盐酸(约 0.01 mol/L)的作用下发生，也可以在自身催化作用下完成。激活时，酶原分子被分解为若干个片段，其中之一是胃蛋白酶。不同动物源的胃蛋白酶的氨基酸组成有一点差异，脊椎动物的胃液中均有胃蛋白酶。

胃蛋白酶原为相对分子质量 42 000 的单肽链，等电点约为 3.7，有 3 个分子内的双硫键和 1 个磷酸酯键，在 pH7.0～9.0 的环境中相当稳定，在酸性条件下迅速转化为胃蛋白酶。

胃蛋白酶在 pH 为 2.0～5.0 的范围内稳定，在以蛋白质为底物时，最适 pH 为 2.0，超过此范围时胃蛋白酶容易失活，例如，在 pH>6.2 或 70℃以上，酶就开始失活，在温度超过 80℃时，酶不可逆地失活，它的适宜温度为 37～40℃，与动物的体温相近。

二维码 3-20 胃蛋白酶的转化激活及催化作用机理

3.2.5.2 凝乳酶

在人和猪的胃液中不存在凝乳酶，凝乳酶(EC 3.4.23.4)是雏牛的第四个胃中蛋白酶的主要存在形式，以无活性酶原的形式分泌。凝乳酶从无活性的酶原转化为有活性的酶的过程，发生部分水解，相对分子质量由 36 000 下降为 31 000，介质的 pH 和盐浓度影响酶原的激活过程。在 pH 5.0 时，酶原主要通过自身的催化作用而激活；pH 2.0 时，酶原的激活过程很快，但自身激活作用只发挥很小的作用。

凝乳酶的活性中心有 2 个天冬氨酸残基，催化反应的专一性类似胃蛋白酶。凝乳酶的分子形状为哑铃形，有一个扩展的疏水部分和一个约为 3 nm 长的深裂缝，2 个天冬氨酸残基掩蔽在裂口中，裂口可能是底物肽链的结合部位，至少由 6 个氨基酸残基组成。

凝乳酶在 pH 5.5～6.5 的范围内稳定，在 pH 低于 2.0 时还相当稳定，在 pH 3.5～4.5 的范围内由于酶的自催化作用而很快被分解，在中性或碱性 pH 范围内，凝乳酶很快失去活性。凝乳酶主要应用于制造干酪，此时的 pH 一般为 5.0～6.0，利用基因工程技术，可以将小牛的凝乳酶基因转移到大肠杆菌中，通过发酵的方法得到具有凝乳能力的微生物凝乳酶，以此来满足干酪生产的需要。凝乳酶分子中的 Tyr 77 或 Val 113 用 Phe 替代后，其凝乳能力相对于原来的酶明显增强。

3.2.6 蛋白酶在食品工业中的应用

3.2.6.1 蛋白酶对蛋白质性质产生的影响

通过蛋白酶催化蛋白质有限或广泛的水解作用，能改进食品蛋白质的功能性质。水解过程中，蛋白质分子中的一些酰胺键被破坏，食品蛋白质（肽）的相对分子质量分布发生变化，相对分子质量较小的肽所占的比例随水解程度的增加而提高，与此同时，水解蛋白质的溶解度增加，而其他的功能性质，如乳化能力、起泡能力、胶凝作用等则随蛋白质水解度的增加而变化，但是这些功能性质的变化情况比较复杂。此外，如果蛋白质的平均疏水性较高、含有较多的疏水性氨基酸，它的水解产物还可能出现苦味。因此，在利用蛋白酶的作用将食品蛋白质改性和制备蛋白质水解物时，控制蛋白质的水解程度至关重要。

二维码 3-21　蛋白质的水解与苦味肽

3.2.6.2 蛋白酶在食品生产中的应用

蛋白酶除了可以用来制备水解蛋白质、进行蛋白质功能性质的改性以外，还有许多食品加工上的重要应用。例如，从油料种子中加工分离蛋白质，制备浓缩鱼蛋白，改进明胶的生产工艺，从加工肉制品的下脚料中回收蛋白质，以及对猪（牛）血中蛋白质进行酶法改性、脱色等，都应用蛋白酶的水解处理。

在面粉中如存在适量的蛋白酶，可以促进面筋的软化，增加面团的延伸性，还可以减少面团的揉和时间，改善面团的发酵效果。所产生的少量氨基酸有利于同还原糖发生美拉德反应，使产品具有良好的色泽与风味。不过，蛋白酶的过度作用将产生蛋白质分子过分水解、面筋强度降低的不良后果。

啤酒在保藏中常发生混浊现象，原因之一是微生物污染（比较少见），另一个原因是啤酒在低温下发生化学反应（比较多见）。由化学反应产生的混浊物质主要由蛋白质（15%～65%）和多酚类化合物（10%～35%）构成，此外还有少量的碳水化合物和其他的物质。减少啤酒混浊的一个有效方法是添加一些蛋白酶以除去啤酒中的蛋白质，经过木瓜蛋白酶的处理，啤酒样品经过 Sephadex G-25 凝胶过滤，所得到的不同组分再利用 Folin 试剂进行分析，可以明显看出相对分子质量较大的蛋白质部分减少，同时伴随着游离氨基酸量的增加。一般可以在啤酒巴氏杀菌之前加入蛋白酶，经常使用的是木瓜蛋白酶；由于木瓜蛋白酶具有较高的耐热性，因此在啤酒经巴氏杀菌后，酶活性仍有残存的可能。在啤酒生产过程中，当过滤除去酵母后，啤酒中蛋白酶已经失活。

3.2.7 蛋白酶技术研究展望

目前蛋白酶的研究主要集中在不同材料中蛋白酶的分离纯化与性质、蛋白酶的应用及新型蛋白酶源的开发等方面。如何通过生物技术如基因工程技术、酶技术和微生物技术等将蛋白酶的生产工艺简化扩大生产，使其原料来源更廉价、更广泛，蛋白酶的产量更高，获得纯度更高、酶活力更高的蛋白酶，并将产品蛋白酶应用到更多的领域，拓宽蛋白酶的应用范围，利用蛋白酶开发出更多优质有益的产品是今后研究者们所要致力于研究的范畴。

3.3　酯酶

酯酶是催化酯类中酯键裂解的酶类，反应可逆。水解时，产物为酸和醇类；合成时，把酸的羟基与醇的醇羟基缩合并脱水，产物为酯类及其他香味物质。

$$\underset{\text{酯}}{R—O—R'} + H_2O \rightleftharpoons \underset{\text{酸}}{R—H} + \underset{\text{醇}}{R'—OH}$$

3.3.1　酯酶的分类

3.3.1.1　酯酶的特异性要求及分类

根据对底物的特异性不同，酯酶可分为非特异性酯酶和特异性酯酶。

非特异性酯酶中如羧酸酯水解酶是以脂肪族和芳香族醇的羧酸酯为底物的酶，非特异性酯酶可以作用于乙酸乙酯、丁酸乙酯、甘油三丁酸酯、乙酸苯酯；再如，乙酸酯水解酶是以乙酸酯为底物的酶，可以作用于乙酸乙酯和乙酸苯酯。

特异性酯酶分为醇特异性和酸特异性，醇可以是一元醇或多元醇、脂肪族醇或芳香族醇，酸可以是有机酸或无机酸。如羧酸酯水解酶中有磷脂酶、叶绿素酶、乙酰胆碱酯酶、果胶酯酶等，其中磷脂酶(phospholipase)在生物体内有以下几种特异的酶能水解卵磷脂和脑磷脂分子中的酯键：①非特异性磷酸-酯水解酶(对构成酯的磷酸基有特异性，对构成酯的醇部分的特异性不明显)；②特异性磷酸-酯水解酶(对构成酯的醇和磷酸两部分均有要求)；③磷酸二酯酶根据其水解磷酸酯的部位的不同分为四种酶，酶B水解1位键、酶A水解2位键、酶C水解3位键、酶D水解4位键。磷脂分子键位编号见图3-11。

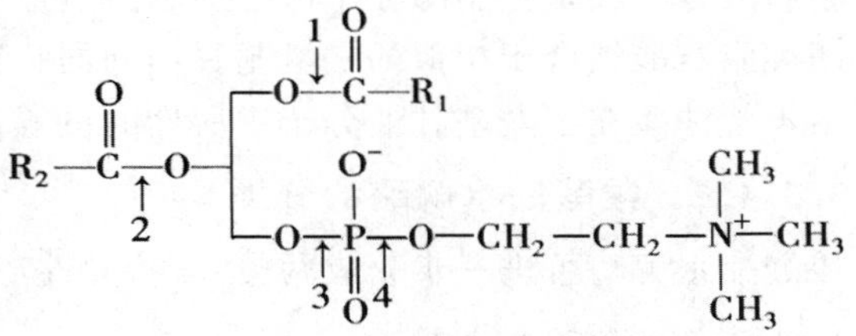

磷脂酰胆碱 (phosphatidylcholine, α-卵磷脂)

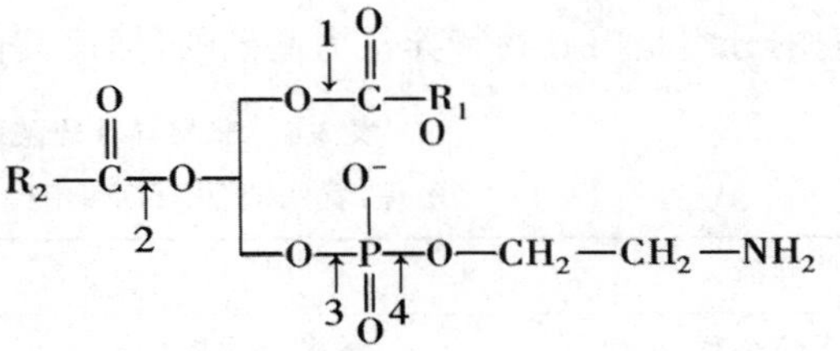

磷脂酰乙醇胺 (phosphateidylethenolamine, α-脑磷脂)

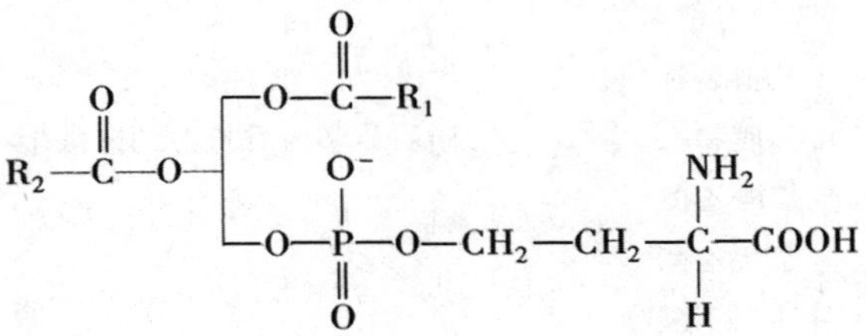

磷脂酰丝氨酸

图3-11　α-卵磷脂(磷脂酰胆碱)和α-脑磷脂(磷脂酰乙醇胺和磷脂酰丝氨酸)的化学结构

(刘欣. 食品酶学. 北京：中国轻工业出版社，2010)

在脂酶中，有酰基甘油专一性酶、位置专一性酶、脂肪酸专一性酶和立体异构专一性酶。

酰基甘油专一性是指酶优先水解相对分子质量不同的三酰基甘油。

位置专一性酶包括1,3位置专一和单一位置专一性酶。如以甘油三酯为底物时，胰脂酶作用于1位和3位。若采用

3种甘油三酯：1,3-二软脂酰-2-油酰甘油(POP)、2,3-二软脂酰-1-油酰甘油(OPP)和2,3-二油酰-1-软脂酰甘油(POO)作为底物时，猪胰脂酶作用的产物见表3-3。如果甘油三酯中的酯键以随机的方式被裂开，那么以POP和OPP为底物时，释放出的油酸相对百分数应该相同；如果水解作用发生在甘油三酯的1位和3位，那么以OPP和POO为底物时，释放出的油酸的相对百分数也应相同，而以POP为底物时，此相对百分数则低得多。从表3-3中数据可以看出，胰脂酶显然是以第二种方式作用于甘油三酯。因此，猪胰脂酶作用于甘油三酯时的特异性表现为它选择1位和3位的酯键作为作用点。

表3-3　猪胰脂酶作用于甘油三酯时对酯键位置的特异性要求

(刘欣.食品酶学.北京：中国轻工业出版社，2010)

底物	油酸含量/(mol/100 mol底物)	甘油一酯含量/(mol/100 mol底物)
1,3-二软脂酰-2-油酰甘油(POP)	5	87～89
2,3-二软脂酰-1-油酰甘油(OPP)	46～51	4
2,3-二油酰-1-软脂酰甘油(POO)	53～58	76～86

脂肪酸专一性是指脂酶在水解一类脂肪酸形成的酯键时比另一类脂肪酸形成的酯键快，而这两类脂肪酸结合于相似的三酰基甘油的同一位置。例如，微生物白地霉脂酶对油酸的专一性。不管油酸在三酰基甘油分子中所处的位置，它总是被优先水解。

3.3.1.2　羧酸酯水解酶的分类

羧酸酯水解酶可进一步分成两类：非特异性羧酸酯水解酶和特异性羧酸酯水解酶。

1. 非特异性羧酸酯水解酶

(1) 酯酶。在生物组织中存在着三类能被区分的非特异性羧酸酯酶。根据酶委员会的规定，它们的分类是以底物特异性为基础的，然而其性质的差别超过了底物的特异性(表3-4)。

表3-4　非特异性羧酸酯水解酶的类型

(王璋.食品酶学.北京：中国轻工业出版社，2005)

性质	类　型		
系统名称	羧酸酯水解酶(EC 3.1.1.1)	芳基酯水解酶(EC 3.1.1.2)	乙酸酯水解酶(EC 3.1.1.6)
推荐的习惯名称	羧基酯酶	芳基酯酶	乙酰基酯酶
其他名称	B-酯酶	A-酯酶	C-酯酶
底物	脂肪族和芳香族醇的羧酸酯	乙酸苯酯	乙酸酯
乙酸乙酯	+	−	+
丁酸乙酯	+	−	−
甘油三丁酸酯	+	−	−
乙酸苯酯	+	+	+
DFP抑制	+	−	−
EDTA抑制	−	+	−
Ca^{2+}激活	−	+	−

根据表3-4可以看出，这三类酶都能水解乙酸苯酯，仅羧基酯酶和乙酰基酯酶能水解乙酸乙酯和仅羧基酯酶能水解丁酸乙酯。羧基酯酶也能水解甘油三酯，如表3-4中所示的甘油三丁酸酯。然而可以将这一类酶与脂酶区分开来，因为前者水解可溶性底物，而后者作用于在水-脂肪界面的脂肪分子。低浓度的有机磷化合物像DFP能抑制羧基酯酶而不能抑制芳基酯酶和乙酰基酯酶。一些芳基酯酶甚至能水解有机磷化合物。芳基酯酶可能含有必需的Ca^{2+}，这是因为EDTA能抑制它的活力，而当加入Ca^{2+}时又能恢复它的活力。

对于这类酯酶的机制还了解不多。由于有机磷化合物能抑制羧基酯酶，因此酶的活性部位中可能含有丝氨酸羟基，它的作用机制也可能类似于胰凝乳蛋白酶。

（2）脂肪酶（甘油酯水解酶EC 3.1.1.3）。当脂肪作为食品的一部分被摄入人体后，大部分是在小肠中胰脂酶作用下被水解成甘油、甘油一酯和脂肪酸。脂肪酶存在于胰腺、血浆、唾液、胰汁、乳、许多产生甘油三酯的植物（大豆、蓖麻子和花生等）、霉菌和细菌中。

按照国际生物化学委员会的命名规则，脂肪酶催化下列反应：

$$\text{甘油三酯} + H_2O \longrightarrow \text{甘油二酯} + \text{脂肪酸}$$

然而上述反应不是一个完全的反应，因为脂肪酶催化的反应可以进行到甘油一酯甚至甘油阶段。如果以甘油三亚油酸酯作为底物，那么脂肪酶可以定义为：①水解甘油脂肪酸酯的酶；②水解长链脂肪酸酯的酶。然而上述两个定义都不能充分地反映脂酶的催化作用。例如，以甘油三丁酸酯为底物时，定义①可以适用而定义②却不适用；而以硬脂酸苯酯为底物时，定义①不适用而定义②却能适用。

2.特异性羧酸酯水解酶

（1）磷脂酶。卵磷脂和脑磷脂存在于食物中。生物体内有4种特异的酶能水解卵磷脂和脑磷脂分子中的酯键（图3-11），图中能水解3位和4位的酯键的酶是磷酸二酯酶。

催化水解1位和2位酯键的酶是不同的。作用于1位酯键的酶称为磷脂酶B（溶血卵磷脂酰基-水解酶EC 3.1.1.5）。它又称为溶血磷脂酶、溶血卵磷脂酶和卵磷脂酶B。此酶存在于动物组织肝和胰脏、霉菌以及大麦芽中。动物和植物组织中的磷脂酶B的最适pH为6.0～7.0，而青霉菌中的磷脂酶B的最适pH为4.0。

催化水解α-卵磷脂和α-脑磷脂2位酯键的酶是磷脂酶A（磷脂酰基水解酶，EC 3.1.1.4）。

钙离子对于磷脂酶A的催化作用是必需的，而对于磷脂酶B的活力没有影响。氰化物能抑制磷脂酶B而不能抑制磷脂酶A。由于磷脂酶B仅对溶血卵磷脂（和溶血脑磷脂）具有活性，而溶血卵磷脂是α-卵磷脂在2位的脂肪酸被除去后的产物，因此，在卵磷脂的水解作用中，磷脂酶A的作用必须先于磷脂酶B的作用。磷脂酶A的活力和2位脂肪酸的长度无关。磷脂酶A在100℃和pH 5.9时十分稳定，而在100℃和pH 7.0时很快失活。由于磷脂酶的底物是卓越的乳化剂，因此，它不需要采用洗涤剂乳化底物，这一点和脂肪酶是不同的。

（2）叶绿素酶。叶绿素酶是叶绿素酶促代谢中研究最清楚的酶之一。大量的研究证实，叶绿素酶的催化作用是叶绿素酶促代谢中的第一步反应。体外试验发现，叶绿素酶能够催化叶绿素及其衍生物侧链酯键的水解，叶绿素在叶绿素酶的作用下，水解形成脱植基叶绿素（chlorophyllide，Chlide）和植醇（phytyl）。随后，在脱镁螯合

二维码3-22　叶绿素的酶促代谢

酶的作用下，脱植基叶绿素进行脱镁作用；脱镁作用可以发生在脱植基作用前，生成脱镁叶绿素后在叶绿素酶作用下脱植基，生成脱镁叶绿酸。目前，体外研究使人们能够较详细地了解叶绿素酶的催化特性，如动力学参数、pH 和温度影响等。叶绿素酶的活性测定体系区别于一般的酶，在有机溶剂或去垢剂存在时，叶绿素酶在室温时即可表现活性；而在水为微环境的体系中，其在温度为 65～75℃时表现活性。叶绿素酶活性在偏碱性（pH 7.5～8.0）条件下较高，橄榄叶绿素酶和柑橘叶绿素酶最适 pH 分别为 pH 8.5 和 pH 7.8。叶绿素酶的 K_m 值是 3.1～278.0 μmol/L，其对叶绿素 b 的亲和性高于叶绿素 a，但是叶绿素酶催化脱镁叶绿素 a 的反应速率高于脱镁叶绿素 b。

叶绿素酶几乎存在于所有高等植物和藻类中，其在绿色蔬菜中的含量和活性与蔬菜“护绿”可能存在相关性，是绿色蔬菜加工中“护色”的影响因素之一。

（3）果胶酯酶。见 3.1.4.2 果胶酯酶。

（4）乙酰胆碱酯酶。胆碱酯酶（ChE）主要催化水解酰基胆碱形成胆碱和酸。胆碱酯酶依其催化底物的特异性分为乙酰胆碱酯酶（acetylcholinesterase，AChE）和丁酰胆碱酯酶（butyrylcholinesterase，BuChE）。乙酰胆碱酯酶被称为特异性胆碱酯酶，对乙酰胆碱具有底物特异性，能迅速水解乙酰胆碱。丁酰胆碱酯酶则为非特异性胆碱酯酶，对乙酰胆碱和丁酰胆碱都具有催化作用，但对丁酰胆碱的水解较迅速。

乙酰胆碱酯酶存在于所有动物的神经组织中，为蛋白质分子构成的生物催化剂，其主要功能是将传导神经兴奋的化学物质即乙酰胆碱迅速水解为乙酸和胆碱，以维持神经系统的正常生理功能。在一定的条件下，有机磷和氨基甲酸酯类农药对乙酰胆碱酯酶、丁酰胆碱酯酶的活性具有抑制作用。因此，利用有机磷和氨基甲酸酯类农药对靶标酶（乙酰胆碱酯酶、丁酰胆碱酯酶）的抑制作用，可以快速准确地测定食品中的农药残留。目前，已经有市售的酶测试纸片或酶传感器，用于食品中农药残留的快速、简便的现场初级检测。

3.3.2 脂肪酶

脂肪酶（lipase，EC 3.1.1.3）又叫甘油酯水解酶、脂酶，是酯酶中的一类，催化甘油三酯水解生成甘油二酯或甘油一酯或甘油。

$$\text{甘油三酯} + H_2O \longrightarrow \text{甘油二酯（或甘油一酯或甘油）} + \text{脂肪酸}$$

3.3.2.1 脂肪酶的催化机制

脂肪酶具有油-水界面的亲和力，能在油-水界面上高速率地催化水解不溶于水的脂类物质；脂肪酶作用在体系的亲水-疏水界面层上。

来源不同的脂肪酶，在氨基酸序列上可能存在较大的差异，但其三级结构却非常相似。脂肪酶的活性部位由丝氨酸、天冬氨酸、组氨酸残基组成。但是白地霉（*Geotrichum candidum*）脂肪酶的活性部位却是由丝氨酸、谷氨酸、组氨酸组成。脂肪酶的催化部位埋在分子中，表面被相对疏水的氨基酸残基形成的螺旋盖状结构覆盖（又称“盖子”），对三联体催化部位起保护作用。底物存在时酶构象发生变化，“盖子”打开暴露出含有活性部位的疏水部分。“盖子”中 α-螺旋的双亲性会影响脂肪酶与底物在油-水界面的结合能力，其双亲性减弱将导致脂肪酶活性降低。“盖子”的外表面相对亲水，而面向内部的内表面则相对疏水。由于脂肪酶与油-水界面的缔合作用，导致“盖子”张开，活性部位暴露，使底物与脂肪酶结合能力增强，底物较容易进入疏水性的通道而与活性部位结合生成酶-底物复合物。界面活化现象可提高催化部位附近的疏水性，导致 α-螺旋再定向，从而暴露出催化部位；界面的存在还可以使酶形成不完全的水化层，这有利于疏水性底物的脂肪族侧链折叠到酶分子表面，使酶催化易于进行。

3.3.2.2 脂肪酶的底物特异性

脂肪酶的底物特异性主要由酶分子及其活性部位的结构、底物的结构、酶与底物结合及酶活力等影响因素决定。按脂肪酶对底物的特异性可分为 3 类：脂肪酸特异性、位置特异性和立体特异性。

脂肪酸的专一性主要表现在对不同脂肪酸（碳链的长度及饱和度）的反应特异性。例如，圆弧青霉（*Penicillium cyclopium*）脂肪酶对短链脂肪酸（C_8 以下）特异性强；而黑曲霉（*Aspeigillus niger*）、德列马根霉（*Rhizopus delemar*）脂肪酶对中等链脂肪酸（$C_8 \sim C_{12}$）具有较好的专一性；白地霉（*Geotrichum candidum*）脂肪酶则对油酸甘油酯表现出强的特异性。而哺乳动物的脂肪酶则对甘油三丁酸酯具有相对特异的脂肪酸专一性。

位置特异性是指酶对甘油三酯中 sn-1（或 3）和 sn-2 位酯键的识别和水解作用的差异。目前已知两种类型的脂肪酶与位置特异性相关：水解 sn-1 和 sn-3 位脂肪酸的脂肪酶（称为 α 型），即 1,3-专一性脂肪酶；水解所有位置脂肪酸的脂肪酶（称为 $\alpha\beta$ 型），也就是非专一性脂肪酶。猪胰脂肪酶作用于甘油三酯时，表现为 sn-1（或 3）的酯键特异性，与黑曲霉、根霉脂肪酶同属于 α 型；白地霉和圆弧青霉以及柱状假丝酵母的脂肪酶属于 $\alpha\beta$ 型，对甘油三酯没有位置的特异性。研究证明反应混合物中的有机溶剂能够强烈地影响某些微生物脂肪酶的位置特异性，而温度、酸碱度对位置特异性的影响很小。

立体特异性也就是对映体选择性，指酶对底物甘油三酯中立体对映异构的 1 位和 3 位酯键的识别与选择性水解。在有机相中催化酯的合成、醇解、酸解和酯交换时，酶对底物的不同立体结构表现出特异性。荧光假单胞菌（*Pseudomonas fluoresce*）的脂肪酶能够区分 sn-1 和 sn-3 位的二酰基甘油，但其在水解 sn-2,3-二酰基甘油酯时比水解它的对映体（sn-1,2-二酰基甘油酯）的速率高得多；另有一种脂肪酶对 sn-1,2-二酰基甘油酯具有明显的立体专一性，但是，sn-1 位碳仍然要先于 sn-2 位去酰基化。

3.3.2.3 微生物脂肪酶

微生物脂肪酶发现于 20 世纪初，与动物性脂肪酶和植物脂肪酶相比，微生物脂肪酶具有种类多，催化作用的 pH、温度范围广、底物专一性类型多的优点。加上微生物脂肪酶比较容易进行工业化、大规模生产，酶制剂纯度高，生产周期短等特点以及脂肪酶在酶理论研究及实际应用中的重要性，使其在研究和应用上取得了长足的发展。另外，微生物脂肪酶也是市售脂肪酶制剂的主要来源，Amano、Novo、Sigma、Genencor 等试剂公司都有微生物脂肪酶制剂出售。

早期微生物脂肪酶的研究多集中在产酶菌株的筛选、酶学性质的初步探讨。近年来，随着生物技术和酶工程的发展，微生物脂肪酶的催化性质、底物特异性及酶的提纯、固定化应用、酶的体外定向进化及高温、碱性脂肪酶开发等方面的研究和应用不断增加。

二维码 3-23　微生物脂肪酶的性质

目前，在脂肪酶的分离提纯中，只有微生物来源的酶得到了结晶。脂肪酶在微生物界分布很广，细菌、放线菌、酵母菌、丝状真菌等都有产脂肪酶的菌株，已有文献报道扩展青霉、白地霉、沙雷氏菌、根霉菌、类产碱假单胞菌、无花果丝孢酵母、黑曲霉等菌株能产生脂肪酶。

3.3.3 酯酶在食品工业中的应用

3.3.3.1 催化合成芳香酯

芳香酯是一类重要的、相对分子质量低的芳香化合物，多呈天然水果香味，广泛应用于食品、饮料等食品工业中。虽然目前传统的化学方法合成比较经济，但生物转化法生产的芳香酯被美国和欧盟认为是天然产物，其中酶法生产被认为很有希望工业化的途径。商业上重要的、低分子量的酯可以在无水有机溶剂中或无溶剂环境中经过转酯生产，也可以由酸与醇直接酯化合成，固定化脂肪酶也被用于芳香酯的合成。现已研究生产多种脂肪族和芳香族香味酯，如乙酸乙酯、丁酸异戊酯、癸酸异戊酯、乙酸香叶酯、月桂酸丁酯、安息香酸甲酯等。美国 1972 年就用酯酶进行黄油增香，他们把乳脂或黄油乳化后加酯酶保温催化，黄油释放出脂肪酸，获得的酯化香味液比黄油的香味高 150 倍。意大利利用酯酶使干酪增香获得大生产的成功。同时，国外利用酯酶把乙醇和酪酸进行酯化，最终获得具有特殊芳香味的酪酸酯。日本利用根霉产生的酯酶合成具有浓郁香气的甘油酯等酯类，均获得成功。

目前，我国的科技工作者利用红曲霉、根霉和球拟酵母等产生的酯酶，提高浓香型曲酒中的己酸乙酯、乙酸乙酯、乳酸乙酯和丁酸乙酯等四大酯的含量，提高优级率，获得大生产的成功。利用酯酶提高食醋的风味，特别是提高食醋中乙酸乙酯和乳酸乙酯等酯类的含量效果也较为明显，一般乙酸乙酯提高 5%～10%，乳酸乙酯提高 3%～8%，口感明显提高。

3.3.3.2 催化合成单甘酯

单甘酯具有一个亲油的长链烷基和两个亲水羟基，因而具有良好的表面活性，是食品、化妆品、医药等工业中最常用的乳化剂之一，其在面粉制品中使用最为广泛，是世界各国用量最大的食品乳化剂。工业上主要使用碱催化法将油脂水解（200～260℃，30 min），产物为单甘酯（44%～55%，质量分数）、双甘酯（38%～45%，质量分数）和三甘酯（8%～12%，质量分数）的混合物。由于高温不适合不饱和成分，酶法生产单甘酯或双甘酯已被广泛研究。生产方法包括甘油与酸、烷基酯相互作用发生直接酯化或转酯化，如利用甘油和油酸或油酸乙酯生产单油酸甘油酯；三酰甘油部分醇解和甘油解；利用三棕榈酰甘油酯合成单棕榈酰甘油酯。利用单甘酯较其他甘油酯熔点高的特性，选择适宜的反应温度，使单甘酯从反应体系中析出而大大提高产量；或采用二步法，先在较高的温度下反应一段时间，再在低温下反应较长时间以提高产率。

3.3.3.3 催化合成糖酯

用单糖或双糖代替甘油制备类脂分子是脂肪酶在非水介质中催化反应的另一应用，酰基化的糖不仅具有特有的营养特性，并可作为良好的表面活性剂。糖酯可以作为煎炸油，也可作为一些产品如冰激凌、人造奶油、奶酪和焙烤食品的脂肪代用品，其无毒、无味、无刺激性、无致癌变作用，因很难吸收，提供的能量几乎等于零。

部分酰基化的糖是具有亲水和疏水基团的双亲分子，故有较好的表面活性剂的特性，因能被微生物降解而对环境无害，可作为一种绿色食品添加剂。特异的脂肪酶可通过催化糖或糖醇与脂肪酸或酯反应生产糖酯。如利用甲基葡萄糖苷及烷基葡萄糖苷与油酰甲酯之间的酯化反应生产葡萄糖酯时，为得到乳化效果最好的单酰糖酯，利用脂肪酶的位置选择性阻断叔羟基而使伯羟基与脂肪酸反应生成蔗糖单酯。针对糖在有机溶剂中溶解度低、产率低等缺点，固体反应底物可大大提高糖酯合成比例；比月桂酸（C>12）长的饱和脂肪酸合成的葡萄糖单酯易于结晶，可大大提高转化率（98%）；也有研究者利用糖酯形成后促进糖溶解的特点，通过控制反应进程中有机溶剂用量，促进向果糖酯转化；在超临界 CO_2 环境中合成辛酰果糖酯也可使转化率大大提高。

3.3.3.4　催化合成磷脂

溶血磷脂具有重要的生理功能，被作为良好的乳化剂广泛用于食品、医药和化妆品中。作为溶血磷脂重要生物活性部分的脂肪酸，可经酶促合成方法转到溶血磷脂中。一般是利用sn-1、sn-3 位置专一性脂肪酶通过醇解和转酯方式合成溶血磷脂，其中将长链多不饱和脂肪酸转入溶血磷脂中。

3.3.3.5　三酰甘油的改性

天然存在的油脂因具有链长、饱和度不同的脂肪酸而具有不同的物理、化学性质和营养特性，产量与储藏稳定性也不尽相同。为获得具有特定物理和化学性质的油脂，更好地提高油脂的营养、稳定性，提高产品品质，需要对天然油脂进行改性以提高其使用价值。目前油脂改性以化学改性为主，但随着非水介质脂肪酶催化反应研究的不断深入，脂肪酶催化的油脂改性已被广泛研究，并在一些生产中得到应用。

1. 结构化脂质的生产

由于中链和长链酰基代谢不同，三酰甘油酯表现出不同的营养特性，sn-1 位和 sn-3 位上是短中链酰基的三酰酯，易被胰脂肪酶水解成 sn-2 甘酰酯和中链脂肪酸，sn-2 甘酰酯在肠中可被吸收，而短中链脂肪酸可快速分解供应能量，这类功能性的三酰甘油被称为结构脂质。

增加 sn-2 位上单不饱和脂肪酸和多不饱和脂肪酸，可以更好地提高结构化脂质的营养。长链不饱和脂肪酸如亚油酸和亚麻酸是必需脂肪酸，花生四烯酸和 sn-3 多不饱和脂肪酸（*n*-3PUFA）均有良好的生理功能，利用 sn-1、sn-3 位置的专一性酶可促进具有特殊功能的结构化脂质的合成。

2. 人造奶油的生产

工业人造奶油的生产主要是在碱性催化剂作用下，通过酯交换增加饱和脂肪酸的量，从而使油脂具有特定的熔融特性。但化学方法反应温度高于 100℃，需要真空或充氮以防止脂肪氧化，而脂肪酶可在相对温和的条件下催化油脂间的转酯或酯交换，从而获得质量较好的人造奶油。具有较窄熔融范围的人造奶油可由脂肪酶催化高熔点的棕榈硬酯与植物油（向日葵油、大豆油、米糠油、棕榈油、可可油）之间的转酯作用制得，也可由猪脂、牛脂与液体植物油生产，有人通过棕榈硬酯与无水奶酯的酯交换制备人造奶油。

3. 类可可脂的生产

可可脂是最贵重的油脂之一，具有入口即化的熔融特性，是加工巧克力的重要原料，价格十分昂贵。运用酯交换技术可以生产出可可脂的类似物，传统酯交换工艺采用的是化学方法，常用的催化剂是金属钠或氢氧化钠、无机酸等，虽然可以提高甘三酯分子酰基的迁移性，但会造成反应体系中酰基间的交换与分布的随机性，致使副产品增多。然而使用 1,3-定向脂肪酶作为催化剂，酰基的迁移与交换限制在 1 位和 3 位上，这样就能生产出化学法酯交换所无法得到的特定目标产物。近十几年来采用动物胰脂酶、米黑毛霉(*Mucormiehei*)脂肪酶等1,3-定向酶,以棕榈油中间分提物、乌桕脂、茶油等原料,通过酯交换改性技术生产类可可脂的研究取得了很大的进展。目前,日本、英国已有以棕榈油中间分提物为原料经酶促改性制取类可可脂的小规模生产。近几年来对我国特有的油脂资源——乌桕脂和茶籽油经酶促改性生产类可可脂的研究也取得了突破。

3.3.3.6 在提取维生素E方面的应用

植物油脱臭馏分是提取天然维生素E的宝贵资源,但其中甘油酯的存在给后续的高真空蒸馏或分子蒸馏带来困难,影响甾醇的结晶分离和产品质量。国内外一般多采用皂化法和酯交换法分解并除去甘油酯,然而,皂化是在碱性环境中进行的,酯交换也需加碱催化,维生素E在强碱性条件下易氧化分解,提取率很低。利用脂肪酶催化油脂水解反应来分解其中的甘油酯,则是一种简捷而又经济的方法。

3.3.3.7 在食用油脂精炼方面的应用

在食用油脂精炼工艺中,毛油中通常含有较多的游离脂肪酸,需进行脱酸处理以提高油脂品质。通常采用的脱酸方法是化学碱炼法。化学碱炼法就是向油中加入计算量的碱以中和油中的游离脂肪酸。而在碱炼过程中总是不可避免地要造成中性油、甾醇、生育酚等的损失。近10年来,一种高新技术——借助微生物脂肪酶在一定条件下能催化脂肪酸与甘油间的酯化反应,从而把油中的大量游离脂肪酸转变成中性甘油酯——生物精炼技术已应用于高酸值油脂的脱酸。

3.3.3.8 在功能性油脂分离和纯化方面的应用

含多不饱和脂肪酸油脂的功能性已经为消费者所了解和接受,如含有二十二碳六烯酸(22∶6*n*-3,DHA)的金枪鱼油和含有γ-亚麻酸(18:3*n*-6,GLA)的琉璃苣油已经应用于功能性食品和婴儿食品配料中。最近,含有花生四烯酸(AA)的单细胞油也已经用于婴儿食品配料中。自1991年以来,日本已经将二十碳五烯酸乙酯(EtEPA)用于治疗动脉硬化和高血脂,效果显著。最近的研究表明,DHA、GLA和AA也有望作为医药应用,这对此类脂肪酸产品的开发与品质提出了更高的要求,它们的纯化方法研究已经成为亟须解决的问题。

目前,工业上采用蒸馏和脲包法纯化二十碳五烯酸乙酯。据有关报道,采用蒸馏、脲包、高效液相色谱或银离子交换色谱技术可以对DHA和GLA进行纯化,但这些工艺由于生产成本过高而无法实现工业化生产。因此,更多的研究者转向酶反应技术的研究。

3.3.3.9 在面制品中的应用

脂肪酶可以添加于面包、馒头及面条专用粉中。在面包专用粉中加入脂肪酶可以得到更好的面团调理功能,使面团发酵的稳定性增加,面包的体积增大,内部结构均匀,质地柔软,面包心的颜色更白,在馒头专用粉中,脂肪酶也会起到类似于在面包专用粉中的添加效果,尤其对我国使用老面的发酵,脂肪酶可以有效防止其发酵过度,保证产品质量,在面条专用粉中加入脂肪酶,可减少面团上出现斑点,改善面带压片或通心粉挤出过程中颜色的稳定性。同时还可以提高面条或通心粉的咬劲,使面条在水煮过程中不粘连、不易断,表面光亮滑爽。

酯酶的研究及在工业生产中的应用研究相对于淀粉酶和蛋白酶历史比较短,发展比较迟,但近年来取得了不少令人瞩目的成果,可以预计其今后会有更加迅猛的发展。

3.4　溶菌酶

溶菌酶(lysozyme)全称为1,4-β-*N*-溶菌酶,又称细胞壁溶解酶(muramidase),系统名称为*N*-乙酰胞壁质聚糖水解酶(EC 3.2.1.17),是一种专门作用于微生物细胞壁的水解酶。

二维码3-24　溶菌酶的研发历史

二维码3-25　溶菌酶、青霉素的发现者亚历山大·弗莱明

二维码3-26　溶菌酶的来源

二维码3-27　溶菌酶的性质

3.4.1　溶菌酶的作用机制

溶菌酶可分为3型:c型(鸡卵清溶菌酶,chicken egg-white lysozyme,Cly),g型(鹅卵清溶菌酶,goose egg-white lysozyme,Gly),噬菌体溶菌酶。大部分溶菌酶都属于c型,从人乳汁、尿和胎盘中提取的溶菌酶也属c型。Cly由129个氨基酸残基组成,相对分子质量为14 700。Gly最早是由Jolles和Canfield发现的,约含有185个氨基酸残基,相对分子质量为21 000。Jolles等报道,c型与g型溶菌酶轻度同源。c型活性中的Glu 35和Asp 52可能和g型的Glu 73和Asp 86同源,此结果已被X射线衍射所证实。噬菌体溶菌酶位于各种噬菌体内,对溶解宿主菌起重要作用。它含有164个氨基酸残基,相对分子质量为18 700。噬菌体溶菌酶在序列上与c型溶菌酶同源性较差,但它们组成的主干、结合底物的定位及催化的特异性方面有很多相似之处。噬菌体溶菌酶的Glu 11和Asp 20与c型溶菌酶的Glu 35和Asp 52相对应,都参与组成酶的活性中心。在Jolle的研究中,已证明还有其他不同于c型和g型的溶菌酶存在。

溶菌酶属于乙酰氨基多糖酶,是对G^+细菌细胞壁、甲壳素具有分解作用的水解酶。溶菌酶作用的底物是对溶菌酶敏感的细菌的菌体、细胞壁及细胞壁的提取物肽聚糖以及甲壳素。作为底物的细菌有巨大芽孢杆菌(*Bacillus megaterium*,BM),藤黄八叠球菌(*Sarcina lutea*)和溶壁微球菌(*Micrococcus lysodeiktic*,ML),其中最常用的是ML。ML是从空气中分离到的一种G^+球菌,如将新鲜溶壁微球菌称重后放入甘油-Tris缓冲液中,使最终浓度为50 mg/mL,摇匀,分装于小瓶中,于−20℃或普通冰箱的冰格内保存,可用一年而不改变溶菌酶的活性;若冻干保存可供长期使用。此外,用活性染料、荧光素、3H-TdR及酶(如HRP)制备标记底物与标记的底物提取物,用于测溶菌酶的活性,不仅便于观察,而且提高了检测的敏感性。溶菌酶溶解底物的作用机理,以细菌底物为例,是它能催化G^+细菌细胞壁NAG与NAM间结合键的水解,切断*N*-乙酰胞壁酸和*N*-乙酰葡萄糖胺之间的1,4-糖苷键,破坏细胞壁的主要成分肽聚糖的合成，使细胞壁失去坚韧性，又因水进入菌体内，细菌发生渗透性裂解而被溶解。

3.4.2 溶菌酶在食品工业中的应用

目前市售溶菌酶主要为鸡蛋清溶菌酶。溶菌酶作为一种存在于人体正常体液及组织中的非特异性免疫因素，具有多种药理作用。在实际应用方面，由于溶菌酶具有杀菌、抗病毒、抗肿瘤细胞、清除局部坏死组织、止血、消肿、消炎等作用，还能在胃肠内被消化和吸收，因此，可用于医疗，用作食品添加剂，还可作为细胞工程和基因工程研究中的工具酶。近年来，在生物工程方面用于抽提微生物细胞内各类物质如酶、核酸和活性多肽等和进行原生质体融合育种。另外，溶菌酶具有专一性水解细胞壁的特征，有助于人们深入了解细胞壁的细微结构。

溶菌酶是一种无毒、无副作用的蛋白质，又具溶菌作用，因此可用作食品防腐剂。现已广泛应用于水产品、肉食品、蛋糕、清酒、料酒及饮料中的防腐；还可以添入乳粉中，使牛乳人乳化，以抑制肠道中腐败微生物的生存，同时直接或间接地促进肠道中双歧杆菌的增殖。此外，还能利用溶菌酶生产酵母浸膏和核酸类调味料等。

1. 用于水产类熟制品、肉类制品的防腐和保鲜

溶菌酶可作为鱼丸等水产类熟制品和香肠、红肠等肉类熟制品的防腐剂。只要将一定浓度(通常为 0.05%)的溶菌酶溶液喷洒在水产品或肉类上，就可起到防腐保鲜的作用。

溶菌酶还可以用于低温肉制品的保鲜，由湖南农业大学研制的 Hnsafely-010 低温肉制品保鲜剂(溶菌酶制剂)可以耐受 95℃以下的温度，而保持性质稳定，因此，将其添加到原料肉中进行低温加热(80℃左右)可以保持活性不变。该保鲜剂可以延长低温肉制品保鲜期 1 倍以上的时间。使用浓度为肉重的 0.01%～0.05%，使用方法为在肉块上进行滚揉或斩拌时加入。

2. 用于新鲜海产品和水产品的保鲜

鱼、虾等水产品是人们喜爱的食品，但水产品容易受到微生物的污染而引起腐败变质。以往多采用冰冻或盐腌进行鱼类保鲜。冰冻法需要制冷设备，特别是远洋捕鱼，要用大型冰船，带来诸多不便，而盐腌往往会带来风味的改变，现在酶法保鲜技术已越来越广泛地用于水产品的保鲜。使用时只要把一定浓度的溶菌酶溶液喷洒在水产品上，就可以起到防腐保鲜的效果。

一些新鲜海产品和水产品(如虾、蛤蜊肉等)在 0.05%的溶菌酶和 3%的食盐溶液中浸渍 5 min 后，沥去水分，进行常温或冷藏储存，均可延长其储存期。

近年来，利用溶菌酶可降解海洋生物高分子壳聚糖的特性，生产能被人体吸收、具有低分子量、具有独特生理活性和功能性质的低聚壳聚糖。

3. 在乳制品中的应用

溶菌酶在人乳中含量最高，是牛乳的 3 000 倍，是山羊乳的 1 600 倍，溶菌酶是婴儿生长发育必需的抗菌蛋白，在人工喂养或食用母乳不足的婴儿食品中添加溶菌酶非常必要。因为溶菌酶是人体的一种非特异性免疫因子，对杀死肠道腐败球菌有特殊作用。溶菌酶在婴儿体内可以直接或间接促进婴儿肠道细菌双歧杆菌增殖，促进婴儿胃肠内乳酪蛋白形成微细凝乳，有利于婴儿消化吸收；它可以促进人工喂养婴儿肠道细菌群的正常化；它能够加强对血清灭菌蛋白、γ-球蛋白等体内防御因子的作用，以增加对感染的抵抗力，特别是对早产婴儿有预防体重减轻、预防消化器官疾病、增加体重的功效。所以溶菌酶是婴儿食品、婴儿配方奶粉等的良好添加剂。

在奶酪生产中使用溶菌酶，特别是中、长期熟化奶酪，可以防止奶酪的后期起泡以及奶酪风味变化，而且不影响在老化过程中的奶酪基液。溶菌酶不仅对乳酸菌生长很有利，而且还能抑制污染菌引起的酪酸发酵，这种特性是一般防腐剂不能达到的。

溶菌酶还可用于乳制品防腐，尤其适用于巴氏杀菌奶，能有效地延长其保存期，由于溶菌酶具有一定的耐高温性能，也适用于超高温瞬时杀菌奶。

4.在糕点和饮料上的应用

在糕点中加入溶菌酶，可防止微生物的繁殖，特别是含奶油的糕点容易腐败，在其中加入溶菌酶可起到一定的防腐作用。

在pH 6.0～7.5的饮料和果汁中加入一定量的溶菌酶具有较好的防腐作用。

在低度酒的应用最为典型的例子是日本用溶菌酶代替水杨酸用于清酒的防腐。清酒酒精含量为15%～17%(体积分数)，大部分微生物不能存活，但有一种叫火落菌的乳酸菌则能生长，并能引起产酸和产生不愉快臭味。过去常常加入水杨酸作防腐剂，但鉴于水杨酸有一定的毒性，因此已逐渐被取消使用。目前日本已成功地使用鸡蛋清溶菌酶代替水杨酸作为防腐剂。此外溶菌酶还可作为料酒和葡萄酒的防腐剂和澄清剂。

在葡萄酒发酵过程中，乳酸菌(LAB)负责所需的苹乳发酵(MLF)——苹果酸转变为乳酸。如果在酒精发酵(AF)的前期、MLF完成后，LAB的含量过高，会产生过量的乙醇、生物胺(主要是组胺)、丙烯醛、多糖，从而对葡萄酒造成诸如高挥发酸度、苦味等感官缺陷。通常高pH葡萄酒中含有的某些有害LAB、乳酸杆菌、小球菌还会对产品造成极为不利的后果。而采用SO_2控制LAB的生长是从古至今一直沿用的传统方法。但近年来的研究表明，这并不是一个理想的控制LAB生长的工具，因为存在SO_2过高的积累，摄入后会对人体产生一定的毒性。且具有非专一性抗菌活性，除抑制LAB外，还抑制负责AF的酵母。而溶菌酶具有很专一的活性，它只作用于LAB，对AF没有影响。研究表明，在葡萄原汁中加入溶菌酶对MLF启动预防性调控，LAB的生长即刻被抑制，AF停滞或延缓，起到了保护葡萄酒和微生物稳定的作用。

5.在包装工业中的应用

溶菌酶可以固定于一些包装材料上，以此生产出具有抗菌、保鲜功效的食品包装材料。用提取的蛋清溶菌酶配制2%～3%的酶液，喷洒于包装纸或将包装纸浸入酶液2～3 h，取出在50～60℃条件下烘干(酶活力基本不丧失)，用处理好的包装纸包装煮熟的大豆和新蒸的馒头，可延长近1周的时间不变味，而用普通纸包装1 d就会变味(常温下)、发黏，可见用溶菌酶处理食品包装材料有广泛的研究和应用前景。

6.其他食品的保鲜

在生面条、花生酱、色拉等食品中，加入溶菌酶均可以起到良好的防腐保鲜作用。应用溶菌酶作为食品防腐剂必须注意酶的专一性，对于酵母、霉菌和革兰氏阴性菌等引起的腐败变质，溶菌酶不能起到防腐作用。但溶菌酶有良好的配伍性，可与其他添加剂(如植酸、甘氨酸、聚合磷酸盐等)复配使用，可大大提高其防腐保鲜的效果。

7.用于制备细胞浸提物

酵母膏是发酵工业中用量最多的一类培养基成分，目前它的制备大多是采用酵母自溶法或酵解酵母的方法。如果改用溶菌酶制备酵母膏，则不仅可以提高浸膏量的收率，还可以大大缩短酵母膏的制备时间。也可以用溶菌酶从酵母细胞中制备呈味物质，如有些溶菌酶除了具有活性外，还含有能分解酵母细胞中的核酸为肌苷酸和鸟苷酸的单核苷酸类呈味物质的成分。在生物工程上用溶菌酶水解微生物细胞壁，以提取细胞内含物。

综上所述，溶菌酶在食品等领域中有着广泛的应用前景。

3.4.3 溶菌酶的应用前景

在倡导绿色、环保、健康的今天，人们对食品和医药的安全性要求越来越高，溶菌酶作为一种替代抗生素、传统防腐剂的优良产品，具有安全、高效、具有天然活性成分的优势，因此其应用前景令人乐观。不过，为了进一步掌握每一类溶菌酶及其最适的反应条件，弄清溶菌酶的酶学特性，需要探究水分、离子强度、pH 等因素对酶活性的影响，促使酶活力得到最大程度的发挥。在食品行业，还需要进一步弄清产生食品腐败的微生物种类，以及研究如何增强溶菌酶对革兰氏阴性细菌的溶菌作用，以便促进溶菌酶的溶菌防腐功效。

思考题

1. α-淀粉酶与 β-淀粉酶的主要区别有哪些？
2. 支链淀粉完全降解为葡萄糖需要哪些酶的参与？
3. 葡萄糖淀粉酶的作用特点及主要来源有哪些？
4. 纤维素酶的作用模式有哪些？
5. 纤维素降解的过程涉及哪些酶类？
6. 蛋白酶的主要分类方式有哪些？
7. 丝氨酸蛋白酶的种类及其各自的特性有哪些？
8. 以卵磷脂为例说明其降解所涉及的酶及特点。
9. 脂肪酶的催化特异性具体表现在哪些方面？

参考文献

[1] 高向阳. 食品酶学. 北京：中国轻工业出版社，2016.
[2] 陈中. 食品酶学导论. 北京：中国轻工业出版社，2020.
[3] 袁勤生. 酶与酶工程. 上海：华东理工大学出版社，2012.
[4] 江正强，杨邵青. 食品酶学与酶工程原理. 北京：中国轻工业出版社，2018.
[5] 陈清西. 酶学及其研究技术. 厦门：厦门大学出版社，2015.

第4章 食品工业中应用的氧化酶

本章学习目的与要求

1.了解食品工业中应用的氧化还原酶等酶类。

2.认识并掌握过氧化物酶、多酚氧化酶、脂肪氧合酶、葡萄糖氧化酶和转谷氨酰胺酶等的特性与应用。

3.通过自主学习提高探索精神。

4.1 过氧化物酶

4.1.1 过氧化物酶的分类与分布

过氧化物酶(peroxidase；EC 1.11.1.7)是一类以过氧化氢为电子受体催化底物氧化的氧化还原酶。当以过氧化氢为氢供体时，该酶被称为过氧化氢酶(catalase；EC 1.11.1.6)。过氧化物酶在食品加工、生物医学检测、农产品储藏、污水处理和木质素降解及生物合成等方面的应用已受到广泛关注。

$$H_2O_2 + AH_2 \xrightarrow{\text{过氧化物酶}} 2H_2O + A$$

$$2H_2O_2 \xrightarrow{\text{过氧化氢酶}} 2H_2O + O_2$$

4.1.1.1 过氧化物酶的分类

过氧化物酶在自然界分布广泛，其分子质量一般为30 000～100 000 U。过氧化物酶的分类如下。

(1) 按来源可分为动物过氧化物酶、植物过氧化物酶和微生物过氧化物酶。

(2) 丹麦学者Welinder将过氧化物酶分成Ⅰ，Ⅱ，Ⅲ类。第Ⅰ类过氧化物酶存在于线粒体、叶绿体及细菌中；第Ⅱ类过氧化物酶存在于真菌中；第Ⅲ类过氧化物酶为典型的植物过氧化物酶，并指出这3类过氧化物酶组成了过氧化物酶超级家族。根据Welinder的分类方法，很显然在植物中只有第Ⅰ，Ⅲ类过氧化物酶。

(3) 根据辅基的不同可将过氧化物酶分为含铁过氧化物酶和黄蛋白过氧化物酶。其中含铁过氧化物酶又可分为正铁血红素过氧化物酶和绿过氧化物酶。前者以羟高铁血红素(正铁血红素Ⅲ)作为辅基，纯酶呈棕色。这类酶存在于高等植物、动物及微生物中。绿过氧化物酶含有铁原卟啉基团，结构上不同于羟高铁血红素，纯酶呈绿色。正铁血红素过氧化物酶经酸性丙酮处理后，羟高铁血红素和酶蛋白分离，而用酸性丙酮处理绿过氧化物酶时，却没有类似的结果。所以，可以采用这个方法区分两类过氧化物酶。黄蛋白过氧化物酶以黄素腺嘌呤二苷酸作为辅基，这类酶存在于微生物和动物组织中。

4.1.1.2 过氧化物酶的分布

过氧化物酶在植物细胞中以2种形式存在：①以可溶形式存在于细胞质中；②与细胞壁或细胞器相结合存在于细胞中。用低离子强度(0.05～0.18 mol/L)的缓冲液可将可溶形式的过氧化物酶从组织匀浆中提取出来。结合态的过氧化物酶又可分为离子结合和共价结合两类。提取离子结合态的过氧化物酶时，必须采用高离子强度(含1 mol/L NaCl或0.1～1.4 mol/L $CaCl_2$)的缓冲液。而提取共价结合的过氧化物酶时，必须采用果胶酶或纤维素酶制剂消化组织匀浆才能将酶释放。

辣根是过氧化物酶最重要的一个来源。辣根中20%的过氧化物酶活力与细胞壁相结合，用2 mol/L NaCl可将这部分酶活力的93%提取出来。与细胞壁结合得非常牢固的那部分酶占辣根中过氧化物酶总活力的 1.4%。在刀豆中，可溶性和离子结合态的过氧化物酶具有相同的含量，而共价结合态的酶的含量相当于它们的 1/5。在梨的果肉中，过氧化物酶集中在粗砂细胞周围的柔软组织细胞中，并与细胞壁结合，酶在梨核和梨核区活力最高。烟草植株各器官中可溶性过氧化物酶的活性以花器官（特别是花萼和花冠）中的活性最高，年幼组织活性最低，当器官或组织成熟衰老时，酶活性也随着增高。

有些过氧化物酶在某些诱导条件下才能产生，且在动物体内过氧化物酶的分布随年龄、品种、性别、不同组织及生长发育状态和健康状况有所不同。如猪的肾、脾、肝、肺、心和回肠等组织的酶活力和比活力较其他部位高，可作为提取过氧化物酶的材料。

4.1.2　过氧化物酶催化的反应及作用底物

4.1.2.1　过氧化物酶催化的反应及机制

过氧化物酶能够催化 4 类反应。

(1) 有氢供体存在的条件下催化过氧化氢或氢过氧化物降解，总反应式如下。

$$ROOH + AH_2 \xrightarrow{\text{过氧化物酶}} H_2O + ROH + A$$

反应式中 R 为—H、—CH_3 或—C_2H_5。AH_2 为还原形式氢供体，A 为氧化形式氢供体。许多化合物可以作为反应中的氢供体，它们包括酚类化合物（对甲酚、愈创木酚和间苯二酚）、芳香族胺（苯胺、联苯胺、邻苯二胺和邻联茴香胺）、$NADH_2$ 和 $NADPH_2$。

(2) 氧化作用。在没有过氧化氢存在时的氧化作用，反应需要 O_2 和辅助因素（Mn^{2+} 和酚）。许多化合物，如草酸、草酰乙酸、丙二酸、二羟基富马酸和吲哚乙酸等能作为这类反应的底物。以二羟基富马酸为例，反应的方程如下。

$$2\begin{array}{c}HO\text{—}C\text{—}COOH\\ \|\\ HOOC\text{—}C\text{—}OH\end{array} + O_2 \xrightarrow{\text{过氧化物酶}} 2\begin{array}{c}O{=}C\text{—}COOH\\ |\\ O{=}C\text{—}COOH\end{array} + H_2O_2$$

二羟基富马酸　　　　二酮琥珀酸

此反应有 2～3 min 的诱导期，增加酶的浓度可以缩短诱导期，如果加入一定量的 H_2O_2，能消除诱导期。

(3) 在没有其他氢供体存在的条件下催化过氧化氢分解，其反应式如下。

$$2H_2O_2 \xrightarrow{\text{过氧化物酶}} 2H_2O + O_2$$

这类反应很慢，比起前两类反应来说可以忽略。

(4) 羟基化作用。过氧化物酶可以催化一元酚和氧生成邻-二羟基酚，反应必须有氢供体参加，如二羟基富马酸，它提供了酶作用所必需的自由基。反应方程式如下。

$$\begin{array}{c}OH\\ |\\ \bigcirc\\ |\\ CH_3\end{array} + \begin{array}{c}HO\text{—}C\text{—}COOH\\ \|\\ HOOC\text{—}C\text{—}OH\end{array} + O_2 \longrightarrow \begin{array}{c}OH\\ |\\ \bigcirc\text{—}OH\\ |\\ CH_3\end{array} + \begin{array}{c}O{=}C\text{—}COOH\\ |\\ O{=}C\text{—}COOH\end{array} + H_2O$$

二羟基富马酸　　　　二酮琥珀酸

4.1.2.2 过氧化物酶的作用底物

过氧化物酶的底物是过氧化物和氢供体。过氧化物主要是 H_2O_2，而高浓度的 H_2O_2 能使酶失活。如果用过氧化氢酶去除反应体系中过量的 H_2O_2，可以重新恢复失去的活力。过氧化氢的浓度影响着过氧化物酶的活力。葡萄中过氧化物酶的活力在过氧化氢的浓度为 6.37×10^{-2} mol/L 时达到最高值。在过氧化氢的浓度为 0.57×10^{-2} mol/L 和 1.91×10^{-2} mol/L 之间有一个酶活力的平稳区，酶活力低于最高值的一半。马铃薯匀浆和辣根中的过氧化物酶活力在过氧化氢的浓度分别为 0.74×10^{-2} mol/L 和 0.3×10^{-2} mol/L 时达到最高值。

二维码 4-1　过氧化物酶酶促反应机理

过氧化物酶对于氢供体底物的特异性要求不高。植物过氧化物酶的各个同工酶具有不同的底物特异性，当这些同工酶没有被分离时，过氧化物酶能够作用于许多种氢供体底物。氢供体底物的性质影响着从过氧化物酶试样中能检出的同工酶的数目、酶的热稳定性和再生特征。这对使用过氧化物酶作为果蔬热处理是否充分的指标是非常重要的。同一种植物可溶态和结合态的过氧化物酶具有不同的底物特异性。

在选择氢供体底物时必须考虑测定过氧化物酶活力的目的。在用定性的方法检查果蔬热处理的效果时，一般使用愈创木酚。当它的浓度为 1.4×10^{-2} mol/L 时，此反应达到最高速度。辣根中过氧化物酶对愈创木酚的 K_m 是 0.7×10^{-2} mol/L。在组织化学染色和在凝胶电泳或等电聚焦中检测同工酶时使用联苯胺。邻-联茴香胺和邻-苯二胺也是被广泛使用的底物。由于不同的同工酶对于各种不同的底物具有不同的敏感性，因此，在检测同一种过氧化物酶的同工酶时，最好同时使用几种氢供体底物。过氧化物酶对于指定的氢供体的亲和力，除了取决于酶的来源外，酶的纯度对它也有影响。

4.1.3 影响过氧化物酶活力的因素

影响过氧化物酶活力的因素有 pH、温度以及各种化学试剂等。

4.1.3.1 pH 对过氧化物酶活力的影响

影响过氧化物酶最适 pH 的因素包括酶的来源、同工酶的组成、氢供体底物和缓冲液。果蔬中的过氧化物酶一般都含有多种同工酶，而不同的同工酶往往具有不同的最适 pH。因此，测定得到的过氧化物酶最适 pH 往往具有较宽的范围(pH 4～7)。同一种果蔬中的可溶态和结合态过氧化物酶具有不同的最适 pH。

在酸性条件下，由于过氧化物酶的血红素和蛋白质部分分离，导致蛋白质从天然状态转变到可逆变性状态，因而酶的活力下降。在 pH 2.4 和 25℃时，低浓度的氯化物能使血红素完全脱离酶蛋白。pH 还影响着酶蛋白从可逆变性状态向不可逆变性状态转变。因此，在低 pH (2.5～4.5)条件下，过氧化物酶的热稳定性较低。在中性和碱性 pH 条件下，酶处于天然状态。一些果蔬中过氧化物酶的最适 pH 参见表 4-1。

表 4-1 一些果蔬中过氧化物酶的最适 pH
(王璋.食品酶学.北京:中国轻工业出版社,1991)

果蔬	最适 pH	说明
葡萄	5.4	柠檬酸-磷酸缓冲液
香蕉	5.0~6.0	乙酸缓冲液 0.1 mol/L
菠萝	4.2	酶活力和缓冲液浓度无关
青刀豆	5.0~5.4	可溶态、离子结合态和共价结合态过氧化物酶
马铃薯	5.0	匀浆
甘蓝	5.1~6.3	匀浆
花菜	5.0~5.7	匀浆
板栗	4.0	乙酸缓冲液
豆壳	4.0	柠檬酸-磷酸缓冲液
甘蔗	4.0	乙酸-乙酸钠缓冲液
荔枝果壳	6.5	磷酸盐缓冲液

4.1.3.2 温度对过氧化物酶活力的影响

温度对过氧化物酶的影响可总结为以下 3 类。

1.过氧化物酶的最适温度

与 pH 类似,过氧化物酶的最适温度也与酶的原料种类、果蔬品种、同工酶的组成、缓冲液的 pH、酶的纯度等因素有关。表 4-2 中总结了一些果蔬中过氧化物酶的最适温度。

表 4-2 几种果蔬中过氧化物酶的最适温度
(刘欣.食品酶学.北京:中国轻工业出版社,2013)

原料名称	最适温度/℃	说明
葡萄	47	品种 de Chaunac
	40	品种 Malvasia
猕猴桃	50	纯化酶
草莓	30	
番茄	35	品种 Walters
茄子	20	可溶态及离子结合态
马铃薯	55	pH 5.0
绿芦笋	50	pH 4.5
菜花	40	以愈创木酚为底物
豆壳	45	以愈创木酚为底物,pH 4.0
荔枝果壳	35	以愈创木酚为底物

2.热处理对过氧化物酶的影响

果蔬中过氧化物酶的热失活是一个双相和部分可逆的过程。所谓热失活的双相过程即指过氧化物酶中含有耐热和不耐热部分,不耐热部分在热处理条件下很快失活,而耐热部分在同样温度下缓慢地失活。所谓热失活的部分可逆过程指的是经热处理后的酶液在保温或较低温度下保藏时,它的部分活力可以再生。果蔬热烫和灭菌的条件对于产品的颜色、熟度、风味以及营养价值有显著的影响。过分的热处理一般会损害食品的质量。由于在果蔬中,特别是非酸性蔬菜中的过氧化物酶具有比其他酶更高的耐热性,因此,可利用它作为热处理条件的指标。但是在实际的食品加工和保藏过程中,还没有一个普遍适用的标准,即多少残余活力或再生活力被允许留在被保藏的产品中。通常果蔬产品经很短时间的热烫后,仍含有一定水平的残余酶活力,这些过氧化物酶会产生不良风味和导致变色,需要冷冻保藏。此外,为了防止果蔬热烫后过氧化物酶的再生,需要比酶失活施加多几倍的热处理量。

理论上,酶的热失活通常可看作为一级衰退过程,但是过氧化物酶的热失活并不符合这种理想的模式,导致实际过程与理想模式偏差的原因是在过氧化物酶分子之间存在着热稳定性的差别。当热处理的温度不超过 80～90℃时,过氧化物酶失活具有双相特征,而其中每一相都遵循一级动力学。残余过氧化物酶活力与加热时间的关系如图 4-1 所示。

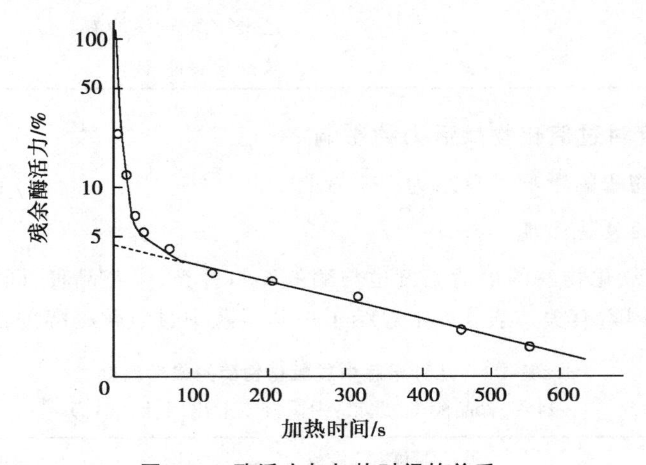

图 4-1　酶活力与加热时间的关系

(王璋.食品酶学.北京:中国轻工业出版社,1991)

热失活曲线包括 3 部分:最初陡峭的直线部分,中间的曲线部分和最后平缓的直线部分。从热失活曲线的形状,可以认为在热处理过程中有两个独立的一级热失活反应。最初的直线部分代表酶的热不稳定部分失活,最后的直线部分表示耐热部分的失活,而曲线部分可以认为是一个过渡区域。外延图 4-1 中代表酶的耐热部分的直线至零时间,就可以估算酶的耐热部分活力在总的酶活力中所占的比例。热处理条件显然会影响耐热部分所占的比例,其中温度是最重要因素,温度越高,耐热部分所占的比例越低。在较高的温度范围,如 100～120℃,用实验方法难以区分酶的热不稳定部分和耐热部分。在一些情况下,如青刀豆中过氧化物酶在较低温度下热处理时,酶失活之前有一个潜伏期,甘蓝中过氧化物酶甚至出现激活现象。这些现象可归之于:在失活之前,酶从天然形式转变成过渡活化形式,后者的活力不同于它的最初形式,然后再失活。由于不同来源的过氧化物酶分子结构上存在着差别,因此,它们在热失活的机制上是不完全相同的。

许多果蔬中的过氧化物酶含有同工酶,这些同工酶在耐热性上差别较大。例如,菠菜中过氧化物酶在 pI 5～6 范围内的同工酶在 70℃加热 1 min 全部失活;而在 pI 3.5～5 范围内的同工酶较稳定，甚至在100℃加热0.5 min仍然有微量酶活力残存。辣根中过氧化物酶的碱性同工酶具有最低的热稳定性，分离的同工酶的热失活也具有双相特征，在热处理过程中还可能形成新的同工酶。

影响过氧化物酶热失活的因素包括2类：一类与酶的来源有关，另一类与热处理的参数有关。不同来源的过氧化物酶具有不同的耐热性，如马铃薯和花菜匀浆中的过氧化物酶在95℃加热10 min就完全而不可逆地失活，而甘蓝中的过氧化物酶120℃加热10 min仍然有0.3%活力残留。三个甘蓝品种中的过氧化物酶，一个在55℃下加热10 min酶活力反而增加，而另两个在相同条件下会稍微下降。一般来说，植物的过氧化物酶活力越高，它的耐热性也越高。一些外加因素影响过氧化物酶的热失活速度。以辣根中过氧化物酶为例，加入羟高铁血红素能降低酶的热失活速度(pH 7.0,76℃)，而升高温度能提高酶的热失活速度；在pH 7时酶热失活的速度最低，在pH 4和pH 10时酶热失活的速度分别提高到8倍和2倍。酶失活的初速度正比于NaCl的浓度(pH 7,NaCl浓度低于0.6 mol/L)，在低水分含量时，谷类中过氧化物酶的耐热性显著增加，它对于加工脱水水果和蔬菜具有重要的参考价值。另外，糖能提高苹果和梨中过氧化物酶的热稳定性。

显然，当介质的pH被确定后，热处理的时间和温度是影响过氧化物酶失活最主要的外部因素。如果温度也被确定，那么加热时间越长，导致酶完全破坏的可能性就越大。另外，过氧化物酶的表观热稳定性还与测定酶活力时所采用的氢供体底物有关。部分果蔬中过氧化物酶的热稳定性如表4-3所示。

表4-3　果蔬中过氧化物酶的热稳定性

(郑宝东. 食品酶学. 南京：东南大学出版社，2006)

果蔬	热处理		残余酶活力/%
	时间/min	温度/℃	
桃	0.41	87	0
梨	4.5	87	0
青刀豆	2.0	95	0.7～3.2
	2.0	100	0.2
豌豆	1.0	100	0.3
菠菜	1.5	100	0.16
卷心菜	2.0	95～100	2.9～8.2
花菜	2.0	95	13.4
	2.0	100	4.8
马铃薯	1.5～3.0	100	0.4
胡萝卜	2.0	100	0.02
芦笋	2.0	100	0.02
蘑菇	1.0	100	0

经热处理失活的过氧化物酶，在常温下保藏，酶活力部分地恢复即酶的再生，是过氧化物酶的一个特征。加热的温度、时间和加热后保持的温度、时间是决定过氧化物酶活力再生的主要因素。

3. 低温对过氧化物酶的影响

冷冻食品在冻结前需要用热烫的方法处理，这显然是因为－18℃或－20℃的低温不能破坏酶，而只能降低酶的活力或使酶可逆失活。以豌豆和青刀豆为例，当它们在5℃、－4℃、－20℃和－40℃保藏10 d至18个月时，可溶态、离子结合态和共价结合态过氧化物酶三者之间的比例以不同的方式改变，然而总的酶活力实际上是保持不变的。这个事实说明，在冷冻或低温保藏期间，过氧化物酶并没有变性，而只是从一种结合状态转变到另一种结合状态。辣根过氧化物酶制剂在低温下也表现出它的稳定性。低温影响酶活力变化的原因有：由于结冰使溶液的离子强度增加，从而影响酶的结合；由于冻结打破了细胞结构，因而产生了新的位置供过氧化物酶结合；由于果胶的脱脂化作用使细胞壁结合过氧化物酶的能力改变。在低温保藏过程中没有新的同工酶形成，原有的同工酶也没有消失。

4.1.3.3 化学试剂对过氧化物酶活力的影响

化学试剂能使过氧化物酶失活。根据作用方式可以将化学试剂分为2类：一类直接作用于酶；另一类作用于底物或反应的产物。

虽然很多化合物都能够使过氧化物酶失活，但是在食品工业中有价值的是SO_2和亚硫酸盐。0.10%～0.15%焦亚硫酸钠能防止豌豆产生不良风味，然而仅能部分抑制酶的再生。事实上，除了残余或再生的过氧化物酶以外，还有其他因素能导致加工蔬菜在保藏中产生不良风味。SO_2对酶的抑制作用取决于它与H_2O_2的比例。如果SO_2浓度超过H_2O_2，催化反应被立即终止；如果将过量的H_2O_2加入失活的酶中，则酶催化反应以最初的速度继续进行；如果加入的SO_2浓度低于H_2O_2的浓度，酶催化反应将以最初的速度或较低的速度（取决于SO_2的浓度）继续进行。SO_2的作用仅是破坏H_2O_2。当反应$SO_2 + H_2O_2 \rightarrow SO_3 + H_2O$的速度高于酶-受体-供体络合物合成的速度时，$SO_2$能抑制酶反应和保持氢供体底物处于还原状态。

氰化物、叠氮化合物和氟化物能与血红素铁形成可逆的络合物，从而抑制过氧化物酶的活力。

洗涤剂能使过氧化物酶失活并影响它的热失活。表面活性化合物（如卵磷脂和甘油单酸酯）在水中溶胀时，对过氧化物酶有强烈的抑制作用。在0℃和pH 4.0条件下，卵磷脂能使过氧化物酶显著失活。亚油酸在空气中对酶的抑制作用比在氮气中强。因此，亚油酸在加热时生成的氢过氧化物具有特殊的效果。显然，洗涤剂在防止热失活和过氧化物酶再生方面具有重要的实际价值。

在食品中经常使用的离子络合物，如果胶等，能与过氧化物酶作用。在pH 5.5时，果胶能使过氧化物酶显著失活。在低pH时，果胶能使过氧化物酶完全失活。果胶的存在还能使过氧化物酶的最适pH从5.5转移至8。由于大多数水果和蔬菜的pH在酸性范围内，因此，果胶对过氧化物酶的作用在食品加工中也是非常重要的。

4.1.3.4 过氧化物酶活力的测定

目前过氧化物酶活力的测定常用分光光度法、荧光光度法和化学发光法。分光光度法是在有氢供体存在的条件下，过氧化物酶催化分解过氧化氢的同时形成了有色化合物。该方法中，必须选择H_2O_2和氢供体底物的浓度以及缓冲液的pH以确保反应以最高速度进行。不同的氧化态供体，在不同的波长下具有不同的最高吸光度，因此，测定酶的过氧化活力时，必须根据选用的氢供体底物选择波长。此外，由于不同来源的过氧化物酶具有不同的特异性，所以酶活力数值也随氢供体底物的不同而变化。

愈创木酚是经常被使用的底物，在过氧化物酶催化的反应中，它被转化成四愈创木酚。

$$4\ (\text{OCH}_3,\ \text{OH}) + 4H_2O_2 \longrightarrow (\text{OCH}_3)_4\ (\text{O—O})_2 + 8H_2O$$

一种新的分光光度法测定辣根过氧化物酶的方法是：在 pH 6.80 的磷酸盐缓冲介质中，以辣根过氧化物酶催化过氧化氢氧化还原型罗丹明 B，形成水溶性红色产物，通过测定催化产物的含量可测定辣根过氧化物酶的含量。该方法的线性围为 15～250 μg/10 mL，方法的检出限为 12 μg/10 mL。邻-苯二胺在辣根过氧化物酶催化过氧化氢氧化还原型罗丹明 B 这一显色反应中有着重要的催化诱导作用。

荧光光度法测定酶活力是利用辣根过氧化物酶催化过氧化氢及一些本身没有荧光的物质反应产生二聚体而形成具有强荧光的物质的特点而实现的。高香草酸是最早被发现具有此特性的物质，后来在其衍生物和类似物中又发现了对羟基苯乙酸和对羟基苯丙酸等更经济的高香草酸的替代物。近年来，一些灵敏度更高的荧光底物相继报道。值得注意的是，荧光法的底物中出现了一类被 H_2O_2/HRP 体系催化氧化分解型的底物，利用其荧光猝灭现象，使得检出限大大下降。

4.1.4　过氧化物酶的提取、纯化与同工酶

大多数水果和蔬菜中，过氧化物酶以可溶态、离子结合态或共价结合态形式存在。可以直接从植物材料中提取过氧化物酶，也可以先制备丙酮粉，再从丙酮粉中提取。植物材料中的酚类化合物会降低酶的稳定性。在制备植物材料匀浆时加入 PVP（聚乙烯吡咯烷酮）以结合这些酚类化合物，可以消除其干扰。

从过氧化物酶粗提取液中分离纯化过氧化物酶，可以采用硫酸铵分级沉淀、凝胶过滤色谱、离子交换色谱和亲和色谱等手段。其中离子交换色谱和制备等电聚焦对于分离过氧化物酶同工酶特别有效。另外，亲和色谱在纯化过氧化物酶制剂上也非常有效。例如，从大豆加工副产物大豆皮中，采用精简的硫酸铵分级沉淀、丙酮分级沉淀和 DEAE-Sepharose 离子交换层析三步法提取和纯化大豆过氧化物酶。能够得到 R_z 值大于 2.0 的纯酶。

植物的过氧化物酶具有非均一性的特点。随着生化分离技术的发展，已在水果和蔬菜中检出了越来越多的同工酶。常见果蔬中同工酶的数目见表 4-4。

表 4-4 果蔬中过氧化物酶的同工酶

（王璋.食品酶学.北京：中国轻工业出版社，1991）

果蔬	同工酶的数目	分离的方法
辣椒	20	薄层等电聚焦 pH 3～10
菠菜	2	CM-纤维素离子交换色谱
青刀豆	20	薄层等电聚焦 pH 3～10
番茄	8	聚丙烯酰胺凝胶电泳
黄瓜	8	聚丙烯酰胺凝胶电泳
香蕉	9	聚丙烯酰胺凝胶电泳

4.1.5 过氧化物酶的应用

4.1.5.1 在食品分析中的应用

辣根过氧化物酶是一种对氢受体有特异性，对氢供体缺乏特异性的酶，利用辣根过氧化物酶的催化体系测定 H_2O_2 是一种既灵敏又专一的方法。H_2O_2 的测定是很多能产生 H_2O_2 的物质测定的基础。如食品中金属离子 Cd^{2+}、Co^{2+}、Cu^{2+} 和 Hg^{2+} 等的测定。另外，以固定化的辣根过氧化物酶开发的电化学生物传感器也可用于检测食品中 H_2O_2 的残留以及葡糖糖含量的检测。

4.1.5.2 在食品保鲜中的应用

乳过氧化物酶体系已被广泛地证明对牛乳中的嗜冷腐败菌具有抑制作用，并对那些在抑菌作用下仍能存活下来的细菌有一个延长的滞后期或复原期。因此，在食品工业中最广泛的应用是在乳品工业中用于原乳的储存和运输。在巴基斯坦、墨西哥、肯尼亚和斯里兰卡等国乳过氧化物酶已被用来保存鲜牛乳。在我国黑龙江等省的一些大型乳品厂早在 20 世纪 90 年代初就将其作为牛乳保鲜剂，并已经大规模用于生产。日本雪印乳品公司用乳过氧化物酶体系延长酸奶的保质期。

4.2 多酚氧化酶

多酚氧化酶(polyphenol oxidase；EC 1.10.3.1)是一种金属蛋白酶，普遍存在于植物、真菌、昆虫的质体中。甚至在土壤腐烂的植物残渣上都可以检测到其活性。由于其检测方便，是最早被研究的几类酶之一。多酚氧化酶又称儿茶酚氧化酶、酪氨酸酶、苯酚酶、甲酚酶、邻苯二酚氧化还原酶，属于六大类酶中的第一大类氧化还原酶。多酚氧化酶的共同特征是通过氧化酚或多酚形成对应的醌。植物多酚氧化酶是许多果蔬等农产品酶促褐变的主要原因，同时它在植物的光合作用、抗病虫害、生长发育以及花色的形成中起到一定作用。植物受到外界胁迫时，其首先通过天然屏障(包括细胞壁、角质层、蜡质层、木质素等)发挥作用。酚类物质是形成木质素的前提，可促进细胞壁和组织木质化，而多酚氧化酶是参与酚类聚合的酶，影响细胞壁中木质素的合成。病原菌侵染能诱导植物体内酚类物质的积累，酚类物质与多酚氧化酶反应形成的醌再与其他物质交联形成的物质可作为物理屏障保护植物组织。

4.2.1　多酚氧化酶的分类与分布

4.2.1.1　多酚氧化酶的分类

广义上，多酚氧化酶可分为三大类：单酚单氧化酶(酪氨酸酶；tyrosinase；EC. 1. 14. 18. 1)、双酚氧化酶(儿茶酚氧化酶；catechol oxides；EC. 1. 10. 3. 2)和漆酶(laccase；EC. 1. 10. 3. 1)。多酚氧化酶中的儿茶酚酶主要分布在植物中，微生物中的多酚氧化酶主要包括漆酶和酪氨酸酶。现在一般所说的多酚氧化酶是儿茶酚氧化酶和漆酶的统称。

酪氨酸酶可以氧化*L*-酪氨酸合成*L*-多巴和黑色素。在高等动物和人类中酪氨酸酶的活性高低与黑色素的形成速率有关。缺乏此酶活性将引起白化病。漆酶是多酚氧化酶类中作用底物最广的一类。1883年由Yoshida首先从漆树液中发现，随后在大量的真菌菌体中也发现了漆酶。漆酶来源广泛，结构各异，不同来源的漆酶催化特性相差较大。即使是同一来源，如同一白腐菌菌种，也可分泌出氧化能力、最适pH、底物专一性等性质不同的漆酶组分，因此其催化活性也各不相同。

苹果、马铃薯、甘薯的切口，摘下的蘑菇，离开汁液的豆腐乳，经揉捻后的茶叶等，当它们暴露于空气中时便逐渐褐变，颜色从褐到黑逐步加深，这是由于其中的儿茶酚氧化酶催化各种酚类(儿茶酚、单宁酸、酪氨酸等)氧化成醌，再经聚合成黑色素所致。

4.2.1.2　多酚氧化酶的分布

多酚氧化酶普遍存在于植物、真菌、昆虫中。一般幼嫩部分含量较多，成熟部分含量较少，且有活性的多酚氧化酶定位于正常细胞的质体中。多酚氧化酶存在于各种各样的植物质体类型，如根细胞质体、胚轴细胞质体、表皮细胞质体、胡萝卜培养组织质体、顶端组织细胞质体、白色体、有色体以及许多种的叶绿体。在上述多酚氧化酶的细胞化学研究中，多酚氧化酶反应产物或出现在叶绿体的类囊体，或出现在其他质体类型的膜结构，目前尚未在质体以外的细胞器上发现多酚氧化酶反应产物。叶绿体的多酚氧化酶存在于类囊体上，其他类型质体的多酚氧化酶存在于各种囊泡上。定位于类囊体的多酚氧化酶究竟是结合于类囊体膜上，还是溶解在膜腔中，目前尚无定论。

虽然几乎所有的质体中都包含多酚氧化酶，但在某些组织中很难检测到多酚氧化酶活性，例如筛管和筛胞等。有些具有质体的组织细胞也可能没有多酚氧化酶活性，如在C4植物叶中，只在叶肉组织中检测到多酚氧化酶活性，维管束鞘细胞尽管含有丰富叶绿体，却检测不到多酚氧化酶活性。总之，多酚氧化酶存在于含有质体的植物组织，而含有质体的植物组织不一定都存在多酚氧化酶。

4.2.2　多酚氧化酶催化的反应及作用底物

4.2.2.1　多酚氧化酶催化的反应及机制

多酚氧化酶是一种含铜的酶，它催化两类完全不同的反应：①一元酚羟基化，生成相应的邻二羟基化合物；②邻二酚氧化，生成邻醌。这两类反应都需要分子氧的参与。

$$\underset{\text{对甲酚}}{CH_3C_6H_4OH} + \underset{\text{儿茶酚}}{C_6H_4(OH)_2} + O_2 \longrightarrow C_6H_4O_2 + CH_3C_6H_3(OH)_2 + H_2O$$

$$2\,C_6H_4(OH)_2 + O_2 \longrightarrow 2\,C_6H_4O_2 + 2H_2O$$

多酚氧化酶催化的第二类反应是邻二酚被氧化成邻苯醌。多酚氧化酶催化氧化反应的最初产物邻苯醌将继续变化：①相互作用生成高分子量聚合物；②与氨基酸或蛋白质作用生成高分子络合物；③氧化那些氧化还原电位较低的化合物。其中非酶反应①和②导致褐色素的生成，色素的分子质量越高，颜色越暗；反应③的产物是无色的。因此，酶促褐变实际上是多酚氧化酶作用的间接结果。在一些食品加工中，酶促褐变是一个期望的变化，其中最著名的例子是加工红茶。

4.2.2.2 酶促褐变产物的形成

目前国内外比较接受的酶促褐变机理是酚、酚酶的区域性分布假说。酚类物质和酶在细胞内通过一系列膜系统实现区域化分布而不能直接接触。切分、高温等胁迫条件引起膜系统的破坏，从而打破了区域化分布，使酶和底物相互接触而引起果蔬褐变。褐变多发生在较浅色的水果和蔬菜中，如苹果、香蕉、杏、樱桃、葡萄、梨、桃、草莓和土豆等，在组织损伤、削皮、切开时，细胞膜破裂，相应的酚类底物与酶接触，在有氧情况下，发生酶促褐变。催化酶促褐变的酶类主要为多酚氧化酶和过氧化物酶。

二维码 4-2　以酪氨酸为底物的酶促褐变色素形成过程

4.2.2.3 多酚氧化酶作用的底物

果实和蔬菜中含有大量的酚类物质，但只有一小部分是多酚氧化酶的底物，这些酚类物质一方面被酶催化，引起变色，影响产品的外观；另一方面对果实的口感也有影响，如多酚类物质含量较高，特别是儿茶素或原花青素有涩感。多酚氧化酶最重要的天然底物有儿茶素、3,4-二羟基肉桂酸酯、3,4-二羟基苯丙氨酸和酪氨酸。3,4-二羟基肉桂酸酯中的绿原酸(3-*O*-咖啡酰奎宁酸)在植物中广泛分布，酪氨酸同时又是构成蛋白质的氨基酸，也广泛存在于植物组织中。表 4-5 列举了一些常见果蔬的多酚氧化酶作用底物，从表中可见，多酚氧化酶作用的底物不仅取决于果蔬植物的种类，即使同一果蔬的不同品种多酚氧化酶也具有不同的底物特异性，同一品种不同部位中分离的多酚氧化酶具有不同的底物专一性。

表 4-5　常见果蔬的多酚氧化酶来源及作用底物

（郑宝东. 食品酶学. 南京：东南大学出版社，2006）

酶来源		底物											
		绿原酸	酪氨酸	焦棓酚	儿茶酚	咖啡酸	多巴胺	3,4-二羟基苯丙氨酸	3,4-二羟基苯甲酸	4-甲基儿茶酚	(＋)-儿茶素	(－)-表儿茶素	对甲酚
苹果皮		＋			＋					＋	＋		
梨		＋			＋	＋		＋	＋		＋		＋
桃	红港	＋		＋	＋	＋							
	哈尔福特	＋			＋	＋	＋			＋	＋		
	玛丽金	＋		＋	＋								
葡萄		＋			＋	＋		＋	＋		＋		
柑橘				＋									
杧果		＋	＋		＋	＋	＋	＋		＋	＋		＋
马铃薯		＋			＋	＋		＋					＋
蚕豆	叶	＋		＋	＋	＋		＋		＋			＋
	子叶							＋					
茄子		＋											
蘑菇		＋	＋		＋			＋					
甘薯		＋				＋							
香蕉					＋			＋					
荔枝				＋	＋			＋					

4.2.3　影响多酚氧化酶活力的因素

4.2.3.1　pH 对多酚氧化酶活力的影响

pH 对多酚氧化酶活性有直接的影响，大多数多酚氧化酶具有一个最适 pH。影响多酚氧化酶最适 pH 的因素比较复杂，已发现，一些果蔬中的多酚氧化酶具有很多同工酶或多种分子形式，这就使得少数多酚氧化酶具有第二个最适 pH。多酚氧化酶的最适 pH 因果蔬的种类、品种、部位以及提取方法的不同而有所不同。大多数情况下，多酚氧化酶的最适 pH 为 4～6。几种常见果蔬中多酚氧化酶的最适 pH 见表 4-6。

表 4-6　几种常见果蔬中多酚氧化酶的最适 pH

（王璋. 食品酶学. 北京：中国轻工业出版社，1991）

来源	最适 pH	说明
苹果	7.0	组织提取液
	5.0	叶绿素
	4.8～5.0	线粒体
	5.1 和 7.0	皮，结合态酶
	4.2 和 7.0	皮，可溶态和高度纯化

续表 4-6

来源	最适 pH	说明
梨	6.2	巴梨
桃	6.0～6.5	红港品种，底物为儿茶酚
	6.5、6.8、7.2、7.0	科特品种，底物为儿茶酚
	6.2	哈尔福特，底物为儿茶酚
	5.9～6.3	弗·爱尔太保品种，底物为儿茶酚、柠檬酸-磷酸缓冲液
	6.5～6.8	弗·爱尔太保品种，底物为儿茶酚、草酸-磷酸缓冲液
葡萄	6.2	底物为绿原酸
	6.5	底物为儿茶酚
	7.0	底物为(＋)-儿茶酚，焦棓酚
香蕉	6.0～7.0	不同的激活形式
马铃薯	5.8	底物为儿茶酚、丙酮提取物
甘薯	6.0、6.1、7.0	从 DEAE-纤维素分离的酶的不同部分
蘑菇	5.5～7.0	底物为儿茶酚
	6.0～7.0	底物为对甲酚

4.2.3.2 温度对多酚氧化酶活力的影响

温度对多酚氧化酶活力的影响表现在两方面，一方面随温度升高，酶活性升高；另一方面随温度升高，活性酶的比例大为降低，因而酶活性降低。因此，温度对酶活性的影响是这两种因素综合作用的表现。多酚氧化酶的活性在不同植物中表现的最适温度不一致，其变化幅度因植物体材料的不同差异很大。以烟草中的多酚氧化酶为例，此酶的最适反应温度为 35℃，随着温度的升高，活性逐渐下降，在此温度下保持 5 min，活性趋于稳定。杏和香蕉中多酚氧化酶的活力分别在 25℃和 37℃时达到最高值。马铃薯中多酚氧化酶以儿茶酚为底物时，活力在 22℃达到最高值；以焦棓酚为底物时，活力在 15～35℃近乎线性地增加。类似的情况也见于温度对苹果中多酚氧化酶活力的影响。

低温对多酚氧化酶的活力也有影响。在低温下（通常为 0℃以下冰冻状态），果蔬中的多酚氧化酶会发生可逆的失活。当解冻后，酶活力即可恢复。刀豆和豌豆多酚氧化酶提取液中的酶活力在－20℃时完全丧失。草莓在－18℃下长期保藏时，起初酶活力下降的速度很慢，然后以较快的速度下降，在 7 个半月后，酶活力减少到最初的 16%，11 个月后，样品中仅含有微量的酶活力。必须指出，微量的多酚氧化酶活力也能导致果蔬褐变，因此，水果或蔬菜解冻前必须用热处理或化学处理的方法使组织中多酚氧化酶失活，否则，由于冻结时细胞破裂，造成解冻时酶与内源底物接近，导致果蔬很快褐变。

4.2.3.3 多酚氧化酶的激活剂

多酚氧化酶的作用会导致食品褐变。长期以来，防止食品酶促褐变是一个重要的研究课题。食品界在多酚氧化酶的抑制剂方面做了很多的研究工作，而对于它的激活剂相对地了解较少。阴离子洗涤剂，如 SDS，能有效激活多酚氧化酶。若苹果经 PVP 处理，其果皮的多酚氧化酶便会失活，但用 SDS 处理后又能将已失活的酶激活。SDS 能激活以潜在的形式存在于粗提取液中的多酚氧化酶。若用酸或尿素短时间处理葡萄中的多酚氧化酶，能使酶可逆地激活。

如果用酸处理作用时间较长，则导致酶不可逆地激活。另外 Cu^{2+} 和底物 3,4-二羟基苯丙氨酸对一些果蔬来源的多酚氧化酶也有激活作用。

虽然对不同来源多酚氧化酶的激活尚未系统研究，但根据已有的试验结果可以推测，酶蛋白在激活过程中经历了缔合或解离的变化。

4.2.3.4　多酚氧化酶的抑制剂和果蔬酶促褐变的防止

根据抑制剂对酶促反应抑制的方式，把其分为以下几类。

(1) 金属螯合剂。多酚氧化酶是以金属铜作为辅基的金属酶，因此许多金属螯合剂，如氰化物、一氧化碳、铜锌灵、2-巯基苯并噻唑、二巯丙醇或叠氮化合物对多酚氧化酶都有抑制作用，其中有些还能与酶反应中生成的醌作用。在这类抑制剂中，对食品加工和保藏有实际应用价值的是抗坏血酸和柠檬酸，它们对酶的辅基铜离子也有螯合作用。如柠檬酸与亚硫酸联合使用，可以成功地用于防止脱皮马铃薯的褐变，苹果酸也可以用作酶的钝化剂。CO 在减缓蘑菇褐变方面非常有效，其除与铜离子络合外，还有对 O_2 的竞争效果。

(2) 竞争性抑制剂。羧酸尤其是芳香族羧酸是多酚氧化酶很好的抑制剂，对酶类底物芳香族羧酸起竞争性抑制作用。可能的原因是它们的结构类似于某些中间产物。如苯甲酸和一些取代肉桂酸是甜樱桃、苹果、梨、杏和马铃薯中多酚氧化酶的竞争性抑制剂。

(3) 与氧化产物醌作用的还原剂。这类化合物能够和邻-二酚的氧化产物醌作用，使醌还原成原来的底物，从而防止醌继续反应生成有色物质，抑制酶促褐变的发生，这类化合物在抑制过程中被消耗。其代表化合物是抗坏血酸、二氧化硫、亚硫酸盐，此外还有 2-巯基苯并噻唑和巯基乙酸盐等。

(4) 醌偶合剂。这类化合物与醌作用，生成稳定的无色化合物，防止第二步酶促反应继续发生。半胱氨酸属于这类化合物。半胱氨酸对多酚氧化酶的抑制作用是通过与醌的结合而实现的，而不是像抗坏血酸那样使其还原。此外，这种化合物能够导致蛋白酶的含量增加，后者可以分解多酚氧化酶，由此防止褐变的发生。

(5) 与酚类底物作用的化合物。相对分子质量高的不溶性聚乙烯吡咯烷酮能与酚类化合物强烈的缔合，从而消去酶反应中的底物。有些酶能催化酚类化合物的苯环甲基化和氧化裂解，从而将酶的底物转变成酶的抑制剂。例如，邻-甲基转移酶将咖啡酸转变成阿魏酸，而阿魏酸是酶的抑制剂。

目前防止酶促褐变反应的方法有以下几种。

(1) 隔绝氧气。去除果蔬自身的溶解氧，对半成品中的吸收氧多采用抽真空或以抗坏血酸浸泡，使果蔬表面形成阻氧层隔绝氧与果蔬中酶的作用。高浓度的糖浆和食盐溶液由于氧的溶解度降低，也可起到护色作用。据试验报道，15%的糖浆对色变有明显控制作用，60%的糖浆在 60 min 内可完全抑制梨浆的色变。另外，果蔬的气调储藏也可起到抑制褐变的作用，如对产品进行真空或充氮包装。

(2) 控制温度。在多酚氧化酶的活性范围内，其氧化速率与温度成正比，温度降低，多酚氧化酶的活性大大降低。因此低温条件下储藏的果蔬褐变程度大大减轻。在果蔬加工中，果实先预冷再行破碎对于延缓褐变速度有很大作用。

(3) 控制 pH。多酚氧化酶是一种含铜蛋白质，在 pH 4～7 具有活性，在 pH 低于 3 的环境下，酶中的铜被解离出来与酶分子脱离，使酶不可逆失活。因此，在果蔬加工中加入酸味剂使 pH 降低到 3 以下，可普遍抑制酶的活性。

(4) 加热杀酶。多酚氧化酶不是非常耐热的酶，多数情况下，在组织或溶液中的酶在70～90℃下进行短时间热处理，就可使它部分或全部失活。因此，果蔬加工前的烫漂处理和瞬时高温杀菌对果蔬的护色都具有良好作用。但来源于不同果蔬的多酚氧化酶对热的敏感性不同，热处理的时间也有所不同。如苹果、梨中的多酚氧化酶在沸水中处理3～4 min，酶才能完全失活；而其他的果蔬在75～90℃热处理5～9 s就可使大部分酶失活。

(5) 加入抑制剂。在食品加工中使用的酶促褐变抑制剂受到许多限制，例如，它必须是无毒的、符合食品卫生要求及对产品的感官质量没有损害，且价格又合理的化学试剂。许多有机酸是天然的褐变抑制剂，如柠檬酸、水杨酸、苹果酸、曲酸、草酸等。其抑制机理为：降低体系的pH，络合金属离子，钝化PPO活性，抑制果蔬的褐变。抗坏血酸既是有机酸，又是还原剂，其抑制褐变机理是将氧化的醌还原为酚类物质，阻止醌类物质进一步自发聚合形成色素物质，抑制PPO活性，降低氧气含量。

抗坏血酸既可以作为醌的还原剂，降低醌的产量，又可作为酶分子中铜离子的螯合剂，降低酶的活力，它甚至可以被多酚氧化酶直接氧化，这样它又起到竞争性抑制剂的作用。除此之外，抗坏血酸还能够提高产品的生物学价值。当存在低氧化还原电位的化合物时，抗坏血酸也可作为助氧化剂。例如，在以3，4-二羟基苯丙氨酸为底物的多酚氧化酶反应体系中，消耗氧气的速度由于存在抗坏血酸而有所增加。抗坏血酸对酶促褐变的抑制效果在很大程度上取决于它的浓度。如果它的浓度较低，在还原过程中将被快速消耗，因此，只能在有限的时间内防止有色聚合物的形成。然而，在果蔬中加入高浓度的抗坏血酸时，它能还原反应中产生的醌，直到酶失活为止，并且酶失活是不可逆的。因此，高浓度的抗坏血酸具有持久防止褐变的效果。

SO_2或亚硫酸盐比抗坏血酸更加经济，但在食品中有严格的限量。亚硫酸盐抑制褐变主要通过不可逆的与醌生成无色的加成产物，与此同时，降低了酶作用于一元酚和二羟基酚的活力。亚硫酸盐在还原过程中被消耗，因此，它的抑制效果取决于它的浓度以及反应体系中酚的性质和浓度。较低的pH(小于5)能够显著地提高亚硫酸盐的作用效果。亚硫酸盐和一些有机酸同时使用能显著提高防止酶促褐变的效果。最常用的有机酸是柠檬酸和苹果酸。如用0.5%的苹果酸溶液中加入0.02%的SO_2浸泡苹果片来防止其褐变；柠檬酸与亚硫酸盐联合使用，可成功地用于防止脱皮马铃薯的褐变。

高浓度的糖类物质尤其是蔗糖可以对多酚氧化酶产生可逆的抑制作用，这可能是由于它们与水的结合降低了体系有效水的浓度，使得反应体系由于缺乏溶剂而降低了反应速度，同时也排除了介质中的氧。最成功的例子就是蔗糖用于水果蜜饯的加工。高浓度的不同盐类也对多酚氧化酶起抑制作用，其中NaCl最有效。它的作用是非竞争性的，如2%的NaCl可以抑制蘑菇褐变作用，但效果不如亚硫酸盐好。此外，还有一些物质如谷胱甘肽和M-羟基酚的衍生物，它们能作用于黑色素产生浅色的聚合物。表4-7列出了多酚氧化酶抑制剂防止果蔬酶促褐变的应用实例。

表4-7　多酚氧化酶抑制剂在防止果蔬酶促褐变方面的应用

(王璋. 食品酶学. 北京：中国轻工业出版社，1991)

果蔬	抑制剂及其浓度	说明
苹果	SO_2 50 μg/mL＋苯甲酸 100 μg/mL	抑制效果和品种有关
	SO_2 100μg/mL＋1% $CaCl_2$	pH 7～9，色泽稳定9周

续表 4-7

果蔬	抑制剂及其浓度	说明
	30%糖+0.32%～0.4% $CaCl_2$	冷冻前在35℃下浸泡1 h,能防止解冻时的褐变
苹果汁	肉桂酸 0.5 mmol/L	防止褐变 7 h
	苹果酸 0.5%～1%	pH 2.7～2.8
苹果或苹果汁	SO_2 10～50 μg/mL+膨润土 0.4～1 g/L	膨润土吸附酶蛋白
梨	1% NaCl 或 2%柠檬酸	浸入
葡萄汁	SO_2 20 μg/mL	
葡萄汁和葡萄酒	SO_2 50 μg/mL+山梨酸钠 100 μg/mL	护色和防止发酵
新鲜水果	磷酸-亚硫酸氢钠[(4∶1)～(1∶2)]或焦磷酸-亚硫酸氢钠(2∶1)	协同混合物
葡萄酒	不溶性 PVP 2 g/L	接触 30 s,除去酚,PVP 能再生
马铃薯	半胱氨酸 0.5 mmol/L	完全抑制
	亚硫酸盐 600～2 500 μg/mL	浸入
	半胱氨酸 10^{-3}～10^{-2} mol/L	抑制 100 min

4.2.3.5 多酚氧化酶的活力测定及纯化

多酚氧化酶活力测定必须在褐变发生之前进行,否则,测定结果会受到褐变产物的影响。目前已知的纯化学方法分为电泳法和柱层析法。在测定前要将组织用干冰冷冻或将其冻干。多酚氧化酶活力的测定方法可以根据底物消失的速度和产物生成的速度来测定。当测定底物消失的速度时,一般采用量压法或极谱法测定氧气消失的速度。前者使用瓦氏呼吸仪,而后者使用氧电极,但两种方法不能得到相同的结果。一般情况下,氧气消耗和反应时间的关系能在较长的时间内保持线性。在相同的条件下,从极谱法得到的结果高于量压法。当测定产物生成速度时可以采用分光光度法。即在一定波长下测定醌生成的色素的吸光度。由于这个方法非常简单,因此,经常在常规分析中使用。然而分光光度法有很大的缺陷,主要表现在它实际上是测定酶反应的次级反应的产物,有许多因素影响着次级反应,而这些因素又难以控制。例如,反应体系中存在的抗坏血酸会降低测定的结果,而氨基酸、蛋白质的降解产物、重金属离子、水果中内源底物和多酚的自动氧化产物会提高测定的结果。分光光度法测定多酚氧化酶活力所使用的底物一般是儿茶酚、焦棓酚或天然底物,如绿原酸等。

目前,分光光度法和极谱扫描法是测定多酚氧化酶活力的两种主要方法,这两种方法有很大不同,且两种方法都不是完全可信的。原因是非酶氧化也能形成苯醌,给结果带来影响。为了避免酶失活的干扰,不论采用哪一类方法,都必须严格地限于测定反应的初速度。分光光度法和极谱扫描法均适合单酚氧化酶和双酚氧化酶活性的测定。另外,单酚氧化酶还可以根据^{18}O标记过的O_2或氚标记过的底物量的变化进行测定。

根据不同的要求,部分多酚氧化酶提取后需进一步纯化方可使用。早期多酚氧化酶的分离纯化方法是将提取后的多酚氧化酶采取盐析以及凝胶色谱层析等技术以达到纯化的目的。因硫酸铵在水中的溶解度大,温度系数小,不影响酶的活性,且分离效果好,价廉易得。硫酸铵盐析法是在多酚氧化酶的盐析沉淀中最常采用的,并且盐析时大多采用的是分级沉淀,这样纯化的效果会更好。

随着技术的不断进步以及实验研究对多酚氧化酶纯度要求的不断提高，许多学者在原有纯化的方法上有了进一步的改进。保留了原先纯化方法中的硫酸铵分级沉淀和凝胶色谱层析，但在两者之间加入了透析除盐的方法，以便更好地除去杂蛋白。最后为了保证酶的纯度和质量选用 PEG 对其进行浓缩，并用 SDS-PAGE 对酶进行检测。对于不同原料中提取出来的多酚氧化酶因其所含的杂质不一，所以在选择纯化的方法上不可过于模式化，应根据所提取的多酚氧化酶原料的性质选用适当的方法。

4.2.4 多酚氧化酶的应用

4.2.4.1 在果蔬生产中的应用

多酚氧化酶在蔬菜水果的生产中起到很大的作用。现在一些生产商常采用物理或化学的方法来防止多酚氧化酶对果蔬造成的褐变。其根本原理是降低果蔬中多酚氧化酶的含量或抑制多酚氧化酶的活性以控制酶促褐变。随着生物技术的发展，发现粮食与食品工业可通过遗传定位和转基因等生物技术方法来控制多酚氧化酶的活性。如马铃薯和苹果是两种较易褐变的植物，现已能通过向其转入外源多酚氧化酶基因来降低多酚氧化酶的活性。另外，在生物学中可以通过下调多酚氧化酶的表达有效地防止褐变，上调多酚氧化酶的表达提高植物的抗病性。

4.2.4.2 在茶叶加工中的应用

茶叶中的多酚氧化酶与茶叶的品质形成有关，也是茶叶酶学中研究最多的一种酶，在茶叶加工生产中应用的也较多。其应用的关键是根据茶叶品质的需要来钝化或激发酶的活性。酶的褐变对绿茶是不利的，影响了绿茶的色泽，甚至保质期。因此，加工过程中需要钝化多酚氧化酶的活性。采用高温钝化后，绿茶的品质得以保证。而红茶所特有的色泽和香味等与多酚氧化酶在催化反应时产生的茶黄素和茶红素等密切相关。因此，在红茶加工过程中需要激活酶的活性。除了激活茶叶本身的多酚氧化酶活性外，还可加入外源多酚氧化酶来提高红茶的品质。

4.3 脂肪氧合酶

脂肪氧合酶（lipoxidase；EC l. 13. 1. 13）是近 20 年发现的与植物代谢有密切关系的一种酶，它属于氧化还原酶的范畴，广泛存在于植物中。1932 年 Ander 和 Hou 首先发现大豆蛋白、蛋制品产生豆腥味是因为其中的多不饱和脂肪酸发生酶促反应造成的，其中的关键酶就是脂肪氧合酶。大豆食品豆腥味主要是由于在大豆粉碎时大豆中存在的脂肪氧化酶被氧气和水激活，将其中的多价不饱和脂肪酸（主要是亚油酸、亚麻酸等）氧化，生成氢过氧化物，进而再降解成多种低分子醇、醛、酮、酸和胺等挥发性成分，而这些小分子化合物大都具有不同程度的异味，从而形成了大豆腥味。1947 年 Theorell 等首次从大豆中获得了脂肪氧合酶的结晶，相对分子质量为 10.2 万。各种豆类都含有脂肪氧合酶，尤其以大豆中的活力最高（表 4-8）。脂肪氧合酶是含有铁原子的寡聚体，一些证据表明它能催化完整的氧分子结合成复合底物，同时硝基儿茶酚是该酶强有力的抑制剂。这些均表明该酶中的铁是二价的，属于非血红素的二价铁氧化酶。研究认为，它可能参与植物生长、发育、成熟、衰老的各个过程，特别是成熟、衰老过程中自由基的产生以及乙烯的生物合成都发现有脂肪氧合酶的参与。因此脂肪氧合酶被认为是引起机体衰老的一类重要的酶。虽然在动物组织中发现了类似于脂肪氧合酶的作用，但是到目前为止，还没有分离出和脂肪氧合酶类似的酶，动物组织中脂肪的氧化主要是由于血红素蛋白质的作用。脂肪氧合酶的结构中含有非血红素铁，能专一性催化含顺，顺-1，4-戊二烯的多不饱和脂肪酸及酯，通过分子加氢，形成具有共轭双键的氢过氧化衍生物。

表4-8　几种常见植物中脂肪氧合酶相对活力

（王璋．食品酶学．北京：中国轻工业出版社，1991）

植物	相对活力/%	植物	相对活力/%
大豆	100	小麦	2
绿豆	47	花生	1
豌豆	35		

4.3.1　脂肪氧合酶的分类与分布

脂肪氧合酶广泛分布于自然界，包括动物、植物以及微生物体内都存在脂肪氧合酶。早期对真核生物脂肪氧合酶结构的研究发现，不同来源脂肪氧合酶三维结构的保守性极高。但随着对其他来源脂肪氧合酶研究的不断深入，研究者发现，脂肪氧合酶的三维结构在真菌、藻类、细菌等低等生物中与动、植物等高等生物的存在较大差异。按照三维结构特征的不同，脂肪氧合酶大体可分为：①classical-LOXs，大部分动、植物源脂肪氧合酶都属于这个类型；②fusion-LOX，来源于珊瑚的脂肪氧合酶；③Mn-LOX，一类含有Mn的脂肪氧合酶；④bacterial-LOX：来源于微生物的脂肪氧合酶。1970年利用离子层析技术将来源于大豆的脂肪氧合酶分为LOXⅠ和LOXⅡ两种类型，这两种类型在性质上存在显著差异。而利用电泳技术将大豆脂肪氧合酶分为LOX1、LOX2、LOX3a和LOX3b四种同工酶。大豆中的脂肪氧合酶活力最高，且在大豆的种子、幼叶、花和未成熟的荚中都能检测到。

4.3.2　脂肪氧合酶催化的反应

4.3.2.1　脂肪氧合酶的底物特异性

脂肪氧合酶对于作用的底物具有特异性的要求，含有顺，顺-1，4-戊二烯的直链脂肪酸、脂肪酸酯和醇都有可能作为脂肪氧合酶的底物。这样就决定了可作脂肪氧合酶底物的物质种类比较少。在植物中仅有亚油酸(18：2)和亚麻酸(18：3)，而在动物体内为花生四烯酸(20：4)，它们均属于必需脂肪酸。另外，在不饱和脂肪酸中，顺，顺-1，4-戊二烯的位置对脂肪氧合酶的作用有显著的影响。如果采用从—CH_3末端的ω-编号系统，那么在ω-6位具有双键是必要的，而顺，顺-1，4-戊二烯单位的亚甲基在ω-8位的脂肪酸异构体是脂肪氧合酶的最佳底物。顺，顺-1，4-戊二烯的亚甲基单位在ω-10或ω-11位的脂肪酸异构体不能作为脂肪氧合酶的底物。在ω-3位增加一个顺-双键并不影响脂肪氧合酶对底物的作用，如亚麻酸是脂肪氧合酶的良好底物。在脂肪酸的ω-10位和羧基之间增加双键仍然可以作为脂肪氧合酶的底物，如花生四烯酸(5，8，11，14-20四烯酸)和8，11，14-20三烯酸都是脂肪氧合酶的底物。

除天然的脂肪酸底物外，其他的天然底物还有脂肪酸的甘油酯和磷酸甘油酯，但它们与多不饱和脂肪酸相比，反应活力有所下降。近年来，已经发现一个烯醇的双键被羧基的双键代替的底物，结构像酮或半缩醛一样。已经合成出很多非天然的底物用于酶学机理的研究，它们的结构不同于那些普通的脂肪酸底物。

4.3.2.2 脂肪氧合酶催化的反应及机制

脂肪氧合酶的反应机理是铁催化单电子氧化还原反应导致多不饱和脂肪酸产生自由基。含双顺式-1,4-戊二烯结构（亚油酸和亚麻酸）的不饱和脂肪酸，通过分子内加氧，形成含有共轭双键的过氧化氢衍生物，在过氧化物裂解酶的作用下，可进一步降解，形成挥发性的醛类，酶的来源及反应条件的选择决定了反应产物中9-位与13-位的氢过氧化物异构体的量的不同。

二维码 4-3 脂肪氧合酶作用机理

4.3.2.3 脂肪氧合酶作用产物的转变

如果将氢过氧化亚油酸看作脂肪氧合酶的初期产物，那么它进一步变化的产物将是十分复杂的，氢过氧化亚油酸变化的可能途径包括：①氢过氧化亚油酸的还原，过氧化物酶体系参与这类反应；②酶催化氢过氧化亚油酸异构化成多羟基衍生物和酮；③氢过氧化亚油酸的环氧化，这类反应发生在面粉-水悬浊液体系之中；④马铃薯中的酶催化氢过氧化亚油酸生成乙烯醚；⑤在无氧条件下，脂肪氧合酶催化氢过氧化亚油酸和亚油酸发生二聚化反应，同时生成戊烷和氧代二烯酸等产物；⑥氢过氧化亚油酸分解生成挥发性的醛和酮，是否有一种特殊的“裂解酶”参与这类反应还没有确定。

氢过氧化亚油酸通过上述各种途径可以产生数以百计的不同产物，因此，同一种脂肪氧合酶能同时以合乎需要和不合乎需要的方式影响食品的质量，其中一些产物不会影响食品的感官质量，它们的生成，从某种意义上讲，通过竞争减少了另一些有损于食品感官质量的产物的生成。

除了上述6种途径外，氢过氧化亚油酸还能与食品非脂肪成分作用，从而进一步影响食品的质量。

4.3.3 脂肪氧合酶活力的测定

4.3.3.1 影响脂肪氧合酶活力测定的因素

脂肪氧合酶的活力受许多因素的影响，下面主要介绍pH、抑制剂和表面活性剂对它的影响。大豆脂肪氧合酶通常具有较宽的pH稳定范围，在pH 9～10时酶活力达到最高值。pH 6.5时活力开始下降、但pH低至4.5时酶蛋白仍然保持稳定，调整此pH可用于从脂肪氧合酶的粗制剂中除去杂蛋白。pH在3.0以下时大豆脂肪氧合酶会发生不可逆失活。由于脂肪氧合酶通常的底物亚油酸在pH低于7的范围内实际上是不溶解的。因此，在pH低于7时，酶活力下降的部分原因是底物亚油酸的溶解度在酸性pH范围内下降。

脂肪氧合酶的抑制剂种类很多，主要有底物非活性的物质形式，如断裂烃链的抗氧化剂、铁络合剂、活性中心的破坏物质、活性中心铁的还原剂、游离基阻断剂、底物类似物等。有报道表明，大豆肽对脂肪氧合酶的活性具有明显的抑制作用，并呈量效关系。大豆肽在0.1～500 mg/mL浓度范围内对大豆脂肪氧合酶有明显的抑制作用，大豆肽对大豆脂肪氧合酶活性的抑制作用可能通过以下途径来实现：①络合酶的活性部位 Fe^{3+}，肽类物质和金属离子的亲和力随组氨酸残基含量的增加而增强。经检测，大豆肽中组氨酸含量较高，因此大豆肽能夺取脂肪氧合酶活性部位的 Fe^{3+}，从而抑制其活性。②与底物竞争酶的活性部位。③与酶分子之间相互作用，影响或改变酶的空间结构，从而降低酶的活性。

在脂肪氧合酶活力测定中经常使用的非离子表面活性剂如吐温-20、曲拉通 X-100 会降低酶的活力，在底物浓度高、表面活性剂浓度低的情况下会减轻抑制作用。此外用于分散底物的乙醇也对酶的活性有抑制作用。

在通常测定脂肪氧合酶活力的条件下，氧的结合存在一个滞后期，使得酶反应不遵守典型的米氏方程。可能的原因是随着底物浓度的增加，脂肪酸形成胶束的趋势也随之增加，从而影响酶活力的测定。钙离子被报道为脂肪氧合酶的辅助因素，但是钙离子在临界胶体浓度下是无效的，表明钙盐对临界胶体浓度有影响。钙盐可使底物与反应速度的关系标准化，因为它具有影响脂类底物的临界浓度与胶束形成之间关系的能力，但对钙盐的这种作用一直存在着争议。有报道显示钙离子刺激大豆细胞膜黏体，显示钙离子的调整机理。脂肪氧合酶的反应动力学初期的滞后一定要考虑，只要加入一些氢过氧化物就可以克服滞后。这表明天然的 Fe^{2+}-脂肪氧合酶被氢过氧化物产物氧化成 Fe^{3+}-脂肪氧合酶在催化循环的开始阶段。

4.3.3.2　脂肪氧合酶活力的测定方法

测定脂肪氧合酶反应速度的方法有好几种，最普遍使用的是量压法和分光光度法。量压法的测定原理与氧电极法相似，脂肪氧合酶催化底物亚油酸与氧结合形成氢过氧化物，使得一定体积的密闭体系内氧气的量减少，在温度恒定的条件下，体系的气体总压下降。根据密闭体系的总气体体积和测定得到的气体压力变化值，运用气体状态方程可以计算出反应的耗氧量。耗氧量与酶活力线性相关。该法的主要优点是测定参数与反应体系浊度无关，因而既适用于纯酶也适用于粗酶活力的测定。但由于测定时需不断振动反应瓶以保持底物的乳化和温度的恒定，酶活力会因振动而部分损失。量压法还有一些明显的缺点，主要是它的灵敏度较低，因此，不能准确地测定反应中最初时刻氧气的消耗，如果延长测定的时间至 30 min，那么脂肪氧合酶催化不饱和脂肪酸氧化的第二期反应将会干扰酶活力的测定。

与量压法不同，分光光度法测定的是酶催化反应的初期产物。脂肪氧合酶催化底物亚油酸反应生成的初期产物具有共轭二烯的结构，而共轭双键在 234 nm 处有特征吸收，通过测定反应体系在 234 nm 处的吸光度可以定量测定生成的共轭二烯酸量，并推算出酶活力。该法的显著优点是可连续测定。当酶液的浊度较高时，此法的使用受到限制。虽然可将酶液稀释以降低其浊度，但当酶液中脂肪氧合酶的活力较低时，过分的稀释显然是不合适的。

在筛选种子和其他材料是否有脂肪氧合酶活性时，需要快速检验方法。大量的比色检验可以探测过氧化氢或自由基的共氧化反应。研究也发现用连续的电流计探测过氧化氢可以检验脂肪氧合酶的活性。

另一种测定脂肪氧合酶活力的方法是测定脂肪氧合酶作用的初期产物氢过氧化亚油酸中的过氧化基团。在测定过氧化基团的技术中，最常用的是根据过氧化基将 $Fe(CNS)_2$ 转变成有色的 $Fe(CNS)_3$。这种方法的缺点是不能连续测定，且反应中产生的有色化合物稳定性差。

KI^- 淀粉法与 $Fe(CNS)_3$ 显色法类似，测定的基本原理是基于脂肪氧合酶催化亚油酸反应形成的氢过氧化物在酸性条件下可氧化 I^- 形成 I_2，而 I_2 与淀粉结合可呈现出介于蓝、紫和褐色之间的颜色，在470 nm波长处有特征吸收。吸光度的大小直接反映生成的I_2的量，因而可以间接定量脂肪氧合酶活力的大小。与上述分光光度法一样，KI-淀粉法的测定同样受到酶液浊度的制约。因此，该法不适用于粗酶提取液酶活力的测定。

亚油酸是测定脂肪氧合酶活力的最佳底物，由于它在水溶液中的溶解度取决于pH，因此给实际的测定带来困难。如果用硼酸缓冲液(pH 9)稀释亚油酸的乙醇溶液，可以得到清澈的亚油酸钠溶液。此底物溶液甚至可用于分光光度法测定脂肪氧合酶的活力。然而，仅限于pH≥9的范围。如果在反应混合物中加入吐温-20或其他乳化剂，可以改进亚油酸的溶解性质，从而能在较宽的pH范围内采用此底物乳状液，根据分光光度法测定脂肪氧合酶的活力。十八-9,12-二烯硫酸酯具有良好的溶解性质，可作为脂肪氧合酶的底物。分子中末端阴离子并不影响它与酶的结合，因此，采用此类底物是分光光度法测定脂肪氧合酶活力的一个重要改进。

4.3.4 脂肪氧合酶与食品质量的关系

4.3.4.1 脂肪氧合酶的作用对食品质量的影响

食品的质量取决于它的色、香、味、质地和营养价值。脂肪氧合酶的作用对食品质量的影响比较复杂，它既有助于提高一些质量指标，又会损害另一些质量指标。

1. 脂肪氧合酶的作用对焙烤食品质量的影响

脂肪氧合酶在焙烤工业中起着重要的作用。在面包等面制品的生产过程中，添加适量的脂肪氧合酶及大豆粉可使面粉中存在的少量不饱和脂肪酸氧化分解，生成具有芳香风味的化合物，从而改进面粉的颜色和焙烤质量。

大豆粉脂肪氧合酶在漂白面粉的同时还具有氧化面筋蛋白质的功能，从而对面团和烘焙食品产生有益的影响。在面粉中加入脂肪和大豆粉后，脂肪经脂肪氧合酶作用所生成的氢过氧化物起着氧化剂的作用。在后者的作用下，面筋蛋白质的巯基(—SH)被氧化成—S—S—，这对于强化面团中的蛋白质，即面筋蛋白质的三维网状结构是必要的。脂肪氧合酶还有一个重要功能，就是通过面筋蛋白质的氧化，防止脂肪的结合，增加面团中游离脂肪的数量，保证外加起酥脂肪有效改进面包的体积和软度。游离脂肪释出时伴随的面筋蛋白质的氧化，对于改进面团的流变性质是很重要的。在促使面筋蛋白质氧化的过程中，氧化脂肪中间物也起重要的作用。

2. 脂肪氧合酶的作用对于食品颜色、风味和营养的影响

脂肪氧合酶作用于不饱和脂肪酸及脂时产生的初期产物，在进一步分解后生成的挥发性化合物对不同食品的风味产生截然不同的影响。在一些水果和蔬菜中，如番茄、豌豆、青刀豆、香蕉和黄瓜，这些挥发性化合物构成了人们期望的风味成分，然而在冷冻蔬菜和其他加工食品中，它们却产生了不良的风味。在谷类保藏过程中产生的不良风味也与脂肪氧合酶作用的初期产物的进一步分解有关。脂肪氧合酶还直接或间接地和肉类酸败及高蛋白质食品的不良风味有关。脂肪氧合酶对食品营养的影响主要表现在：它作用的产物对维生素A及维生素A原的破坏；它的作用减少了食品中必需不饱和脂肪酸的含量；酶作用的产物同蛋白质的必需氨基酸作用，降低了蛋白质的营养价值及功能性质。

4.3.4.2 脂肪氧合酶的抑制

脂肪氧合酶会产生两种有害的副作用：一是造成有营养价值的多不饱和脂肪酸损失，二是产生导致酸败的氧化产物，在哺乳动物代谢中它们参与类二十烷酸(如前列腺素)的形成。在

加工储藏期间产生不良的风味导致食品在其他方面的质量下降，因此，很多情况下，采用各种方法使脂肪氧合酶失活是十分必要的，主要包括控制温度和pH以及使用抗氧化剂。

控制食品加工时的温度是使脂肪氧合酶失活的最有效手段。例如，加工豆奶时，将未浸泡的脱壳大豆在加热到80～100℃的热水中研磨10 min，可以消除不良风味。将食品材料调节到pH偏酸性再热处理，也是使脂肪氧合酶失活的有效方法。例如，将大豆pH调节至3.88时和水一起研磨，然后再烧煮，能使脂肪氧合酶变性。许多研究表明，酚类抗氧化剂能抑制脂肪氧合酶。为了避免食品在储藏中发生酸败，习惯上采用添加维生素E或丁羟基茴香醚一类的抗氧化剂来防止脂肪氧合酶的作用。

4.3.5　脂肪氧合酶的应用

4.3.5.1　提高谷物的耐贮性

脂质的降解是导致谷物品质下降的主要原因，而脂肪氧合酶是脂质降解的关键酶。理论上讲，脂肪氧合酶的缺失可以明显地阻止脂质过氧化作用，减缓储藏粮食氧化变质的速度，保持清新气味，提高耐贮性。因此，科学家们从储藏粮食本身出发，利用分子生物学的方法去除脂肪氧合酶，最终得到耐储藏的品种。

粮食安全是全球性的战略问题，粮食储备是其中的重要环节。为保证粮食作物储藏期间的品质，应选择合适的包装材料、微波处理以及较低储藏温度、湿度和适宜的通气条件，但投资大，且不利于全球的资源利用和环境保护。通过基因工程方法提高谷物自身耐贮特性是一条行之有效的方法。

4.3.5.2　改善面粉质量

小麦粉中加入部分大豆粉或纯化的大豆可以增加面团的稳定性，改变其流变学性质，并且具有增白剂的效果。脂肪氧合酶还可通过偶合反应破坏胡萝卜素的双键结构，起到漂白面粉，改善面粉色泽的作用。此外，脂肪氧合酶还能改善食品的质感，如能使面包内部柔软，延缓回生的速度，改善面类食品的口感，增大面团的耐搅拌力及改善流变学特性等。

4.3.5.3　合成风味物质

随着人们对天然风味物质需求的逐渐增加，通过生物技术的方法模拟天然动植物代谢过程，生产出具有特征香气的挥发性物质已被欧洲和美国食品法规界定为“天然的”。较之以前传统的提取方法，该法由于油脂价格便宜而且来源广泛，同时绿色健康，在食品以及香精香料行业具有相当诱人的前景。新鲜水果、蔬菜的主要风味物质为醛类，植物体内的醛类主要是通过脂肪氧合酶/氢过氧化物裂解酶途径生成。与传统的提取方法相比，酶法制备可以使其产量大幅提高。如通过基因工程技术培育脂肪氧合酶缺失的新大豆品种，使大豆中的脂肪氧合酶活性受到抑制或使其失去活性等消除豆腥味。

4.4　葡萄糖氧化酶

4.4.1　葡萄糖氧化酶的性质和分布

葡萄糖氧化酶的系统名称为β-D-葡萄糖：氧化还原酶（glucose oxidase，E C 1.1.3.4，简称 GOD)，在有氧条件下催化 β-D-葡萄糖脱氢生成葡萄糖酸和过氧化氢，反应如下。

$$\beta\text{-}D\text{-葡萄糖} + O_2 \xrightarrow{\text{葡萄糖氧化酶}} \delta\text{-葡萄糖酸内酯} + H_2O_2$$

生成的 δ-葡萄糖酸内酯在有水存在的条件下发生水解，生成葡萄糖酸；过氧化氢在过氧化氢酶作用下分解为水和氧，反应如下。

$$\delta\text{-葡萄糖酸内酯} + H_2O_2 \rightleftharpoons \text{葡萄糖酸}$$

$$2H_2O_2 \xrightarrow{\text{过氧化氢酶}} 2H_2O + O_2$$

从上述反应看，通过葡萄糖氧化酶的催化作用，1 mol 葡萄糖反应后最终成为 1 mol 葡萄糖酸和 1 mol 过氧化氢；在有过氧化氢酶或过氧化物酶存在的时候，1 mol 过氧化氢最终分解放出 0.5 mol O_2，整体反应相当于氧化 1 mol 葡萄糖消耗 0.5 mol O_2。

葡萄糖氧化酶专一性很强，其对 β-D-葡萄糖比对 α-D-葡萄糖的活性高约 160 倍。α-D-葡萄糖在溶液中可以自发地转化为 β-D-葡萄糖，β-D-葡萄糖被氧化消耗后导致异构化反应的平衡向 β-D-葡萄糖移动，最终所有的葡萄糖均可作为葡萄糖氧化酶的底物。底物糖的 C_2，C_3，C_4，C_5，C_6 结构的改变对酶活性也有很大影响，但均有一定活性。然而该酶对 L-葡萄糖完全没有活性。葡萄糖氧化酶催化不同底物的相对反应速度如表 4-9 所示。

表 4-9 葡萄糖氧化酶催化不同底物的相对反应速度

(王璋. 食品酶学. 北京：中国轻工业出版社，1991)

化合物	同 β-D-葡萄糖的差别	相对速度
β-D-葡萄糖		100
α-D-葡萄糖	C_1 上—OH 为 α-型	0.64
1,5-脱氧-D-葡萄糖	C_1 上—OH 被—H 取代	0
2-脱氧-D-葡萄糖	C_2 上—OH 被—H 取代	3.3
D-甘露糖	C_2 上—OH 构型	0.98
2-O-甲基-D-葡萄糖	C_2 上—OH 的—H 被甲氧基取代	0
3-脱氧-D-葡萄糖	C_3 上—OH 被—H 取代	1
D-半乳糖	C_4 上—OH 的构型	0.5
4-脱氧-D-葡萄糖	C_4 上—OH 被—H 取代	2
6-脱氧-D-葡萄糖	C_5 上—OH 被—H 取代	0.05
L-葡萄糖	C_5 上—CH_2OH 的构型	0
6-脱氧-D-葡萄糖	C_6 上—OH 被—H 取代	10
木糖	C_6 被—H 取代	0.98

葡萄糖氧化酶在 pH 4.5～7.0 的较宽范围内保持较高活性，且活性变化不大；在此 pH 范围以外，活性急剧下降。偏碱性条件下葡萄糖氧化酶不稳定，但底物存在可以提高葡萄糖氧化酶的稳定性，例如，在 pH 8.1 条件下保持 10 min，在有葡萄糖存在时葡萄糖氧化酶活力仅损失 20%，而无葡萄糖存在时活力损失达 90%。

氧分子是葡萄糖氧化酶的底物之一。温度升高导致反应体系中的溶氧量降低，部分抵消了温度升高对酶反应速率的提高。因此，葡萄糖氧化酶活力的 Q_{10} 值(温度升高 10℃ 反应速率增加的倍数)较小,并且在30～60℃范围内,温度对葡萄糖氧化酶活性的影响不显著。

重金属离子如Ag^{+}、Hg^{2+}等对葡萄糖氧化酶具有较强的抑制作用,Cu^{2+}基本无影响,而Al^{3+}具有轻微的激活作用。低级醇类对葡萄糖氧化酶具有一定保护和激活作用。一些离子型表面活性剂,如十二烷基磺酸钠(SDS)、十六烷基三甲基氯化铵(CTAC)、十六烷基三甲基溴化铵(CTAB),对葡萄糖氧化酶具有明显的失活作用;而非离子型表面活性剂,如吐温-80对葡萄糖氧化酶基本无影响。

葡萄糖氧化酶易溶于水,不溶于乙醚、氯仿、丁醇、吡啶、甘油、乙二醇等有机溶剂。其三维结构已被阐明,是由两个完全相同的糖蛋白单体通过二硫键连接而成的二聚体,分子外周覆盖糖链,相对分子质量一般在1.5×10^{5}左右,每个单体含有一个与底物结合部位和一个与黄素腺嘌呤二核苷酸(FAD)结合部位。由于与FAD结合,高纯度的葡萄糖氧化酶呈现淡黄色,在377～455 nm有最大吸收波长。辅基FAD为葡萄糖氧化酶活性所必需,催化葡萄糖脱氢时,葡萄糖分子上的2个氢原子转移到FAD上,FAD成为还原型;但FAD与酶蛋白为非共价结合,酸、尿素等物质可以轻易地将其除去。

葡萄糖氧化酶反应中产生的过氧化氢可以使葡萄糖氧化酶不可逆失活,黑曲霉中同时含有过氧化氢酶,可催化过氧化氢分解生成水与氧分子,避免葡萄糖氧化酶失活。食品工业利用葡萄糖氧化酶生产葡萄糖酸δ-内酯时,离不开过氧化氢酶的共同作用。

葡萄糖氧化酶在动植物和微生物中广泛存在,微生物生长繁殖快,是商品葡萄糖氧化酶的主要来源,目前主要是用青霉和曲霉发酵生产葡萄糖氧化酶。

4.4.2 葡萄糖氧化酶活力的测定

目前测定葡萄糖氧化酶活力的方法有以下几种。

4.4.2.1 滴定法

滴定法的原理是测定葡萄糖氧化酶催化葡萄糖生成的葡萄糖酸(由生成的葡萄糖酸-δ-内酯自发水解形成)。测定时首先以过量的氢氧化钠溶液终止葡萄糖氧化酶的酶促反应并中和葡萄糖酸,再以标准盐酸溶液反滴,计算出葡萄糖酸的生成量,从而推算出葡萄糖氧化酶的活力。此方法简便易行,但测量精度低,样品溶液需要量大。

4.4.2.2 连续分光光度法

该法的原理是测定葡萄糖氧化酶反应生成的过氧化氢,过氧化氢在过氧化物酶的参与下与4-氨基安替比林和苯酚反应生成醌亚胺,醌亚胺的生成量可通过测定500 nm处吸光值的变化实时监测。该方法测定酶活力需2步,第一步使葡萄糖在葡萄糖氧化酶的作用下生成过氧化氢,这一步底物葡萄糖必须绝对过量,以使反应接近一级反应,保证反应速率与酶浓度基本成正比,而与底物浓度无关;第二步反应测定第一步反应生成的过氧化氢量,这步反应需要过氧化物酶相对过氧化氢绝对过量,使生成的过氧化氢迅速参加反应,以达到实时测定第一步反应速率的目的。

4.4.2.3 邻-联(二)茴香胺分光光度法

有氧条件下,葡萄糖氧化酶催化葡萄糖脱氢产生过氧化氢,产生的过氧化氢在过氧化物酶作用下,氧供体邻-联(二)茴香胺被氧化成棕色产物,颜色深浅与葡萄糖氧化酶活性成线性关系,通过测定460 nm处的吸光值即可计算出葡萄糖氧化酶的活力。这种方法非常灵敏,但也存在显色不稳定、短时间内容易褪色、数据重复性不好等缺点。

4.4.2.4 碘-淀粉分光光度法

这是一种最近报道的新方法，其原理是利用葡萄糖氧化酶催化β-D-葡萄糖生成过氧化氢，再通过碘-淀粉分光光度法定量测定过氧化氢含量，进而计算葡萄糖氧化酶活力。

4.4.3 葡萄糖氧化酶在食品领域的应用

葡萄糖氧化酶在食品领域有多种用途，例如，生产葡萄糖酸-δ-内酯；除去食品体系中的葡萄糖；除去食品中的氧气；改善面粉品质；食品杀菌防腐；降低热加工食品中丙烯酰胺的含量；定量分析食品中葡萄糖含量等。

4.4.3.1 生产葡萄糖酸-δ-内酯

在35～37℃，pH为6的条件下，葡萄糖的乙醇水溶液中，采用葡萄糖氧化酶将葡萄糖氧化为葡萄糖酸-δ-内酯和葡萄糖酸的平衡溶液，反应过程中加入过氧化氢酶，以分解所产生的过氧化氢。上述溶液经浓缩结晶可得葡萄糖酸-δ-内酯晶体，此法收率可达98%。

葡萄糖酸-δ-内酯是一种白色晶体或结晶粉末，易溶于水，稍溶于乙醇，不溶于乙醚，在水溶液中缓慢水解形成葡萄糖酸及内酯的平衡混合物，可用作豆腐凝固剂、食品酸味剂、pH降低剂及膨松剂，加于牛乳中可防止生成乳石。葡萄糖酸-δ-内酯还可生产葡萄糖酸钙和葡萄糖酸锌等矿物质补充剂。

4.4.3.2 除去食品体系中的葡萄糖

食品中的蛋白质、氨基酸等成分与葡萄糖发生美拉德反应，使产品褐变，降低商品价值，为防止这一问题，可以用葡萄糖氧化酶-过氧化氢酶复合酶系统处理食品，将葡萄糖氧化为葡萄糖酸，消除美拉德反应。这一方法常用于蛋品、马铃薯制品、果酱制品以及海鲜食品的保鲜。

例如，全蛋中还原糖（主要是葡萄糖）的含量约为1%，在蛋粉的生产和保藏过程中，葡萄糖的存在将导致蛋粉发生褐变。利用上述葡萄糖氧化酶-过氧化氢酶复合酶系统处理全蛋液可将还原糖含量降低至0.1%的水平，可以有效解决蛋粉褐变的问题。

4.4.3.3 除去食品中的氧气

为防止某些食品发生氧化（如含油食品、咖啡粒、乳粉等），需要除去食品包装中的氧气，将葡萄糖-葡萄糖氧化酶-过氧化氢酶混合后，包封于透气率高的薄膜中，再与食品一起放入包装容器中，可有效降低包装内的氧气含量，延长食品的保质期。

为防止果汁氧化褐变，可在果汁中加入葡萄糖氧化酶-过氧化氢酶，利用果汁中存在的葡萄糖，将溶解在果汁中的氧除去，可有效降低果汁的褐变程度。

4.4.3.4 改善面粉品质

葡萄糖氧化酶催化葡萄糖氧化的同时还产生过氧化氢，过氧化氢可将面筋分子中的巯基（—SH）氧化为二硫键（—S—S—），增强面粉的筋力，改善面团的网络结构。

4.4.3.5 食品杀菌防腐

葡萄糖氧化酶产生过氧化氢和葡萄糖酸，这两种产物均可起到杀菌防腐作用。例如，在鲜牛乳中添加葡萄糖氧化酶，产生的过氧化氢可以与牛乳中存在的乳过氧化物酶形成一个抗菌体系，可显著降低牛乳中的细菌生长繁殖速度，延长牛乳保质期。

4.4.3.6　降低热加工食品中丙烯酰胺的含量

热加工食品中丙烯酰胺产生于美拉德反应，天冬酰胺和还原糖是丙烯酰胺的主要前体物质，葡萄糖为主要的还原糖，易于发生美拉德反应。在热加工食品中使用葡萄糖氧化酶分解葡萄糖，可抑制美拉德反应，进而阻止丙烯酰胺的生成。例如，在油炸前用葡萄糖氧化酶浸泡薯片，油炸以后，与未经处理的薯片相比，经葡萄糖氧化酶处理的薯片中丙烯酰胺含量明显降低。

4.4.3.7　葡萄糖的定量分析

葡萄糖氧化酶对葡萄糖具有高度专一性，故可用于定量测定各种食品中的葡萄糖含量。据此原理制成的葡萄糖测定试剂盒，可定量测定果汁、饮料及牛奶等多种食品中葡萄糖的含量；利用固定化技术制成的葡萄糖氧化酶分析仪可简单、快速、准确地测定发酵液中残糖（主要为葡萄糖）含量。

4.5　转谷氨酰胺酶

4.5.1　转谷氨酰胺酶催化的反应

转谷氨酰胺酶（transglutaminase）或称谷氨酰胺转氨酶（glutamine transaminase），常简称TGase，EC 2.3.2.13。

转谷氨酰胺酶可以催化酰基的转移反应，它以肽链上谷氨酰胺残基上的γ-羧酰胺基为酰基供体，受体可以是伯胺基[图4-2中反应式(1)]、赖氨酸残基的ε-氨基[图4-2中反应式(2)]、水[图4-2中反应式(3)]等。

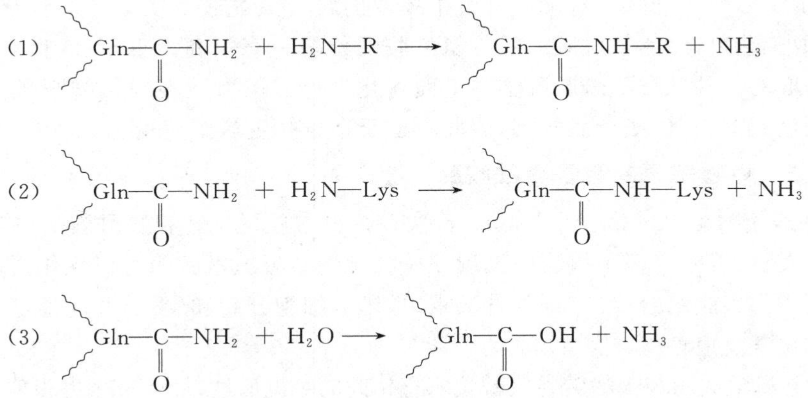

(1)　$\text{Gln—C(=O)—NH}_2 + \text{H}_2\text{N—R} \longrightarrow \text{Gln—C(=O)—NH—R} + \text{NH}_3$

(2)　$\text{Gln—C(=O)—NH}_2 + \text{H}_2\text{N—Lys} \longrightarrow \text{Gln—C(=O)—NH—Lys} + \text{NH}_3$

(3)　$\text{Gln—C(=O)—NH}_2 + \text{H}_2\text{O} \longrightarrow \text{Gln—C(=O)—OH} + \text{NH}_3$

(1)蛋白质或多肽的Gln与伯胺之间发生的酰基转移反应
(2)蛋白质或多肽的Gln和Lys之间的反应
(3)蛋白质或多肽的Gln与水发生的水解反应

图4-2　转谷氨酰胺酶催化的反应

当以伯胺基和赖氨酸残基的ε-氨基为酰基受体时，转谷氨酰胺酶通过催化酰基转移反应使分子之间发生交联，可以将游离氨基酸连接到蛋白质上，也可以在蛋白质分子内和分子间形成ε-(γ-谷氨酰基)赖氨酸异肽键，使蛋白质发生交联。

如无伯胺基存在，水充当酰基受体，此时，谷氨酰胺残基发生水解，生成谷氨酸和氨，该反应可改变蛋白质分子的等电点和溶解度；并且生成的谷氨酸为鲜味剂，可提高食品的风味。但是转谷氨酰胺酶的脱酰胺活性，仅限于一些含有大量的谷氨酰胺并含有非常少的赖氨酸的蛋白质，如麸质等。

需要指出的是，人体中存在可水解 ε-(γ-谷氨酰基)-赖氨酸此二肽的酶，表明转谷氨酰胺酶催化蛋白质交联的产物是可代谢的。而且赖氨酸通过转谷氨酰胺酶的催化作用发生交联反应后，其氨基被保护起来，避免发生美拉德反应遭到破坏。

4.5.2 转谷氨酰胺酶在自然界的分布及性质

1957 年 Clarke 等首次在豚鼠肝脏中发现该酶，以后在其他哺乳动物、鱼类、鸟类、绿藻、有花植物等动植物以及细菌、真菌、放线菌等微生物中也陆续发现了该酶。来自动物、植物和微生物的转谷氨酰胺酶差异很大，其氨基酸序列、分子质量、专一性等均明显不同。

4.5.2.1 动物来源的转谷氨酰胺酶

哺乳动物的组织和器官中普遍存在转谷氨酰胺酶，具体包括组织型、膜结合型和血浆转谷氨酰胺酶 3 种类型。该酶在动物组织中催化蛋白质发生分子内和分子间交联反应，形成共价聚合体，参与血液凝固、伤口愈合、表皮角质化、信号转导、细胞分化增殖等过程中。动物源的转谷氨酰胺酶的活性依赖钙离子。

动物转谷氨酰胺酶中以豚鼠肝脏转谷氨酰胺酶为代表，人们对它的研究最为深入，该酶相对分子质量为 90 000，活性中心有半胱氨酸残基，需钙离子激活，底物特异性强；同时该酶热稳定性差，在 50℃保温 10 min 后，酶活性剩余 40%。其他动物来源的转谷氨酰胺酶也同样需要钙离子激活，酶活性中心也包含半胱氨酸残基。

从 20 世纪 60 年代开始，从豚鼠肝脏中提取的转谷氨酰胺酶实现了商业化生产。但由于原料少、提取工艺复杂，豚鼠肝脏的转谷氨酰胺酶价格一直很高。直至 20 世纪 90 年代，从动物血液中提取的一种转谷氨酰胺酶实现了商业化生产。但血液转谷氨酰胺酶需凝血酶激活，并产生红色色素沉积，影响产品外观，因此不适于在食品生产中应用。

4.5.2.2 植物来源的转谷氨酰胺酶

自从 1987 年 Icekson 和 Apelbaum 首次在豌豆中发现了转谷氨酰胺酶以来，人们又从菊芋、马铃薯、大豆、玉米等多种植物中发现该酶。植物转谷氨酰胺酶可以催化蛋白质交联，也可以催化蛋白质与多胺结合，参与细胞骨架重组，影响细胞分裂和生长，并能稳定蛋白质结构，影响叶绿体光化学反应性能。

植物转谷氨酰胺酶与动物转谷氨酰胺酶有相同的免疫原性，最适 pH 也相似，为 7.5～8.5，但其活力对钙离子的依赖性不同于动物来源的转谷氨酰胺酶，一般低浓度钙离子对植物转谷氨酰胺酶有激活作用，但高浓度钙离子则有抑制作用。

植物中转谷氨酰胺酶含量不高，且提取工艺复杂，产率低，不适于商业化生产。

4.5.2.3 微生物来源的转谷氨酰胺酶

产生转谷氨酰胺酶的微生物主要包括链霉菌属(*Streptomyces* spp.)和芽孢杆菌属(*Bacillus* spp.)。1989 年 Ando 等从茂原链轮丝菌(*Streptomyces mobaraensis*)中首次发现微生物转谷氨酰胺酶，该酶的活性中心也含有一个半胱氨酸残基，与动物来源的转谷氨酰胺酶类似。随后，人们在 *S. cinnamoneum*、*S. griseoverticillatum*、*S. ladakanum*、*S. libani*、*S. hygroscopicus*、*B. circulans* 及 *B. subtilis* 等微生物中都发现了转谷氨酰胺酶的存在。微生物转谷氨酰胺酶与动、植物转谷氨酰胺酶的氨基酸序列差异很大，相似度低，但是活性中心的氨基酸序列却大致相同；并且一般来说，微生物转谷氨酰胺酶的底物专一性也比动、植物的转谷氨酰胺酶的专一性低。

微生物转谷氨酰胺酶活性不依赖钙离子，对热、pH的稳定性高，易于保存；并且微生物转谷氨酰胺酶是一种胞外酶，其提取纯化较从动、植物中提取该酶容易得多；此外，微生物具有易于培养，发酵成本低、生产周期短、过程可控、不受环境因素制约等优点，可利用微生物大规模生产转谷氨酰胺酶，因此微生物转谷氨酰胺酶比动、植物来源的转谷氨酰胺酶更有优势。

微生物转谷氨酰胺酶的分子质量在23～45 ku，多为40 ku左右，如茂原链轮丝菌（*S. mobaraensis*）谷氨酰胺酶由331个氨基酸组成，分子质量为37.9 ku，显著低于动物转谷氨酰胺酶的分子量。微生物转谷氨酰胺酶的活性不依赖钙离子，这一点与动物转谷氨酰胺酶相反。微生物转谷氨酰胺酶的热稳定性比动物转谷氨酰胺酶高，如 *S. mobaraensis* 的转谷氨酰胺酶在50℃保温10 min后，酶活性剩余74%；同时微生物转谷氨酰胺酶的pH稳定性较好，在较宽的pH范围内保持稳定；微生物转谷氨酰胺酶的最适pH在中性左右，最适温度一般为40～60℃。微生物转谷氨酰胺酶的上述特点在食品生产中非常有利，适于在食品工业中应用。

由于微生物转谷氨酰胺酶具有上述优势，利用各种微生物发酵生产转谷氨酰胺酶的研究层出不穷，包括转谷氨酰胺酶发酵工艺优化、酶纯化、菌种选育等大量相关研究。但目前实现商业化生产转谷氨酰胺酶的微生物仅 *S. mobaraensis* 一种。近年来微生物转谷氨酰胺酶正逐渐代替动物转谷氨酰胺酶，成为主要的商业化转谷氨酰胺酶。1993年，日本已出现商业化的微生物转谷氨酰胺酶制剂，包括用于水产品的“TG-K”，肉制品的“TG-S”以及黏着食品用的“TG-B”3种类型产品；我国目前也有转谷氨酰胺酶商品出售。

4.5.3　测定转谷氨酰胺酶活力的方法

测定转谷氨酰胺酶活力的方法有多种，但迄今尚没有统一、标准的方法，根据不同的测定原理，这些方法可以分为通过测定酶促反应前后胺分子的交联、氨基酸的消失、分子量的增加、NH_3的形成，或者蛋白质分子量、黏度或凝胶强度等功能性质的改变来表征酶的活力。

胺导入分析法是以^{14}C标记的丁二胺（腐胺）做底物，以比色法测定酶促反应交联的速率；氨基消去法是用三苯基磺酸盐测定剩余氨基的数量；氨释放法是用氨选择性电极检测氨的生成量；剩余氨基酸分析是根据转谷氨酰胺酶催化反应前后氨基酸的差别来确定该酶的活力；分子量法是通过SDS-PAGE电泳测定反应前后蛋白质分子质量的变化反映酶活力，该法一般只作为定性分析。目前应用最广的是Folk于1957年提出的单氧肟酸法，该法把羟胺作为底物之一，转谷氨酰胺酶催化谷氨酰胺与羟胺生成*L*-谷氨酸-γ-单羟肟酸，该产物可以与铁离子形成红色物质，然后通过比色法测定吸光值，再计算谷氨酰胺转移酶的活性。

以上各种方法之间没有必然的联系，测定结果受酶的来源、底物类型及具体反应条件的影响。

4.5.4　转谷氨酰胺酶在食品工业中的应用

转谷氨酰胺酶催化蛋白质分子之间发生交联反应，其交联的程度不仅同转谷氨酰胺酶的来源有关;还同蛋白质的构象有关,Nonaka 发现当天然蛋白质(牛血清白蛋白、人血清白蛋白、伴清蛋白)中的二硫键被破坏后,更易接近转谷氨酰胺酶;当 11S 种子蛋白质变性后,酶促反应显著改善。因此在食品工业中一般先使蛋白质热变性或通过破坏蛋白质中的二硫键使蛋白质变性,然后再用转谷氨酰胺酶使蛋白质发生交联。

该酶在食品工业中的应用可以归纳为以下几个方面:改善蛋白质的功能特性,如溶解性、乳化性、起泡性等;保护赖氨酸不发生美拉德反应;可用于包埋脂类或脂溶性物质;可以在氨基酸组成不同的蛋白质之间交联,改善蛋白质的氨基酸组成,提高营养价值;将肉制品加工过程中的碎肉重新连接,以提高凝胶的强度及弹性,用于合成特定的肽。

4.5.4.1 转谷氨酰胺酶在肉制品生产中的应用

利用转谷氨酰胺酶可以催化谷氨酰残基和赖氨酸残基结合形成ε-(γ-谷氨基)赖氨酸异肽键(G-L 键)的性质,在凝胶型肉制品生产中加入该酶,可在制品中形成新的 G-L 键,并且 G-L 键比二硫键的强度更高,从而肉制品的凝胶网络结构得以强化,网络中可以容纳更多的水分。这样,在生产中就可以多添加水分,提高肉制品出成率;而且肉制品的弹性、多汁性、嫩度均得以提高。同时,凝胶网络结构的加强也有助于降低肉制品在热加工和储藏中发生脱水收缩现象,提高制品的稳定性。

利用转谷氨酰胺酶还可以充分利用肉制品加工中的副产品(如机械脱骨碎肉、明胶、血蛋白等),通过交联反应将这些副产品进行重组,经重组后的碎肉成为完整的一体,提高了肉制品生产中原料的利用率;利用该酶还可以将非肉蛋白和糜状肉蛋白共价连接在一起,而不是简单的混合,从而提高肉制品口感、风味、组织结构和营养性。

利用转谷氨酰胺酶交联的蛋白质还可以作为脂肪替代物,生产低脂肉制品。Novo 公司使用交联酪蛋白凝胶作为脂肪替代物,应用到色拉米肠中代替了 50%的脂肪。

用转谷氨酰胺酶将血红蛋白与肉交联后,可提高肉制品的颜色。

4.5.4.2 转谷氨酰胺酶在乳制品加工中的应用

酪蛋白是牛乳中最主要的蛋白质,乳制品及其酪蛋白制品的许多功能性质与其结构密切相关,此外乳中还有乳清蛋白等成分。乳中的α-酪蛋白、β-酪蛋白、κ-酪蛋白以及乳清蛋白等是转谷氨酰胺酶的良好底物。

在奶酪生产中,经过转谷氨酰胺酶处理后,乳清蛋白与酪蛋白交联在一起,奶酪的产量得以提高。向乳中添加转谷氨酰胺酶还可以明显提高乳的热稳定性。研究表明,当乳加热温度大于 90℃时,κ-酪蛋白与酪蛋白胶束分离。但如用转谷氨酰胺酶处理脱脂乳则可以阻止κ-酪蛋白与酪蛋白胶束分离。自然状态的酪蛋白和乳清蛋白不发生交联反应,但经过预热处理后转谷氨酰胺酶可以催化乳清蛋白与酪蛋白发生交联反应,β-乳清蛋白和κ-酪蛋白交联可以抑制κ-酪蛋白从酪蛋白胶束上脱离下来,从而提高了乳的热稳定性。

使用转谷氨酰胺酶还可以增加酸奶的凝胶强度。酪蛋白经转谷氨酰胺酶处理后,其乳化性、起泡性、泡沫稳定性和持水性都有不同程度的增加。

4.5.4.3 转谷氨酰胺酶在面制品加工中的应用

小麦粉中的面筋蛋白包括麦醇溶蛋白和麦谷蛋白,它们都是转谷氨酰胺酶的良好底物,转谷氨酰胺酶可催化面筋蛋白发生交联,增强面筋网络结构,面团的弹性增强;表面黏性下降;抗延伸阻力增加,面团的延伸性下降;粉力增加 2～3 倍;面团的储能模量显著增加,持水性增大。

转谷氨酰胺酶可以改善低质小麦面团的性质，有效改善面包体积和组织结构，添加转谷氨酰胺酶后，面团的质构明显改善，生产的各种面条、蛋糕的口感、外观都得到了提高。目前在日本，转谷氨酰胺酶广泛应用于面条和面团的生产。

由于面粉中缺乏赖氨酸，还可以利用转谷氨酰胺酶将赖氨酸交联到面筋蛋白上，提高面粉的营养价值。

4.5.4.4　转谷氨酰胺酶在植物蛋白加工中的应用

大豆蛋白中7S及11S球蛋白是转谷氨酰胺酶的良好底物。利用转谷氨酰胺酶处理大豆分离蛋白(SPI)可使SPI分子间形成空间网络结构，凝胶强度显著增强；还可利用转谷氨酰胺酶处理过的SPI制备可食用薄膜。在内酯豆腐制作中添加转谷氨酰胺酶，豆腐的耐压能力、黏度、含水量、持水性均显著改善，豆腐的微观结构更加致密。

4.5.4.5　转谷氨酰胺酶在水产食品加工中的应用

在水产食品加工领域，转谷氨酰胺酶主要用于增强鱼糜制品的弹性和凝胶强度等。鱼糜制品的弹性、持水性等性能与其凝胶结构的优劣密切相关。鱼糜的凝胶结构的形成主要依靠蛋白质分子之间的疏水相互作用和二硫键，同时鱼肉本身含有的少量转谷氨酰胺酶也可促进凝胶结构的形成。如果鱼糜原料的鲜度较差，则很难形成致密的凝胶结构，此时可以通过添加转谷氨酰胺酶提高鱼糜制品的凝胶强度，减少蒸煮损失，提高产品质量。向鱼糜中添加转谷氨酰胺酶对鱼糜制品凝胶强度的增强效果十分显著，在某些情况下，鱼糜的凝胶强度可提高数倍之多。

4.5.4.6　转谷氨酰胺酶的其他应用

食物中的厚味成分和盐、糖等基本呈味成分之间相互作用，可使食物中盐味、鲜味和甜味等味觉感受更加明显，并且使食物本身具有厚实、持久、饱满、鲜明的综合味道。已知能产生食物厚味的成分包括γ-Glu-Leu、γ-Glu-Ile、γ-Glu-Glu、γ-Glu-Met等γ-谷氨酰肽类成分。目前有报道可利用谷氨酰胺酶催化异亮氨酸合成厚味γ-Glu-Ile肽。

明胶可作为食品增稠剂、澄清剂、凝胶剂等，广泛应用于食品工业中，但明胶的机械强度小，易被蛋白酶酶解，这限制了它的使用范围。利用转谷氨酰胺酶处理明胶可提高其抗拉强度、断裂伸长率和表面疏水性，降低水溶性和吸水性，耐酶解性能也得以改善。

从全世界来看，酶制剂大多被国外公司生产销售。作为食品科技工作者要正确贯彻党的二十大精神，坚持面向世界科技前沿、面向经济主战场、面向国家重大需求、面向人民生命健康，以国家战略需求为导向，集聚力量进行原创性引领性科技攻关，坚决打赢关键核心技术攻坚战，持续解决困扰我国酶制剂的一系列关键技术难题，提升我国酶制剂研发、生产的核心竞争力。

思考题

1. 过氧化物酶分为几类？能够催化哪几种反应？
2. 多酚氧化酶分为几类？能够催化哪几种反应？
3. 简述果蔬褐变的机理及防治方法。
4. 以小组的形式，收集酶促褐变机理发现过程及讨论何为科研精神。
5. 简述脂肪氧合酶反应底物特异性。

6. 试述脂肪氧合酶对食品质量的影响。

7. 葡萄糖氧化酶的辅酶是什么？它在催化过程中起什么作用？举例说明该酶的用途。

8. 转谷氨酰胺酶可催化何种底物发生交联反应？举例说明该酶在食品领域有哪些应用。

参考文献

［1］ 刘欣. 食品酶学. 北京：中国轻工业出版社，2013.

［2］ Welinder K G. Superfamily of plant，fungal and bacterial peroxidases. Current Opinion in Structural Biology，1992，2(3)：388-393.

［3］ Saravitz D M，Siedow J N. The differential expression of woundinducible lipoxygenase genes in soybean leaves. Plant Physiol，1996，110(1)：287-299.

［4］ 徐芝勇，严群，强毅，等. 大豆过氧化物酶纯化及酶学特性研究. 中国粮油学报，2006，21(2)：82-85.

［5］ 夏秀华. 多酚氧化酶的研究进展. 粮食与食品工业，2013，20(6)：53-55.

［6］ 王璋. 食品酶学. 北京：中国轻工业出版社，1991.

［7］ 郑宝东. 食品酶学. 南京：东南大学出版社，2006.

［8］ 程川川，马保凯，程永发，等. 辣根过氧化物酶-金属有机骨架纳米纤维复合物生物传感器的制备及其用于食品中过氧化氢残留检测的研究. 食品工业科技，2019，40(24)：199-204.

［9］Liu X，Huang D，Lai C，*et al*. Peroxidase-like activity of smart nanomaterials and their advanced application in colorimetric glucose biosensors. Small，2019，15(17)：1-27.

［10］ 李彩云，李洁，严守雷，等. 果蔬酶促褐变机理的研究进展. 食品科学，2020.

［11］ 王馨雨，杨绿竹，王婷. 植物多酚氧化酶的生理功能、分离纯化及酶促褐变控制的研究进展. 食品科学，2020，41(9)：222-237.

［12］ 代养勇，曹健，董海洲，等. 大豆食品豆腥味研究进展. 中国粮油学报，2007(4)：50-53.

［13］ 惠瑶瑶，郑斐，王倩楠. 一种检测葡萄糖氧化酶活力的新方法. 食品与发酵工业，2020，46(9)：255-259.

［14］ 梁天一，曾晓房，董洁，等. 厚味 γ-Glu-Ile 肽的谷氨酰胺酶酶法合成. 中国调味品，2020，45(5)：78-82.

［15］ 朱雨辰，张单单，王少甲等. 转谷氨酰胺酶改性对明胶耐酶解性的影响. 中国食品学报，2020，20(5)：91-96

［16］ 吴进菊，于博，豁银强，等. 转谷氨酰胺酶改性可食用膜的研究进展. 食品研究与开发.，2013，34(4)：114-117.

第5章
酶的生产

本章学习目的与要求

1. 了解酶生产的3种基本方法。
2. 重点掌握酶发酵生产的菌种选育、发酵工艺及提高酶产量的措施。

5.1 酶的生产方法

科学是为人民服务的,人们研究酶的根本目的就是为了更好地利用生物酶,而酶的生产是第一步。酶的生产是指通过人工操作获得所需酶的全部技术过程,包括酶的生物合成、分离、纯化等多个技术环节。

酶的生产方法可以分为提取分离法(abstraction and separation)、生物合成法(biosynthesis)和化学合成法(chemosynthesis)3种。其中,酶的提取分离法是最早采用且沿用至今的方法,生物合成法是20世纪50年代以来酶生产的主要方法,而化学合成法的应用相对较少,多停留在实验室研究阶段。这也反映了科学技术由发现到创造的发展轨迹。

5.1.1 提取分离法

提取分离法是采用各种提取、分离、纯化技术从自然界含酶丰富的生物材料中将酶提取出来,再进行精制的技术过程。它是最早用于酶生产的方法。此法中所采用的各种提取、分离、纯化技术在其他的酶生产方法中也是重要的技术环节,是生物合成法、化学合成法生产酶的下游技术。

酶的提取分离法从1894年日本科学家首次从米曲霉中提炼出淀粉酶,并用于治疗消化不良的药物起,即开创了人类有目的地生产和应用酶制剂的先例。我国在酶的提取分离领域虽起步较晚,但在早期酶的应用方面做出了重要贡献。酶的提取通常是在一定条件下,用适当的溶剂处理含酶原料,使酶充分溶解到溶剂中的过程。主要的提取方法有盐、酸、碱溶液提取和有机溶剂提取等。在实际生产中,应根据原料的特性,目标酶的结构、性质等来选择具体的萃取溶剂、提取操作方法以及提取参数。从提取的角度来讲,酶的结构主要考虑影响酶空间结构的次级键和影响酶活性的基团电解情况,酶的性质主要考虑亲/疏水性、溶解度、等电点等相关性质,此外还要考虑酶的存在状态。一般的亲水性酶采用水溶液提取,疏水性酶或者被疏水物质包裹的酶要采用有机溶剂提取;等电点偏碱性的酶应采用酸性溶液提取,等电点偏酸性的酶应采用碱性溶液提取;在提取过程中,应当控制好温度、pH、离子强度等各种提取条件,以提高提取率并防止酶的变性失活。

酶的分离纯化是将酶提取液与其他非酶物质分离开来,并进一步提高酶纯度的过程。常用的分离纯化技术有离心分离、过滤与膜分离、萃取分离、沉淀分离、层析分离、电泳分离以及浓缩、结晶、干燥等。这些操作单元在实际生产中可以根据情况选用,并可以进行多级组合。

动、植物材料及微生物细胞都可以作为酶的提取原料。由于生物资源、地理环境、气候条件等因素的影响,含酶丰富的原料获取有限,产量较低,难以满足实际生产的需要,价格成本也较后来发展起来的生物合成法高,但是对于目前还难以实现生物合成或化学合成的酶类,仍然有其实用价值。例如,从动物的胰脏中提取分离胰蛋白酶、胰淀粉酶、胰脂肪酶或这些酶的混合物;从木瓜中提取分离木瓜蛋白酶、木瓜凝乳蛋白酶;从菠萝皮中提取分离菠萝蛋白酶;从柠檬酸发酵后得到的黑曲霉菌体中提取分离果胶酶等。

5.1.2 生物合成法

1949年,人们成功地利用液体深层发酵法生产出了细菌α-淀粉酶,从此揭开了近代酶工业的序幕。利用大规模的微生物发酵工程活细胞培养生产酶,成为酶制剂的主要生产方法。

例如，利用枯草芽孢杆菌生产淀粉酶、蛋白酶；利用黑曲霉生产糖化酶、果胶酶；利用大肠杆菌生产谷氨酸脱羧酶、多核苷酸聚合酶等。

根据所使用的细胞种类不同，生物合成法可以分为微生物发酵产酶、植物细胞培养产酶和动物细胞培养产酶。在人为控制条件下的生物反应器中，利用动、植物细胞及微生物细胞来合成所需酶的方法又称为发酵法。发酵法是生物合成产酶的主要方法。

生物合成法已经发展成为一个庞大而又复杂的技术体系，所谓第二代酶（固定化酶）和第三代酶（包括辅助因子再生系统在内的固定化多酶系统），都属于该方法的发展和衍生，并日益成为酶工业生产的主力军，在化工、医药、食品、环境保护等领域发挥着巨大的作用。

5.1.3　化学合成法

化学合成法是 20 世纪 60 年代中期出现的新技术。1965 年，我国人工合成胰岛素的成功，开创了蛋白质化学合成的先河，这是我国科技工作者为蛋白质工程、酶工程做出的巨大贡献。之后，1969 年，美国物理化学家、诺贝尔化学奖获得者昂萨格（L. Lars Onsager）（1903—1976 年）成功地合成了由 124 个氨基酸残基组成的核糖核酸酶，这是世界上首次人工合成的酶。现在已可以采用合成仪进行酶的化学合成，使酶工业化、规模化的合成成为可能。由于酶的化学合成要求单体达到很高的纯度，化学合成的成本高，而且只能合成那些已经明确了化学结构的酶，因此酶的化学合成目前仍停留在实验室研究阶段。然而利用化学合成法进行酶的人工模拟和化学修饰，在认识和阐明生物体的行为和规律，设计和合成既有酶的催化特点又克服酶的弱点的高效非酶催化剂等方面具有重要的理论意义和发展前景。

5.2　酶的发酵生产

自然界中发现的酶有数千种，目前投入工业发酵生产的有 50～60 种，因此，通过微生物发酵生产酶具有极大的发展前景。酶发酵生产的优势体现在以下几个方面：

（1）微生物种类繁多，可以根据实际情况进行优选，满足不同生产需要；

（2）微生物极易诱变、筛选，为优良菌株的选育提供捷径；

（3）微生物容易培养，培养基质来源广，成本低；

（4）产酶高，繁殖快，周期短；

（5）利用现代发酵技术，可实现自动化、连续化，规模化生产；

（6）微生物的基因组较小，进行基因操作相对容易，为现代分子生物学在酶生产中的应用提供良好的平台。

酶的发酵生产包括产酶菌或细胞的获得、控制发酵、分离提取三大步骤，优良产酶菌株的获得是该方法的前提和基础，控制发酵是主要过程，分离提取是下游技术。

5.2.1　优良产酶菌的特点和要求

优良的产酶菌首先要具有高产、高效的特性，才能有较好的开发应用价值。高产细胞可以通过多次反复的筛选、诱变或者采用基因克隆、细胞或原生质体融合等技术而获得。其次，要容易培养和管理，适合高密度发酵。第三，目的酶的活性高。第四，产酶稳定性好，不容易退化，即使出现退化现象，经过复壮处理，也能恢复其原有的产酶特性。第五，目的酶容易分离纯化，容易除去杂蛋白质，并且在分离纯化后不容易失活。第六，安全可靠，要求产酶细胞及其代谢产物安全无毒，不会对人体和环境产生不良影响，也不会对酶的应用产生其他不良影响。

1978 年，联合国农业粮食组织(FAO)和世界卫生组织(WHO)的食品添加剂专家联合委员会(JECFA)就有关酶的安全生产提出如下意见：

(1) 凡是从动植物可食部位或用传统食品加工的微生物所产生的酶，可作为食品对待，无须进行毒物学的研究，只需建立有关酶化学和微生物学的详细说明；

(2) 凡是由非致病性的一般食品污染微生物所制取的酶，需做短期的毒性试验；

(3) 由非常见微生物制取的酶，应做广泛的毒性试验，包括慢性中毒试验在内。

食品酶制剂的毒性试验需按要求进行(表 5-1)。

表 5-1　食品酶制剂的毒性试验要求

项　目		试验动物	项　目		试验动物
口服	急性中毒	鼠、大白鼠	畸胚组织发生试验	24 个月	两种啮齿类
	4 周	大白鼠	生产菌种病原性试验		4 种动物
	12 个月	犬	皮肤刺激试验(皮肤、眼)		兔、人
致癌试验	24 个月	两种啮齿类			

实际上，酶制剂的安全性除了酶本身之外，还可能来自酶分离纯化工艺的不足，使其有微生物污染及环境中的一些致病菌毒素，因此酶制剂在生产时还应通过安全性检查，安全标准见表 5-2。

表 5-2　酶制剂的安全检查指标

项目	限量	项目	限量
重金属 $\times 10^{-6}$/(g/g)	小于 40	大肠杆菌/(个/g)	不得检出
铅 $\times 10^{-6}$/(g/g)	小于 10	霉菌/(个/g)	小于 100
砷 $\times 10^{-6}$/(g/g)	小于 10	绿脓杆菌/(个/g)	不得检出
黄曲霉毒素	不得检出	沙门氏菌/(个/g)	不得检出
活菌计数/(个/g)	小于 5×10^{4}	大肠杆菌样菌/(个/g)	小于 30

5.2.2　主要的产酶菌

目前，已有不少性能优良的微生物菌株在酶的发酵生产中广泛应用(表 5-3)。

表 5-3　食品工业常用酶及产酶菌

微生物类别	菌名	产生的酶	用途
细菌	枯草芽孢杆菌	淀粉酶	制糖、酒精生产、香料加工等
	枯草芽孢杆菌	蛋白酶	酱油酿造
	异型乳酸杆菌	葡萄糖异构酶	葡萄糖制取果糖
	短小芽孢杆菌	碱性蛋白酶	皮革处理
	大肠杆菌中间体	支链淀粉酶	葡萄糖工业
	耐热解蛋白芽孢杆菌	中性蛋白酶	肉制品嫩化、面团改良等

续表 5-3

微生物类别	菌名	产生的酶	用途
酵母	解脂假丝酵母	脂肪酶	乳品增香等
霉菌	点青霉	葡萄糖氧化酶	蛋类食品脱糖保鲜、防止食品氧化
	橘青霉	5′-磷酸二酯酶	食品助鲜剂
	河内根霉	葡萄糖淀粉酶	酿酒工业
	日本根霉	葡萄糖淀粉酶	制取葡萄糖
	红曲霉	葡萄糖淀粉酶	制取葡萄糖
	黑曲霉	酸性蛋白酶	啤酒澄清
	黑曲霉	果胶酶	饮料、果酒等
放线菌	转化微白色放线菌	蛋白酶	皮革处理

5.2.2.1　细菌

在酶的生产中常用的细菌有大肠杆菌、枯草芽孢杆菌等。

1. 大肠杆菌

大肠杆菌(*Escherichia coli*)产酶一般属于胞内酶,可用于多种酶生产,如大肠杆菌谷氨酸脱羧酶、天冬氨酸酶、青霉素酰化酶、天冬酰胺酶、β-半乳糖苷酶等。采用大肠杆菌生产的限制性核酸内切酶、DNA 聚合酶、DNA 连接酶、核酸外切酶等,在基因工程等方面应用广泛。

2. 枯草芽孢杆菌

枯草芽孢杆菌(*Bacillus subtilis*)是芽孢杆菌属细菌,是应用最广泛的产酶微生物之一,主要用于α-淀粉酶、蛋白酶、β-葡聚糖酶、5′-核苷酸酶和碱性磷酸酶等酶的生产。

5.2.2.2　放线菌

放线菌(*Actinomycetes*)是具有分支状菌丝的单细胞原核微生物,常用的主要是链霉菌(*Streptomyces*)。链霉菌是生产葡萄糖异构酶的主要微生物,同时还用在青霉素酰化酶、纤维素酶、碱性蛋白酶、中性蛋白酶、几丁质酶的生产中。此外,链霉菌还含有丰富的α-羟化酶,可用于甾体转化。

5.2.2.3　霉菌

1. 黑曲霉

黑曲霉(*Aspergillus niger*)是曲霉属黑曲霉群霉菌,主要用于糖化酶、α-淀粉酶、酸性蛋白酶、果胶酶、葡萄糖氧化酶、过氧化氢酶、核糖核酸酶、脂肪酶、纤维素酶、橙皮苷酶和柚苷酶的生产。

2. 米曲霉

米曲霉(*Aspergillus oryzae*)是曲霉属黄曲霉群霉菌。米曲霉中糖化酶和蛋白酶的活力较强,这使米曲霉在我国传统的酒曲和酱油曲的制造中广泛应用。此外,米曲霉还可以用于生产氨基酰化酶、磷酸二酯酶、果胶酶、核酸酶 P 等。

3. 红曲霉

红曲霉(*Monascus*)菌落初期白色,老熟后变为淡粉色、紫红色或灰黑色,通常形成红色色素。红曲霉可用于生产α-淀粉酶、糖化酶、麦芽糖酶、蛋白酶等。

4. 青霉

青霉(*Penicillium*)属半知菌纲,种类很多,其中产黄青霉(*Penicillium chrysogenum*)用于生产葡萄糖氧化酶、苯氧甲基青霉素酰化酶(主要作用于青霉素)、果胶酶、纤维素酶等。橘青霉(*Penicillium citrinum*)用于生产5′-磷酸二酯酶、脂肪酶、葡萄糖氧化酶、凝乳蛋白酶、核酸酶 S_1、核酸酶 P_1 等。

5. 木霉

木霉(*Trichoderma*)属于半知菌纲,是生产纤维素酶的重要菌种,主要生产 C_1 酶、C_x 酶和纤维二糖酶等。此外,木霉中含有较强的17α-羟化酶,常用于甾体转化。

6. 根霉

根霉(*Rhizopus*)主要用于糖化酶、α-淀粉酶、蔗糖酶、碱性蛋白酶、核糖核酸酶、脂肪酶、果胶酶、纤维素酶、半纤维素酶的生产。根霉还是用于进行甾体转化的11α-羟化酶的重要菌株。

7. 毛霉

毛霉(*Mucor*)常用于生产蛋白酶、糖化酶、α-淀粉酶、脂肪酶、果胶酶、凝乳酶等。

5.2.2.4 酵母

1. 啤酒酵母

啤酒酵母(*Sacchromyces cerevisiae*)是啤酒工业上广泛应用的酵母,可用于转化酶、丙酮酸脱羧酶、醇脱氢酶等的生产。

2. 假丝酵母

假丝酵母(*Candida*)可用于生产脂肪酶、尿酸酶、尿囊素酶、转化酶、醇脱氢酶等,用假丝酵母生产的17α-羟化酶可用于甾体转化。

5.2.3 产酶菌的获得

人们所需要的各种酶及产酶微生物一般都能在自然界中找到,从自然界中分离产酶微生物是最基本的,也是最重要的产酶菌获得方法。但从自然界中筛选的产酶菌往往难以达到优良产酶菌的要求,因此人们在筛选自然界产酶菌时,常辅以压力选择、定向诱导、定向诱变等技术,以提高获得优良产酶菌株的概率。

此外,工程菌发展十分迅速,正逐步成为获得产酶菌的重要手段。

5.2.3.1 从自然界中分离

从自然界中分离纯化和筛选产酶微生物的主要步骤:标本采集→标本材料预处理→富集培养→菌种初筛→性能鉴定→菌种保藏。

1. 标本采集

标本采集要根据目的酶和目的菌的特点,寻找相应的标本资源。一些极端环境,如高温、高压、高盐、高 pH、低 pH、海洋等往往都是采集分离特殊微生物菌的重要标本资源,一些自然发酵产品也常是重要的微生物菌种资源库。

2. 标本的预处理

标本的预处理有物理方法、化学方法、诱饵法3种。

物理方法包括热处理、膜过滤、离心、富氧处理、空气搅动等。例如，热处理可以用于分离耐热性好的产酶菌的预处理；膜过滤、离心处理可以起到浓缩的作用；富氧处理可以除去一些厌氧菌群。

化学方法主要用于选择性的初筛或强化培养。如在分离土壤链霉菌属菌时，通过添加1%的几丁质或用 $CaCO_3$ 提高培养基的pH进行强化培养，可以提高预处理效果。

诱饵技术是采用固体物质如石蜡棒、花粉、蛇皮、毛发等作为诱饵，加在待分离的标本中进行富集，待菌落长出来后再进行分离。

3. 菌种的分离

经过分离培养，挑取菌落的一半进行菌种鉴定，将符合目的菌特性的菌落转移到试管斜面纯培养，此种菌称为野生型菌株。再采用与生产相近的培养基和培养条件，通过三角瓶对野生型菌株进行小型发酵试验，进一步筛选适合于工业生产用菌种。如果野生型菌株产量偏低，达不到工业生产的要求，可以留作菌种选育的出发菌株。

4. 毒性试验

自然界的一些微生物在一定条件下可能会产生毒素，为了保证食品的安全性，根据联合国农业粮食组织(FAO)和世界卫生组织(WHO)的食品添加剂专家联合委员会(JECFA)的相关意见：对于由非致病性的一般食品污染微生物所制取的酶，只需做短期的毒性试验，而由非常见微生物制取的酶，应做包括慢性中毒试验在内的广泛的毒性试验。

5.2.3.2　产酶菌的诱变育种

采用物理和化学因素促进产酶菌基因突变，进行优良菌种选育就是诱变育种，它是提高菌种产量、性能的主要手段。诱变育种具有极其重要的意义，当今发酵工业所使用的高产菌株，几乎都是通过诱变育种而大大提高了生产性能。

1927年，Muller发现X射线有增加突变率的效果；1944年，Allback首次发现氮芥子气的诱变效应；后来，人们陆续发现许多物理的(如紫外线、γ射线、快中子等)和化学的诱变因素。化学诱变因素分为3种：第一种是诱变剂与一个或多个核酸碱基发生化学变化，使DNA复制时碱基置换而引起变异，如羟胺、亚硝酸、硫酸二乙酯、甲基磺酸乙酯、硝基胍、亚硝基甲基脲等都属于这类诱变因素；第二种是诱变剂属于天然碱基的结构类似物，在复制时掺入DNA分子中引起变异，如5-溴尿嘧啶、5-氨基尿嘧啶、8-氮鸟嘌呤和2-氨基嘌呤等；第三种诱变剂在DNA分子上减少或增加1～2个碱基，使碱基突变点以下全部遗传密码的转录和翻译发生错误，从而导致移码突变，如吖啶类物质和一些氮芥衍生物(ICR)等。诱变育种操作简便，突变率高，突变谱广。

诱变育种的基本步骤如下：

出发菌种(沙土管或冷冻管)→斜面培养→单孢子悬液(或细菌悬液)→诱变处理(处理前后的孢子液或细菌悬液活菌计数)→涂布平板→挑取单菌落传种斜面→摇瓶初筛→挑出高产斜面→留种保藏菌种→传种斜面→摇瓶复筛→挑出高产菌株做稳定性试验和菌种特性考察→放大试验罐中试考察→大型投产实验

用来进行诱变或基因重组育种处理的起始菌株称为出发菌株。出发菌株对诱变剂敏感性越高、变异幅度越大。一般野生型菌株对诱变因素敏感,容易发生变异;自发突变或长期在生产条件下驯化而筛选得到的菌株,与野生型菌株较相似,容易达到较好的诱变效果;选取每次诱变处理都有一定提高的菌株,往往多次诱变可能效果叠加,积累更多的变异。

5.2.3.3 产酶菌的杂交育种

杂交育种一般指两个不同基因型的菌株通过接合或原生质体融合使遗传物质重新组合,再从中分离和筛选优良菌株的育种方法。通过这种方法可以分离到具有新的基因组合的重组体,也可以选出由于具有杂种优势而生长旺盛、生物量多、适应性强以及某些酶活性提高的新品系。

真菌、放线菌和细菌均可进行杂交育种。杂交育种是选用已知性状的供体菌株和受体菌株作为亲本,把不同菌株的优良性状集中于重组体中,具有定向育种的性质,是一种重要的育种手段。杂交育种包括常规杂交育种和原生质体融合两种方法,以后一种方法较为多见。

原生质体融合技术是先用脱壁酶处理将细胞壁除去,制成原生质体,再用聚乙二醇促使原生质体融合,从而获得异核体或重组合子的过程。由于质体无细胞壁,易于接受外来遗传物质,不仅能将不同种的微生物融合在一起,而且能使亲缘关系更远的微生物融合在一起。原生质体易于受到诱变剂的作用,而成为较好的诱变对象。

例如,在纤维素酶研究上,里氏木霉能大量合成外切葡聚糖酶、内切葡聚糖酶,但是纤维二糖酶活力低,而黑曲霉(*Aspergillus niger*)的纤维二糖酶活力高。为了充分开发利用里氏木霉和黑曲霉这两个远缘属种间的互补优势性状,将里氏木霉和黑曲霉进行原生质体融合,筛选到的融合子获得了两属优点。由此说明,善于发现、学习他人的长处,也是人们自我成长的重要渠道。

5.2.3.4 基因工程菌

利用基因操作将外源基因转入到宿主菌内,经过筛选、继代后能够稳定的表达该基因,合成有生理活性的产物,这种带上了人工给予的新的遗传性状的菌,称为基因工程菌。

1973 年,美国斯坦福大学分子生物学家 S·柯恩第一个建成“基因工程菌”,并创立基因工程模式,科学界把这一年定为基因工程元年,而 S·柯恩成为基因工程发展史上第一位创始人。

基因工程菌获得的基本步骤包括:目的基因的取得→载体的选择→目的基因与载体 DNA 的体外重组→宿主菌的准备→重组载体引入受体菌→重组菌的筛选。

目前,基因操作已经发展成为一个庞大的技术群,基因修饰、外源基因的表达、多点突变、酶的定向进化技术等,这些技术为获得优良产酶菌提供了广阔的技术平台。

5.2.4 产酶菌的培养

5.2.4.1 产酶菌培养的基本要素

产酶菌的培养是指在人为控制的培养条件下,使产酶菌的数量增加到适宜的浓度,并在最适条件下进行生物酶的合成和积累的过程。

二维码 5-1 培养基的基本组分

1. 培养基的基本组分

培养产酶菌的培养基和一般的培养基没有本质上的区别,一般也包括碳源、氮源、无机盐和生长因子等几大类组分。

2. 适宜的pH

培养基的pH与细胞的生长、繁殖以及发酵产酶关系密切，在发酵过程中必须进行必要的调节控制。不同的微生物，其生长繁殖的最适pH有所不同。而且，产酶菌发酵产酶的最适pH与生长最适pH往往有所不同，有些细胞可以同时产生若干种酶，在生产过程中，通过控制培养基的pH，往往可以改变各种酶之间的产量比例。

3. 适宜的培养温度

产酶菌的生长、繁殖和发酵产酶需要一定的温度条件。在一定的温度范围内，细胞才能正常生长、繁殖和维持正常的新陈代谢。不同的产酶菌有各自不同的最适生长温度。

4. 溶解氧

产酶菌生长、繁殖和酶的生物合成过程需要大量的能量。为了获得足够多的能量，微生物必须获得充足的氧气，使其从培养基中获得的能源物质(一般是指各种碳源)经过有氧降解而生成大量的ATP。所以在产酶菌的发酵培养时应维持一定的溶氧量。

不同的培养基溶氧量有很大的差异。固体培养基往往有相对较高的溶氧量，而液体培养基溶氧量相对较小，在实际生产中，应根据溶氧量的要求加以调节。

5.2.4.2　发酵产酶的基本工艺

1. 菌种选择

生产中，应该选用那些酶的产量高，容易培养和管理，产酶稳定性好，不易退化的产酶菌，而且产酶菌及其代谢物安全无毒，不会影响生产人员和环境，也不会对酶的应用产生其他不良的影响。

2. 固态发酵产酶

固体发酵是以麸皮或米糠为主要原料，添加谷糠、豆饼等辅料。经原料发酵前处理，在一定培养条件下微生物生长繁殖、代谢产酶。该法具有原料简单、不易污染、操作简便、酶提取容易、节省能源等优点。缺点是不便自动化和连续化作业，占地多、劳动强度大、生产周期长。

其基本生产工艺如下：

菌种→活化→扩大培养→种子罐培养

麸皮、米糠等培养基＋水→拌料→灭菌→散冷→接种→装箱→保温、保湿、通风培养→发酵结束→酶提取→干燥→粗酶

3. 液态深层发酵产酶

液体培养法具有占地少、生产量大、适合机械化作业、发酵条件容易控制、不易污染等优点，还可大大减轻劳动强度。液体培养法有分批培养、流加培养和连续培养3种，前2种培养法广为应用，后者因污染和变异等关键性技术问题尚未解决，应用受到限制。在深层液体培养中，pH、通气量、温度、基质组成、生长速率、生长期及代谢产物等都对酶的形成和产量有影响，要严加控制。液体深层培养的时间通过监测培养过程的酶活力来确定，一般较固体培养周期(1～7 d)短，仅需1～5 d。

菌种→活化→扩大培养→种子罐培养→接种；无菌空气→控温发酵

原料粉碎＋水→拌料桶拌料→灭菌→冷却→接种→控温发酵→发酵结束→酶提取→分离→干燥→粗酶

5.2.4.3 近代发酵技术概述

近年来，为了提高发酵生产的效率，先后形成了多种发酵技术，并逐步成为现代生产的主流发酵技术。

1. 分批发酵

分批发酵是指经灭菌的培养基在接种后开始培养直到结束，这期间，除了调节或维持发酵液的 pH 所加的酸碱及消泡时添加的消泡剂外，无料液的进出，发酵结束后所有的发酵醪全部取出，进入后续操作。分批发酵过程一般可分为：停滞（适应）期、加速期、对数（指数）生长期、减速期、静止（稳定）期和死亡期。

停滞期是接种菌的适应期，细胞数目和菌量基本不变，其长短主要取决于种子的活性、接种量、培养基的可利用性和浓度。为缩短停滞期，接种的种子一般采用对数生长期且达到一定浓度的培养物，该种子能耐受含高渗化合物和低 CO_2 分压的培养基。

加速期通常很短，大多数细胞在此期的比生长速率可在短时间内从最小升到最大值，产酶菌很快便进入恒定的对数或指数生长期。

对数生长期的比生长速率达最大，该生长期的长短主要取决于培养基，包括溶氧的可利用性和有害代谢产物的积累。

减速期是随着养分的减少，有害代谢物的不断积累而出现的，这时比生长速率成为养分、代谢产物和时间的函数，其细胞量仍在增加，但其比生长速率不断下降，细胞在代谢与形态方面逐渐退化，经短时间的减速后进入生长静止（稳定）期。

静止期实际上是一种生长和死亡的动态平衡，净生长速率等于零。由于此期菌体的次级代谢十分活跃，许多次级代谢产物在此期大量合成，菌的形态也发生较大变化，如菌已分化，染色变浅，形成空胞等。当养分耗竭，对生长有害代谢物在发酵液中大量积累，便进入死亡期。

分批发酵操作简单，周期短，染菌的机会少，生产过程、产品质量易掌握，因而在工业生产上仍有重要地位。但对基质浓度敏感的产物，或次级代谢物，因其周期较短，一般在 1～3 d，产率较低，采用分批发酵不合适。这主要是由于养分的耗竭，无法维持下去。

在分批发酵中，如产物为初级代谢物，可设法延长与产物关联的对数生长期；次级代谢物的生产，可缩短对数生长期，延长生产（静止）期，或降低对数期的生长速率，从而使次级代谢物更早形成。

一般固态发酵多采用此发酵工艺。

2. 补料-分批发酵

补料（流加）-分批发酵是在分批发酵过程中补入新鲜料液，以克服由于养分不足导致发酵过早结束。由于只有料液的输入，没有输出，因此，发酵液的体积不断增加。

补料-分批发酵的优点在于它能在这样一种系统中维持很低的基质浓度，从而避免快速利用碳源的阻遏效应的发生和能够按设备的通气能力去维持适当的发酵条件，有利于次生代谢产物的积累，并且能减缓代谢有害物的不利影响。

3. 半连续发酵

在补料-分批发酵的基础上，间歇放出部分发酵液，称为半连续发酵。这种发酵方法不但可以克服补料带来的体积增加的问题，更重要的是可以减少有害代谢物的不断积累，尽可能延长产物合成的时间。

凡事都有两面性，看待任何事物都要一分为二。半连续发酵也损失了未利用的养分和处于生产旺盛期的菌体，定期补充和放液会使发酵液稀释，导致提炼的发酵液体积更大，提取工艺的负荷增加，此外发酵液被稀释后，可能产生更多的代谢有害物，最终限制发酵产物的合成，还有一些经代谢产生的前体可能丢失，补料和放液后的相对稀释条件有利于非产酶突变株的生长。实际生产中，应根据具体情况分析适合采用的发酵工艺，不能一概而论。

4. 连续发酵

连续培养是发酵过程中边补入新鲜的料液，边以相近的流速去除部分发酵液，基本维持发酵液的体积不变。连续发酵中，补料和放液的速度取决于产酶菌的繁殖速度、养分消耗速度、产物积累速度、有害物质积累速度等。生产上应控制合适的补料、放液速度，以达到最大优化的发酵工艺。

连续发酵工艺在产酶的效率、生产的稳定性和易于实现自动化方面比前面阐述的发酵工艺优越，但在连续发酵过程中，需长时间不断地向发酵系统供给无菌的新鲜空气和培养基质，这就增加了染菌的可能性。尽管可以通过改良发酵条件和工艺参数加以控制，如选取耐高温、耐极端 pH 和能够同化特殊营养物质的菌株，作为生产菌种来控制杂菌的生长，但是这种方法的应用范围有限。故染菌问题一直是连续发酵工艺中不易解决的难题。在分批培养中，任何能在培养液中生长的杂菌将存活和增长，因为分批发酵工艺是采用间断放液的技术，从上一次放液到下一次放液之间，杂菌就可以实现从适应到增殖的过程，但在连续培养中杂菌能否积累取决于它在培养系统中的竞争能力，故用连续培养技术，可选择性地富集一种能有效使用限制性养分的菌种。

连续发酵工艺中的另一个问题是菌种突变或退化，尽管自然突变频率很低，一旦在连续培养系统中的生产菌中出现某一个菌的突变，且突变的结果可能使这一细胞获得高速生长能力，但同时可能失去生产能力，最终取代系统中原来的生产菌株，而使发酵效率变得十分低下，连续培养的时间愈长，所形成的突变株数目愈多，最终导致发酵过程失败。当然并不是菌株的所有突变都造成危害，不过造成产酶效率下降是常见的问题，因为工业生产菌株均经多次诱变选育，消除了菌株自身的代谢调节功能，使其适应生产的需求，利用有限的碳源和其他养分合成所需的产物。生产菌种发生回复突变的倾向性很大，因此这些生产菌种在连续发酵时很不稳定，低产突变株很可能最终取代高产生产菌株。

科学总是在不断发现问题、不断解决问题中得以发展。建立一种不利于低产突变株的选择性生产条件，使低产菌株逐渐被淘汰是解决这个问题的基本思路。例如，利用一株具有多重遗传缺陷的异亮氨酸渗漏型高产菌株生产 *L*-苏氨酸。此生产菌株在连续发酵过程中易发生回复突变而成为低产菌株。若补料中不含有异亮氨酸，那些不能大量积累苏氨酸而同时失去合成异亮氨酸能力的突变株则从发酵液中被自动淘汰。

5. 高密度细胞培养

产酶菌数量是产酶量的一个基本条件，菌量越多，产酶量也越大。凡是发酵液中细胞密度比较高以至接近其理论值的培养，均可称为高密度细胞培养，通常用干细胞质量/升(DCW/L)来表示。一般认为其上限值为150～200 g(DCW/L)，下限值为20～30 g(DCW/L)。由于不同菌种(或者不同菌株)之间存在较大的差异，所以高密度培养的上限值和下限值均有例外。

高密度培养的途径主要有透析培养、细胞循环培养、补料分批培养等。其中补料分批培养是较为成熟和完善的技术。用于细胞高密度培养的生物反应器主要有搅拌罐和带有外置式或内置式细胞持留装置的反应器，如透析膜反应器、气升式反应器、气旋式反应器与振动陶瓷瓶等。透析培养是利用半透膜有效地去除培养室中有害的低分子质量代谢产物，同时向培养液提供充足的营养物质的培养方式。Osborne在1977年首次将透析用于乳酸杆菌培养，获得了1×10^{11} CFU/mL的高菌体密度，相当于30～40 g(DCW/L)。透析培养采用了营养分配补料策略，即将培养基分为浓缩营养液和无机盐溶液两部分，浓缩营养液直接加入培养室，无机盐溶液加入透析室以维持渗透压。透析培养不仅可以增加产物的积累，大大降低营养物质的损失，与微滤和超滤相比，在透析过程中透析膜不会被阻塞，并且可以很长时间维持其渗透性能。

细胞循环培养是通过某种方式，将细胞保留在培养罐中循环利用的培养方式，主要有沉降、离心和膜过滤等方式。膜过滤培养是连续培养和超滤的结合，它是在普通培养装置上附加一套膜过滤系统，用泵使培养液流经过滤器，将菌体截留，滤液流出培养体系，并通过液面计控制流加泵添加新鲜的培养基，维持培养基体积不变。细胞循环可以除去抑制性代谢产物，可以用低浓度的培养基得到高的细胞密度，可以就地分离产物，有利于下游操作。

细胞在培养过程中要不断消耗养分和积累产物，从而改变了培养基的组成，改变了发酵效率，补料分批培养可以较好地解决这个问题，而补料策略是补料分批培养进行高密度发酵的关键。不同的发酵菌株有不同的补料流加依据，菌落形态、发酵液中糖浓度、液体溶氧浓度、尾气中O_2和CO_2的含量、摄氧率或呼吸熵的变化是补料的依据。

有两种主要的补料策略：闭环式(反馈)和开环式(非反馈)流加补料方式。

闭环式补料又包括恒pH法、恒溶解氧法、CER法和DO-stat法4种类型。恒pH法是通过pH的变化，推测细菌的生长状态，调节流加葡萄糖速度，调节pH为恒定值。恒溶解氧法是以溶解氧为反馈指标，根据溶解氧的变化曲线调整碳源的流加量，菌体浓度通过检测反馈控制之，拟合营养的利用情况，调整碳源的加入量。CER法是通过检测二氧化碳的释放率(CER)，监测碳源的利用情况，控制营养的流加。DO-stat法是通过控制溶解氧、搅拌和补料速率，维持恒定的溶解氧，减少有机酸的生成。

开环式补料又包括恒速补料、变速补料和指数补料3种类型。恒速补料是采用预先设定的恒定的营养流加速率，细菌的比生长速率逐渐下降，菌体密度呈线性增加。变速补料通常是在培养过程中流加速率不断增加(梯度、阶段、线性等)，比生长速率不断改变。指数补料的流加速度呈指数增加，比生长速率为恒定值，菌体密度呈指数增加。

5.2.4.4 现代发酵技术中的控制技术

计算机的广泛应用，使现代发酵工业逐步走向全程监控、自动检测的新时代。

计算机在发酵中的应用有3项主要任务：过程数据的储存，过程数据的分析和生物过程的控制。数据的存储包含顺序地扫描传感器的信号，将其数据条件化，过滤和以一种有序并易找到的方式储存。数据分析的任务是从测得的数据用规则系统提取所需信息，求得间接(衍生)参数，用于反映发酵的状态和性质。过程管理控制器可将这些信息显示打印和做曲线，并用于过程控制。控制器有3个任务：按事态发展或超出控制回路设定点的控制；过程灭菌，投料，放罐阀门的有序控制；常规的反应器环境变量的闭环控制。此外，还可设置报警分析和显示。一些巧妙的计算机监控系统主要用于中试规模、仪器装备良好的发酵罐。对于生产规模的生物反应器，计算机主要应用于监测和顺序控制。先进形式的优化控制可使生产效率达到最大，但目前该技术需要进一步完善。

酶制剂的生产包括发酵的上游和下游两个基本过程，具体地说，就是培养基的制备、菌种的扩培、产酶条件确定、发酵条件控制和产物提取几个方面。但酶制剂的发酵控制及提取因产品类型不同，生产过程具有一定的特殊性。下面对一些具体酶制剂生产工艺举例说明。

二维码 5-2 蛋白酶酶制剂发酵工艺实例

二维码 5-3 淀粉酶酶制剂发酵工艺实例

二维码 5-4 脂肪酶酶制剂发酵工艺实例

二维码 5-5 纤维素酶酶制剂发酵工艺实例

5.3 提高酶发酵产量的方法

5.3.1 酶的合成调控机制

5.3.1.1 酶生物合成的分子机理概述

酶生物合成的过程就是基因表达的过程，包括转录、翻译和翻译后加工。每个过程都是在满足多方面条件下，由多种酶参与的复杂的生物过程，这个过程也受多因素的调控。酶生物合成的分子机理将在生物酶工程部分进行相关介绍。

5.3.1.2 酶生物合成的模式

细胞在一定培养条件下的生长过程，一般经历调整期、生长期、平衡期和衰退期 4 个阶段。通过分析比较细胞生长与酶产生的关系，可以把酶生物合成的模式分为：同步合成型、延续合成型、中期合成型和滞后合成型 4 种类型(二维码 5-6)。

1. 同步合成型

同步合成型是指酶的生物合成与细胞生长同步进行，又称生长偶联型。属于该合成型的酶，其生物合成伴随着细胞的生长而开始，在细胞进入旺盛生长期时，酶大量生成，当细胞生长进入平衡期后，酶的合成即停止。研究表明，该类型酶所对应的 mRNA 很不稳定，其寿命一般只有几十分钟。在细胞进入生长平衡期后，新的 mRNA 不再生成，原有的 mRNA 被降解后，酶的生物合成即停止。

大部分组成酶的生物合成属于同步合成型，有部分诱导酶也按照此模式进行生物合成。

例如，米曲霉生长在含有单宁或没食子酸的培养基中，在其诱导下，合成单宁酶(又称鞣酸酶)就属于同步合成型。

该类型酶的生物合成可以由其诱导物诱导生成，但是不受分解代谢物的阻遏作用，也不受产物的反馈阻遏作用。

2. 延续合成型

延续合成型酶的生物合成从细胞的生长阶段开始，到细胞生长进入平衡期后，酶还可以延续合成较长一段时间。

属于该类型的酶可以是组成酶，也可以是诱导酶。例如，黑曲霉生产聚半乳糖醛酸酶，培养约 40 h 后，细胞进入旺盛生长期，聚半乳糖醛酸酶开始合成，当细胞生长达到平衡期(约 80 h)后，该酶继续合成，直至 120 h 以后。在此生物合成工艺中，当以含有葡萄糖的粗果胶为诱导物时，细胞生长速度较快，细胞浓度在 20 h 达到高峰，但是聚半乳糖醛酸酶的生物合成由于受到分解代谢物阻遏作用而推迟起始合成时间，直到葡萄糖被细胞利用完后，该酶的合成才开始进行。若果胶中所含葡萄糖较多，就要在细胞生长达到平衡期以后，酶才开始合成，呈现出滞后合成型的合成模式。

由此可见，属于延续合成型的酶，其生物合成可以受诱导物的诱导，一般不受分解代谢物阻遏。该类酶在细胞生长达到平衡期以后，仍然可以延续合成，这些酶所对应的 mRNA 相当稳定，在平衡期后的相当一段时间内，仍然可以通过翻译合成其所对应的酶。有些酶所对应的 mRNA 相当稳定，但其生物合成却受到分解代谢物阻遏，当培养基中没有阻遏物时，呈现延续合成型，当有阻遏物存在时，转为滞后合成型。

3. 中期合成型

中期合成型酶一般是在细胞生长一段时间以后才开始，细胞生长进入平衡期以后，酶的生物合成随之停止。例如，利用枯草芽孢杆菌生产碱性磷酸酶的生物合成模式属于中期合成型。

中期合成型酶的合成受到其反应产物无机磷酸的反馈阻遏。磷是细胞生长必不可缺的营养物质，培养基中必须含有磷。故此，在细胞生长的开始阶段，培养基中的磷阻遏了碱性磷酸酶的合成，当细胞生长一段时间，培养基中的磷几乎被细胞代谢完(低于 0.01 mmol/L)后，该酶才开始大量生成。由于编码该碱性磷酸酶所对应的 mRNA 不稳定，其寿命只有 30 min 左右，所以当细胞进入平衡期后，酶的生物合成随之停止。

中期合成型酶的共同特点是酶的生物合成受到产物的反馈阻遏作用或分解代谢物阻遏作用，且编码酶的 mRNA 稳定性较差。

4. 滞后合成型

滞后合成型酶是在细胞生长一段时间或者进入平衡期以后，才开始其生物合成并大量积累，又称为非生长偶联型。许多水解酶的生物合成都属于这一类型。例如，黑曲霉酸性蛋白酶的生物合成，当细胞生长 24 h 后进入平衡期，此时羧基蛋白酶才开始合成并大量积累。直至 80 h，酶的合成还在继续。该酶所对应的 mRNA 具有很高的稳定性。

二维码 5-6　酶生物合成的模式各图例

滞后合成型的酶之所以要在细胞生长一段时间，甚至进入平衡期以后才开始合成，主要是受到培养基中阻遏物的阻遏作用。随着细胞生长，阻遏物被细胞逐渐代谢，阻遏作用解除后，酶才开始大量合成。若培养基中不存在阻遏物，该酶的合成可以转为延续合成型。该类型酶所对应的 mRNA 稳定性很好，可以在细胞生长进入平衡期后的相当一段时间内，继续进行酶的生物合成。

综上所述，酶所对应的 mRNA 的稳定性，以及培养基中阻遏物的存在是影响酶生物合成模式的主要因素。mRNA 稳定性好，可以在细胞生长进入平衡期后，继续合成其所对应的酶；mRNA 稳定性差，随着细胞生长进入平衡期而停止酶的生物合成；不受培养基中某些物质阻遏的，可以伴随着细胞生长而开始酶的合成；受培养基中某些物质阻遏的，则要在细胞生长一段时间，甚至在平衡期后，酶才开始合成并大量积累。

在酶的发酵生产中，为了提高产酶率和缩短发酵周期，延续合成型当属首选，因为延续合成型的酶，在发酵过程中没有生长期和产酶期的明显差别。细胞一开始生长就有酶产生，直至细胞生长进入平衡期以后，酶还可以继续合成较长一段时间，产酶量较高。

5.3.1.3 酶生物合成的调节

在酶的生物合成中，调节方式包括诱导和阻遏两种类型。诱导作用指在某种化合物(包括外加的和内源性的积累)作用下，导致某种酶合成或合成速率提高的现象。阻遏作用是指在某种化合物作用下，导致某种酶合成停止或合成速率降低的现象。有时候这两种情况同时存在，通过它们的协调作用达到有效地控制产酶量的作用。

1. 酶生物合成的诱导

能够诱导某种酶合成的化合物称为该酶的诱导剂。诱导剂可以是：①诱导酶的底物；②酶的底物类似物；③酶的反应产物等。例如，乳糖是大肠杆菌 β-半乳糖苷酶合成的诱导剂，也是此酶的作用底物，甲基-β-硫代半乳糖苷是 β-半乳糖苷酶合成的诱导剂，但它不是其作用的底物，而对硝基苯-α-L-阿拉伯糖苷是 β-半乳糖苷酶的底物，但它不是诱导剂。因此，是否是诱导剂主要看能否诱导酶的合成，而不是依据是否为其底物。

一种诱导酶的合成可以有一种以上的诱导剂，但不同的诱导剂的诱导能力不同。诱导能力还与诱导剂的浓度有关。如半乳糖和乳糖都是 β-半乳糖苷酶的诱导剂，但乳糖的诱导能力大于半乳糖，半乳糖浓度在 10^{-5} mol/L 以下就没有诱导能力了。

2. 酶生物合成的阻遏

微生物在代谢过程中，当胞内某种代谢产物积累到一定程度时，可能会反馈阻遏这些酶的继续合成。如果代谢产物是某种合成途径的终产物，这种阻遏称为末端产物阻遏；如果代谢产物是某种化合物分解的中间产物，这种阻遏称为分解代谢产物阻遏。

3. 酶合成调节的机制

(1) 单一效应物调节。酶合成的诱导作用和阻遏作用都是通过效应物或激活剂与调节蛋白相互作用形成复合物，导致调节蛋白构型发生变化，从而能够或不能够结合于操纵子的操纵基因上，致使 RNA 聚合酶结合于启动基因，并进行转录和翻译，表达所需要的酶。如果效应物是抑制剂，它与调节蛋白的结合则导致结构基因转录停止，不能表达有关的酶或蛋白质。这种调节有两种情况，即正调节和负调节。

二维码 5-7 乳糖操纵子模型图

操纵子即基因的调控单位，也称转录单位，包括结构基因、操纵基因和启动基因。结构基因是指能转录、翻译合成相应酶的基因。操纵基因位于启动基因之后，结构基因之前，是阻遏蛋白结合的区域，直接决定其后面的结构基因能否转录。启动基因位于操纵基因的最前端，在转录时是RNA聚合酶首先结合的区域。

操纵子的活动又受调节基因调控。调节基因通过转录、翻译合成蛋白质来调控操纵子的活动。如果调控基因表达的蛋白质是阻止转录进行的，即为操纵子的负调节，如大肠杆菌的乳糖操纵子为负调节，反之为正调节，如阿拉伯糖分解酶操纵子为正调节。

(2) 两种效应物的共同调节。在原核生物中，分解酶合成的调节方式有的更为复杂，对它们的调控除需要效应物外，还需要活化蛋白的参与调节，也就是需要两种效应物的共同调节。如乳糖操纵子的调节与大肠杆菌胞内的cAMP的浓度有关。cAMP与cAMP的受体蛋白(CRP)结合成复合物，进而起调节作用。CRP不能单独与启动基因结合，只有在与cAMP结合后发生自身构型变化，才能结合到启动基因上，促使RNA聚合酶结合到启动基因的另一位点。如果此时有效应物存在，调节蛋白不能结合至操纵基因上，乳糖操纵子的结构基因才能转录。当cAMP不存在或CRP不存在时，即使效应物(如乳糖)存在，RNA聚合酶也不能结合到启动基因上，不能使结构基因转录和表达。

(3) 弱化调节。1973年，Yanofsky在研究色氨酸合成时发现此种调节方式，即当细胞内有色氨酸存在时，可使翻译过程在未到终点之前，便有80%～90%的翻译停止。由于这种调节方式不是使正在翻译的过程全部中途停止，因此称其为弱化调节。弱化调节方式比较广泛地存在于氨基酸合成操纵子调节中，是细菌辅助阻遏作用的一种精细调控。这一调控作用是通过操纵子的引导区内类似于终止子结构的一段DNA序列实现的，这段序列被称为弱化子。当细胞内某种氨酰-tRNA缺乏时，该弱化子不表现出终止子功能；当细胞内某种氨酰-tRNA充足时，弱化子表现出终止子功能，但这种终止作用并不使所有正在翻译中的mRNA全部中途停止，而仅有部分中途停止转录。

4. 外源基因的表达与调控

外源基因的表达与调控略有些不同。首先，外源基因是宿主菌本身不带有的基因，其产物往往也不参与细胞本身的一些代谢，其调控主要受构建重组菌时的载体与选用情况影响。表达载体通常带有强启动子，而这些强启动子又受一些特殊的物质诱导，如用大肠杆菌BL-21作为宿主菌，PET30作为载体表达外源基因时，通常用IPTG(异丙基-*β*-*D*-硫代半乳糖苷，*β*-半乳糖苷类似物)作为诱导剂。其次，外源基因的表达产物对于宿主菌来说，属于外源蛋白质，可能会对宿主菌本身的生长、繁殖、活力产生影响，还有可能被宿主菌作为异源蛋白水解。第三，外源蛋白质的密码子和氨基酸组成中可能存在稀有密码子和稀有氨基酸，导致酶的合成受阻。第四，外源基因的表达产物既然不是宿主菌正常的产物，它的存在方式也是调控的基础，外源基因表达产物合成以后是分泌到胞外还是在胞内，是溶解的还是形成包涵体，都会影响到酶合成的效率，也会影响到后续酶的提取工艺。

5.3.2 控制发酵条件提高酶产量

解决问题要抓主要矛盾，提高产酶量最核心的问题就是优化发酵条件。常规的发酵条件包括：培养基配比、发酵的罐温、搅拌转速、搅拌功率、空气流量、罐压、液位、补料、前体添加、补水等。能表征发酵过程的状态参数有：pH、溶氧、溶解 CO_2、氧化还原电位、尾气中的 O_2 和 CO_2 含量、基质（如葡萄糖）或产物浓度、代谢中间体或前体浓度、菌液浓度（以 OD 值或细胞干重 DCW 等代表）等。通过直接参数还可以求得各种更有用的间接状态参数，如比生长速率（μ）、摄氧率（OUR）、CO_2 释放速率（CER）、呼吸熵（RQ）、氧得率系数（YX/O）、氧体积传质速率（KL_α）、基质消耗速率（QS）、产物合成速率（QP）等。

5.3.2.1 培养基的优化

1. 碳源

在酶的发酵生产过程中，应该根据不同的产酶菌特点，选用特定的碳源。例如，淀粉对 α-淀粉酶的生物合成有诱导作用，而果糖对该酶的生物合成有分解代谢物阻遏作用。因此，在 α-淀粉酶的发酵生产中，应当选用淀粉为碳源，而不采用果糖为碳源。

2. 氮源

产酶菌的发酵培养基比其他发酵工业生产的培养基需要更多的氮源，因为发酵的目标产物是酶蛋白，其含氮量相对较高。在氮源种类上，一般异养型微生物要求有机氮源，自养型微生物可采用无机氮源。在多数情况下，将有机氮源和无机氮源配合使用能起到较好的效果。

在一些工程菌的发酵培养基中，有时还要添加一些特殊的含氮基质，如通过添加稀有氨基酸来提高产酶量等。

3. 碳氮比

碳氮比（C/N）对酶的产量有显著影响。在微生物酶生产培养基中，碳氮比随产酶的种类、生产菌株的性质和培养阶段的不同而改变。一般蛋白酶（包括酸性、中性和碱性蛋白酶）的生产中，培养基多选用较低的碳氮比，而淀粉酶（如 α-淀粉酶、糖化酶、β-淀粉酶等）发酵生产的培养基多采用相对较高的碳氮比。

碳氮比的采用也受发酵过程不同阶段的影响。一般在种子培养时，常采用较高比例的氮源，以满足产酶菌个体增加的需要，而在产酶阶段根据情况，可以提高碳氮比以利于产酶。例如，利用枯草芽孢杆菌 BF-7658 生产 α-淀粉酶时就是这种情况。

4. 无机盐

根据细胞对无机元素需要量的不同，无机元素可以分为大量元素和微量元素两大类。大量元素主要有磷、硫、钾、钠、钙、镁、氯等；微量元素是指细胞生命活动必不可少，但是需要量微小的元素，主要包括铜、锰、锌、钼、钴、溴、碘等。微量元素的需要量很少，过量反而对细胞的生命活动有不良影响，必须严加控制。

无机元素通过在培养基中添加无机盐来提供，一般采用添加水溶性的硫酸盐、磷酸盐、盐酸盐或硝酸盐等。有些微量元素在配制培养基所使用的水中已经足量，不必再添加。

在天然培养基中，一般微量元素不必另外加入，但也有例外。如用玉米粉、豆粉为碳源，生产放线菌 166 蛋白酶时，添加 100 mg/kg 的 Zn^{2+}，可使酶的活力提高 70%～80%。

5.3.2.2 培养基的灭菌

灭菌可能影响到培养基养分的保留与破坏，从而影响酶的合成。例如，在葡萄糖氧化酶发酵生产中，培养基中的高温灭菌可使葡萄糖与其他物质发生反应，从而影响到产酶量，灭菌温度比灭菌时间对产酶的影响更大。生产上可将葡萄糖或含葡萄糖丰富的原料分开灭菌，接种前混合，可以较好地解决这个问题。

5.3.2.3 种子质量

内因是变化的根本，外因是变化的条件。种子质量很大程度上决定了产酶菌的生长状况和酶合成的量。在发酵原种一定的情况下，接种菌龄和接种量是接种工序的两个重要指标。

接种菌龄是指种子罐中的培养物开始移种到下一级种子罐或发酵罐时的培养时间。菌龄太短的种子接种后往往出现前期生长缓慢，整个发酵周期延长，产物开始形成时间推迟的现象。菌龄太长的种子虽然菌液浓度较高，但菌体可能过早衰退，导致生产能力下降。最适的接种菌龄一般要在反复试验的基础上，根据最终发酵结果确定，多数情况是以对数生长期的后期为接种菌龄，即培养液中菌体浓度接近高峰时较为适宜。

接种量的大小由发酵罐中菌的生长繁殖速度决定，较大的接种量可缩短生长达到高峰的时间，使产物的合成提前。不过，接种量过大也可能使菌种生长过快，培养液黏度增加，导致溶氧不足，影响产物的合成。一般发酵常用的接种量为5%～10%。

5.3.2.4 温度调节

温度对微生物发酵的影响是多方面的。随着温度的上升，细胞生长繁殖加快；但随着温度的上升，酶失活的速度也越快，菌体衰老提前，发酵周期缩短，这对酶的生产极为不利。

有些产酶菌发酵产酶的最适温度与菌体生长最适温度有所不同，而且往往低于生长最适温度。这是由于在较低的温度条件下，可以提高 mRNA 的稳定性，增加酶生物合成的延续时间，从而提高酶的产量。例如，采用酱油曲霉生产蛋白酶，在28℃的温度条件下比在40℃条件下产酶量高2～4倍。不过，若温度太低，可能导致产酶菌代谢速度缓慢，活力下降，反而降低酶产量。

维持温度的稳定是发酵产酶中温度控制的另一个问题。影响温度的因素主要有两个方面，其一是发酵罐或发酵池与环境的温差，其二是发酵热。在发酵培养过程中，发酵热的影响更为重要。

5.3.2.5 溶解氧调节

酶生物合成过程需要大量 ATP 提供能量，此外，细胞的生长、繁殖也需要大量能量。为了获得足够多的能量，细胞必须获得充足的氧气，以保证 ATP 的供给。

在培养基中培养的细胞一般只能吸收和利用溶解氧。由于氧的溶解度较低，在细胞培养过程中，溶解氧很快就会被细胞利用完。为了满足细胞生长、繁殖和发酵产酶的需要，在发酵过程中必须不断供给氧，使培养基中的溶解氧保持在一定的水平。供氧速度应和消耗速度基本一致。

溶解氧的供给，一般是将无菌空气通入发酵容器，使空气中的氧溶解到培养液中。培养液中溶解氧的量，取决于在一定条件下氧气的溶解速度。

氧的溶解速度又称为溶氧速率或溶氧系数，以 K_d 表示。溶氧速率是指单位体积的发酵液在单位时间内所溶解的氧的量，单位通常以 mmol/(h·L)表示。溶氧速率与通气量、氧气分压、气液接触时间、气液接触面积以及培养液的性质等密切相关。一般通气量越大、氧气分压越高、气液接触时间越长、气液接触面积越大，则溶氧速率越大。培养液的性质，主要是黏度、气泡以及温度等对于溶氧速率有明显影响。

5.3.2.6　CO_2 调节

通常 CO_2 对菌体生长具有抑制作用，当排气中 CO_2 的浓度高于 4%时，微生物的糖代谢和呼吸速率就会下降。例如，发酵液中 CO_2 的浓度达到 1.6×10^{-1} mol，就会严重抑制酵母菌的生长；当进气口 CO_2 的含量占混合气体的 80%时，酵母活力与对照相比降低 20%。

CO_2 在发酵液中的浓度受许多因素的影响，如细胞的呼吸强度、发酵液的流变学特性、通气搅拌程度、罐压大小、设备规模等。由于 CO_2 的溶解度比氧气大，所以随着发酵罐压力的增加，其含量比氧气增加得快。大容量发酵罐的发酵液的静压力可达 1×10^5 Pa 以上，再加上正压发酵，致使罐底部压强达 1.5×10^5 Pa。当 CO_2 浓度增大，若通气搅拌不改变，CO_2 不易排出，在罐底形成碳酸，使 pH 下降，进而影响微生物细胞的呼吸和产物合成。

5.3.2.7　pH 调节

产酶菌产酶的最适 pH 与生长最适 pH 往往有所不同。细胞生产某种酶的最适 pH 通常接近于该酶催化反应的最适 pH。例如，发酵生产碱性蛋白酶的最适 pH 为碱性(pH 8.5～9.0)，生产中性蛋白酶的 pH 以中性或微酸性(pH 6.0～7.0)为宜，而酸性条件(pH 4.0～6.0)有利于酸性蛋白酶的产生。然而，有些细胞产酶的最适 pH 与酶催化反应的最适 pH 有所差别，如枯草芽孢杆菌碱性磷酸酶，其催化反应的最适 pH 为 9.5，而其产酶的最适 pH 为 7.4。

有些细胞可以同时产生若干种酶，在生产过程中，通过控制培养基的 pH，往往可以改变各种酶之间的产量比例。例如，黑曲霉可以生产α-淀粉酶，当 pH 在中性范围时，α-淀粉酶的产量增加而糖化酶减少；当 pH 偏向酸性时，糖化酶的产量提高而α-淀粉酶的量降低。

在细胞培养过程中，培养基的 pH 往往会发生变化。例如，含糖量高的培养基，会使 pH 向酸性方向移动；含蛋白质、氨基酸较多的培养基，容易使 pH 向碱性方向移动；以硫酸铵为氮源时，随着铵离子被利用，培养基中积累的硫酸根会使 pH 降低；以尿素为氮源的，随着尿素被水解生成氨，而使培养基的 pH 上升，然后又随着氨被细胞同化而使 pH 下降；磷酸盐的存在，对培养基的 pH 变化有一定的缓冲作用。在氧气供应不足时，由于代谢积累有机酸，可使培养基的 pH 向酸性方向移动。

所以，在发酵过程中，必须对培养基的 pH 进行适当的控制和调节。调节 pH 的方法可以通过改变培养基的组分或其比例，也可以使用缓冲液来稳定 pH，必要时通过流加适宜的酸、碱溶液调节培养基的 pH，以满足细胞生长和产酶的要求。

5.3.2.8　发酵期泡沫的控制

微生物好气培养中，通气搅拌、微生物、发酵液往往产生许多泡沫。微生物细胞生长代谢和呼吸也会排出氨气、CO_2 等发酵性泡沫。

泡沫过多会引起“逃液”，造成损失，增加杂菌污染风险，阻碍热散失引起过热；过多泡沫还减少了气体交换，妨碍菌体呼吸，造成代谢异常，菌体提前自溶。消除和控制泡沫的方法主要有机械和消沫剂消沫两大类，如起泡物质多为表面活性物质，可以适当减少；通气使氧的含量达到临界值即可，不一定要达到饱和度。此外，也可以通过选育在生长期不产生泡沫的突变株进行培养等。

5.3.3　通过基因突变提高酶产量

酶基因的遗传改变可通过：①用理化诱变因子作用于活细胞使其基因突变，然后从突变体中筛选有用的个体;②利用基因非定点和定点突变技术,进行有目的和有预见的遗传修饰。非定点突变不能预见确定突变位点,常用方法有错误掺入与修复、化学诱变和寡核苷酸置换等。定点突变是对已知序列的基因中任意指定位置进行突变,常用方法有寡核苷酸引物介导、PCR介导的定点突变及盒式突变等。定点突变技术比使用化学、自然因素导致突变的方法具有突变率高、简单易行、重复性好的特点。多位定点突变技术是定点突变的进一步发展。

5.3.4 通过基因重组提高酶产量

基因工程技术的应用,扩大了微生物发酵产品的范围。利用基因重组技术,构建高产基因工程菌是现代酶生产工业中发展最快的领域。例如,在纤维素酶的产酶菌育种上,人们克隆了里氏木霉 *cbh*1、*cbh*2、*egl*1、*egl*2、*egl*3、*egl*4、*egl*5 七个纤维素酶基因,且都在大肠杆菌中得到表达。但是纤维素酶在大肠杆菌中的分泌表达水平很低,而且提取很困难。于是许多科学家又将里氏木霉纤维素酶基因在巴斯德毕赤酵母中成功地转化并高效表达。

5.3.5 其他提高酶产量的方法

酶的发酵生产中,还可通过添加诱导物、控制阻遏物浓度、添加表面活性剂等提高酶产量。

5.3.5.1 添加诱导物

对于诱导酶,可采用一些特殊物质诱导提高酶的产量。例如,乳糖诱导 β-半乳糖苷酶,纤维二糖诱导纤维素酶,蔗糖甘油单棕榈酸诱导蔗糖酶的生物合成等。

5.3.5.2 控制阻遏物的浓度

有些酶的生物合成受到某些阻遏物的阻遏,导致该酶的合成受阻或产酶量降低。为了提高酶产量,必须设法解除阻遏物引起的阻遏作用。例如,枯草芽孢杆菌碱性磷酸酶的生物合成受到其反应产物无机磷酸的阻遏,当培养基中无机磷酸的含量超过 1 mmol/L 时,该酶的生物合成完全受阻。当培养基中无机磷酸的含量降低到 0.01 mmol/L 时,阻遏解除,该酶大量合成。所以,为了提高枯草芽孢杆菌碱性磷酸酶的产量,必须限制培养基中无机磷的含量。

5.3.5.3 添加表面活性剂

表面活性剂可以与细胞膜相互作用,增加细胞的透过性,有利于胞外酶的分泌,从而提高酶的产量。

表面活性剂有离子型和非离子型两大类。其中,离子型表面活性剂又可以分为阳离子型、阴离子型和两性离子型 3 种。

将适量的非离子型表面活性剂,如吐温(Tween)、特里顿(Triton)等添加到培养基中,可以加速胞外酶的分泌,使酶的产量增加。例如,利用木霉发酵生产纤维素酶时,在培养基中添加 1%的吐温,可使纤维素酶的产量提高 1~20 倍。使用时,应控制好表面活性剂的添加量,过多或不足,都不能取得良好效果。此外,添加表面活性剂有利于提高某些酶的稳定性和催化能力。

由于离子型表面活性剂对细胞有毒害作用,不适宜添加到酶的发酵生产培养基中。

5.3.5.4 添加产酶促进剂

在酶的发酵生产过程中,添加适宜的产酶促进剂,往往可以显著提高酶的产量。例如,添加一定量的植酸钙镁,可使霉菌蛋白酶或橘青霉磷酸二酯酶的产量提高 1~20 倍;添加聚乙烯醇可以提高糖化酶的产量；聚乙烯醇、乙酸钠等的添加对提高纤维素酶的产量也有效果。产酶促进剂对不同细胞、不同酶的作用效果各不相同，要通过试验，确定所添加的产酶促进剂的种类和浓度，再逐步运用于生产。

思考题

1. 酶的生产方法有哪些？各有何特点？目前应用情况如何？
2. 发酵法生产酶相对其他方法有何优点？
3. 优良产酶菌有何共同特点？如何获得优良的产酶菌？
4. 常用的产酶菌有哪些？分别的应用情况如何？
5. 简述发酵产酶的基本工艺流程和操作要点。
6. 发酵产酶的主要发酵方法有哪些？各有何特点？
7. 酶的合成调节包括哪些调节方式？简述酶合成调节的机制。
8. 酶生物合成的模式有哪些？各有何特点？每种合成模式可采取哪些措施提高酶产量？
9. 提高发酵产酶量的措施有哪些？

参考文献

[1] 高向阳. 食品酶学. 2 版. 北京：中国轻工业出版社，2016.

[2] 张德华. 蛋白质与酶工程. 合肥：合肥工业大学出版社，2015.

[3] 曹军卫. 发酵工程. 北京：科学出版社，2013.

[4] 郭勇. 酶工程. 2 版. 北京：科学出版社，2004.

[5] 孙君社. 酶与酶工程及其应用. 北京：化学工业出版社，2006.

[6] 郭勇. 酶的生产与应用. 北京：化学工业出版社，2003.

[7] Wolfgang Aehle. 酶工业——制备与应用. 林章凛，李爽译. 北京：化学工业出版社，2006.

[8] 陈宁. 酶工程. 北京：中国轻工业出版社，2005.

[9] 史仲平，潘丰. 发酵过程解析、控制与检测技术. 北京：化学工业出版社，2005.

[10] 张树政. 酶制剂工业. 北京：科学出版社，1998.

第6章 酶的分离纯化

本章学习目的与要求

1. 充分认识酶分离纯化的基本原则，学习并掌握酶提取和纯化的基本原理、技术及方法。
2. 掌握酶纯度检验的方法及保存要求。

酶的分离纯化是指选择适当的方法将酶从含有杂质的溶液或发酵液中分离出来,得到一定纯度的酶。由于酶的使用目的不同,所要求的纯度也不尽相同。工业上用的酶制剂需求量大,纯度一般要求不高。但不同工业所用酶的纯度要求也不一样,如食品工业用的酶要求纯度较高,酶需要经过适当的分离纯化,以确保人们的饮食安全和卫生;而用于纺织退浆、皮革脱毛以及洗涤去污等方面的酶在纯度、质量上要求相对比较低一些。应用于酶学性质研究、生化试剂和医药等方面的酶则需要高度纯化。因此,在实际生产中要根据使用目的不同来分离纯化酶,以满足各种不同领域的需求。

6.1　酶分离纯化的一般原则

酶分离纯化的最终目的是要获得高纯度的酶。酶的分离纯化包括 3 个基本环节:一是抽提,即把酶从原料中抽提出来,并尽可能地减少杂质引入,得到粗酶溶液;二是纯化,即把杂质从酶溶液中除掉或把酶从酶溶液中分离出来;三是制剂,即把分离纯化后的酶制备成各种不同的剂型。

酶是一类具有专一催化活性的蛋白质,其催化作用不仅依赖于它的一级结构,同时也需要维持二级结构、三级结构甚至四级结构,才能够显示其催化活性。在酶的整个分离纯化过程中,温度、pH、离子强度、压力等环境条件难免会发生一些改变,有时候还会涉及一些有机溶剂等化合物的添加使用,这些因素都可能引起酶结构发生改变,最终导致酶变性失活。因此,要成功地将酶从溶液中分离纯化出来,有效地避免或减少操作过程中酶活力的损失,就应该根据酶自身的理化性质,在分离纯化过程中遵循以下原则。

1. 减少或防止酶的变性失活

除个别情况外,酶溶液的储存以及所有分离纯化操作都必须在低温条件下进行。虽然某些酶不耐低温,如线粒体 ATP 酶在低温下很容易失活,但是大多数酶在低温下是相对稳定的。一般选择 4℃左右比较适宜。当温度超过 40℃时,酶非常不稳定,大多数酶容易变性失活,但也有一些酶例外,如极端嗜热酶耐热性比较强,甚至在煮沸的条件下仍然能够保持酶活性。

酶是一种两性电解质,其结构容易受到 pH 的影响。大多数酶在 pH＜4.0 或 pH＞10.0 的条件下不稳定,因此应将酶溶液控制在适宜的 pH 条件下。特别要注意避免在调整溶液 pH 时产生局部过酸或过碱的情况。实际操作过程中,应使酶处于一个适宜的缓冲体系中,以避免溶液的 pH 发生剧烈变化,从而导致酶活性受到影响。

酶是蛋白质,也是高泡性物质,酶溶液易形成泡沫而使酶变性。因此,分离提取过程中要尽量避免大量泡沫的形成,如果需要搅拌处理,最好缓慢地进行,千万不可以剧烈搅拌,以免产生大量的泡沫,影响酶的活性。

重金属离子也可能引起酶的变性失活。适当加入一些金属螯合剂有利于保护酶蛋白,避免其因重金属离子的影响而变性失活。

微生物污染能导致酶被降解破坏,酶溶液中的微生物可以通过无菌过滤的方式除去,达到无菌要求,在酶溶液中加入防腐剂,如叠氮化钠等,可以抑制微生物的生长繁殖。

蛋白酶的存在会使酶蛋白被水解,在酶蛋白的分离提取过程中需要加入蛋白酶抑制剂防止其水解。为了提高作用效果还可以将几种蛋白酶抑制剂混合使用。一般情况下,未经纯化的酶不适合长期保存。

2. 根据酶不同特性采用不同的分离纯化方法

酶分离纯化的目的是将酶以外的所有杂质尽可能全部分离除去，因此，在保证目的酶活性不受影响的前提下，可以使用各种不同的方法和手段。每种分离纯化方法都有其各自的特点和作用，因此应根据不同的酶及其基本特性，在不同的分离纯化阶段，采用适宜的分离方法。例如，纤维素酶的分离纯化可以先利用硫酸铵盐析法获得粗酶液，然后再通过葡聚糖凝胶层析进行分离纯化。

3. 建立快速可靠的酶活性检测方法

在酶分离纯化过程中，每一步都必须检测酶活性，一旦酶蛋白变性失活，通过酶活力的检测就可以及时发现，这为选择适当的分离方法和条件提供了直接依据。由于酶活性检测工作量比较大，而且要求迅速、简便，所以经常采用分光光度法、电化学测定法。由于酶在分离纯化过程中可能丢失辅助因子，辅助因子的丢失会影响到酶活力检测，所以有时还需要在反应系统中加入某些相应的物质，如煮沸过的抽提液、辅酶、盐或半胱氨酸等。纯化过程中引入的某些物质可能对酶反应和测定造成干扰，故有时需要在测定前进行透析或加入螯合剂等。

4. 尽量减少分离纯化步骤

酶分离纯化的每一步操作都可能导致酶活力的损失。酶分离纯化的过程越复杂，步骤越多，酶变性失活的可能性就越大。因此，在保证目的酶的纯度、活力等达到基本质量要求的前提下，分离纯化的过程、步骤越少越好。

6.2 酶的提取

6.2.1 预处理和细胞破碎

微生物产生的酶分为胞内酶与胞外酶两种，不论哪种酶，均需要首先将微生物细胞与发酵液分离，即固液分离。胞内酶收集菌体细胞，经细胞破碎后得到目的酶；胞外酶去除菌体细胞，从发酵液中分离提取酶。常用的固液分离方法主要有离心和过滤两种。

离心分离方法主要包括：差速离心法、密度梯度离心法、等密度离心法和平衡等密度离心法等。离心分离具有速度快、效率高、卫生条件好等优点，适合于大规模分离过程，但该法设备投资费用较高，能耗较大。工业上常用的离心分离设备有两类，即沉降式离心机和离心过滤机。对于发酵液中细胞体积较小的微生物，如细菌和酵母菌的菌体一般采用高速离心分离，而对于细胞体积较大的丝状微生物，如霉菌和放线菌的菌体一般采用过滤分离的方法处理。

发酵液黏度不大时，采用过滤分离可以进行大量连续的处理。过滤过程中，为了提高过滤速率往往需要加入助滤剂，助滤剂是一种不可压缩的多孔微粒，它能使滤饼疏松，工业上常用的助滤剂有硅藻土、纸浆、珠光石（珍珠岩）等。常用的过滤设备包括板框式压滤机、鼓式真空过滤机。板框式压滤机的过滤面积大，过滤推动力能在较大范围内进行调整，适用于多种特性的发酵液，但它不能实现连续操作，具有设备笨重、劳动强度大等缺点，所以较少采用。鼓式真空过滤机能连续操作，并能实现自动化控制，但压差较小，主要适用于霉菌发酵液的过滤。近年来，错流过滤得到一定的应用，它的固体悬浮液流动方向与过滤介质平行，一改常规垂直过滤的状况，因此能连续清除介质表面的滞留物，不形成滤饼，所以整个过滤过程能保持较高的滤速。

如果从动、植物材料中提取酶，应首先除去不含目的酶的组织、器官等，以提高酶的含量。无论哪种材料进行预处理后，都要进行细胞破碎。

细胞破碎是指采用物理、化学或生物学方法破碎细胞壁或细胞膜，使细胞内的酶充分释放出来。细胞破碎是动、植物来源的酶和微生物胞内酶提取的必要步骤。不同的材料，细胞破碎的难易程度可能差别较大，应根据实际情况选择不同的破碎方法，同时应避免条件过于激烈而导致酶蛋白变性失活。细胞破碎的方法按照是否施加外作用力分为机械破碎法和非机械破碎法两大类，主要有以下几种。

6.2.1.1　渗透压法

渗透压破碎法是细胞破碎最温和的方法之一。将细胞置于低渗透压溶液中，细胞外的水分会向细胞内渗透，使细胞吸水膨胀，最终可导致细胞破裂。如红细胞在纯水中会发生破膜溶血现象。但对于细胞壁由坚韧的多糖类物质构成的植物细胞或微生物细胞，除非用其他方法先将坚韧的细胞壁去除，否则这种方法不太适用。

6.2.1.2　酶溶法

酶溶法是利用酶的专一催化特性，破坏细胞壁上的某些化学键，达到破碎细胞壁的目的。酶溶法分为外加酶法和自溶法两种。外加酶法中，常利用溶菌酶、蜗牛酶、纤维素酶、糖苷酶、蛋白酶或肽键内切酶等水解细胞壁，使细胞壁部分或完全破坏后，利用渗透压冲击等方法破坏细胞膜，导致细胞破碎。溶菌酶适用于革兰氏阳性菌细胞壁的分解，辅以 EDTA 时也可用于革兰氏阴性菌。真核细胞细胞壁的破碎需多种酶的作用，如酵母菌细胞壁的酶解需要蜗牛酶、葡聚糖酶和甘露聚糖酶等。植物细胞壁的酶解则需要纤维素酶、果胶酶等的作用。自溶法是将一定浓度的细胞悬液在适宜的温度与 pH 条件下直接保温，或加入甲苯、乙酸乙酯以及其他溶剂一起保温一定时间，将细胞自身溶胞酶激活，分解细胞壁，达到细胞自溶的目的。这种自溶方法常会造成溶液中成分复杂，溶液黏度比较大，影响过滤速度。而且在细胞壁水解的同时，酶蛋白也可能被水解。

6.2.1.3　化学法

化学法是利用一些化合物处理细胞，改变细胞壁的通透性而导致细胞破碎，释放出胞内物质。酸、碱、表面活性剂、螯合剂、有机溶剂等，均可增大细胞壁通透性，破坏细胞壁，使胞内的酶充分释放出来。但是这种方法易引起酶蛋白的变性或降解。

6.2.1.4　匀浆法

高压匀浆法是利用细胞在一系列的高速运动过程中，经历剪切、碰撞和由高压到常压的变化而导致细胞破碎，这是工业上大规模破碎细胞最常用的方法，常用高压匀浆泵、研棒匀浆器等。动物组织的细胞器不是很坚固、极易匀浆，一般可将组织剪切成小块，再用匀浆器或高速组织捣碎器将其匀质化。高压匀浆泵非常适合于细菌、真菌的破碎，处理容量大，一次可处理几升悬浮液，一般循环 2～3 次就可以达到破碎要求。

6.2.1.5　研磨法

研磨法是利用压缩力和剪切力使细胞破碎。常用的设备有球磨机，将细胞悬浮液与直径小于 1 mm 的小玻璃珠、石英砂或氧化铝等研磨剂混合在一起,高速搅拌和研磨,依靠彼此之间的互相碰撞、剪切使细胞破碎。这种方法需要采取冷却措施,以防止由于消耗机械能而产生过多热量,造成酶变性失活。

6.2.1.6 冻融法

冻融法是将待破碎的细胞冷却至−15～−20℃,然后于室温或 40℃迅速融化,如此反复冻融多次,可达到破坏细胞的作用,此法适用于比较脆弱的菌体。冻结的作用是破坏细胞膜的疏水键结构,增加其亲水性和通透性。另外,由于冰冻,胞内的水形成冰晶,使胞内外浓度突然改变,在渗透压作用下细胞膨胀而破裂。

6.2.1.7 超声波破碎法

超声波破碎法是通过空穴的形成、增大和闭合产生极大的冲击波和剪切力,使细胞破碎。经过足够时间的超声波处理,细菌和酵母菌细胞都能得到很好的破碎。若在细胞悬浮液中加入玻璃珠,时间可以缩短一些。超声波破碎法一次处理的量较大,探头式超声器比水浴式超声器超声效果更好。超声处理的主要问题是超声过程中产生大量的热,容易引起酶活性丧失,所以超声振荡处理的时间应尽可能短,适宜短时多次进行,并且操作过程最好在冰水浴中进行,尽量减小热效应引起的酶失活现象。

6.2.1.8 压榨法

压榨法是在$(1.05\sim3.10)\times10^5$ Pa 的高压下使细胞悬液通过一个小孔突然释放至常压,细胞被彻底破碎。这是一种比较理想的温和、彻底破碎细胞的方法,但仪器费用较高。

目前工业上最常用的是研磨法和匀浆法。

6.2.2 提取

酶的提取是将经过预处理或破碎的细胞置于溶剂中,使待分离的酶分子充分地释放到溶剂中,并尽可能使其保持天然活性状态。提取过程是将目的酶与细胞中其他化合物和生物大分子加以分离,将酶由固相转入液相,或将其从细胞内转入一定的溶液中。

酶的来源不同,提取方法也不相同。从动物组织或体液中提取酶时,处理要迅速,充分脱血后,立即提取或在冷库里冻结,保存备用。动物组织和器官要尽可能地除去结缔组织和脂肪,切碎后放入捣碎机,加入 2～3 倍体积的冷抽提缓冲液,匀浆几次,直至无组织块为止,倾出上清液,即得细胞抽提液。以植物为材料提取酶时,因植物细胞壁比较坚韧,要先采取有效的方法使其充分破碎。植物中含有大量的多酚物质,在提取过程中易氧化成褐色物质,影响后续的分离纯化工作,为防止氧化作用,可以加入聚乙烯吡咯烷酮吸附多酚物质,减少褐变。另外,植物细胞的液泡内含有可能改变抽提液 pH 的物质,因此应选择较高浓度的缓冲液作为提取液。微生物来源的胞外酶可以通过离心或过滤,将菌体从发酵液中分离弃去,所得发酵液通常要浓缩,然后进一步纯化。胞内酶则首先进行细胞破碎,使酶完全释放到溶液中。

由于大多数酶蛋白属于球蛋白,一般可用稀盐、稀酸或稀碱的水溶液抽提酶。稀盐溶液和缓冲液对蛋白质的稳定性好,溶解度大,是提取蛋白质和酶最常用的溶剂。影响酶提取的因素主要有:目的酶在提取溶剂中溶解度的大小;酶由固相扩散到液相的难易程度;溶剂的 pH 和提取时间等。一种物质在某一溶剂中溶解度的大小与该物质分子结构及所用溶剂的理化性质有关。一般极性物质易溶于极性溶剂,非极性物质易溶于非极性溶剂;碱性物质易溶于酸性溶剂，酸性物质易溶于碱性溶剂。温度升高，溶解度加大，远离等电点的pH，溶解度增加。提取时所选择的条件应有利于目的酶溶解度的增加和保持其生物活性。

为了尽可能地将目的酶抽提出来，并防止其变性失活，在酶的抽提过程中，应当注意以下几个问题。

6.2.2.1　pH

酶的溶解度和稳定性与pH相关。pH的调节首先应考虑酶的稳定性，应控制在一定的pH范围内，不宜过酸或过碱，一般pH 6.0～8.0，提取溶剂的pH通常选择偏离等电点的两侧，酸性蛋白酶最好用碱性溶液抽提；碱性蛋白酶最好用酸性溶液抽提，以增加酶蛋白质的溶解度，提高提取效果。例如，胰蛋白酶为碱性蛋白质，常用稀酸溶液提取，而肌肉甘油醛-3-磷酸脱氢酶属酸性蛋白质，则常用稀碱溶液来提取。

6.2.2.2　盐浓度

大多数蛋白质在低浓度的盐溶液中有较大的溶解度，所以，抽提液一般采用类似生理条件下的缓冲液，最常用的为0.02～0.05 mol/L的磷酸缓冲液(pH 7.0～7.5)或0.1 mol/L Tris-HCl缓冲液(pH 7.0～7.5)，0.15 mol/L NaCl溶液(pH 7.0～7.5)等。必要时，缓冲液中可以加入EDTA(1～5 μmol/L)、巯基乙醇(3～20 μmol/L)或蛋白质稳定剂等来防止酶的变性。

6.2.2.3　温度

为防止酶变性，制备具有活性的酶，抽提温度一般控制在0～5℃，尽可能在低温下进行操作。但对少数热稳定性好的酶也可以例外。例如，胃蛋白酶可在37℃条件下保温抽提。

6.2.2.4　搅拌与氧化

搅拌能促使被提取物的溶解，一般采用温和搅拌为宜，速度太快容易产生大量泡沫，增大与空气的接触面，引起酶等物质的变性失活。因为一般蛋白质都含有相当数量的巯基，有些巯基是活性部位的必需基团，若提取液中有氧化剂或与空气中的氧气接触过多，会使巯基氧化为分子内或分子间的二硫键，导致酶活性的丧失。在提取液中加入少量巯基乙醇或半胱氨酸可以防止巯基氧化。

6.2.2.5　抽提液用量

抽提液用量常采用原料量的1～5倍。为了提高抽提效果需要反复抽提时，抽提溶液比例可能稍大一些。

6.2.2.6　其他

细胞破碎后，某些亚细胞结构受到损伤，使抽提系统不稳定，因此有时还需要往抽提液中加入一些物质。例如，加入蛋白酶抑制剂，以防止蛋白酶破坏目的酶；加入半胱氨酸或维生素C、惰性蛋白质及底物等，以防止氧化。

一些和脂类结合比较牢固或分子中非极性侧链较多的蛋白质和酶，难溶于水、稀盐、稀酸或稀碱中，常用不同比例的有机溶剂提取，如乙醇、丙酮、异丙醇、正丁醇等，这些溶剂可以与水互溶或部分互溶，同时具有亲水性和亲脂性，如正丁醇0℃时在水中的溶解度为10.5%，40℃时为6.6%，具有较强的亲脂性，因此常用来提取与脂结合较牢或含非极性侧链较多的蛋白质、酶和脂类。例如，植物种子中的玉米蛋白、麸蛋白，常用70%～80%的乙醇提取，动物组织中一些线粒体及微粒上的酶常用丁醇提取。

有些蛋白质和酶既溶于稀酸、稀碱，又溶于含有一定比例有机溶剂的水溶液中，此时，采用稀有机溶液提取常可防止水解酶的破坏，还具有除去杂质、提高纯化效果的作用。

细胞破碎后，溶酶一般不难抽提。膜结合酶中，有些和颗粒结合不太紧密，在颗粒结构受损时，抽提也不难。例如，α-酮戊二酸脱氢酶、延胡索酸酶，可用缓冲液抽提出来，那些和颗粒结合紧密的酶，常以脂蛋白络合物形式存在，其中有的制成丙酮粉后就可以抽提出来；但有些酶却要使用强烈的手段提取，如琥珀酸脱氢酶要用正丁醇等处理。正丁醇兼有高度的亲脂性和亲水性，能破坏蛋白质间的结合使酶进入溶液。近年来，广泛采用表面活性剂，如胆汁酸盐、吐温、十二烷基磺酸钠等抽提呼吸链酶系。

抽提后的细胞残渣或固体成分可用离心或过滤方式除去，在离心时，加入氢氧化铝凝胶或磷酸钙等物质，有助于除去悬浮的胶体物质。

6.2.3 浓缩

提取液或发酵液的酶蛋白浓度一般很低，如发酵液中酶蛋白浓度一般为0.1%～1.0%。如果要得到一定数量的纯化酶，需要处理的抽提液的体积比较大，不方便操作，通过浓缩可以缩小体积，提高溶液中的酶浓度，一方面提高每一分离提取步骤的回收率；另一方面也可以增加浓缩液中酶蛋白的稳定性。因此，在分离纯化过程中，酶溶液往往需要浓缩。浓缩的方法很多，常用的主要有以下几种。

6.2.3.1 蒸发浓缩法

蒸发浓缩法可分为常压、真空蒸发浓缩两种。常压蒸发浓缩法效率低、加热时间长，加热过程中可能产生一定量泡沫，容易导致酶蛋白变性失活，因此不利于热稳定性差的酶浓缩。另外，在蒸发浓缩过程中还可能出现色泽加深现象，影响产品的质量，所以一般在工业上很少应用。对热敏感性的酶进行浓缩常采用真空蒸发浓缩。目前工业上应用较多的是薄膜蒸发浓缩法。所谓薄膜蒸发浓缩法，即将待浓缩的酶溶液在高度真空下转变成极薄的液膜，液膜通过加热而急速汽化，经旋风汽液分离器将蒸汽分离、冷凝而达到浓缩目的。

6.2.3.2 超滤浓缩法

超滤浓缩法是在加压的条件下，将酶溶液通过一层只允许小分子物质选择性透过的微孔半透膜，酶等大分子物质被截留，从而达到浓缩的目的。这是浓缩蛋白质的重要方法。这种方法不需要加热，更适用于热敏性物质的浓缩，同时它不涉及相变化、设备简单、操作方便，能在广泛的pH条件下操作，因此，近年来发展迅速。国内外已经生产出了各种型号的超滤膜，可以用来浓缩相对分子质量介于250～300 000的蛋白质。

6.2.3.3 冷冻浓缩法

冷冻浓缩法是根据溶液相对纯水熔点升高，冰点下降的原理，将溶液冻成冰，然后缓慢溶解，这样冰块(不含酶)就浮于表面，酶溶解于下层溶液，除去冰块即可达到使酶溶液浓缩的目的。这是浓缩具有生物活性的生物大分子常用的有效方法，但冷冻浓缩会引起溶液离子强度和pH的变化，导致酶活性损失，另外还需要大功率的制冷设备。

6.2.3.4 凝胶过滤浓缩法

凝胶过滤浓缩法是利用Sephadex G-25或G-50等吸水膨胀，使酶蛋白等大分子被排阻在胶外面的原理进行浓缩。通常采用“静态”方式，应用这种方法时，可将干胶直接加入酶溶液中，胶吸水膨润一定时间后，再借助过滤或离心等办法分离出浓缩的酶溶液。凝胶过滤浓缩法的优点是条件温和，操作简便，pH 与离子强度等也没有改变，但是采用此法有可能会导致蛋白质回收率降低。

6.2.3.5 沉淀法

沉淀法是采用中性盐或有机溶剂使酶蛋白沉淀，再将沉淀溶解在小体积的溶剂中。这种方法往往造成酶蛋白的损失，所以在操作过程中应注意防止酶的变性失活。该法的优点是浓缩倍数大，同时因为各种蛋白质的沉淀范围不同，也能达到初步纯化的目的。

6.2.3.6 透析法

透析法是将酶蛋白溶液放入透析袋中，在密闭容器中缓慢减压，水及无机盐等小分子物质向膜外渗透，酶蛋白即被浓缩；也可用聚乙二醇(PEG)涂于装有蛋白质的透析袋上，在 4℃低温下，干粉聚乙二醇(PEG)吸收水分和盐类，大分子溶液即被浓缩。此方法快速有效，但一般只能用于少量样品，成本很高。

6.2.3.7 吸收浓缩法

吸收浓缩法是通过往酶溶液中直接加入吸收剂以吸收除去溶液中的溶剂分子，从而使溶液浓缩。所使用的吸收剂不与溶液起化学反应，对酶蛋白没有吸附作用，容易与溶液分开。吸收剂除去后还能够重复使用。常用的吸收剂有聚乙二醇、聚乙烯吡咯烷酮、蔗糖等。这种方法只适用于少量样品的浓缩。

6.3 酶的纯化

在抽提液中，除了目的酶以外，通常不可避免地混杂有其他小分子和大分子物质。由于酶的来源不同，酶与杂质的性质不尽相同，酶纯化的方法也多种多样。但是任何一种纯化方法都是利用酶和杂质在物理和化学性质上的差异，采取相应的方法和工艺路线，使目的酶和杂质分别转移至不同的相中达到纯化目的。通常酶的分子质量、结构、极性、两性电解质的性质、在各种溶剂中的溶解性以及其对 pH、温度、化合物的敏感性等都是决定酶分离纯化的基本因素。根据酶分离纯化原理的不同，可以将各种分离纯化方法分类如下。

6.3.1 根据酶溶解度不同进行纯化

6.3.1.1 盐析法

盐析法是通过往酶溶液中加入某种中性盐而使酶蛋白形成沉淀从溶液中析出。酶的盐析原理和蛋白质的盐析原理一样。在酶蛋白颗粒的表面，分布着不同的亲水基，这些亲水基吸聚着许多水分子，这种现象称为水合作用，水合作用使酶蛋白分子表面形成一层水膜。水膜的存在使酶分子之间以分离的形式存在。另外，酶蛋白分子中含有不同数目的酸性和碱性氨基酸，其肽链的两端又分别含有自由羧基和氨基，这些基团使酶蛋白颗粒的表面带有一定的电荷，因为相同的电荷相互排斥，也使酶蛋白颗粒以分离的形式存在。所以酶蛋白的水溶液是一种稳定的亲水胶体溶液。如果向溶液中加入一定量的中性盐，因为中性盐的亲水性比酶蛋白的亲水性大，它会结合大量的水分子，从而使酶蛋白分子表面的水膜逐渐消失，同时由于中性盐在溶液中解离出阴、阳两种离子，中和了酶蛋白表面所带的电荷，其分子间的排斥力减弱，于是，酶蛋白颗粒因不规则的布朗运动而互相碰撞，并在分子亲和力的作用下形成大的聚集物，从溶液中沉淀析出。

能够使酶蛋白沉淀的中性盐有硫酸铵、硫酸镁、氯化铵、硫酸钠、氯化钠等，其中效果最好的是硫酸镁，但生产上常用的是硫酸铵。硫酸铵溶解度大，即使在较低的温度下仍有很高的溶解度，盐析时不必加温使之溶解，其饱和溶液可以使大多数酶沉淀，浓度高时也不易引起酶蛋白生物活性的丧失，而且价格便宜。用硫酸铵进行盐析时，溶液的盐浓度通常以饱和度表示，调整溶液的盐浓度有两种方式，以固体粉末或饱和溶液的形式加入。当溶液体积不太大，而要达到的盐浓度又不太高时，为防止加盐过程中产生局部浓度过高的现象，最好添加饱和硫酸铵溶液，浓的硫酸铵溶液的 pH 通常为 4.5～5.5，调节 pH 可用硫酸或氨水。测定溶液的 pH 时，一般应先稀释 10 倍左右，然后再用 pH 试纸或 pH 计测定。当溶液体积很大，盐浓度又需要达到很高时，则可以加固体硫酸铵。加入固体硫酸铵比较经济方便，但所用的固体硫酸铵在使用之前应该经过反复地研细和烘干，并需要在不断搅拌下缓缓加入，以避免局部浓度过高，同时还要注意防止大量泡沫的生成。

pH、温度、蛋白质浓度都会影响酶的分离效果。控制盐析的 pH 有利于提高酶的纯化效果。通常情况下，盐析的 pH 宜接近目的酶的等电点，因为酶蛋白在其等电点附近溶解度小。但某些情况下，酶和杂蛋白能进行结合，形成配合物，从而干扰盐析分离。此时如果控制 $pH<5$ 或 $pH>6$，使它们带相同电荷，就可以减少配合物的形成，但应注意在这种条件下酶的稳定性与盐的溶解度。盐析温度以控制在 4℃左右为宜。低温有利于酶蛋白活性的保持，也可以降低其溶解度，使酶蛋白更易盐析沉淀出来。为了获得较好的盐析效果，还应调节蛋白质的含量，一般来说，蛋白质浓度应在 1 mg/mL 以上，蛋白质浓度太低，如 100 μg/mL 以下，不能形成沉淀。在 200 μg/mL 至 1 mg/mL 范围内，沉淀时间较长，回收率往往不高。经盐析后，沉淀通过离心或压滤与母液分开，收集后的沉淀再溶解于一定的缓冲液中，通过离心除去沉淀，酶溶液再次得到纯化。

对于含有多种酶或蛋白质的混合溶液，可以采用分段盐析的方法进行分离纯化。

盐析法的优点是：操作简便、安全（大多数蛋白质在高浓度盐溶液中相当稳定）、重现性好，适用范围广泛，同时能够达到浓缩蛋白质的目的。其缺点是：分辨率差，纯化倍数低，酶的比活力提高不多，同时还常有脱盐问题，影响后续操作。

6.3.1.2 等电点沉淀法

等电点沉淀法是将溶液 pH 调到酶的等电点，从而使酶沉淀析出。酶是一种两性电解质，所带电荷随 pH 变化而变化，在等电点时，酶蛋白静电荷为零，相同酶蛋白分子间没有了静电排斥作用而凝集沉淀，此时溶解度最小。不同蛋白质具有不同的等电点值，利用蛋白质在等电点时溶解度最小的原理，可以把不同的蛋白质分开。当蛋白质溶液的 pH 被调至目的酶等电点时，绝大部分酶蛋白即被沉淀出来，那些等电点高于或低于此 pH 的蛋白质仍保留在溶液中。经离心分离出沉淀后再用一定的缓冲液将目的酶溶解，被纯化的酶蛋白仍保持其天然构象，酶活性不会受到破坏。

当所需 pH 与提取缓冲液的 pH 相差甚远时，等电点沉淀法是很好的选择。例如，碱性蛋白质可在酸性条件下溶解并在高 pH 条件下沉淀，而酸性蛋白质可在碱性条件下溶解并在低 pH 条件下沉淀。具有中性等电点的蛋白质在中性 pH 附近溶解，这时可用等渗的或略微高渗的缓冲液，有可能仅仅通过把缓冲液稀释到较低的离子强度就能沉淀这种蛋白质。

当样品中杂蛋白种类较多时，可以调节 pH，使蛋白质在等电点状态下沉淀，也可使该种蛋白质两侧带相反电荷的杂蛋白形成复合物沉淀，从而除去杂蛋白。

由于蛋白质在等电点时仍有一定的溶解度，沉淀往往不完全，故一般很少单独使用，常需要与其他方法配合使用。

6.3.1.3　有机溶剂沉淀法

有机溶剂沉淀法是将一定量的、能够与水相混合的有机溶剂加入酶溶液中，利用酶蛋白在有机溶剂中的溶解度不同，使目的酶和其他杂质分开。在溶液中加入与水互溶的有机溶剂，可显著降低溶液的介电常数，酶分子相互之间的静电作用加强，分子间引力增加，从而导致酶溶解度下降，形成沉淀从溶液中析出。有机溶剂另外一个作用是能够破坏酶蛋白分子周围的水化层，使失去水化层的酶蛋白分子因不规则的布朗运动而互相碰撞，并在分子亲和力的影响下结合成大的聚集物，最后从溶液中沉降析出。

有机溶剂的种类和使用量、pH、温度、时间、溶液中的盐类等均会影响酶的纯化效果。所选择的有机溶剂必须能与水完全混合，并且不与酶蛋白发生反应，要有较好的沉淀效应，溶剂蒸气无毒且不易燃烧。用于酶蛋白纯化的有机溶剂中，以丙酮的分离效果最好，而且不容易引起酶失活。

当溶液中存在有机溶剂时，酶蛋白的溶解度随温度的下降而显著降低，大多数蛋白质遇到有机溶剂很不稳定，特别是温度较高的情况下，极易变性失活，因此应尽可能在低温下进行操作，这样不但可以减少有机溶剂的用量，还可以减少有机溶剂对酶的影响。一般分离纯化过程适宜在 0℃以下进行。有机溶剂也最好预先冷却到 −20～−15℃，并在搅拌下缓慢加入。沉淀析出后应尽快在低温下离心分离，获得的沉淀还应立即用冷的缓冲液溶解，以降低有机溶剂的浓度。

由于蛋白质处于等电点时溶解度最小，因此采用有机溶剂沉淀法分离酶蛋白也多选择在接近目的酶的等电点条件下进行。

中性盐在大多数情况下能增加蛋白质的溶解度，并且能减少对酶变性的影响。在用有机溶剂进行分级沉淀时，如果适当地添加某些中性盐，有助于提高分离效果。但盐浓度一般不宜超过 0.05 mol/L，否则会使蛋白质过度析出，不利于沉淀分级，甚至不能形成沉淀。

当蛋白质浓度太低时，如果有机溶剂浓度过高，很可能造成酶变性，这时加入介电常数大的物质（如甘氨酸）可避免酶蛋白的变性。

有机溶剂沉淀法的优点是分辨率高，溶剂容易除去。缺点是酶蛋白在有机溶剂中一般不稳定，容易变性失活。

6.3.1.4　共沉淀法

共沉淀法就是利用高分子物质在一定条件下能与蛋白质直接或间接地形成络合物，使蛋白质分级沉淀以达到纯化的目的。除了盐和有机溶剂能沉淀蛋白质外，一类大分子质量的非离子型聚合物，如聚乙二醇、聚丙烯酸、聚乙烯亚胺、单宁酸、硫酸链霉素以及离子型表面活性剂（如十二烷基磺酸钠）等也可以沉淀蛋白质。

非离子型聚合物如聚乙二醇，当其相对分子质量大于 4 000 时，20%的浓度（m/V）能够非常有效地沉淀蛋白质，虽然与蛋白质共同沉淀下来的聚乙二醇通过过滤和透析均不能除去，但它的存在对蛋白质本身无害，并且不影响盐析、离子交换、凝胶过滤等后续操作。

聚丙烯酸可用来沉淀带正电的蛋白质,因为聚丙烯酸上带有大量的羧基,碱性蛋白质带有碱性基团,两者结合形成很大的颗粒沉淀下来。加入钙离子后,聚丙烯酸形成钙盐,使蛋白质游离出来,从而使蛋白质纯化。

6.3.1.5 双水相萃取法

双水相萃取技术是利用酶和杂蛋白在不混溶的两液相系统中分配系数的不同而达到分离纯化目的。这是近几年发展起来的非常有前途的新型分离技术,用该法分离提取的酶已达数十种之多。双水相萃取的原理是将两种不同水溶性聚合物的水溶液混合,当聚合物达到一定浓度时,体系自然分成互不相溶的两相,从而构成双水相体系。双水相体系的形成是由于聚合物的空间位阻作用,相互间无法渗透,具有强烈的相分离倾向。近年来发现很多聚合物和盐(如 PEG/葡聚糖体系和 PEG/磷酸盐体系)也能形成双水相。当生物分子进入双水相体系后,由于其表面性质、电荷作用以及各种次级键作用力的存在,使其在上下相之间按其分配系数进行选择性分配。在很大浓度范围内,要分离物质的分配系数与浓度无关,只与其本身的性质和双水相体系的性质有关。

双水相萃取特别适用于直接从含有菌体等杂质的酶液中分离纯化目的酶。该技术还可以和其他分离方法结合使用,以提高分离效率。

双水相萃取主要优点是在所形成的两相中均含有70%以上的水,这样的环境对于蛋白质而言比较温和,而且处理量不受限制。聚乙二醇和葡聚糖这类物质可作为蛋白质的稳定剂,即使在常温下操作,酶活力也很少损失。双水相萃取所需要的设备简单,仅需要一个能使酶抽提液与两相系统充分混合的贮罐和一个离心力不高的普通离心机或使两相快速分离的分离器。操作方便、快速,回收率一般可达80%~90%,而且可迅速实现酶蛋白与菌体、细胞碎片、多糖、脂类等物质的分离。

6.3.1.6 反胶团萃取法

反胶团萃取法是向水中加入表面活性剂,水溶液的表面张力随表面活性剂浓度的增大而下降。当表面活性剂浓度达到一定值后,将会发生表面活性剂分子的缔合,形成水溶性胶团,在有机相内形成分散的亲水微环境,使生物分子在有机相(萃取相)内存在于反胶团的亲水微环境中,消除了蛋白质难溶于有机相或在有机相中发生不可逆变性的现象。通过控制 pH、离子强度、有机溶剂的种类以及表面活性剂的种类和浓度等条件,可以改变蛋白质在两相中的分配系数,不同蛋白质表面电荷的不同,使其在两相中的分配系数不同,从而达到分离的目的。反胶团萃取的研究开始于20世纪70年代末期,虽然发展历史比较短,技术还不够成熟,但该法在一些研究工作中已经得到了很好的应用。例如,以 CTAB/正丁醇/异辛烷构成反胶团系统,通过反胶团萃取方式纯化α-淀粉酶。

6.3.2 根据酶分子大小、形状不同进行纯化

6.3.2.1 凝胶层析法

凝胶层析法(gel chromatography)又称分子筛过滤法、凝胶过滤法等。凝胶层析法是利用含酶混合物随流动相流经装有凝胶作为固定相的层析柱时,混合物中的各种成分因分子质量大小不同而被分离。

当含有各种物质的酶溶液缓慢流经凝胶作为固定相的层析柱时,各种物质在柱内同时进

行着两种不同的运动,即垂直向下的运动和无定向的扩散运动。大分子物质由于直径较大,不容易进入凝胶颗粒的微孔,只能沿着凝胶颗粒的间隙向下运动,所走的路线比较短,所以下移的速度比较快。小分子的物质除了在凝胶颗粒的间隙扩散之外,还可以进入凝胶颗粒的微孔之中,即进入凝胶相内。在向下移动的过程中,这些小分子物质从凝胶内扩散至凝胶颗粒间隙后再进入另一凝胶颗粒,它们能够自由进出凝胶颗粒内外,所走的路线长而曲折,所以下移的速度比较慢。如此不断地进入和扩散的结果,必然使小分子物质的下移速度落后于大分子物质,从而使溶液中各种物质按照分子质量的大小不同依次流出柱外,达到酶分离纯化的目的(图 6-1)。

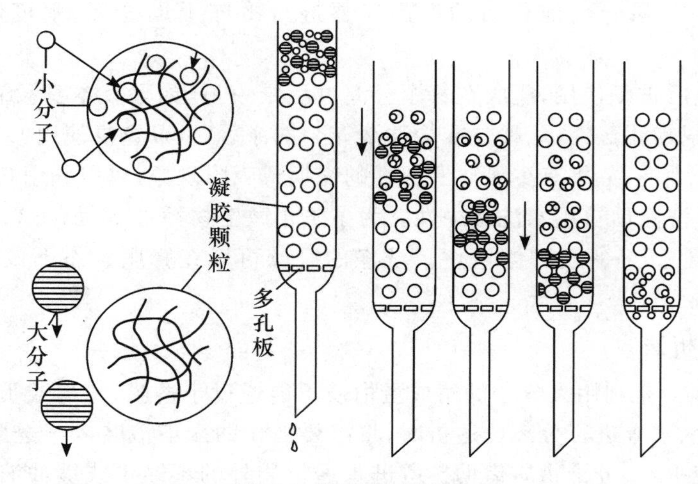

图 6-1　凝胶层析原理

凝胶是一类具有三维空间结构的多层网状大分子化合物,凝胶有天然凝胶和人工合成凝胶两种。天然凝胶包括马铃薯淀粉凝胶、琼脂和琼脂糖凝胶等。人工合成凝胶包括聚丙烯酰胺凝胶和交联葡聚糖凝胶等。凝胶都有很高的亲水性,能在水中膨润。膨润后的凝胶具有一定的弹性和硬度,并有很高的化学稳定性,在盐和碱溶液中都很稳定,可应用于 pH 4.0～9.0 的范围。但是,如果在 pH 2.0 以下的酸性条件下长时间处理,凝胶则可能被水解破坏。凝胶对氧化剂也比较敏感。凝胶都没有易于解离的基团,因此很少发生非专一性吸附的现象。

虽然凝胶种类比较多,但是目前以葡聚糖凝胶最为常用。它是由相对分子质量几万到几十万的葡聚糖凝胶通过环氧氯丙烷交联而成的网状结构大分子物质,可以分离相对分子质量为 1 000～500 000 的分子。其商品名是 Sephadex G,有各种不同型号,G 后面的数字表示每克干胶吸水量(吸水值)的 10 倍。聚丙烯酰胺凝胶是以丙烯酰胺为单体,通过 *N*,*N*-甲叉双丙烯酰胺为交联剂共聚而成的凝胶物质。商品名是 Bio-Gel P,也有各种不同型号,P 后面的数字乘以 1 000 表示其分离的最大分子质量。

商品凝胶必须经充分溶胀后才能使用,否则影响分离效果。将干燥凝胶在水或缓冲液中浸泡、搅拌后,静置一段时间,倾去上层混悬液,除去过细粒子,反复数次,直至上层澄清为止。凝胶在使用之前需要浸泡 2 d。加热煮沸能加速溶胀过程。装柱后上样前要用缓冲液充分洗涤,使溶剂和凝胶达到平衡状态,这个过程大约需要 8 h。扩展时需要控制合适的流速,商品凝胶一般有各自的推荐流速,一般要求流速保持在 0.1～0.3 mL/min 范围内,在凝胶层析过程中要保证流速稳定。

到目前为止，洗脱液中蛋白质的检测仍然是采用核酸蛋白质检测仪，即在线检测流出液在260～280 nm处的吸光值，对于酶溶液还可以通过离线检测酶活力，以确定目的酶出峰时间。

凝胶层析法对溶液浓度没有太严格的要求，但浓度高时有利于提高分辨效率。如果溶液中含有黏性成分则有可能导致分离效果变差。因为溶液的体积对分离效果的影响比较大，所以在层析之前，应该尽可能地将溶液进行浓缩，减少体积，一般不宜超过柱体积的2%。

洗脱液的组成一般不直接影响层析效果。通常不带电荷的物质可用蒸馏水洗脱，带电荷的物质可用磷酸盐之类的缓冲液洗脱，离子强度应控制在0.02 mol/L左右，pH由酶的稳定性和溶解度决定。如果分离纯化后的产品还要进行冷冻干燥处理，则可使用挥发性的缓冲液。

凝胶可以再生后重复使用，凝胶在每个分离过程结束后，如果胶本身没有变化，一般无须特殊的再生处理，只需用蒸馏水、稀盐或缓冲液充分洗涤后，可以重复使用。如果有尘埃污染，可以用反向上行法漂洗；如果有少量非专一性的交换或吸附现象，可以先用0.1 mol/L HCl或0.1 mol/L NaOH洗涤后再用水洗至中性。为了防止微生物污染，可加入0.02%叠氮钠抗菌剂流洗，也可保存于20%的乙醇溶液中。洗涤的凝胶可以在膨胀状态下放置于冰箱中长期保存。

6.3.2.2 透析法

透析法(dialysis)是利用大分子的酶或蛋白质不能通过半透膜，将酶或蛋白质和其他小分子的物质如无机盐、水等进行分离。透析时，将需要纯化的酶溶液装入半透膜的透析袋中，放入蒸馏水或缓冲液中，小分子物质借助扩散进入透析袋外的蒸馏水或缓冲液中。通过更换透析袋外的溶液，可以使透析袋内的小分子物质浓度降至最低。

透析通常不单独作为纯化酶的一种方法，但它在酶的分离纯化过程中却经常被使用，通过透析可除去酶液中的盐类、有机溶剂、水等小分子物质。此外，采用聚乙二醇、蔗糖反透析还可对少量酶进行浓缩。

对相对分子质量小于10 000的酶溶液进行透析时，有可能存在泄漏的危险。透析袋在使用之前最好在EDTA-$NaHCO_3$溶液中加热煮过，以便除去生产过程中混入的有害杂质，还特别要注意检查膜有无破损、泄漏之处，然后才能装入待透析液，两头扎紧，进行透析。一般在透析过程中，透析液需要更换3～5次。透析袋使用之后，一般可用清水冲洗干净，再次检查透析膜是否完好无损，最后浸泡于75%的乙醇溶液中备用。

6.3.2.3 超滤法

超滤法(ultrafiltration)是在一定压力(正压或负压)下将溶液强制性通过一固定孔径的膜，使溶质按分子质量、形状、大小的差异得到分离，所需要的大分子物质被截留在膜的一侧，小分子物质随溶剂透过膜到达另一侧。这种方法在分离提纯酶时，既可直接用于酶的分离纯化，又可用于纯化过程中酶液的浓缩。

近20年来，超滤已成为膜分离中发展最快的一种技术，应用范围非常广泛。用超滤膜进行分离纯化时，超滤膜应具备以下条件：①有较大的透过速率和较高的选择性；②有一定的机械强度，能够耐热、耐化学试剂；③不容易遭受微生物的污染；④价格低廉。

表征超滤膜分离透过性能的参数主要有下列几个。

1. 水通量

在一定工作压力、温度下，单位面积或单个组件在单位时间内所透过的水量。膜的水通量除了与温度、压力因素有关外，还取决于膜材料、膜的形态结构等物化性能，另外与操作条件、溶液的性质也有密切关系。

2. 截留分子质量与截留率

商品超滤膜多用截留分子质量或相近孔径的大小来表明产品的截留性能。截留分子质量是指能被膜截留住的溶质中最小溶质的分子质量。截留率指溶液中被膜截留的特定溶质的量占溶液中该物质总量的比率。

常用超滤膜的截留相对分子质量的范围为1 000～1 000 000。对具有相同分子质量的线形分子物质和球形蛋白质类分子，截留率大于或等于90%。截留率不仅取决于溶质分子的大小，还与下列因素有关：①分子的形状，线形分子的截留率低于球形分子；②吸附作用，如果溶质分子吸附在孔道壁上，会降低孔道的有效直径，因而使截留率增大；③其他高分子物质的存在可能导致浓度极化层的出现，而影响小分子的截留率；④温度的升高和浓度的降低也会引起截留率的降低。

制造超滤膜的材料很多，对膜材料的要求是具有良好的成膜性、热稳定性、化学稳定性、耐酸碱性、微生物侵蚀性和抗氧化性，并且具有良好的亲水性，以得到高的水通量和抗污染能力。目前超滤膜通常用聚砜、纤维素等材料制成，使用时一定要注意膜的正反面，不能混淆。超滤膜在使用后要及时清洗，一般可用超声波、中性洗涤剂、蛋白酶液、次氯酸盐及磷酸盐等处理，使膜基本恢复原有水通量。如果超滤膜暂时不再使用，可浸泡在加有少量甲醛的清水中保存。

超滤法的优点是超滤过程无相的变化，可以在常温及低压下进行分离，条件温和，不容易引起酶蛋白变性失活，因而能耗低；设备体积小，结构简单，故投资费用低，易于实施；超滤分离过程只是简单的加压输送液体，工艺流程简单，易于操作管理，适合于大体积处理。缺点是只能达到粗分的要求，只能将分子质量相差10倍的蛋白质分开。

6.3.3 根据酶分子电荷性质进行纯化

6.3.3.1 离子交换层析

离子交换层析(ion exchange chromatography，IEC)是根据被分离物质与所用分离介质间异种电荷的静电引力不同来进行分离。各种蛋白质分子由于暴露在分子外表面的侧链基团的种类和数量不同，在一定的离子强度和pH的缓冲液中，所带电荷的情况也不相同。如果在某pH时，蛋白质分子所带正负电荷量相等，整个分子呈电中性，这时pH即为该蛋白质的等电点。与蛋白质所带电荷性质有关的氨基酸主要有组氨酸、精氨酸、赖氨酸、天冬氨酸、谷氨酸、半胱氨酸以及肽链末端氨基酸等。例如，当pH＜6.0时，天冬氨酸和谷氨酸的侧链带有负电性，当pH＞8.0时，半胱氨酸的侧链由于巯基的解离，也带负电荷，如果pH＜7.0，组氨酸残基带正电荷，大多数蛋白质等电点多在中性附近，因而层析过程可以在弱酸或弱碱条件下进行，避免了离子交换时pH急剧变化而导致蛋白质变性。

离子交换作用是在固定相和流动相之间发生的可逆的离子交换反应。蛋白质的离子交换过程分为2个阶段：吸附和解吸附。吸附在离子柱上的蛋白质可以通过改变pH或增强离子强度，使加入的离子与蛋白质竞争离子交换剂上电荷位置，从而使吸附的蛋白质与离子交换剂解离。不同蛋白质与离子交换剂形成的键数不同,即亲和力大小有差异,因此只要选择适当的洗脱条件,就可将蛋白质混合物中的组分逐个洗脱下来,达到分离纯化的目的。

离子交换剂的母体是一种不溶性高分子化合物,往往亲水性比较高,一般不会引起生物分子变性失活,如树脂、纤维素、葡聚糖等,其分子中引入了可解离的活性基团,这些基团在水溶液中可与其他阳离子或阴离子起交换作用。按照母体的不同可将离子交换剂分为以下 3 类。

(1) 离子交换树脂以聚苯乙烯树脂等为母体,再导入相应的解离基团而成。具有疏水的基本骨架,易导致蛋白质变性,交换容量低,一般只有以羟基为解离基团的弱酸性树脂,个别对酸碱较稳定的酶也曾用强酸型或强碱型交换树脂。

(2) 离子交换纤维素是目前酶的纯化中用得较多的交换剂,它是以亲水的纤维素为母体,引入相应的交换基团后制成。交换容量较大,交换速率也较高。缺点是易随交换介质 pH、离子强度的改变而发生膨胀、收缩。

(3) 离子交换凝胶以葡聚糖凝胶或琼脂糖凝胶为母体,导入相应的交换基团后制成。交换容量比离子交换纤维素还要大,同时具有分子筛的作用。其缺点是易随缓冲液 pH 和离子强度的不同而改变其交换容量、容积和流速。

按照离子交换基的不同又可以分为阳离子交换剂和阴离子交换剂;按照结合力的不同分为强离子交换剂和弱离子交换剂。能与阳离子发生离子交换的称为阳离子交换剂,其活性基团为酸性;与阴离子发生交换作用的称为阴离子交换剂,其活性基团为碱性。解离基团为强电离基团的称为强离子交换剂,而带有弱解离基团的称为弱离子交换剂。分离时应根据吸附蛋白质的性质来选择交换剂种类。如羧甲基是弱酸性阳离子交换剂,磺酸基是强阳离子交换剂。二乙氨乙基纤维素(DEAE)是弱碱性阴离子交换剂,季铵离子是强阴离子交换剂。

离子交换层析的操作过程一般包括 3 个环节:加样、洗涤和洗脱,其中每一个环节都包含着酶和杂蛋白的分离。

(1) 加样。用缓冲液将柱料充分平衡后,即可上样,由于吸附过程是靠离子键的作用,所以这一过程能够瞬时完成,加样时流速并没有特殊要求。

(2) 洗涤。在与加样条件相同的情况下,使相同的缓冲液继续流过色谱柱,以洗脱一些不是通过离子吸附键作用滞留在柱中的杂蛋白,以提高分离效果。

(3) 洗脱。当洗脱液中加入一定浓度的盐(多采用氯化钠)时,蛋白质即可与离子交换剂发生解离。主要有 3 种洗脱法:恒定溶液洗脱、逐次洗脱和梯度洗脱。

恒定溶液洗脱时,样品体积应控制在柱床体积的 1%~5%。色谱柱应细长些,高径比为 20 左右,这种方法所用的洗脱液体积往往比较大。

逐次洗脱是指用几个不同浓度梯度的盐溶液逐次洗脱,而梯度洗脱则借助梯度混合仪使洗脱液中的盐浓度成线性升高。一个容器装有低浓度盐溶液,另一个容器装有高浓度盐溶液,开始洗脱时,洗脱液中盐浓度与低浓度盐溶液相同,随着洗脱液中离子强度的增加,蛋白质与树脂上的解离基团之间的作用力逐渐降低,不同的蛋白质由于结合力不同,而被分别洗脱下来。

离子交换柱的柱长通常为柱径的 4~5 倍。在装柱前交换剂应充分溶胀(在 10 倍量的蒸馏水中溶胀一夜或在 100℃沸水浴中溶胀 1 h 以上),清洗除去过细粒子,然后用 2~3 倍量的 0.5 mol/L HCl 和 0.5 mol/L NaOH 溶液进行循环转型,每次转型至少维持 10~15 min。对于阳离子交换剂,转型次序为酸—碱—酸,而阴离子交换剂则为碱—酸—碱,经平衡缓冲液平衡，即可进行层析操作。加入柱中的蛋白量一般为柱中交换剂干重的0.1～0.5倍，样品体积也尽可能小，以得到理想分离效果。洗脱时，可以通过提高洗脱液的离子强度、减弱蛋白质分子与载体亲和力的方法，逐一洗脱各蛋白质组分，也可改变洗脱液的pH，使蛋白质分子的有效电荷减少而被解吸洗脱。

使用过的离子交换剂可用2 mol/L NaCl彻底洗涤，阳离子交换剂转成H^+型或盐型储存，弱碱性阴离子交换剂以OH^-型储存，中等和强碱性阴离子交换剂以盐型储存，并且加入适当的保存剂。

酶的稳定性是选择离子交换剂的依据。因为酶蛋白是两性电解质，处于不同的pH时，它可以带正电，也可以带负电，因此既可选用阳离子交换剂，也可选用阴离子交换剂。如果目的酶在低于其pI(等电点)的pH条件下更稳定，应选用阳离子交换剂，如果目的酶在高于其pI的pH条件下更稳定，宜采用阴离子交换剂。如果目的酶既可用强型交换剂，也可以用弱型交换剂，那么应优先选择弱型。但如果目的酶$pI<6.0$或$pI>9.0$，则应考虑强型交换剂，因为只有强型交换基团能在广泛的pH范围内保持完全解离状态，而弱型交换基适用的pH范围较窄，多数弱型的阳离子交换剂在$pH<6$或弱型阴离子交换剂在$pH>9$时不带电荷，已经失去交换能力。

如果要分离的蛋白质需要很高浓度的盐才能洗脱下来，可以改换较弱的离子交换剂，改变pH也可能解决问题，对于阳离子交换，提高pH将会降低洗脱蛋白质所需的盐浓度。对于阴离子交换，则降低pH会产生类似的效果。相反，如果要分离的蛋白质即使在很低的离子强度下也不能被交换剂所保留，那就要用较强的交换剂或调节pH。

不同离子交换剂对流速的要求不同，纤维素的流速一般低于凝胶，Sepharose交换剂兼有高流速和高交换容量的优点。

缓冲液的选择原则是它不与离子交换剂发生相互作用，即阳离子交换剂用阴离子缓冲液，阴离子交换剂用阳离子缓冲液，否则缓冲液离子参与离子交换反应，影响溶液pH的稳定。例如，用阴离子交换剂选择Tris缓冲液，用阳离子交换剂选择磷酸缓冲液。缓冲液还要选择合适的pH和离子强度。选择比洗脱点低至少0.1 mol/L的盐浓度是合适的，pH选择在与酶蛋白等电点相差一个单位处，效果比较好。

离子交换层析是目前仅次于盐析的一种分离纯化方法。它适用面广，几乎所有的蛋白质都可以用该法分离，分辨率很高；一次可以处理大体积的样品，从而避免浓缩的步骤；分离纯化所用时间比较短，而收率比较高。

6.3.3.2　电泳

电泳(electrophoresis)是根据各种蛋白质在解离、电学性质上的差异，利用其在电场中迁移方向与迁移速度的不同进行纯化的一种方法。根据电泳使用的技术不同又可分为显微电泳、免疫电泳、密度梯度电泳、等电聚焦电泳等。根据电泳的方向分为水平电泳和垂直电泳。根据电泳的连续性分为连续性电泳和不连续性电泳。根据有无支持物分为自由界面电泳和区带电泳。自由界面电泳是利用胶体溶液的溶质颗粒经过电泳以后，在溶液和溶剂之间形成界面，从而达到分离的目的。区带电泳是样品在惰性支持物上进行电泳的过程，因为支持物的存在减少了界面之间的扩散和干扰，而且多数支持物还具有分子筛的作用，提高了电泳的分辨率，区带电泳简单易行，成为目前应用较多的重要电泳技术。而区带电泳根据所用支持物的不同又分为纸电泳、琼脂糖凝胶电泳以及聚丙烯酰胺凝胶电泳等。

1. 聚丙烯酰胺凝胶电泳

聚丙烯酰胺凝胶电泳(polyacrylamide gel electrophoresis,PAGE)是最常用的电泳方法,这种电泳具有分子筛效应,因而可以达到很高的分辨率。常用的聚丙烯酰胺凝胶电泳以不连续方式进行,也就是电泳的胶与缓冲体系都具有不连续性,称为 disc 电泳。由于它的不连续性导致样品在电泳分离过程中被浓缩成圆盘状薄层,从而显示了很高的分辨率。这种电泳由 3 部分组成:样品胶、成层胶和分离胶。样品胶和成层胶的孔径与缓冲介质都相同,而分离胶的孔径较前两者小。电泳开始后,先行离子超前流动,并在它的后面留下一低离子浓度的低电导区。这种低电导区导致高电位梯度的产生,迫使尾随离子加速泳动,在高、低电位区间构成迁移快的界面,同时样品离子被压缩于界面中形成圆盘状薄层。由于样品中各组成成分所带的电荷不同,迁移率也不同,当样品离子和尾随离子进入分离胶后,由于其间的 pH 有利于尾随离子的解离,故它的迁移率显著增大,并迅速超过样品离子,导致高的电位梯度消失,样品开始在具有均一电场的分离胶中按照解离状况接受电泳分离。由于分离胶孔径较小,样品同时受到分子筛效应的控制,静电荷相同的蛋白质也能得到进一步分离,故而分辨率高。为了进一步提高其分辨率,又发展了 SDS-聚丙烯酰胺凝胶电泳等,SDS 是一种阴离子去垢剂,它能与蛋白质结合,破坏蛋白质分子内部和分子间以及与其他物质间的次级联系,使蛋白质变性;通常每克蛋白质约能结合 1.4 g SDS,从而使蛋白质所带的负电荷远超过蛋白质原有电荷数,消除了不同蛋白质原有的荷电差异;再加上结合了 SDS 的蛋白质都是椭圆状,没有大的形状差异,因此蛋白质电泳迁移率仅取决于蛋白质的分子质量。SDS-聚丙烯酰胺凝胶电泳主要用于蛋白质的纯度分析和分子质量测定。

2. 等电聚焦电泳

等电聚焦电泳(isoelectric focusing)是利用蛋白质两性电解质具有等电点,在等电点的 pH 下呈电中性,不发生泳动的特点而进行的电泳分离。在电泳设备中首先调配连续的 pH 梯度,然后使蛋白质在电场作用下泳动到与各自等电点相等的 pH 区域而不再继续泳动,从而形成具有不同等电点的蛋白质区带。

这种技术的关键是调配稳定的连续 pH 梯度。一般采用氨基酸混合物或氨基酸聚合羧酸的缓冲液。如已经商业化的载体 Ampholine 为数百种组分的混合物,各组分具有不同的等电点,一般有 3 种 pH 梯度范围供选择 pH 4.0～6.0、pH 8.0～10.0、pH 9.0～11.0。

一般电泳容易受溶质扩散的影响,而等电聚焦电泳不存在这个问题,因此它的分离性能极高。但等电聚焦电泳也存在一些缺点,如载体两性电解质对产品产生污染、pH 梯度的稳定性不高、操作过程容易发生凝胶脱水起皱等现象。

3. 毛细管电泳

毛细管电泳(capillary electrophoresis)是利用毛细管为电泳装置,其内径为 25～200 μm,长度约为 100 cm,壁厚约为 200 μm。它是离子或带电粒子在直流电场的驱动下,在毛细管中按其淌度或分配系数的不同而进行的一种高效、快速分离的电泳新技术。在毛细管和电泳槽内充满相同组成或相同浓度的缓冲液,样品从毛细管的一端加入,在毛细管两端加上一定的电压后,电荷溶质便朝其电荷极性相反的电极方向移动。由于样品中各组分间的淌度不同,其迁移速度各不相同,经一定时间电泳后,各组分按其速度或淌度的大小顺序,依次到检测器被检出。用峰谱的迁移时间(保留时间)可做定性分析;按其峰的高度(h)或峰面积可做定量分析。

毛细管电泳具有高效、快速、样品用量少等优点,同时自动化程度高、操作简便、溶剂消耗少、环境污染少。毛细管电泳管道微细,能够有效抑制电泳操作过程中对流和混合的发生,分离精度高;毛细管的比表面积大,设备比较容易冷却;传统的电泳技术受焦耳热限制,只能在低电场下进行电泳操作,分离时间长,分辨率低,分辨效果受到制约。而毛细管具有良好的散热功能,由于毛细管的散热速度快,所以操作电场强度可达 100~300 V/cm,电泳速度快,分离时间短;加样量少(不足 1 μL),样品浓度可以很低,10^{-4} mol/L 即可。毛细管电泳是近年来发展很快的一种分离分析技术。

6.3.3.3 聚焦层析

聚焦层析(chromatofocusing)是在层析柱中填满多缓冲交换剂(如 pH 7~9),加样后以特定的多缓冲剂滴定或淋洗时,随着缓冲液的扩展,便在层析柱中形成一个自上而下的 pH 梯度,而样品中各种蛋白质按各自的等电点聚焦于相应的 pH 区段,并随 pH 梯度的扩展不断下移,最后便分别从层析柱中洗出。它是将层析技术的操作方法与等电聚焦的原理相结合,兼具有等电聚焦电泳的高分辨率和柱层析操作简便的优点。

6.3.4 根据酶分子专一亲和作用进行纯化

由于酶对底物、竞争性抑制剂、辅酶等配体具有较高的亲和力,而其他杂蛋白对此没有或有很弱的亲和作用,因此,可以根据酶、杂蛋白对配体亲和力的差异,很容易地将酶分离出来。目前已建立的方法有亲和层析法、亲和电泳法等。

6.3.4.1 亲和层析法

亲和层析法(affinity chromatography)是利用酶分子具有专一性结合位点或独特的结构性质进行分离的一种方法,其特点是分离效率高、速度快。酶的底物、抑制剂、辅因子、别构因子,以及酶的特异性抗体等都可作为酶蛋白的亲和配体,将这些亲和配体偶联于载体上,就制成了亲和吸附剂。当酶溶液流过层析柱,目的酶便迅速而有选择性地吸附在亲和配体上,然后用适当的溶液进行洗涤,除去一些非专一性的杂质后,再用浓度高或亲和力强的配体溶液进行亲和洗脱,酶就从层析柱的载体上脱离并流出柱外。

吸附剂的种类很多,可以分为无机吸附剂和有机吸附剂。吸附剂通常由一些化学性质不活泼的多孔材料制成,比表面积大。常用的吸附剂包括硅胶、活性炭、磷酸钙、碳酸盐、氧化铝、硅藻土、泡沸石、陶土、聚丙烯酰胺凝胶、葡聚糖、琼脂糖、菊糖、纤维素等。在吸附剂上连接亲和基团就制成了亲和吸附剂。

6.3.4.2 免疫吸附层析

免疫吸附层析(immunoadsorption chromatography)是根据抗原和抗体具有高度专一亲和作用,可以将某种酶的抗体连接到不溶性载体上,再利用带抗体的层析柱分离纯化相应的酶。这种方法在酶的分离纯化过程经常使用。用传统方法从一个生物种属中得到少量的纯酶(如 0.1 mg),利用它在另一种属(通常为兔子、羊或鼠)中产生多克隆抗体,这些抗体由于各自识别酶的不同抗原决定簇,因此与酶的亲和力大小也不一样。抗体经纯化后,偶联到溴化氰活化的 Sepharose 上,即可用于从混合物中分离出酶抗原。

6.3.4.3 亲和超滤

亲和超滤(affinity ultrafiltration)是把亲和层析的高度专一性与超滤技术的高处理能力

相结合的一种新的分离方法。需要提纯的粗酶自由存在于抽提液中时,可以顺利通过截留分子量较大的超滤膜。但当酶与大分子亲和配体结合,形成酶一配体复合物后,由于其分子量远大于超滤膜的截留分子量,因而被截留。提取液中其他未被结合的组分仍可顺利通过超滤膜,分离出上述复合物后洗去杂质,再用合适的洗脱液洗脱,使酶解吸下来;然后再通过一次超滤膜,把大分子配体分离出来,供再生使用。透过的酶液再经截留分子量小的超滤膜进行浓缩。

6.3.4.4 亲和沉淀

亲和沉淀(affinity precipitation)是将生物亲和作用与沉淀分离相结合的一种蛋白质分离纯化技术。根据亲和沉淀的机理不同,可以分为一次作用亲和沉淀和二次作用亲和沉淀。

1. 一次作用亲和沉淀

水溶性化合物分子上偶联有两个或两个以上的亲和配基,前者称为双配基,后者称为多配基。双配基或多配基可与含有两个以上亲和部位的多价蛋白质产生亲和交联,从而形成较大的交联物而沉淀析出。

2. 二次作用亲和沉淀

利用一种特殊的载体固定亲和配基来制备亲和沉淀介质,这种载体在改变 pH、离子强度、温度和添加金属离子时溶解度会下降,形成可逆性沉淀的水溶性聚合物。亲和介质与目的酶分子结合后,通过改变条件使介质与目的酶共同沉淀的方法称为二次作用亲和沉淀。进行亲和沉淀后,再通过离心或过滤回收沉淀,即可除去未沉淀的杂蛋白,沉淀经过适当清洗或加入洗脱剂即可回收纯化的目的产物。

6.3.5 高效液相层析法

高效液相层析法也称高效液相色谱法(high performance liquid chromatography, HPLC),其分离原理与经典液相色谱相同,但是,由于它采用了高效色谱柱、高压泵和高灵敏度检测器,因此,它的分离效率、分析速度和灵敏度大大提高。高效液相色谱仪由输液系统、进样系统、分离系统、检测系统和数据处理系统组成。

HPLC 按分离机理不同,可以分为体积排阻色谱、离子交换色谱、反相色谱及高效疏水作用色谱。

6.3.5.1 体积排阻色谱

体积排阻色谱(size exclusion chromatography,SEC)是一种纯粹按照溶质分子在流动相中的体积大小而分离的色谱法。其填料具有一定大小的孔径,大分子不能进入填料内部而从颗粒间最先流出色谱柱,小分子能进入填料颗粒内部,其路径较远而后流出。此时,若选用水系统作为流动相,又称为凝胶过滤色谱(GFC)。有两种类型商品载体用于蛋白质的高效排阻色谱,即表面改性硅胶和亲水交联有机聚合物。表面改性的硅胶具有许多蛋白质凝胶过滤填料所应有的性质,能很好地保持溶质的生物活性,回收率可达 80%以上。排阻色谱的流动相比较简单,流动相的 pH 一般选用 6.5～8.0 范围。有时为了控制蛋白质与固定相间可能发生的相互作用,通常在流动相中加入某些中性盐或有机改性剂。流动相的流量一般为 1 mL/min。高效排阻色谱法应用于蛋白质(酶)的分离纯化,活力回收多。现已达到或超过凝胶过滤水平,在分离时间上缩短了 100 多倍。

6.3.5.2　离子交换色谱

离子交换色谱(ion exchange chromatography，IEC)是将离子交换和液相色谱技术相结合的一种方法，针对不同的蛋白质解离时电学性质不同，利用IEC中固定相与之不同的亲和力来实现分离。IEC的固定相是以苯乙烯-二乙烯基苯共聚物为树脂核，树脂核外是一层可解离的无机基团，根据可解离基团解离时电学性质不同，可分为阳离子交换树脂和阴离子交换树脂。当流动相将样品带入分离柱时，利用样品中不同离子对离子交换树脂的相对亲和力不同而加以分离。蛋白质是两性电解质，在不同条件下有不同的解离性状，选择不同的离子交换剂，控制不同的条件，可以分离出不同的蛋白质。

流动相的选择多用尝试法决定。通过调整流动相pH、盐的种类、温度等，可以控制蛋白质的保留和提高选择性。和排阻色谱比较，离子交换色谱的分辨率高，对大多数的蛋白质来说，活力回收可达80%以上，是分离蛋白质比较理想的方法。

6.3.5.3　反相色谱

反相色谱(reversed phase chromatography，RPC)是根据溶质、极性流动相和非极性固定相表面间的疏水效应而建立的一种色谱模式。用反相色谱法分离蛋白质时，许多蛋白质在接触到酸、有机溶剂等或吸附于疏水固定相时容易发生变性而失去生物活性。因此，当样品为纯蛋白时，应考虑其质量和活力的回收率。这就要求控制和选择好一定的分离条件。例如，色谱条件适宜、以中等极性反相柱为固定相、含磷酸盐的异丙醇水体系为流动相，在pH 3.0～7.0时，许多蛋白质可以用反相HPLC分离，并保持其生物活性。因此，分离关键在于固定相和流动相的选择。

分离蛋白质的固定相一般有C_{18}、C_8、CN基和苯基键合相，其中以C_{18}填料最为重要。到目前为止，在C_{18}柱上已经成功地分离了许多蛋白质和肽。在一些流动相中，极性肽在C_{18}、C_2、苯基柱上的色谱显示很大的差别。一些在C_{18}柱上不能分离的试样，能在中等极性柱上获得满意的分离效果。CN基键合相是分离非极性肽的有用的固定相。对于相对分子质量大于10 000的肽，一般选用填料粒径为5～10 nm，相对分子质量大于20 000的肽和蛋白质选用20～50 nm的大孔径填料。

选择分离蛋白质和肽的流动相时主要应该考虑有机溶剂的种类、酸度、离子强度以及离子对试剂等因素。

在纯水中，大多数肽和蛋白质能牢固地保留在反相载体上，因此流动相必须含有有机溶剂，使溶质以合理的保留时间被洗脱。最常用的有机溶剂是甲醇、乙腈、丙醇、异丙醇、四氢呋喃等。它们和水组成的洗脱体系能得到高的回收率。洗脱强度随着有机溶剂的增加而增加，其排列顺序为：乙腈<乙醇<丙醇<异丙醇<四氢呋喃。在选择有机溶剂的同时，还要考虑到反相柱的类型和生物大分子的特性。

流动相中离子对试剂分为无机酸和有机酸两种，无机酸有磷酸、盐酸和高氯酸，其作用是抑制固定相表面硅烷基离子化，增加蛋白质的亲水性，伴随蛋白质极性增加，降低了其在色谱柱上的保留时间。有机酸主要以三氟乙酸(TFA)和七氟丁酸(HFBA)应用较多，虽然其作用也是阻止固定相表面硅烷基的离子化，但它增加了蛋白质的疏水性，使蛋白质在色谱柱上的保留时间增加，从而提高了分离度。

6.3.5.4 高效疏水色谱

高效疏水色谱(hydrophobic interaction chromatography,HIC)是利用适度疏水性填料,以含盐的水溶液作为流动相,借助于疏水作用分离活性蛋白质的一种液相色谱。它以表面偶联弱疏水性基团的疏水性吸附剂为固定相,根据蛋白质与疏水性吸附剂之间的弱疏水性作用的差别进行蛋白质分离纯化。由于蛋白质的空间排列极易从固有的有序结构转变成较无序的三维结构而发生变性作用,失去生物活性。高效疏水作用色谱洗脱和分离条件比较温和,大大减少了蛋白质在此过程中发生变性失活的可能性,获得很好的分离效果。这也是高效疏水色谱分离的最大优点。蛋白质通常含有被掩藏于内部的疏水残基,只有当蛋白质部分变性时,这些区域才与本体溶剂接近。但在蛋白质的表面也有一些疏水补丁(hydrophobic patches),它们能与非极性部分相互作用而不变性。增加盐的浓度能促进这些表面的疏水作用,即使可溶性很好的亲水蛋白质也能被迫与疏水物质结合从而吸附于固定载体上,只要降低流动相的离子强度就可以逐次洗脱吸附的蛋白质而达到分离的目的。

高效疏水色谱的固定相是键合具有低密度的烷基或芳香基的葡聚糖,流动相为无机盐溶液,以递减盐浓度的方式进行梯度洗脱。近年来,人们制备了一系列以硅胶作为基体的弱的疏水性固定相,使高效疏水色谱用于生物大分子的分离更加广泛。

虽然反相色谱和高效疏水色谱柱上保留都是由于疏水作用,但高效疏水色谱柱的疏水性比反相色谱柱小得多,所以高效疏水色谱中能以盐溶液代替有机溶剂作为流动相。

高效疏水色谱的流动相一般是含硫酸铵的缓冲溶液,其 pH 6~7。采用梯度洗脱时,硫酸铵浓度逐渐降低。有时在流动相中加入一定的有机溶剂以提高分离度。流动相的种类、pH、有机溶剂等都影响生物大分子的保留和回收。

6.3.6 酶的结晶

结晶(crystallization)是溶质从过饱和状态的液相或气相中析出,生成具有一定形状、分子按规则排列形成晶体的过程,由于各种分子间形成结晶的条件不同,而且变性蛋白质或酶不能形成结晶,因此,结晶是制备固体纯净纯物质的有效方法,也是分离纯化酶的常用方法。结晶包括 3 个过程:形成过饱和溶液、晶核形成和晶体生长。结晶质量直接反映酶制剂质量的好坏,评价晶体质量的主要指标包括:晶体的大小、形状(均匀度)和纯度。工业上通常需要得到粗大而均匀的晶体,这样的晶体容易过滤和洗涤,在储存过程中也不易结块。

6.3.6.1 影响酶结晶的主要因素

1.酶的纯度

酶纯度越高,越容易获得结晶,一般酶纯度应达到 50%以上。不纯的溶液通常不能得到结晶,因为晶核很快就会被杂质所包围掩盖,无法长成晶体。

2.酶蛋白的浓度

酶蛋白浓度越高,越有利于分子间相互碰撞而发生聚合现象,但是酶蛋白浓度过高,往往形成沉淀;酶蛋白浓度过低,不易生成晶核。所以一定要控制好酶蛋白的浓度。

3.晶种

有些不容易结晶的酶,往往需要加入微量的晶种才能形成结晶。在加入晶种前,要将溶液调整到适于结晶的条件，加入的晶种开始溶解时，还要加入沉淀剂，直到晶种不溶解为止。

4. 温度

结晶温度直接影响结晶的生成。温度要控制在酶的热稳定性范围内，有些酶对温度很敏感，要防止酶变性失活。一般温度控制在0～4℃范围内。低温条件酶溶解度降低，不易变性。

5. 饱和度

酶溶液浓度一般以1%～5%为宜。当溶液过饱和速度过快时，溶质分子聚集太快，会产生无定形的沉淀。如果控制溶液缓慢达到过饱和点，溶质分子就可能排列到晶格中，形成结晶。

6. pH

pH是影响酶结晶的一个重要条件，有时只相差0.2个pH单位时，就只能得到沉淀，而得不到晶体，pH应控制在酶的稳定范围内，一般选择在被结晶酶等电点附近。

7. 金属离子

许多金属有助于酶的结晶，不同酶选用不同金属离子，常用Ca^{2+}、Zn^{2+}、Co^{2+}、Ni^{2+}、Cd^{2+}、Cu^{2+}、Mg^{2+}、Mn^{2+}等金属离子。

8. 搅拌

提高搅拌速度有利于晶核的形成和晶体的生长，但是搅拌速度过快会造成晶体的剪切破碎。

9. 重结晶

为了进一步提高晶体纯度，可以进行重结晶，特别是在不同溶剂中反复结晶，可能会取得较好的效果，因为杂质和结晶物质在不同溶剂、不同温度下的溶解度是不同的。

10. 其他

除了以上诸多因素之外，还有一些因素会影响结晶的形成。在结晶过程中不得有微生物生长，一般在高盐浓度或有乙醇时，可以防止微生物生长，在低离子强度的蛋白质溶液中，容易生长细菌和霉菌。因此，所有溶液需要用超滤膜或细菌过滤器进行过滤除菌。加入少量的甲苯、氯仿或吡啶也可以有效地防止微生物的生长。另外，在结晶过程中，还要防止蛋白酶的水解作用。蛋白酶水解常引起结晶的微观不均一性，影响结晶的生成和生长。

6.3.6.2 酶结晶的主要方法

1. 盐析法

采用一些中性盐，如硫酸铵、硫酸钠、柠檬酸钠、氯化钠、氯化钾、氯化铵、硫酸镁、氯化钙、硝酸铵、甲酸钠等，在适当条件下，保持酶的稳定性，慢慢改变盐浓度进行结晶。其中，最常用的是硫酸铵、硫酸钠。

2. 有机溶剂法

往酶溶液中滴加某些有机溶剂，如乙醇、丙酮、丁醇、甲醇、乙腈、异丙醇、二甲基亚砜等，也能使酶形成结晶。

3. 微量蒸发扩散法

将纯酶溶液装入透析袋，用聚乙二醇吸水浓缩至蛋白质含量为1 mg/mL左右，然后加入饱和硫酸铵溶液到10%饱和度左右，再将其分装于比色瓷板的小孔内，连同饱和硫酸铵溶液放入密封的干燥器内，在4℃下静置结晶。

4. 透析平衡法

透析平衡法是将酶溶液装入透析袋中，对一定的盐溶液或有机溶剂进行透析平衡，酶溶液可缓慢达到饱和而析出结晶。

5. 等电点法

酶蛋白在其等电点时溶解度最小，通过改变酶溶液的pH使之缓慢地达到过饱和状态，最终酶蛋白结晶析出。

6.3.7 酶纯化方法评析

酶纯化的目的是使酶制剂具有最大的催化活性和最高纯度，酶纯化的方法很多，每种纯化方法都有各自的优点和缺点，总体上，一个好的方法和措施能使酶的活力回收高，纯度提高倍数大，重复性好。评价酶分离纯化方法的标准可归纳为3点：一是酶活力回收率；二是比活力提高的倍数；三是方法的重现性。酶活力回收率是纯化后样品的总酶活占纯化前样品的总酶活的百分比，它反映了纯化过程中酶活力的损失情况，这一比值越高说明酶活力的保存率越高，酶活力的损失越少。比活力的提高倍数则反映了纯化方法的效率。纯化后比活力提高越多，总活力损失越少，纯化效果就越好。较好的重现性是评价酶分离纯化方法的必要条件，操作材料要有较好的稳定性，操作条件要容易控制。

6.4 酶的纯度与保存

6.4.1 酶纯度的检验

当酶的比活力达到恒定时，酶的纯化即可完成。为了确定纯化酶的纯度，还要通过某些方法对其进行纯度检验。由于酶分子结构高度复杂，采用一种方法检验的纯酶制剂，用另一种方法检验时可能结果会有一些差异，因此，检验后酶的纯度应注明达到哪种纯度，如电泳纯、层析纯、HPLC纯等。常用的检验方法主要有以下几种。

1. 电泳法

电泳法（electrophoresis，EP）具有较高的分辨率，所用样品量少（10 μg左右），速度快（2～4 h），仪器简单，操作也较方便，是目前较常用的方法，一般包括醋酸纤维素薄膜电泳、聚丙烯酰胺凝胶电泳和聚焦电泳。使用最多的为聚丙烯酰胺凝胶电泳，它又分为圆盘电泳和垂直板电泳两种。

2. 色谱法

用线性梯度离子交换法或分子筛检验样品时，如果酶制剂是纯的，则各个部分的比活力应当恒定。分析型高效液相色谱法（HPLC）在证明蛋白质纯度方面的分辨率接近于电泳法。

3. 化学结构分析法

肽链N-末端分析也可用于酶纯度检测。如果酶分子只有一条肽链，理论上只能检测出一种N-末端氨基酸，少量其他末端基的存在，常表示存在着杂质。有些酶分子由于N-末端氨基和肽链中羧基形成环状结构，就不能用该法检测纯度了。

对样品进行总的氨基酸分析，也是检验纯度的一种方法。纯蛋白中所有氨基酸都成整数比。

4. 超离心沉降分析法

观察超速离心过程中样品的降峰等检测酶的纯度，具体采用的方法有沉降速度法和沉降平衡法。此法的优点是时间短、用量少，但灵敏度较差。

5. 免疫学法

利用抗原-抗体间的免疫反应也可以检验酶纯度，常用的有免疫扩散和免疫电泳法。这两种方法都应预先准备好被测酶蛋白的抗血清。在免疫扩散法中，将纯化制得的酶样品和抗血清分别加到琼脂糖凝胶板上小孔中，让其自由扩散，通过观察抗原-抗体间形成的沉淀弧的数量和形状，来分析酶的纯度。免疫电泳是将酶样品经电泳分离后，再将抗血清加到抗体槽中进行双向扩散，使其形成沉淀弧。

6. 其他方法

纯蛋白质在波长280 nm与260 nm处的光密度比值为1.75，因此，可用分光光度法检查蛋白质中有无核酸存在。

酶的纯度用百分比来表示，要求95%、99%或99.9%，由于酶的用途不同，对酶的纯度要求也有很大不同，应该选择满足实际需要纯度的酶检验方法。

6.4.2　酶活性的检验

检测纯化酶的催化活性时，要使测定条件保持在最适状态。如测定体系中有足够的激活剂和辅因子，没有抑制剂等存在，另外还需要保证酶的稳定性。在有些情况下需加入一些还原剂(如二硫苏糖醇、β-巯基乙醇)，以保证半胱氨酸侧链巯基处于还原态。在低温储存酶时，可将酶在50%(体积分数)的甘油溶液中保存于−18℃，以减少酶的失活。长期保存酶制剂时，应考虑到痕迹量蛋白水解酶进行降解的可能性。

6.4.3　酶的剂型

酶制剂通常有下列4种剂型。

1. 液体酶制剂

包括稀酶液和浓缩酶液。一般除去固体杂质后，不再纯化而直接制成，或加以浓缩而成。这种酶制剂不稳定，且成分复杂，只用于某些工业用酶。

2. 固体酶制剂

发酵液经杀菌后直接浓缩或喷雾干燥制成。有的加入淀粉等填充料，用于工业生产。有的经初步纯化后制成，用于洗涤剂、药物生产。固体酶制剂适于运输和短期保存，成本也不高。

3. 纯酶制剂

包括结晶酶，通常用作分析试剂和医疗药物，要求有较高的纯度和一定的活力。医疗注射酶，还必须除去热源。

4. 固定化酶制剂

将游离酶固定于水不溶性载体上，使之在一定的空间内仍然保持催化活性。固定化酶性质更稳定，可以反复使用，提高了酶的利用率。

6.4.4 酶的稳定性与保存

酶容易受诸多因素的影响而导致酶活力下降，甚至丧失酶活力。影响酶稳定性的主要因素包括以下几个方面。

1. 温度

有些酶对温度很敏感，因此要防止酶失活，一般控制在0～4℃范围内。低温条件酶不仅溶解度降低，而且不易变性。有的需更低温度。

2. pH

酶只有在适宜的pH范围内才能保持稳定的活性，酶应在此pH范围内保存，并采用缓冲液保存，以避免pH出现波动。

3. 酶蛋白浓度

一般酶在浓度高时比较稳定，浓度低时易于发生解离、吸附、表面变性失效。

4. 氧化剂

有些酶容易被氧化而失去活性。

5. 金属离子

有些金属离子是酶的激活剂，有些却是酶的抑制剂，使酶变性失活。为了提高酶的稳定性，经常加入下列稳定剂。

(1) 底物、抑制剂和辅酶。通过降低局部的能级水平，使酶蛋白处于不稳定状态的扭曲部分转入稳定状态。

(2) 对巯基酶。可加入—SH保护剂。如二巯基乙醇、GSH(谷胱甘肽)、DTT(二硫苏糖醇)等。

(3) 金属离子。如Ca^{2+}能保护α-淀粉酶，Mn^{2+}能稳定溶菌酶，Cl^{-}能稳定透明质酸酶。它们的作用机制可能是防止酶蛋白肽链延展。

(4) 表面活性剂。许多酶置于1%的苯烷水溶液中，即使在室温下催化活力也能维持相当长时间。

(5) 高分子化合物。如血清蛋白、多元醇等，特别是甘油和蔗糖近年来常用于低温保存添加剂。

(6) 其他。在某些情况下，丙醇、乙醇等有机溶剂也显示一定的稳定作用。为了防止微生物污染酶制剂，也可加入一定浓度的甲苯、苯甲酸和百里醇等。

思考题

1. 什么是酶的分离纯化？酶分离纯化的一般原则是什么？

2. 细胞破碎的方法主要有哪些？请说明每种破碎方法的基本原理。

3. 在酶的提取过程中应注意哪些问题？为什么？

4.酶溶液浓缩的方法主要有哪些？

5.酶分离纯化的方法主要包括哪些？简要说明各方法的分离纯化原理。

6.影响酶结晶的主要因素是什么？

7.酶结晶的方法包括哪几种？

8.如何对酶纯化的方法进行评析？

9.如何检验酶的纯度？

10.酶制剂有几种剂型？

11.影响酶稳定的因素是什么？

参考文献

[1] 袁勤生.现代酶学.上海:华东理工大学出版社,2001.

[2] 孙君社.酶与酶工程及其应用.北京:化学工业出版社,2006.

[3] 徐凤彩.酶工程.北京:中国农业出版社,2001.

[4] 郭勇.酶工程.4版.北京:科学出版社,2016.

[5] 罗贵民.酶工程.3版.北京:化学工业出版社,2016.

[6] 梅乐和,岑沛霖.现代酶工程.北京:化学工业出版社,2011.

[7] 高向阳.食品酶学.2版.北京:中国轻工业出版社,2016.

[8] 王永华,宋丽军.食品酶工程.北京:中国轻工业出版社,2018.

第7章 酶分子修饰与改造

本章学习目的与要求

1. 明确酶分子化学修饰的概念和基本原理。
2. 掌握各种化学修饰方法。
3. 掌握生物酶工程的研究热点，了解酶分子生物改造的技术方法。

酶是一种高效的生物催化剂。在常温常压和中性介质中，酶能催化许多用一般化学方法难以完成的反应，而且酶的催化具有高效性和专一性，尤其酶在催化有机相中的反应取得成功后，其用途更加广泛，现已经被广泛应用到疾病的诊断和治疗、食品和化学品的生产以及环境保护和监测等领域。但是，由于酶是蛋白质，对反应条件具有严格的要求。酶一旦离开生物细胞，离开其特定的作用环境条件，常变得不太稳定，不适合大量生产的需要；酶作用的最适 pH 条件一般是中性，但在工农业生产中，由于底物及产物带来的影响，pH 常偏离中性范围，使酶难以发挥作用。另外酶、多肽作为药物已越来越多地应用于临床医药领域，但酶蛋白属于天然的抗原，当注入生物机体后，会刺激体内免疫系统产生抗体，并通过抗原抗体反应被清除，甚至产生过敏反应。同时，生物体内蛋白酶的水解作用缩短了异源药用蛋白在体内的循环半衰期，从而达不到预期的疗效；此外，天然酶存在物理化学和生物稳定性差的缺点，这些都严重制约药用酶的临床应用。因此，人们希望通过各种人工方法改造酶，使其更能适应各方面的需要。

酶分子是具有完整的化学结构和空间结构的生物大分子。酶分子的结构决定了酶的性质和功能。通过各种方法使酶分子的结构发生某些改变，从而改变酶的某些特性和功能，创造出天然酶所不具有的某些优良性状，扩大酶的应用，以获得较高经济效益的技术过程，称为酶分子修饰。通过酶分子修饰，可以使酶分子结构发生某些改变，就有可能提高酶的活力，增强酶的稳定性，降低或消除酶的抗原性等。同时通过酶分子修饰，研究和了解酶分子中主链、侧链、组成单位、金属离子和各种物理因素对酶分子空间构象的影响，可以进一步探讨其结构与功能之间的关系，所以，酶分子修饰在酶学和酶工程研究领域具有重要的意义。尤其是 20 世纪 80 年代以来，随着蛋白质工程的兴起与发展，酶分子修饰与基因工程技术结合，通过基因定位突变技术，可把酶分子修饰后的信息储存在 DNA 中，经过基因克隆和表达，不断获得具有新特性和功能的酶，使酶分子修饰展现出更广阔的前景。

7.1　酶分子的化学修饰

酶分子的化学修饰(chemical modification)可以定义为在体外利用修饰剂所具有的各类化学基团的特性，直接或经一定的活化步骤后，与酶分子上的某种氨基酸残基(一般尽可能选用非酶活性必需基团)产生化学反应，从而改造酶分子的结构与功能。凡涉及共价或部分共价键的形成或破坏，从而改变酶学性质的改造，均可看作是酶分子的化学修饰。

7.1.1　酶分子化学修饰的基本原理

大量研究表明，由于酶分子表面外形的不规则，各原子间极性和电荷的不同，各氨基酸残基间相互作用等，使酶分子结构的局部形成了一种包含了酶活性部位的微环境。不管这种微环境是极性的还是非极性的，都直接影响到酶活性部位氨基酸残基的电离状态，并为活性部位发挥催化作用提供了合适的条件。但天然酶分子中的这种微环境可以通过人为的方法进行适当的改造，通过对酶分子的侧链基团、功能基团等进行化学修饰或改造，可以获得结构或性能更合理的修饰酶。酶经过化学修饰后，除了能减少由于内部平衡力被破坏而引起的酶分子伸展打开外，还可能会在酶分子的表面形成一层“缓冲外壳”，在一定程度上抵御外界环境的电荷、极性等变化，进而维持酶活性部位微环境的相对稳定，使酶分子能在更广泛的条件下发挥作用。

酶的化学修饰是对酶进行分子修饰的一种重要方法。对酶进行化学修饰时，首先应选择适宜的修饰剂。一般情况下，所选的修饰剂具有较大的分子量、良好的生物相容性和水溶性，修饰剂表面有较多的反应基团及修饰后酶活性的半衰期较长。其次，对酶的性质应有一定的了解。应熟悉酶活性部位的情况，酶反应的最适条件和稳定条件，以及酶分子侧链基团的化学性质和反应活性等。再次，要注意选择最佳的修饰条件，尽可能在酶稳定的条件下进行反应，避免破坏酶活性中心功能基团，因此必须严格控制反应体系中酶与修饰剂的比例、反应温度、反应时间、盐浓度、pH 等条件，以得到酶与修饰剂高结合率及高酶活力回收率。事实证明，只要选择合适的化学修饰剂和修饰条件，在保持酶活性的基础上，能够在较大范围内改变酶的性质，提高酶对热、酸、碱和有机溶剂的耐受性，改变酶的底物专一性和最适 pH 等酶学性质。但这并不是说酶修饰后，以上这些性质都会得到改善，而应根据具体的目的选用特定的修饰方法。酶修饰中存在的问题是随着酶与修饰剂结合率提高，酶活力回收率将下降。克服的方法是采取一些保护措施，如添加酶的竞争性抑制剂，保护酶活性部位以及改进现有的修饰工艺，进一步完善酶的化学修饰法。

化学修饰方法已经成为研究酶分子结构与功能的一种重要技术手段。酶化学修饰的目的主要有：①提高酶活力；②增进酶的稳定性；③允许酶在一个变化的环境中起作用；④改变最适 pH 或最适温度；⑤改变酶的特异性使其能催化不同底物的转化；⑥改变催化反应的类型；⑦提高催化过程的反应效率。通过酶分子修饰，进一步探讨其结构和功能之间的关系，从而可以显著提高酶的使用范围和应用价值。

二维码 7-1　天然酶和修饰酶的热稳定性对比

7.1.2　金属离子置换修饰

将酶分子中所含的金属离子置换成另一种金属离子，使酶的特性和功能发生改变的修饰方法称为金属离子置换修饰。通过金属离子置换修饰，可以提高酶活力，增加酶的稳定性，了解各种金属离子在酶催化过程中的作用，有利于阐明酶的催化作用机制，甚至改变酶的某些动力学性质。

有些酶分子中含有金属离子，而且往往是酶活性中心的组成部分，对酶催化功能的发挥有重要作用。例如，α-淀粉酶中的 Ca^{2+}，谷氨酸脱氢酶中的 Zn^{2+}，过氧化氢酶分子中的 Fe^{3+}，超氧化物歧化酶分子中的 Cu^{2+}、Zn^{2+} 等。若从酶分子中除去其所含的金属离子，酶往往会丧失其催化活性。如果重新加入原有的金属离子，酶的催化活性可以恢复或部分恢复。若用另一种金属离子进行置换，则可使酶呈现出不同的特性。有的可以使酶的活性降低甚至丧失，有的却可以使酶的活力提高或者增加酶的稳定性。

在金属离子置换修饰过程中，首先将欲修饰的酶分离纯化，除去杂质，获得具有一定纯度的酶液。在此酶液中加入一定量的金属离子螯合剂，如乙二胺四乙酸（EDTA）等，使酶分子中的金属离子与 EDTA 等形成螯合物。通过透析、超滤、分子筛层析等方法，将 EDTA 金属螯合物从酶液中除去。此时，酶往往成为无活性状态。然后在去离子的酶液中加入一定量的另一种金属离子，酶蛋白与新加入的金属离子结合，除去多余

二维码 7-2　金属离子置换修饰实例

的置换离子，就可以得到经过金属离子置换后的酶。金属离子置换修饰只适用于那些在分子结构中含有金属离子的酶。用于金属离子置换修饰的金属离子，一般都是二价金属离子，如 Ca^{2+}、Mg^{2+}、Mn^{2+}、Zn^{2+}、Co^{2+}、Cu^{2+}、Fe^{3+} 等。

7.1.3 大分子结合修饰

采用水溶性大分子与酶的侧链基团共价结合，使酶分子的空间构象发生改变，从而改变酶的特性与功能的方法称为大分子结合修饰。大分子结合修饰是目前应用最广泛的酶分子修饰方法。通过大分子结合修饰，酶分子的结构发生某些改变，酶的特性和功能也将有所改变。可以提高酶活力，增加酶的稳定性，降低或消除酶的抗原性等。

酶的催化功能本质上是由其特定的空间结构，特别是由其活性中心的特定构象所决定的。水溶性大分子与酶的侧链基团通过共价键结合后，可使酶的空间构象发生改变，使酶活性中心更有利于与底物结合，并形成准确的催化部位，从而使酶活力提高。另外，用水溶性大分子与酶结合进行酶分子修饰，可以在酶的外围形成保护层，使酶的空间构象免受其他因素的影响，使酶活性中心的构象得到保护，从而增加酶的稳定性，延长其半衰期。利用聚乙二醇、右旋糖酐、蔗糖聚合物、葡聚糖、环状糊精、肝素、羧甲基纤维素、聚氨基酸、聚氧乙烯十二烷基醚等水溶性大分子与酶蛋白的侧链基团结合，使酶分子的空间结构发生某些精细的改变，从而改变酶的特性与功能。

酶分子不同，经大分子结合修饰后的效果不尽相同。有的酶分子可能与一个修饰剂分子结合；有的酶分子则可能与 2 个或多个修饰剂分子结合；有的酶分子可能没与修饰剂分子结合。为此，需要通过凝胶层析等方法进行分离，将不同修饰度的酶分子分开，从中获得具有较好修饰效果的修饰酶。

二维码 7-3　大分子结合修饰试剂及实例

利用水溶性大分子对酶进行修饰，是降低甚至消除酶的抗原性的有效方法之一。酶对于人体来说，是一种外源性蛋白质。当酶蛋白非经口（如注射）进入人体后，往往会成为一种抗原，刺激体内产生抗体。当这种酶再次注射进入体内时，产生的抗体就可与作为抗原的酶特异性结合，使酶失去其催化功能。所以药用酶的抗原性问题是影响酶在体内发挥其功能的重要问题之一。采用酶分子修饰方法使酶的结构产生某些改变，有可能降低甚至消除酶的抗原性，从而保持酶的催化功能。

7.1.4 肽链有限水解修饰

酶的催化功能主要决定于酶活性中心的构象，活性中心部位的肽段对酶的催化作用是必不可少的，而活性中心以外的肽段则起到维持酶的空间构象的作用。肽链一旦改变，酶的结构和特性将随之发生改变。酶蛋白的肽链被水解后，可能出现下列 3 种情况：①若肽链的水解引起酶活性中心的破坏，酶将丧失其催化功能，这种修饰主要用于探测酶活性中心的位置。②若肽链的一部分被水解后，仍然可以维持酶活性中心的空间构象，则酶的催化功能可以保持不变或损失不多，但是其抗原性等特性将发生改变。这将提高某些酶，特别是药用酶的使用价值。③若主链的断裂有利于酶活性中心的形成，则可使酶分子显示其催化功能或使酶活力提高。在后两种情况下，肽链的水解在限定的肽链上进行，称为肽链有限水解。在肽链的限定位点进行水解,使酶的空间结构发生某些精细的改变,从而改变酶的特性和功能的方法,称为肽链有限水解修饰。

有些生物体可以通过生物合成得到不显示酶催化活性的酶原,利用具有高度专一性的蛋白酶对其进行肽链有限水解修饰,除去一部分肽段或若干个氨基酸残基,可使其空间结构发生某些精细的改变,有利于活性中心与底物结合并形成正确的催化部位,从而显示出酶的催化活性或提高酶活力。

有些酶具有抗原性,除了酶分子的结构特点外,还由于酶是生物大分子,其抗原性与其分子大小有关。大分子的外源蛋白质往往表现出较强的抗原性;而小分子的蛋白质或肽段,其抗原性较低或者无抗原性。所以,若采用适当的方法,将酶分子经肽链有限水解,使其分子质量减少,就会在保持其酶活力的前提下,使酶的抗原性显著降低甚至消失。

酶蛋白的肽链有限水解修饰通常使用某些专一性较高的蛋白酶或肽酶作为修饰剂。有时也可以采用其他方法使酶的主链部分水解,而达到修饰目的。

二维码 7-4　肽链有限水解修饰实例一

二维码 7-5　肽链有限水解修饰实例二

二维码 7-6　肽链有限水解修饰实例三

7.1.5　酶分子侧链基团的修饰

通过选择性试剂或亲和标记试剂使酶分子侧链上特定的功能基团发生化学反应,从而改变酶分子的特性和功能的修饰方法称为酶分子侧链基团修饰。由于酶分子侧链上有各种活泼的功能基团,其能与一些化学修饰剂发生反应,从而达到对酶分子进行化学修饰的目的。酶分子侧链基团化学修饰的一个非常重要的作用是探测酶分子中活性部位的结构。理想状态下,修饰剂只是有选择性地与某一特定的残基发生反应,很少或几乎不引起酶分子的构象变化,在此基础上,通过对该基团的修饰对酶分子生物活性所造成的影响进行分析,就可以推测出被修饰的残基在酶分子中的功能。

酶有蛋白类酶和核酸类酶两大类别。它们的侧链基团不同,修饰方法也有所区别。

蛋白类酶主要由蛋白质组成,酶蛋白的侧链基团是指组成蛋白质的氨基酸残基上的功能基团,主要包括氨基、羧基、巯基、胍基、酚基、咪唑基、吲哚基等。这些基团可以形成各种次级键,对酶蛋白空间结构的形成和稳定起重要作用。侧链基团一旦改变,将引起酶蛋白空间构象的改变,从而改变酶的特性和功能。酶蛋白侧链基团修饰可以采用各种小分子修饰剂,如氨基修饰剂、羧基修饰剂、巯基修饰剂、胍基修饰剂、酚基修饰剂、咪唑基修饰剂、吲哚基修饰剂等;也可以采用具有双功能基团的化合物,如戊二醛、己二胺等进行分子内交联修饰;还可以采用各种大分子与酶分子的侧链基团形成共价键而进行大分子结合修饰。

核酸类酶主要由核糖核酸(RNA)组成,酶的侧链基团是指组成 RNA 的核苷酸残基上的功能基团。RNA 分子上的侧链基团主要包括磷酸基,核糖上的羟基,嘌呤、嘧啶碱基上的氨基和羟基(酮基)等。由于核酸类酶的发现只有 30 多年历史,因此对核酸类酶的侧链基团修饰的研究较少。但是，其分子上的侧链基团经过修饰后，也会引起酶的结构改变，从而引起酶的特性和功能的改变。通过侧链基团修饰，有可能使核酸类酶的稳定性提高。如果对核酸类酶分子上某些核苷酸残基进行修饰，连接上氨基酸等有机化合物，有可能扩展核酸类酶的结构多样性，从而扩展其催化功能，提高酶的催化活力。

根据化学修饰剂与酶分子中官能团之间反应性质的不同，酶分子修饰反应主要可以分为酰基化反应、烷基化反应、氧化和还原反应、芳香环取代反应等类型。

1. 酰基化及其相关反应

这类化学修饰试剂如乙酰咪唑、二异丙基磷酰氟、酸酐磺酰氯、硫代三氟乙酸乙酯和 *O*-甲基异脲等，它们在室温（20～25℃）、pH 4.5～9.0 的条件下可与酶分子的某些侧链基团发生酰基化反应。被作用的酶分子侧链基团有氨基、羧基、巯基以及酚基等。

2. 烷基化反应

这类试剂的特点常常是带有活泼的卤素原子，由于卤素原子的电负性，使烷基带有部分正电荷，很容易导致酶分子的亲核基团（如$—NH_2$，—SH 等）发生烷基化。属于这类修饰的试剂有 2,4-二硝基氟苯、碘代乙酸、碘代乙酰胺、苯甲酰卤代物和碘甲烷等。被作用分子的侧链基团有氨基、巯基、羧基、硫醚基和咪唑基等。

3. 氧化和还原反应

这类试剂具有氧化性，能将侧链基团氧化，属于这类试剂的有 H_2O_2、*N*-溴代琥珀酰亚胺等，有些试剂具有很强的氧化性，往往容易使肽链断裂，因此在修饰反应中要控制好氧化条件。光敏剂存在下的光氧化是一种比较温和的氧化作用。易受氧化的侧链基团有巯基、硫醚基、吲哚基、咪唑基以及酚基等。

另外还有一类作用于二硫键的还原剂。这类修饰试剂有 *β*-巯基乙醇、巯基乙酸和二硫苏糖醇（DTT）等。连四硫酸钠或连四硫酸钾（tetrathionate）是一类温和的氧化剂，在化学修饰反应中常用来作为—SH 的可逆保护剂。

4. 芳香环取代反应

酶分子氨基酸残基的酚羟基在 3 位和 5 位上很容易发生亲电取代的碘化和硝化反应。这类修饰反应的一个典型例子是四硝基甲烷（tetranitro-methane，TNM），它可以作用于酪氨酸的酚羟基，形成 3-硝基酪氨酸衍生物。这种产物有特殊的光谱，可用于直接的定量测定。

另外还有一些酶分子与化学试剂的重要反应，如溴化氰裂解，在自发和诱导重排的条件下主要导致肽键的断裂。

7.1.5.1　羧基的化学修饰

采用各种羧基修饰剂与酶蛋白侧链的羧基进行酯化、酰基化等反应，使蛋白质的空间构象发生改变的方法称为羧基修饰。可与蛋白质侧链上的羧基发生反应的化合物称为羧基修饰剂，如碳化二亚胺、重氮基乙酸盐、乙醇-盐酸和异唑盐等。由于羧基在水溶液中的化学性质，使得酶分子中谷氨酸和天门冬氨酸的修饰方法很有限，产物一般是酯类或酰胺类。在一些情况下，它们可与赖氨酸残基的 ε-氨基通过酰胺键相连。水溶性的碳化二亚胺类特定修饰酶分子的羧基基团，目前已成为一种应用最普遍的标准方法，它在比较温和的条件下就可以进行。

$$\underset{\text{酶}}{\mathrm{E{-}\underset{\underset{O}{\|}}{C}{-}OH}} + \underset{\text{碳二亚胺}}{\mathrm{R{-}N{=}C{=}N{-}R'}} \longrightarrow \underset{\text{酶-碳二亚胺衍生物}}{\mathrm{E{-}\underset{\underset{O}{\|}}{C}{-}O{-}CH{=}N{-}R}} + \mathrm{NH_2{-}R'}$$

二维码 7-7 羧基的化学修饰实例

7.1.5.2 氨基的化学修饰

采用某些化合物使酶分子侧链上的氨基发生改变,从而改变酶蛋白空间构象的方法称为氨基修饰。能够使酶分子侧链上的氨基发生改变的化合物,称为氨基修饰剂。氨基修饰剂主要有亚硝酸、2,4-二硝基氟苯(DNFB)、丹磺酰氯(DNS)、2,4,6-三硝基苯磺酸(TNBS)、乙酸酐、琥珀酸酐、二硫化碳、乙亚胺甲酯、*O*-甲基异脲、顺丁烯二酸酐等。这些氨基修饰剂作用于酶分子侧链上的氨基,可以产生脱氨基作用或与氨基共价结合,将氨基屏蔽起来,从而改变酶蛋白的空间构象。

亚硝酸可以与氨基酸残基上的氨基反应,通过脱氨基作用,生成羟基酸:

$$\mathrm{R{-}\underset{\underset{NH_2}{|}}{CH}{-}COOH} + \mathrm{HNO_2} \longrightarrow \mathrm{R{-}\underset{\underset{OH}{|}}{CH}{-}COOH} + \mathrm{N_2} + \mathrm{H_2O}$$

二维码 7-8 氨基的化学修饰实例一

2,4,6-三硝基苯磺酸(TNBS)是一种常用的氨基修饰剂,它可以与酶分子中赖氨酸残基上的氨基反应,生成共价键结合的酶三硝基苯衍生物。

$$\underset{\text{酶}}{\mathrm{E{-}NH_2}} + \underset{\text{三硝基苯磺酸}}{\mathrm{TNBS}} \longrightarrow \underset{\text{酶-三硝基苯衍生物}}{\mathrm{E{-}NH{-}TNB}} + \mathrm{H_2SO_3}$$

酶三硝基苯衍生物在 420 nm 和 367 nm 波长下有特定的光吸收峰,据此可以快速、准确地测定酶蛋白中赖氨酸的数量。

2,4-二硝基氟苯(DNFB)和丹磺酰氯(DNS,又称二甲氨基萘磺酰氯)可以专一地与多肽链 N-端氨基酸残基的氨基反应。据此可以进行肽链的 N-端氨基酸的检测。

$$\underset{\text{酶}}{\mathrm{E{-}NH_2}} + \underset{\text{二硝基氟苯}}{\mathrm{DNFB}} \longrightarrow \underset{\text{酶-二硝基苯}}{\mathrm{E{-}NH{-}DNP}} + \mathrm{HF}$$

$$\underset{\text{酶}}{\mathrm{E{-}NH_2}} + \underset{\text{丹磺酰氯}}{\mathrm{DNS{-}Cl}} \longrightarrow \underset{\text{丹磺酰-酶}}{\mathrm{E{-}NH{-}DNS}} + \mathrm{HCl}$$

二维码 7-9 氨基的化学修饰实例二

目前,氨基的烷基化已经成为一种重要的赖氨酸修饰方法,修饰试剂包括卤代乙酸、芳基卤和芳族磺酸,或者在氢的供体(如硼氢化钠、硼氢化氰或硼氨)存在的条件下使蛋白质分子与醛或酮反应,称为还原性烷基化。

赖氨酸残基还原性烷基化使用的羰基化合物取代基大小，对修饰结果有很大影响。在硼氢化钠存在下，用不同的羰基试剂使卵类黏蛋白、溶菌酶、卵转铁蛋白的赖氨酸残基烷基化，修饰程度为40%～100%。其中丙酮、环戊酮、环已酮和苯甲醛为单取代，而丁醛有20%～50%的双取代，甲醛则几乎100%为双取代。这3种蛋白质的甲基化和异丙基化衍生物仍是可溶性的，并且仍然具有几乎全部的生物活性。

7.1.5.3　精氨酸胍基的修饰

精氨酸残基含有1个强碱性的胍基，在结合带有阴离子底物的酶活性部位中起着重要作用，因此对精氨酸残基的修饰研究是非常重要的。但是，由于精氨酸残基的强碱性，与大多数试剂很难发生修饰反应，反应所需的高pH也会导致酶结构的破坏，而一些具有两个邻位羰基的化合物，如丁二酮、1,2-环已二酮和苯乙二醛是修饰精氨酸残基的重要试剂，因为它们在中性或弱碱性条件下能与精氨酸残基反应。还有一些在温和条件下具有光吸收性质的精氨酸残基修饰剂，如4-羟基-3-硝基苯乙二醛和对硝基苯乙二醛。

丁二酮、1,2-环已二酮与胍基反应，可逆地生成精氨酸-丁二酮复合物，该产物可以与硼酸结合而稳定下来。上述反应要在黑暗中进行，因为丁二酮可以作为光敏性反应试剂破坏其他残基，特别是色氨酸、组氨酸和酪氨酸残基。丙酮酸激酶是众多酶中精氨酸残基修饰研究的一例，伴随精氨酸残基的修饰，酶分子可逆地失活，底物保护作用说明，酶分子在底物磷酸烯醇式丙酮酸的磷酸结合位点具有1个必需的精氨酸残基。

7.1.5.4　巯基的化学修饰

蛋白质分子中半胱氨酸残基的侧链含有巯基。巯基在许多酶中是活性中心的催化基团，巯基还可以与另一巯基形成二硫键，所以巯基对稳定酶的结构和发挥催化功能有重要作用。采用巯基修饰剂与酶蛋白侧链上的巯基结合，使巯基发生改变，从而改变酶的空间构象、特性和功能的修饰方法称为巯基修饰。由于巯基具有很强的亲核性，巯基基团一般是酶分子中最容易反应的侧链基团，因此人们最先研究它的特异性修饰试剂，并研究了巯基在酶催化过程中的重要作用以及在一些酶分子中对维持亚基间相互作用所做的贡献。通过巯基修饰，往往可以显著提高酶的稳定性。常用的巯基修饰剂有酰化剂、烷基化剂、马来酰亚胺、二硫苏糖醇、巯基乙醇、硫代硫酸盐、硼氢化钠。

烷基化试剂是一种重要的巯基修饰剂，特别是碘乙酸和碘乙酰胺。在蛋白质的氨基酸组成分析和测序前，通常用碘乙酸使巯基基团羧甲基化，以防止半胱氨酸降解，而且羧甲基化的半胱氨酸很容易被氨基酸分析仪所识别。

$$\underset{\text{酶}}{E\text{—}SH} + \underset{\text{碘乙酸}}{ICH_2COOH} \longrightarrow \underset{\text{酶-乙酸衍生物}}{E\text{—}S\text{—}CH_2COOH} + HI$$

其他一些卤代酰胺如溴代乙酸也被应用来修饰巯基，但反应比碘乙酰胺要慢。然而，在卤代酸与巯基反应的同时，尽管反应能力比较弱，咪唑基团也会与卤代酸结合，核糖核酸酶中的咪唑基团的反应就是一个明显的例子。

N-乙基马来酰亚胺是一种有效的巯基修饰剂，该反应具有较强的专一性并伴随光吸收的变化，可以通过光吸收的变化确定反应的程度。另外，*N*-乙基马来酰亚胺自旋标记物可以作为自旋探针来研究酶分子构象的变化，如曾经用来有效地研究了丙酮酸脱氢酶复合体系臂的运动性的研究。

$$\underset{\text{酶}}{E—SH} + \underset{N\text{-乙基马来酰亚胺}}{NEM} \longrightarrow \underset{\text{修饰酶}}{E—S—NEM}$$

5,5′-二硫-2-硝基苯甲酸(DTNB),又称为Ellman试剂,目前已成为最常用的巯基修饰试剂,DTNB可以与巯基反应形成二硫键,使酶分子上标记1个2-硝基-5-硫苯甲酸(TNB),同时释放1个TNB阴离子。该阴离子在412 nm具有很强的光吸收,可以通过光吸收的变化来监测反应的程度。由于定点诱变的迅速发展,在目前的结构与功能研究中,特别是半胱氨酸侧链基团的化学修饰,有被定点诱变方法取代的趋势。Kanaya等用定点诱变方法研究了半胱氨酸残基在核糖核酸酶H中的作用。

7.1.5.5 酚基修饰

蛋白质分子的酪氨酸残基上含有酚基。通过修饰剂的作用使酶分子上的酚基发生改变,从而改变酶蛋白空间构象和特性的修饰方法称为酚基修饰。酚基的修饰包括酚羟基的修饰和苯环上的取代修饰。除了某些专一修饰酚羟基的修饰剂以外,一般的酚羟基修饰剂对苏氨酸和丝氨酸残基上的羟基也可以进行修饰,生成的修饰产物比酚羟基修饰产物稳定性更好。经过酚基修饰,可以改变酶的某些动力学性质,提高酶的催化活性,增强酶的稳定性。酚基修饰的方法主要有碘化法、硝化法、琥珀酰化法等。其中四硝基甲烷(TNM)可以高度专一地对酚羟基进行修饰。例如,枯草杆菌蛋白酶的第104位酪氨酸残基上的酚基经四硝基甲烷硝化修饰后,生成3-硝基酪氨酸残基,由于负电荷的引入,使酶对带正电荷的底物的结合力显著增加;葡萄糖异构酶经过琥珀酰化修饰后,其最适pH下降0.5,并增加酶的稳定性,更加有利于果葡糖浆和果糖的生产。

7.1.5.6 组氨酸咪唑基的修饰

蛋白质分子中的组氨酸含有咪唑基。咪唑基是许多酶活性中心的必需基团,在酶的催化过程中起重要作用。通过修饰剂与咪唑基反应,使酶分子中的组氨酸残基发生改变,从而改变酶分子的构象和特性的修饰方法称为咪唑基修饰。

组氨酸残基的咪唑基可以通过氮原子的烷基化或碳原子的亲核取代进行修饰。组氨酸残基的咪唑基修饰主要有两种方法,第一种是光氧化。然而,光氧化的特异性很低,不但与组氨酸残基反应,而且与甲硫氨酸/色氨酸以及少量的酪氨酸/丝氨酸和苏氨酸残基进行反应。碱性亚甲蓝和玫瑰红是该方法常用的两种试剂。第二种是焦碳酸二乙酯(DPC,diethylpy-rocarbonate)和碘代乙酸,DPC在近中性pH下对组氨酸残基有较好的专一性,产物在240 nm处有最大吸收,可跟踪反应和定量。碘代乙酸和焦碳酸二乙酯都能修饰咪唑环上的两个氮原子,碘代乙酸修饰时,有可能将N_1取代和N_3取代的衍生物分开,观察修饰不同氮原子对酶活性的影响。

7.1.5.7 色氨酸吲哚基的修饰

色氨酸残基由于其疏水性较强,色氨酸残基一般位于酶分子内部,而且比巯基和氨基等一些亲核基团的反应性差,所以色氨酸残基一般不与常用的一些试剂反应。蛋白质分子中的色氨酸含有吲哚基,通过改变酶分子上的吲哚基而使酶分子的构象和特性发生改变的修饰方法称为吲哚基修饰。*N*-溴代琥珀酰亚胺(NBS)可以对吲哚基进行修饰,并通过280 nm处光吸收的减少跟踪反应,但是酪氨酸存在时能与修饰剂反应,干扰光吸收的测定。2-羟基-5-硝基苄溴(HNBB)和4-硝基苯硫氯对吲哚基修饰比较专一,但HNBB水溶性差。与它类似的二甲基溴化锍易溶于水，有利于试剂与酶作用。这两种试剂分别称为 Koshland 试剂Ⅰ和 Koshland 试剂Ⅱ，它们还容易与巯基作用，因此修饰色氨酸残基时应对巯基进行保护。

7.1.5.8　酪氨酸残基和脂肪族羟基的修饰

酪氨酸残基的修饰包括酚羟基的修饰和芳香环上的取代修饰。苏氨酸和丝氨酸残基的羟基一般都可以被修饰酚羟基的修饰剂修饰，但是反应条件比修饰酚羟基严格些，生成的产物也比酚羟基修饰形成的产物更稳定。

四硝基甲烷（TNM）在温和条件下可高度专一性地硝化酪氨酸酚基，生成可电离的发色基团 3-硝基酪氨酸，它在酸水解条件下稳定，可用于氨基酸定量分析。

苏氨酸和丝氨酸残基的专一性化学修饰相对比较少，丝氨酸参与酶活性部位的例子是丝氨酸蛋白水解酶。酶中的丝氨酸残基对酰化剂如二异丙基氟磷酸酯具有高度反应性，苯甲基磺酰氟（PMSF）也能与此酶的丝氨酸残基作用，在硒化氢存在下，能将活性丝氨酸转变为硒代半胱氨酸，从而把丝氨酸蛋白水解酶变成谷胱甘肽过氧化物酶。

7.1.5.9　甲硫氨酸甲硫基的修饰

虽然甲硫氨酸残基极性较弱，在温和条件下，很难选择性修饰。但是由于硫醚的硫原子具有亲核性，可用过氧化氢、过甲酸等氧化成甲硫氨酸亚砜。用碘乙酰胺等卤化烷基酰胺使甲硫氨酸烷基化。

7.1.5.10　二硫键的化学修饰

同巯基基团类似，二硫键具有其特有的性质，可以用来进行特异的修饰，通常是通过还原的方法，这些方法通常与某些巯基修饰方法相结合，以阻止再氧化成二硫键或计算断裂开的二硫基的数目。用巯基乙醇将二硫键还原成游离巯基是一种很常用的方法，具有高度的选择性和长的半衰期。为使二硫键充分还原，反应应该在有变性剂存在下进行，并且由于反应的平衡常数接近 1，必须使用大大过量的巯基乙醇。

应用二硫苏糖醇（DTT）和它的差向异构体二硫赤藓糖醇（DTE），也称作 Cleland 试剂，一定程度上缓解了大大过量的还原剂使用问题。由于第二步反应是分子内反应，以及还原试剂形成一个空间上有利的环状二硫键，因此反应平衡向还原蛋白质分子二硫键的方向移动。羟基使得 Cleland 试剂的水溶性增强，溶液因巯基的原因具有少许的臭味。

二硫键由于其在酶分子序列分析中及在酶分子折叠研究中的重要地位，因此二硫键的化学修饰、二硫键数目的测定以及二硫键位置的确定成为非常重要的问题。酶分子中有无二硫键，是链内二硫键还是链间二硫键，这需要用实验的手段予以确定。最好的判断方法是通过 NR/R（非还原/还原）双向 SDS 电泳技术进行鉴定。其第一向样品未经还原处理，而第二向样品经过还原处理。因此，既无链内二硫键又无链间二硫键的酶分子出现在对角线上（两个方向电泳的迁移率相等）；存在链间二硫键的酶分子，由于链间二硫键被还原而断裂，第二向电泳时由于分子变小而出现在对角线下方；只有含有链内二硫键的蛋白质分子，由于链内二硫键被还原，使分子伸展而体积增大，因此出现在对角线的上方。二硫键经还原处理后，被还原为巯基，一般情况下很易自动氧化回去，因而需要经过羧甲基处理，以防止重新氧化成二硫键。

7.1.5.11　分子内交联修饰

酶分子内的交联是一类重要的化学修饰方法。含有双功能基团的化合物（又称为双功能试剂）如戊二醛、己二胺、葡聚糖二乙醛等，可以在酶蛋白分子中相距较近的两个侧链基团之间形成共价交联，从而提高酶的稳定性，并增加酶在非水溶液中的使用价值，这种修饰方法称为分子内交联修饰。通过分子内交联修饰，可以使酶分子的空间构象更稳定，提高酶分子的稳定性。

酶工程的主要任务之一就是提高酶的稳定性，尤其是在非水溶液中的稳定性。利用双功能或多功能交联剂对酶进行分子间和分子内交联，已经取得了较好的研究进展。交联剂可以分为同型双功能试剂、异型双功能试剂和可被光活化试剂 3 种类型，每种类型的交联剂又分为可裂解型和不可裂解型等。同型双功能交联剂两端具有相同的活性反应基团，可与氨基反应的双亚胺酯是一个典型的同型双功能交联剂。例如，*N*-羟基琥珀酰亚胺酯、二硝基氟苯等同型双功能试剂都对氨基有专一性，但是戊二醛除与氨基反应外还能与羟基反应。异型双功能交联剂的一端可以与氨基作用，另一端一般可以与巯基发生作用，但是碳二亚胺的第二个反应基团是羧基。可被光活化的高交联剂一端与酶反应后，经光照，另一端产生一个活性反应基团碳烯或氮烯，具有高反应性，但是不具有专一性。最先使用的是戊二醛交联试剂。多功能交联试剂除了传统的戊二醛外，还包括一些新近开发成功的化合物。

二维码 7-10　分子内交联修饰实例一

二维码 7-11　分子内交联修饰实例二

随着交联酶晶体技术与酶活性中心修饰的结合，出现了一种新型的半合成酶——化学突变酶(chemically tailored enzyme)。这种酶不仅具有交联酶的特性，而且也能改变催化活性。交联的另一种方法是蛋白质分子结合到可溶性多聚体的多个位点上，Bieniarz 等利用此原理设计了一种新颖的交联方法。该方法中需要含有多个磷硫酰基侧链的线性多聚体，以及能诱导多聚体和相关蛋白质分子间进行交联的碱性磷酸酶。首先，用琥珀酰亚胺、顺丁烯二酰亚胺来处理目标蛋白质，使琥珀酰亚胺片段和目标蛋白质表面的游离氨基酸发生反应，顺丁烯二酰亚胺片段结合在蛋白质分子上，这些片段最后又会和硫醇盐的基团发生反应。其次，由多聚谷氨酸制备含有多个磷硫酰基侧链的线性多聚体。最后，目标蛋白质、多聚体和碱性磷酸酶化合，碱性磷酸酶分解磷硫酰基团中的正磷酸盐，沿着多聚体骨架产生活性的硫醇盐基团。在表面产生的硫醇盐基团又会和修饰过的蛋白质表面的顺丁烯二酰亚胺反应，从而在多聚体骨架和目标蛋白质分子间形成多个交联发生在分子内，增加了酶的多聚体的比率，并减少多聚体聚合物的形成。例如，采用葡聚糖二乙醛对青霉素酰化酶进行分子内交联修饰，可以使该酶在55℃条件下的半衰期延长 9 倍，而其最大反应速度和 K_m 不改变。

双功能基团化合物根据其功能基团的特点，可分为同型双功能基团化合物和异型双功能基团化合物两大类。同型双功能基团化合物的两端具有相同的功能基团，如己二胺[H_2N—$(CH_2)_6$—NH_2]的两端都含有氨基，可以与酶分子中的羧基反应形成酰胺键；戊二醛[OHC—$(CH_2)_3$—CHO]的两端都含有醛基，可以与酶分子中的氨基反应形成酰胺键或者与羟基反应形成酯键。异型双功能基团化合物的两端所含的功能基团不相同。可以与酶分子上不同的侧链基团反应。如一端与酶分子的氨基作用，另一端与酶分子的巯基或羧基作用等。交联剂的种类繁多，不同的交联剂具有不同的分子长度，其交联基团、交联速度和交联效果也有所差别，可以通过试验找出适宜的交联剂进行分子内交联修饰。值得注意的是，分子内交联是在同一个酶分子内进行的交联反应，如果双功能试剂的2个功能基团分别在2个酶分子之间或在酶分子与其他分子之间进行交联，则可以使酶的水溶性降低，成为不溶于水的固定化酶，谓之交联固定化。

7.1.6　氨基酸置换修饰

酶蛋白的基本组成单位是氨基酸，在特定的位置上的各种氨基酸残基是酶的化学结构和空间结构的基础。若将肽链上的某一个氨基酸残基换成另一个氨基酸残基，则会引起酶蛋白的化学结构和空间构象的改变，从而改变酶的某些特性和功能，这种修饰方法称为氨基酸的置换修饰。

现在常用的氨基酸置换修饰的方法是定点突变技术。定点突变（site directed mutagenesis）是20世纪80年代发展起来的一种基因操作技术，是指在DNA序列中的某一特定位点上进行碱基的改变从而获得突变基因的操作技术，是蛋白质工程（protein engineering）和酶分子组成单位置换修饰中常用的技术。定点突变技术为氨基酸或核苷酸的置换修饰提供了先进、可靠、行之有效的手段。

二维码7-12　氨基酸置换修饰实例一

定点突变技术用于酶分子修饰的主要过程如下。

(1) 新酶分子结构的设计。根据已知酶的RNA或酶蛋白的化学结构和空间结构及其特性，特别是根据酶在催化活性、稳定性、抗原性和底物专一性等方面存在的问题，设计出欲获得的新酶RNA的核苷酸序列或酶蛋白的氨基酸序列，确定欲置换的核苷酸或氨基酸及其位置。

(2) 突变基因碱基序列的确定。对于核酸类酶，根据欲获得的酶RNA的核苷酸序列，依照互补原则，确定其对应的突变基因上的碱基序列，确定需要置换的碱基及其位置。对于蛋白类酶，首先根据欲获得的酶蛋白的氨基酸序列，对照遗传密码，确定其对应的mRNA上的核苷酸序列，由于一种氨基酸所对应的密码子不止一个，不同的物种对同义密码子的使用差别很大，所以在确定所使用的密码子时，要充分考虑到物种间的差异；再依据碱基互补原则，确定此mRNA所对应的突变基因上的碱基序列，并确定需要置换的碱基及其位置。

(3) 突变基因的获得。根据欲获得的突变基因的碱基序列及其需要置换的碱基位置，首先用DNA合成仪合成有1～2个碱基被置换了的寡核苷酸，再用此寡核苷酸为引物，通过聚合酶链式反应（PCR）或M13质粒等定点突变技术，获得所需的大量突变基因。这称为寡核苷酸诱导的定点突变。现在普遍采用聚合酶链式反应（PCR）技术以获得所需基因。

(4) 新酶的获得。将上述定点突变获得的突变基因进行体外重组，插入适宜的基因载体中，然后通过转化、转导、介导、基因枪、显微注射等技术，转入到适宜的宿主细胞，再在适宜的条件下进行表达，就可获得经过修饰的新酶。

二维码7-13　氨基酸置换修饰实例二

7.1.7　核苷酸剪切/置换修饰

核酸类酶的基本组成单位是核苷酸，核苷酸通过磷酸二酯键连接成为核苷酸链。在核苷

二维码 7-14　核苷酸剪切/置换修饰实例

酸的限定位点进行剪切，使核酸类酶的结构发生改变，从而改变核酸类酶的特性和功能的方法，称为核苷酸链剪切修饰。某些 RNA 分子原本不具有催化活性，经过适当的修饰作用，在适当位置上去除一部分核苷酸残基后，可以显示核酸类酶的催化活性，成为一种核酸类酶。

将酶分子核苷酸链上的某一个核苷酸换成另一个核苷酸的修饰方法，称为核苷酸置换修饰。核苷酸置换修饰通常采用定点突变技术进行。只要将核苷酸链中的一个或几个核苷酸置换，就可以使核酸类酶的特性和功能发生改变。

7.1.8　酶分子亲和标记修饰

亲和标记是一种特殊的化学修饰方法。早期人们利用底物或过渡态类似物作为竞争性抑制剂探索酶的活性部位结构，如丙二酸作为琥珀酸酶的竞争性抑制剂，δ-葡萄糖酸内酯作为葡萄糖酸酶的抑制剂。与此同时，又利用蛋白质侧链基团的化学修饰剂探讨酶的活性部位。如果某一试剂使酶失活，可以推断能与该试剂反应的氨基酸是酶活力所必需的。酶分子的亲和修饰是基于酶和底物的亲和性，修饰剂不仅具有对被作用基团的专一性，而且具有对被作用部位的专一性，将这类修饰剂称为位点专一性抑制剂，即修饰剂作用于被作用部位的某一基团，而不与被作用部位以外的同类基团发生作用。一般它们都具有与底物类似的结构，对酶活性部位具有高度的亲和性，能对活性部位氨基酸残基进行共价标记。因此，将这类专一性化学修饰称为亲和标记或专一性的不可逆抑制。

7.1.8.1　亲和标记

虽然已开发出许多不同氨基酸残基侧链基团的特定修饰剂用于酶的化学修饰，但这些试剂即使对某一基团的反应是专一的，仍然有多个同类残基可与之反应，因此对某个特定残基的选择性修饰比较困难。为解决此问题，人们开发出了用于酶修饰的亲和标记试剂。

用于亲和标记的亲和试剂作为底物类似物有多方面要求，一般应符合如下条件：①在使酶不可逆失活以前，亲和试剂要与酶形成可逆复合物；②亲和试剂的修饰程度是有限的；③没有反应性的竞争性配体的存在，应减弱亲和试剂的反应速度；④亲和试剂体积不能太大，否则会产生空间障碍；⑤修饰产物应当稳定，便于表征和定量。

亲和试剂可以专一性地标记于酶的活性部位，使酶不可逆失活，因此也称为专一性的不可逆抑制。这种不可逆抑制可分为 K_s 型不可逆抑制和 K_{cat} 型不可逆抑制。K_s 型抑制剂根据底物的结构设计，它不仅具有与底物结构相似的结合基团，还具有与活性部位氨基酸残基的侧链基团反应的活性基团，因此也可以与酶的活性部位发生特异性结合，对活性部位侧链基团进行修饰而导致酶的不可逆失活(图 7-1)。K_{cat} 型抑制剂专一性很高，因为这类抑制剂是根据酶催化过程设计的，它不仅具有酶的底物性质，还有一个潜在的反应基团，在酶催化下活化后会不可逆地抑制酶的活性部位，所以 K_{cat} 型抑制剂也称为“自杀性抑制剂”。自杀性抑制剂可以用来作为治疗某些疾病的有效药物。

7.1.8.2　外生亲和试剂

亲和试剂一般可分为内生亲和试剂和外生亲和试剂。内生亲和试剂是指试剂本身的某些

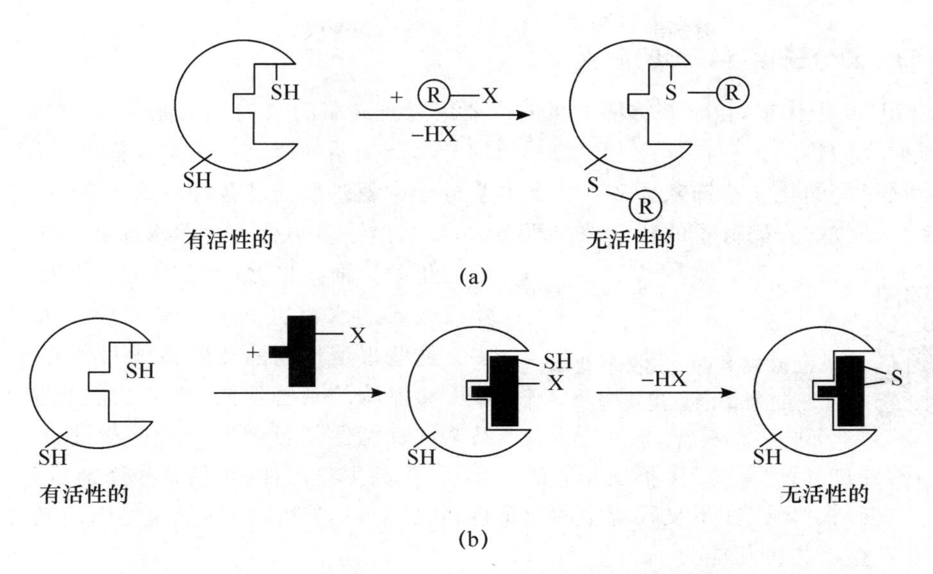

(a)基团专一性修饰;(b)位点专一性修饰-亲和标记

图 7-1　酶的基团专一性修饰与位点专一性修饰

(陈宁. 酶工程. 北京:中国轻工业出版社,2005)

部分可通过化学方法转化为所需要的反应基团,而对试剂的结构没有大的扰动。外生亲和试剂是通过一定的方式将反应性基团加入试剂中,如将卤代烷基衍生物连接到腺嘌呤上;氟磺酰苯酰基连接到腺嘌呤上。

光亲和试剂是一类特殊的外生亲和试剂,其结构上除有一般亲和试剂特点外,还具有一个光反应基团。这种试剂与酶活性部位在暗条件下发生特异性结合,被光照激活后,产生一个非常活泼的功能基团,能与它附近几乎所有基团反应,形成一个共价的标记物(图 7-2)。

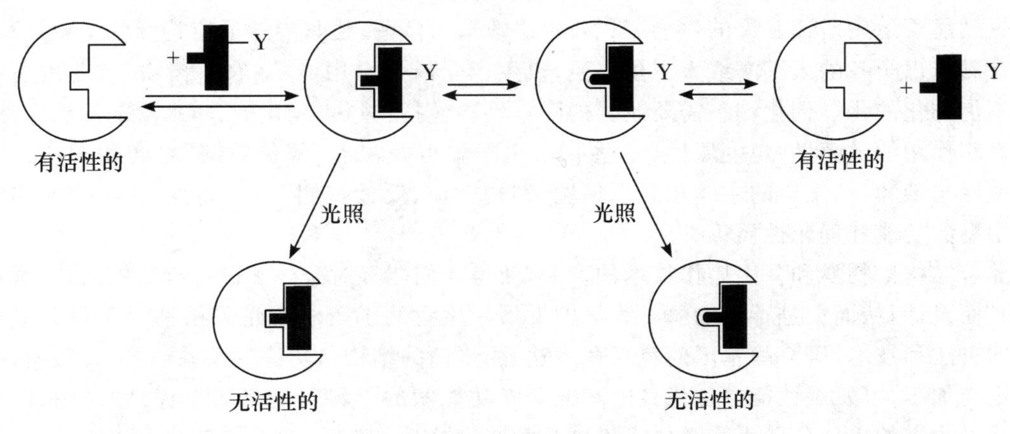

图 7-2　酶的光亲和标记示意图

(陈宁. 酶工程. 北京:中国轻工业出版社,2005)

7.1.9 酶分子化学修饰的应用

20世纪50年代末，化学修饰酶的目的主要用以研究酶的结构与功能的关系，是当时生物化学领域研究的热点。它在理论上为酶的结构与功能关系的研究提供实验依据。如酶的活性中心可以通过酶的化学修饰来证实。为考察酶分子中氨基酸残基各种不同状态和确定哪些残基处于活性部位并为酶分子的特定功能所必需，研制出许多小分子化学修饰剂，进行了多种类型的化学修饰。自20世纪70年代末以来，用天然或合成的水溶性大分子修饰酶的报道越来越多。这些报道中的酶化学修饰目的在于，人为地改变天然酶的某些性质，创造天然酶所不具备的某些优良特性甚至创造出新的活性，扩大酶的应用范围。酶经过修饰后可产生下述相关的变化：①提高生物活性(包括某些修饰后对效应物反应性能的改变)；②增强在不良环境中的稳定性；③针对特异性反应降低生物识别能力，解除免疫原性；④产生新的催化能力。

二维码7-15　酶分子化学修饰的应用实例

讨论

学完本节课的理论内容后，班级同学分组查找对酶分子化学修饰做出重要贡献的科学家及其研究故事，以小组的形式进行整理、汇报，重点探讨在科学研究中应该怎样养成认真、钻研、甘于奉献等精神。

7.2 酶分子的生物改造

天然酶虽然在生物体内能发挥各种功能，但在生物体外，特别是在工业条件(如高温、高压、机械力、重金属离子、有机溶剂、氧化剂、极端pH等)下，则常易遭到破坏。因而，这些由数百个氨基酸按一定的精确顺序连接起来的生物大分子，其用途是有局限性的。所以，人们很自然地想到能否运用迅速发展的生物工程技术来改造天然酶，使其能够适应特殊的工业过程；或者设计制造出全新的人工酶或人工蛋白质，以生产全新的医用药品、农业药物、工业用酶和天然酶不能催化的化学催化剂。需要改善的酶学性质包括：对热、氧化剂、非水溶剂的稳定性，对蛋白水解作用的敏感性、免疫原性、最适pH、离子强度及温度、催化效率，对底物和辅助因子的专一性与亲和力，反应的主体化学选择性、别构效应、反馈抑制、多功能性，在纯化或固定化过程中酶的功能和理化性质等。

随着结构生物学和基因操作技术的发展，使得人们能够对酶分子进行有效的改造，甚至为“目的”而设计，从而促进了生物酶工程学的发展。生物酶工程学就是采用基因工程和蛋白质工程的方法和技术，研究酶基因的克隆和表达、酶蛋白的结构与功能的关系以及对酶进行再设计和定向加工，以发展性能更加优良的酶或者新功能酶的学科。生物酶工程是酶学和以基因重组技术为主的现代分子生物学技术相结合的产物，因此它也被称为第四代酶工程。

当前，生物酶工程的研究热点主要包括3个方面：①利用基因工程技术大量生产酶制剂。将酶基因和合适的调节信号通过载体(质粒)导入易于大量繁殖的微生物中并使之高效表达，通过发酵的方法大量生产所需要的酶。用于医药或工业的尿激酶原、组织纤溶酶原激活剂、凝乳酶、α-淀粉酶、青霉素G酰化酶等都可用此法大量生产。②修饰酶基因，产生遗传修饰酶

(突变酶)。酶的遗传修饰主要是由寡核苷酸介导的点突变,通过对酶基因的定点突变可以改变酶的性质,如酶活性、底物专一性、稳定性、对辅酶的依赖性等,从而获得具有新性状的酶。③利用蛋白质工程技术设计新酶基因,合成自然界中不曾有的新酶。随着对酶结构与功能关系认识的逐渐深入,可以人工设计并合成有关基因,通过蛋白质工程技术生产出自然界不存在的具有独特性质和功能的新酶。生物酶工程示意如图 7-3 所示。

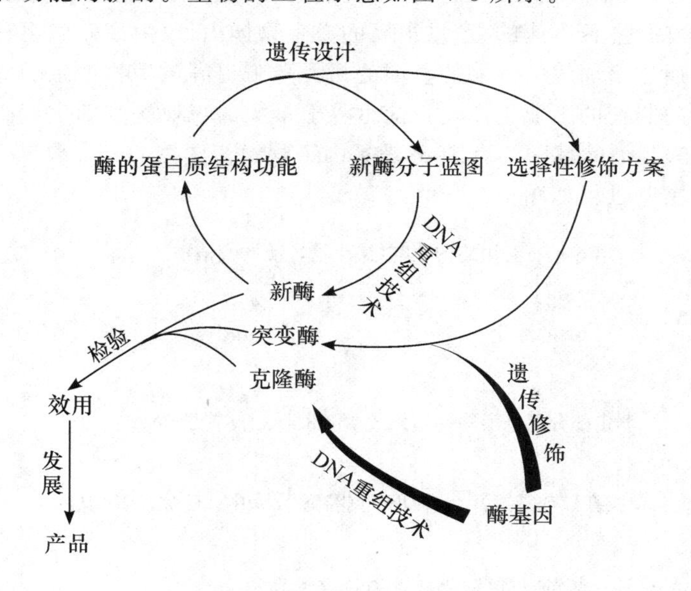

图 7-3　生物酶工程示意图

(陈宁.酶工程.北京:中国轻工业出版社,2005)

酶的蛋白质工程是在基因工程的基础上发展起来的,而且仍然需要应用基因工程的全套技术。所不同的是,基因工程的目的在于高效率地表达某些目的酶(蛋白质),而蛋白质工程则是通过结构基因的改造达到修饰酶蛋白分子结构的目的,从而改变该酶的性能,如提高酶的产量、增加酶的稳定性、使酶适应低温环境、提高酶在有机溶剂中的反应效率、使酶在后续提取工艺和应用过程中更容易操作等。现在,这一设想已取得了重大突破,最突出的实例是枯草杆菌碱性蛋白酶的蛋白质工程,目前,已成功地制备出具有耐碱、耐热以及抗氧化的各种新特性的蛋白酶。这些酶除用作洗涤剂的添加剂时有特殊功效外,还能有效地降低工业生产成本、扩大产品使用范围。这种经过蛋白质工程改造所取得的新酶,现已取得世界首批专利。蛋白质工程不仅为研究酶的结构与功能提供了强有力的手段,而且为修饰已知酶、创造新酶开辟了一条可行的途径。基因工程和蛋白质工程将对酶工业产生重大影响。基因工程主要解决的是酶大量生产的问题,它可以降低酶产品的成本,同时也使稀有酶的生产变得更加容易;而蛋白质工程则可以生产出完全符合人们要求的酶,即主要改进酶的质量。

7.2.1　克隆酶

克隆酶是利用基因工程的技术,通过酶基因的高效表达而提高酶的产量。目前已经克隆成功的酶基因有 100 多种。其中尿激酶、纤溶酶原激活剂和凝乳酶等已获得有效表达。

通过基因工程的手段,人们能够克隆各种天然的酶蛋白基因,并将其与适当的调节信号连接，再通过一定的载体导入很容易大量繁殖的微生物体内，使之高效表达。在以往的生产实践中，许多酶由于是胞内酶或结合酶，分离纯化比较困难，成本也很高。还有一些十分理想的医药用酶是来源于人体，如治疗血栓病的尿激酶是由人尿提取的，治疗溶血酶缺陷症的酶必须由人胎盘制备，其来源亦比较困难，这类酶可以利用基因工程等技术大量生产。运用基因工程技术可以将原来由有害的、未经批准的微生物产生的酶的基因，或由生长缓慢的动植物产生的酶的基因，克隆到安全的、生长迅速的、产量很高的微生物体内，改由高效微生物来生产。运用基因工程技术还可以通过增加编码该酶的基因的拷贝数来提高微生物产生的酶的数量。这一原理已成功地应用于酶制剂的工业生产。目前世界上最大的工业酶制剂生产商丹麦诺维信公司(Novozymes)生产酶制剂的菌种约有 80％是基因工程菌。

克隆酶技术的主要过程如图 7-4 所示。

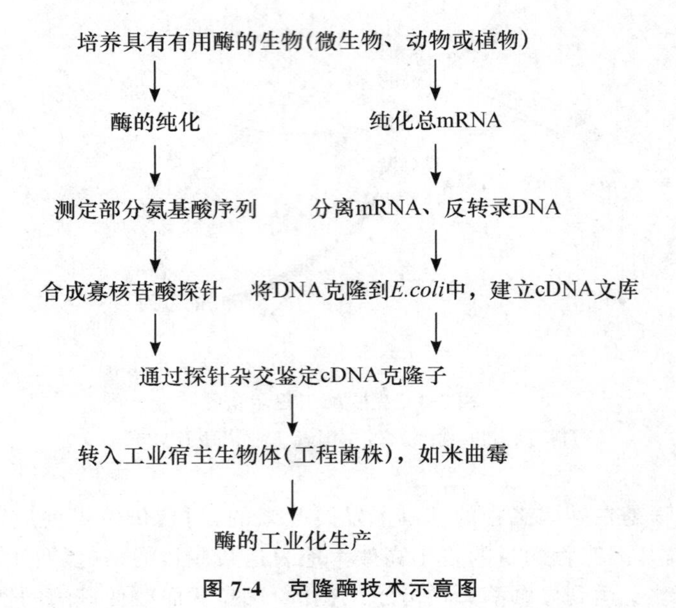

图 7-4 克隆酶技术示意图

酶基因克隆和表达技术的应用使人们有可能克隆各种天然的蛋白质或酶基因。先在特定酶的结构基因前加上高效的启动基因序列和必要的调控序列，再将此片段克隆到一定的载体中，然后将带有特定酶基因的上述杂交表达载体转化到适当的受体细菌中，经培养繁殖，再从收集的菌体中分离得到大量的表达产物——人们所需要的酶。一些来自人体的酶制剂，如治疗血栓栓塞病的尿激酶原，就可以用此法取代从大量的人尿中提取的方法。此外还有组织型纤溶酶原激活剂(tPA)与凝乳酶等 100 多种酶的基因已经克隆成功，其中一些还进行了高效的表达。此法可生产出大量的酶，并易于提取分离纯化。

7.2.2 突变酶

目前，在实验室中进行过研究的酶不下千种，但应用的只有极少数，其主要原因是这些酶在生物条件或自然条件下具有活性，但在实际生产系统中，其活性极差，不能应用。工业生产中，几乎所有的反应体系都是在酸、碱或溶剂体系，温度也较高，因此绝大多数酶在这种条件下都会变性。因此，提高酶的稳定性在工业生产中是重要的。此外，酶的专一性、抗原性、动力学

特性等都是很重要的。近几年兴起一个新研究领域:酶的选择性遗传修饰,即酶基因的定点突变。研究者们在分析氨基酸序列弄清酶的一级结构及 X 射线衍射分析弄清酶的空间结构的基础上,再在由功能推知结构或由结构推知功能的反复推敲下,设计出酶基因的改造方案(主要是突变),确定选择性遗传修饰的修饰位点。

7.2.2.1　突变对酶性能的改善

突变酶是有控制地对天然酶基因进行剪切、修饰或突变,从而改变这些酶的催化特性、底物专一性或辅酶专一性,使之更加符合人类的生产生活需要。利用蛋白质工程改造酶,所涉及的酶的稳定性包括:延长酶的半衰期,提高酶的热稳定性,延长药用蛋白质的保存期,抵御由于重要氨基酸氧化引起的活性丧失。在这些改造的内容当中,酶的热稳定性是最重要的。通过遗传修饰改善酶的性能大致包括以下几个方面。

(1) 提高酶的活性。如将枯草杆菌蛋白酶 Met222 改为 Cys 后,其催化活性大大提高。

(2) 提高酶的稳定性。如将 T_4 溶菌酶的 Ile3 改为 Cys 后再经氧化,即与 Cys97 形成二硫键,该酶仍具有催化活性,但其稳定性大大提高。

(3) 改变底物专一性。如胰蛋白酶底物结合部位的 Gly216 或 Gly226 改为 Ala 后,提高了酶对底物的选择性。其中突变酶 Ala216 对含 Arg 底物的 K_{cat}/K_m 提高了。而突变酶 Ala226 对含 Lys 的底物的 K_{cat}/K_m 提高了。

(4) 改变酶的最适 pH。如枯草杆菌蛋白酶 Met222 改为 Lys 后,其最适 pH 由原来的 8.6 上升至 9.6。

(5) 改变酶对辅酶的要求。如二氢叶酸还原酶的双突变体(Arg44 改为 Thr;Ser63 改为 Glu)对辅酶的要求更倾向于 $NADH_2$,而不是原来的 $NADPH_2$。

(6) 改变酶的别构调节功能。如当天冬氨酸转氨甲酰酶(ATC)的 Tyr 改为 Ser 后,酶就失去了别构调节的性质等。

(7) 改变酶的其他性能。如对金属酶氧化还原能力的改造以及对某些酶结构的改造,使一些专一性抑制剂能够有效作用于靶位点等。

7.2.2.2　突变对酶蛋白结构的改变

要提高酶的活性,就必须知道酶的活性中心的空间结构,进而推断出哪些特定的氨基酸的变化可以改变底物结合的特异性。经过定点诱变后,可以制备出具有新序列的特异酶蛋白。

(1) 导入二硫键。含有二硫键的蛋白质一般不易去折叠,稳定性较高,且这种蛋白质即使在有机溶剂或非正常生理条件下也不易变性。二硫键存在时,酶的热稳定性升高;二硫键越多,酶越稳定。

(2) 肽链构象发生改变。肽链构象局部发生变化,可能导致蛋白质失活,从而提高蛋白质的热稳定性。例如,酿酒酵母的磷酸丙糖异构酶有两个相同的亚基,每个亚基含有两个 Asn,它们位于亚基之间的界面上,对酶的热稳定性起一定作用。科学家通过寡核苷酸诱变,将 14 位和 78 位的 Asn 突变掉,突变成 Thr 或 Ile,有助于增强酶的热稳定性;而如果 Asn 突变成 Asp,则降低酶的热稳定性。

(3) 氨基酸置换。氨基酸置换往往也能达到同样的提高蛋白质热稳定性的目的。例如,对许多蛋白质而言,将 Gly 置换成 Ala 可以提高蛋白质的热稳定性。同时,对这一问题的研究也表明,氨基酸置换的效果可以定量,其稳定性的效果还可以叠加。

总之，酶的选择性遗传修饰，就是通过对酶结构基因进行改造，使酶分子中1个或1个以上的氨基酸残基为其他氨基酸残基所取代，或者删除或者增加1个或数个氨基酸残基，从而使酶的催化机理、底物特异性和稳定性等方面人为地向着最优化的方向转变，为酶学性质的研究和酶制剂的开发应用开辟新途径。通过蛋白质工程，人们还可以设计具有特殊催化活性的酶。

7.2.3 设计新酶

从生物在地球上出现以来，自然界只发现过10^{55}种蛋白质。绝大多数新序列和新功能的蛋白质或酶，在30亿年的生物进化过程中还没有出现，这就有待人们去开发和创造。蛋白质工程的飞速发展，为人们提供了强有力的手段。如果人们能够找到组建蛋白质结构的方法，就能获得自然界原先不存在、结构和功能全新的酶蛋白。

定点突变方法对酶分子的改进只是酶中少数的氨基酸残基的更换，而且酶的空间结构基本保持不变，因此突变体的改造是有限的。从理论上来讲，如果人为地有目的地设计酶基因，导入适当的微生物中加以表达，就可以生产出超自然的优质酶。这个过程的关键是对酶分子各个结构层次上的设计与组合。随着现代分子生物学与遗传工程的迅速发展，全新的蛋白质和酶分子的设计已不是十分遥远的事情。如果能够研究出全新构建酶的方法，人们就能够设计制造出具有任意结构和功能的全新酶，这就是酶分子的从头设计。具体来说，酶分子的从头设计是从一级结构出发，设计制造出自然界没有的酶，使之具有特定的结构和功能。现在人们已掌握技术，所以只要有遗传设计蓝图，就能人工合成所设计的酶基因。酶遗传设计的主要目的是创制优质酶，用于生产昂贵特殊的药品和超自然的生物制品，以满足人类的特殊需要。

从头设计酶，包括对酶空间结构的框架设计、酶催化的活性设计以及酶结合底物的专一性设计。天然蛋白质或酶的空间结构都是框架化的。例如，一个小的酶分子的相对分子质量一般也超过1万，大约有3个基因的产物残余催化，还有几个基因产物参与结合底物。这些基因完成其使命的关键条件之一就是框架化，也就是说，催化部位和底物结合部位要适应地安装在大分子载体之中，给予各个基因产物适当的空间排布。框架设计的难度是很大的，对小的酶分子也许能给出适当的结果，但对复杂的多肽链而言，需要预测三级结构，在大量的数理计算后筛选出所需要的一级结构。对较为简单的小肽，框架设计已经有成功的例子，主要涉及的是对二级结构的预测，特别是设计形成比较牢固的α-螺旋的序列。例如，在设计鸡卵清溶菌酶活性分子的过程中，各种合成肽曾被用于试验有无酶活性，其中，一种9肽(ELAEEAAF)能水解几丁质和葡聚糖，但糖苷酶活性较低。Gutte也设计了一种34肽，具有明显的核酸酶活性，但其主要活性是源于二聚体。

对酶活性的设计涉及选择化学基团及空间取向。一般来说，在这类设计中，一般采用天然存在的氨基酸来提供所需的化学基团，尽管原则上并不限制引入其他外来基团。例如，Gutte等在构建具有核酸酶活性或核酸结合活性的蛋白质时，重点使用了组氨酸的催化活性。如果缺少可信的经验数据来推论产生活性所需的催化基团，那么将借助于量子力学进行计算。由于酶的功能区域可分为催化部位和底物结合部位，酶的专一性是与后一部分相关的。有的酶分子这两个部位是在一条肽链上，如丝氨酸蛋白水解酶类；也有些酶分子的这两个部位分别处在不同肽链上，如凝血酶的催化活性与B链相关，而A链则与底物的专一性有关。因此对酶分子设计时，需认真考虑与底物结合的化学基团的性质、空间取向以及稳定性等问题。

目前的关键问题在于如何设计超自然的优质酶基因，即如何做出优质酶基因的遗传设计蓝图。现在人们还不可以根据酶的氨基酸序列预测其空间结构，但随着计算机技术和化学理论的进步，酶或其他大分子的模拟在精确度、速度及规模上都会得到改善，这将有利于产生有关酶行为的新观点或新理论。同样，酶的化学修饰及遗传修饰也将提供更多的试验依据及数据，这有助于解决关于酶结构与功能的关系问题，反过来将促进酶的遗传设计的发展。因此，酶或蛋白质分子设计能力的提高将可能开创制造超自然生物机器的新时代。

综合性展示

本节课理论内容学习过程中，班级同学分组查找克隆酶、突变酶和设计新酶在实际生产中应用较成功的例子，以小组的形式在课上进行展示，强调科技对生产的推动作用，加深对科学研究重要意义的认识，培养对科研的浓厚兴趣。

目前，工业用酶制剂的生产销售主要由几个大型酶制剂生产企业垄断，这些企业依靠自己掌握的先进生物酶制剂生产方法，控制世界酶制剂市场。我们国家工业酶制剂用量大，但价格、种类等都受到这些企业的卡控。因此，酶学和酶工程领域的研究者、酶制剂应用者应响应党的二十大号召，加快实现高水平科技自立自强，以国家战略需求为导向，集聚力量进行原创性引领性科技攻关，坚决打赢关键核心技术攻坚战，持续解决困扰我国工业用酶制剂生产的一系列“卡脖子”技术难题，提升我国酶制剂产业的核心竞争力，掌握在世界酶制剂领域的话语权。

学完本节课的理论内容后，班级同学以小组为单位，开展关于生物技术应用到酶分子修饰中的优劣的辩论，让大家认识到科学研究中应该培养实事求是、辩证地看待问题的精神。

思考题

1. 简述酶分子化学修饰的定义及基本原理。
2. 酶为什么要进行化学修饰？
3. 列举常见的几种化学修饰酶的方法，并简要概括各自的特点。
4. 列举常见的酶分子的生物改造方法，并简要概括各自的特点。

参考文献

[1] 陈宁. 酶工程. 北京：中国轻工业出版社，2005.
[2] 郭勇. 酶工程原理与技术. 北京：高等教育出版社，2005.
[3] 梅乐和，岑沛霖. 现代酶工程. 北京：化学工业出版社，2006.
[4] 袁勤生，赵健. 酶与酶工程. 上海：华东理工大学出版社，2005.
[5] 张今，曹淑桂，罗贵民，等. 分子酶学工程导论. 北京：科学出版社，2003.
[6] 罗贵民. 酶工程. 北京：化学工业出版社，2003.
[7] 袁勤生. 酶与酶工程. 2 版. 上海：华东理工大学出版社，2012.

第8章

酶与细胞的固定化

本章学习目的与要求

1. 明确酶和细胞固定化的概念。
2. 理解酶及细胞固定化的原理。
3. 掌握酶、辅因子和细胞固定化的方法。
4. 认识酶和细胞固定化的表征及其应用。

8.1　酶的固定化

8.1.1　固定化酶的定义

酶作为高效、专一的生物催化剂，已广泛应用于食品加工、医药和精细化工等行业。但使用时，游离酶对热、强酸、强碱、高离子强度、有机溶剂等稳定性较差，易失活；混入反应体系后产物纯化困难，不能重复使用等。为克服这些问题，酶固定化技术于 20 世纪 60 年代应运而生。

早在 1916 年，Nelson 和 Griffin 就将蔗糖酶吸附在骨炭粉上实现了酶的固定化，但当时这一技术并未受到重视；1953 年，Grubhofer 和 Schleith 在实验室水平，将聚氨基苯乙烯树脂重氮化，固定化了淀粉酶、羧肽酶、胃蛋白酶和核糖核酸酶。

20 世纪 60 年代后期，酶固定化技术迅速发展。1969 年，日本的千畑一郎等将固定化氨基酰化酶应用于氨基酸的 *D*、*L*-光学异构体的拆分，开创了固定化酶在连续工业化生产中的应用。1970 年，我国中科院微生物所和上海生化所同时开始固定化酶的研究。此后，固定化酶和固定化细胞的应用研究广泛开展。

所谓固定化酶，是指在一定的空间范围内起催化作用，并能重复和连续使用的酶。

固定化酶与游离酶相比，具有以下优点。

(1) 酶经固定化后，一般稳定性提高。如对热、pH 等的稳定性提高，对抑制剂、蛋白酶等敏感性降低，可较长时间地使用或储藏。

(2) 固定化酶催化的反应过程更易控制。例如，谷氨酸生产中使用填充床反应器，当反应结束时，只要使底物与酶脱离接触，即可终止反应，可以精确控制酶催化反应的程度。

(3) 固定化酶具有一定的机械强度，可以用搅拌或装柱的方式作用于底物溶液，便于酶催化反应的连续化和自动化操作。例如，在生产中一般使用填充床反应器、恒流搅拌罐反应器和流化床反应器等固定化酶反应器进行酶催化反应，生产可实现连续化和自动化。

(4) 固定化酶比游离酶更适于应用多酶体系。固定化酶不仅可利用多酶体系中的协同效应使酶催化反应速率大大提高，而且还可以控制反应按一定顺序进行。

(5) 酶固定化后可反复使用，易与产物分离，产物不含酶，省去了热处理使酶失活的步骤，有利于提高食品质量。

固定化酶的优点增加了其在各个领域的应用范围和应用方式，如在食品工业中将固定化葡萄糖异构酶填充到柱式反应器中，使淀粉糖浆连续地流过填充柱，糖浆中的葡萄糖被转化为果糖，可实现果葡糖浆的连续化生产。

但是固定化酶在应用中还存在以下一些问题。

(1) 固定化可导致部分酶失活，有些固定化方法造成酶活力损失很大。

(2) 酶催化微环境的改变可能导致反应动力学及专一性发生改变。

(3) 酶固定化工艺的初始成本增大。

(4) 固定化酶一般只适用于水溶性的小分子底物，不适于大分子及不溶性底物。

(5) 固定化酶与完整菌体细胞相比，不适于多酶反应，特别是需要辅助因子参加的反应。

(6) 胞内酶进行固定化时多须经过酶的分离纯化操作。

鉴于此，设法提高固定化酶活力的回收率，提高固定化酶的稳定性和催化效率，研究固定化辅因子方法，降低固定化成本等有关研究已成为酶工程领域研究的重点和热点之一。

8.1.2 酶的固定化原则

酶的固定化要根据酶的性质、应用目的与环境选择固定化载体和方法，一般应遵循以下原则。

(1) 必须维持酶的天然构象，特别是活性中心的构象。酶与载体的结合部位应避免活性中心的氨基酸残基参与固定化反应；应采取尽可能温和的条件，避免可能导致酶蛋白高级构象破坏的高温、强酸、强碱、有机溶剂等处理条件。

(2) 酶与载体必须有一定的结合强度。酶的固定化既不能影响酶的构象，又要能有效地回收利用酶。

(3) 固定化酶应有利于自动化、机械化操作。用于固定化的载体必须有一定的机械强度，使之在制备过程中不易破坏或受损。

(4) 固定化酶应尽量减小空间位阻。固定化应尽可能不妨碍酶与底物的接近，以提高催化效率和产物产量。

(5) 固定化酶应有较高的稳定性。在应用过程中，所选载体应不和底物、产物或溶剂发生化学反应。

(6) 固定化酶的成本适中。工业生产必须考虑固定化成本要求，应尽可能降低固定化酶的成本。

8.1.3 酶的固定化方法

酶的固定化方法很多，传统的酶固定化方法主要可分为4类，即吸附法、包埋法、共价结合法和交联法等(图 8-1)。吸附法和共价结合法又可统称为载体结合法。

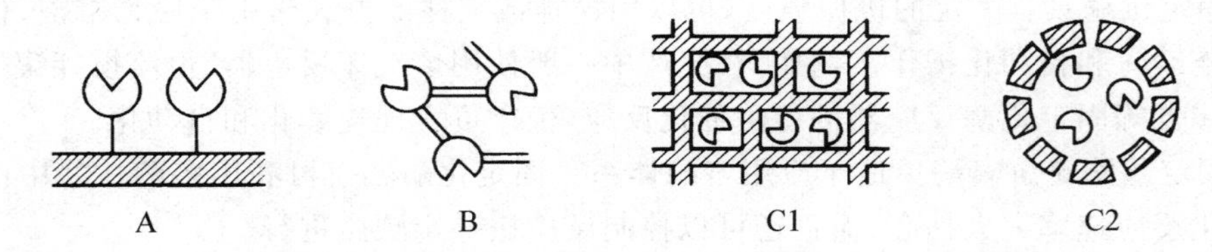

A. 载体结合法；B. 交联法；C1. 凝胶包埋法；C2. 微胶囊包埋法

图 8-1 酶的固定化方法

(周晓云. 酶学原理与酶工程. 北京：中国轻工业出版社，2005)

8.1.3.1 吸附法

吸附法(adsorption)是最早出现的酶固定化方法，其是通过载体与酶分子表面次级键的相互作用达到固定目的酶的目的。酶与载体之间的亲和力是范德华力、疏水相互作用、离子键和氢键等。此方法又可分为物理吸附法和离子吸附法。

1. 物理吸附法

物理吸附法(physical adsorption)是通过物理方法将酶直接吸附在载体表面上使酶固定化的方法。如α-淀粉酶、糖化酶、葡萄糖氧化酶等都曾采用此法进行固定化。物理吸附法常用的有机载体有淀粉、纤维素、胶原等；无机载体有活性炭、氧化铝、硅藻土、多孔玻璃、硅胶、二氧化钛、羟基磷灰石等。

物理吸附法操作简单、价廉、条件温和，载体可反复使用，酶与载体结合后活性部位及空间构象变化不大，所制得的固定化酶活力较高；但酶和载体结合不牢固，使用过程中容易脱落，造成酶的流失，所以使用受到限制。

2. 离子吸附法

离子吸附法(ion adsorption)是将酶与含有离子交换基团的水不溶性载体以静电作用力相结合的固定化方法。此法固定的酶有葡萄糖异构酶、糖化酶、α-淀粉酶、纤维素酶等，在工业上用途较广。如最早应用于工业化生产的氨基酰化酶，就是使用多糖类阴离子交换剂二乙基氨基乙基(DEAE)-葡聚糖凝胶固定化的。

离子吸附法使用的载体是某些离子交换剂。常用的阴离子交换剂有 DEAE-纤维素、混合胺类(ECTEOLA)-纤维素、四乙基氨基乙基(TEAE)-纤维素、DEAE-葡聚糖凝胶等；阳离子交换剂有羧甲基(CM)-纤维素、纤维素-柠檬酸盐、Amberlite CG-50、Amberlite IRC-50、Amberlite IR-120、Dowex-50 等。其吸附容量一般大于物理吸附法。

离子吸附法具有操作简便、条件温和、酶活力不易丧失等优点。但酶与载体结合力不够稳定，当使用高浓度底物、高离子强度和 pH 发生变化时，酶易从载体上脱落，使用时一定要控制好 pH、离子强度和温度等操作条件。

8.1.3.2　共价结合法

共价结合法(covalent binding)是将酶与聚合物载体以共价键结合的固定化方法。酶分子中能和载体形成共价键的基团有：赖氨酸的ε-氨基和多肽链 N-末端的α-氨基；天冬氨酸的β-羧基，谷氨酸的α-羧基和末端的γ-羧基，多肽链 C-末端的α-羧基；酪氨酸的酚基、半胱氨酸的巯基、丝氨酸和苏氨酸的羟基、组氨酸的咪唑基、色氨酸的吲哚基。其中最普遍的共价结合基团是氨基、羧基和苯环。常用来和酶共价偶联的载体的功能基团有氨基、羟基、羧基和羧甲基等。但必须注意，参加共价键结合的氨基酸残基应当是酶催化活性非必需基团，若共价结合包括了酶活性中心有关的基团，易导致酶活力的损失。

共价结合法的载体应具有下述性质：结构疏松、表面积大、具有一定的亲水性、没有或很少有非专一性吸附、有一定的机械强度以及带有在温和条件下，可和酶的侧链基团结合反应的功能基团。常用的载体有天然高分子衍生物如纤维素、葡聚糖凝胶、琼脂糖、甲壳素等；合成高聚物如聚丙烯酰胺、多聚氨基酸等；无机载体如多孔玻璃、金属氧化物等。

载体上的功能基团和酶分子的侧链基团往往不具有直接反应的能力，因此在反应前一般需先进行活化，再在较温和的条件下，将酶和活化了的载体偶联。载体活化最常用的方法有重氮法、叠氮法、溴化氰法、烷基化法等。

1. 重氮法

重氮法是将酶蛋白与水不溶性载体的重氮基团通过共价键相连接而固定化的方法。常用的载体有多糖类的芳香族氨基衍生物、氨基酸的共聚体和聚丙烯酰胺等。

如具有苯氨基的不溶性载体，可先用稀盐酸和亚硝酸钠处理成重氮盐衍生物，再在温和条件下和酶分子上相应基团直接偶联，如反应式(8.1)所示。酶蛋白中的游离氨基，组氨酸中的咪唑基，酪氨酸中的酚基都能进行重氮结合。

$$R-C_6H_4-NH_2 \xrightarrow[HCl]{NaNO_2} R-C_6H_4-N_2^+Cl^- + E \longrightarrow R-C_6H_4-N{=}N-E \quad (8.1)$$

2. 叠氮法

载体活化生成叠氮化合物，再与酶分子相应基团偶联成固定化酶。含有羟基、羧基、羧甲基等基团的CMC、CM-Sephadex(交联葡聚糖)、聚天冬氨酸、乙烯-顺丁烯二酸酐共聚物等的载体，都可用此法活化。羧甲基纤维素叠氮法如反应式(8.2)所示。将羧甲基纤维素用甲醇酯化，生成羧甲基纤维素甲酯，再与肼反应生成羧甲基纤维素的酰肼衍生物，进而用亚硝酸钠(由硝酸钠和盐酸反应生成)活化，生成叠氮衍生物，该叠氮基团可与酶分子中的氨基形成肽键而固定化酶，也可以和酶分子中的羟基、酚羟基、巯基反应，使酶固定化。

$$
\begin{aligned}
&\mathrm{R{-}O{-}CH_2COOH} \xrightarrow[\mathrm{HCl}]{\mathrm{CH_3OH}} \mathrm{R{-}O{-}CH_2COOCH_3} \xrightarrow{\mathrm{NH_2NH_2}} \mathrm{R{-}O{-}CH_2CONHNH_2} \\
&\xrightarrow[\mathrm{HCl}]{\mathrm{NaNO_2}} \mathrm{R{-}O{-}CH_2{-}CON_3} + \mathrm{H_2N{-}E} \longrightarrow \mathrm{R{-}O{-}CH_2{-}CONH{-}E} \qquad (8.2)
\end{aligned}
$$

3. 溴化氰法

用溴化氰将含有羟基的载体，如纤维素、葡聚糖凝胶、琼脂糖凝胶等活化生成亚氨基碳酸酯衍生物，再与酶分子的氨基偶联，制成固定化酶。任何具有连位羟基的高聚物都可用溴化氰法活化。该法可在非常缓和的条件下与酶蛋白的氨基发生反应，近年来已成为普遍使用的固定化方法。尤其是溴化氰活化的琼脂糖已在实验室广泛用作固定化酶，以及亲和层析的固定化吸附剂。

如反应式(8.3)和式(8.4)所示，在碱性条件下载体的羟基和溴化氰反应，生成大量活泼的亚氨碳酸酯衍生物和少量不活泼的氨基甲酸衍生物，前者可直接和酶的氨基共价偶联而制成固定化酶，其中生成的异脲型为主要产物。

$$
\mathrm{R}\begin{matrix}\diagup \mathrm{OH}\\ \diagdown \mathrm{OH}\end{matrix} \xrightarrow{\mathrm{CHBr}} \mathrm{R}\begin{matrix}\diagup \mathrm{OC{\equiv}N}\\ \diagdown \mathrm{OH}\end{matrix} \longrightarrow \begin{cases} \mathrm{R}\begin{matrix}\diagup \mathrm{OCONH_2}\\ \diagdown \mathrm{OH}\end{matrix} \\[2ex] \mathrm{R}\begin{matrix}\diagup \mathrm{O} \diagdown\\ \diagdown \mathrm{O} \diagup\end{matrix}\mathrm{C{=}NH} \end{cases} \qquad (8.3)
$$

$$
\mathrm{R}\begin{matrix}\diagup \mathrm{O} \diagdown\\ \diagdown \mathrm{O} \diagup\end{matrix}\mathrm{C{=}NH} + \mathrm{E} \longrightarrow \begin{cases} \mathrm{R}\begin{matrix}\diagup \mathrm{O{-}\overset{\overset{\displaystyle NH}{\|}}{C}{-}NH{-}E}\\ \diagdown \mathrm{OH}\end{matrix} \\[2ex] \mathrm{R}\begin{matrix}\diagup \mathrm{O} \diagdown\\ \diagdown \mathrm{O} \diagup\end{matrix}\mathrm{C{=}N{-}E} \\[2ex] \mathrm{R}\begin{matrix}\diagup \mathrm{O{-}\overset{\overset{\displaystyle O}{\|}}{C}{-}NH{-}E}\\ \diagdown \mathrm{OH}\end{matrix} \end{cases} \qquad (8.4)
$$

4. 烷基化法和芳基化法

以卤素为功能团的载体可与酶分子上的氨基、巯基、酚基等发生烷基化或芳基化反应而使酶固定化。常用的载体有卤乙酰、三嗪基或卤异丁烯基的衍生物。

如含羟基的载体在碱性条件下可用三氯均三嗪等多卤代物活化,形成含卤素基团的活化载体,引入卤素基后直接与酶的氨基偶联成固定化酶,如反应式(8.5)。此外,也和酶分子上的酚基或巯基等偶联。

$$\text{R—OH} + \text{Cl—}C_3N_3Cl_2 \longrightarrow \text{R—O—}C_3N_3Cl_2 + \text{E—}NH_2 \longrightarrow \text{R—O—}C_3N_3Cl\text{(NH—E)} \quad (8.5)$$

共价结合法制备的固定化酶不易脱落,稳定性好、可连续使用较长时间;但载体活化操作复杂、反应较剧烈,制备过程中酶直接参与化学反应,易引起酶蛋白空间构象变化,影响酶的活性,酶活力回收率一般为 30%左右,甚至酶的底物专一性等性质也会发生变化。现已有不少活化的商品化酶固定化载体,一般以固定相或预装柱的形式供应,这些固定相一般已活化,只要将酶在合适的条件下循环通过柱子便可完成酶的固定化。

8.1.3.3 包埋法

包埋法(entrapment)是将酶包埋在高聚物的细微凝胶网格中或高分子半透膜内的固定化方法。前者又称为凝胶包埋法,酶被包埋成网格型;后者又称为微胶囊包埋法,酶被包埋成微胶囊型。包埋法制备的固定化酶可防止酶渗出,底物需要渗入凝胶孔隙或半透膜内与酶接触。此法较为简便,固定化时酶仅是被包围起来,不发生物理化学变化,酶的高级构象较少改变,回收率较高,适于固定各种类型的酶。但由于只有小分子的底物和产物扩散可以通过高聚物,故只适用于小分子底物和产物的酶;高聚物网格或半透膜对小分子物质扩散的阻力有可能会导致固定化酶的动力学行为改变和活力的降低。

1. 凝胶包埋法

凝胶包埋法常采用海藻酸钠、角叉菜胶、明胶、琼脂凝胶、卡拉胶等天然高分子物质,以及聚丙烯酰胺、聚乙烯醇和光交联树脂等合成高分子物质,将酶包埋在高分子物质形成的凝胶网格中。

采用天然高分子物质包埋酶时,一般先将待固定的酶与溶解状态的高分子物质均匀混合,然后令其凝胶化,则酶被包埋在凝胶网格中。该法操作简便,但天然高分子凝胶的强度一般较差。采用合成高分子物质包埋酶与前者类似,只是在凝胶化前与酶混合的是高分子物质的单体或预聚物。这些单体或预聚物在适当条件下发生化学反应,形成高分子凝胶。合成高分子凝胶的强度较高,但需在一定的条件下进行聚合反应,这易引起部分酶失活,所以包埋条件的控制非常重要。如最常用的聚丙烯酰胺凝胶包埋法,制备时在酶溶液中加入丙烯酰胺单体和交联剂 N,N-甲叉双丙烯酰胺,加聚合反应催化剂四甲基乙二胺和聚合引发剂过硫酸铵等,使其在酶分子周围聚合,形成交联的包埋酶分子的凝胶网络。

2. 微胶囊型包埋法

微胶囊型包埋即将酶包埋在各种高聚物制成的半透膜微胶囊内的方法。常用于制造微胶囊的材料有聚酰胺、火棉胶、乙酸纤维素等。

用微胶囊型包埋法制得的微囊型固定化酶的直径通常为几微米到数百微米，胶囊孔径为几埃至数百埃。其制造方法有界面聚合法、界面沉淀法、二级乳化法、液膜(脂质体)法等。

(1) 界面聚合法。此法是将含有酶的亲水性单体乳化分散在与水不相溶的有机溶剂中，再加入溶于有机溶剂的疏水性单体。亲水性单体和疏水性单体在油水两相界面上发生聚合反应，形成高分子聚合物半透膜，使酶被包埋于半透膜内。常用的亲水单体有乙二醇、丙三醇等；疏水单体有聚异氰酸酯、多元酰氯等。在包埋过程中由于发生化学反应，可能会引起某些酶失活。此法曾用聚脲制备天冬酰胺酶、脲酶等的微囊。

(2) 界面沉淀法。该法利用某些高聚物在水相和有机相的界面上溶解度较低而形成皮膜将酶包埋。一般是先将含高浓度血红蛋白的酶溶液，在与水不互溶的有机相中乳化，在油溶性的表面活性剂存在下，形成油包水的微滴，将溶于有机溶剂的高聚物加入乳化液中，再加入一种不溶解高聚物的有机溶剂，使高聚物在油水界面上沉淀析出形成膜，将酶包埋，最后在乳化剂的帮助下由有机相转入水相。此法条件温和，酶不易失活，但要完全除去膜上残留的有机溶剂很困难。作为膜材料的高聚物有硝酸纤维素、聚苯乙烯和聚甲基丙烯酸甲酯等。此法曾用于固定化天冬酰胺酶、脲酶等。

(3) 二级乳化法。该法是将酶溶液在高聚物有机相中分散成极细液滴，形成第一个“油包水”型乳化液，此乳化液再在水相中分散形成第二个乳化液，在不断搅拌下，低温真空蒸出有机溶剂，使有机高聚物溶液固化便得到包含多滴酶液的固体球微囊。常用的高聚物有乙基纤维素、聚苯乙烯、氯化橡胶等，常用的有机溶剂为苯、环己烷和氯仿。此法制备的酶几乎不失活，但残留的有机溶剂难以完全去除，膜比较厚，影响底物扩散。此法曾用乙基纤维素和聚苯乙烯制备成过氧化氢酶、脂肪酶等微囊。

(4) 液膜(脂质体)法。上述微囊法是用半透膜包埋酶液，近年研究出以脂质体为液膜代替半透膜的新微囊法。脂质体包埋法是由表面活性剂和卵磷脂等形成液膜包埋酶的方法，此法的最大特征是底物和产物的膜透过性不依赖于膜孔径的大小，而与底物和产物在膜组分中的溶解度有关，因此可以加快底物透过膜的速率。此法曾用于糖化酶的固定化。

8.1.3.4 交联法

交联法(crosslinking)是使用双功能或多功能试剂使酶分子之间相互交联呈网状结构的固定化方法。与共价结合法一样，此法也是利用共价键固定化酶，不同的是它不使用载体。由于酶蛋白的官能团，如氨基、羟基、巯基和咪唑基，参与此反应，所以酶活性中心的构造可能受影响而使酶失活明显。降低交联剂浓度和缩短反应时间，有利于固定化酶活力的提高。

常用的双功能试剂有戊二醛、己二胺、异氰酸衍生物、双偶氮联苯和 N,N-乙烯双顺丁烯二酰亚胺等，其中使用最广泛的是戊二醛。戊二醛和酶蛋白中的游离氨基发生 Schiff 反应，形成席夫碱，从而使酶分子之间相互交联形成固定化酶，如反应式(8.6)所示。

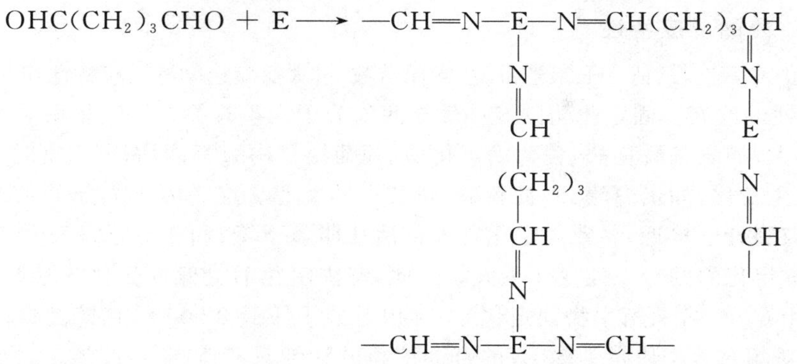

$$OHC(CH_2)_3CHO + E \longrightarrow -CH{=}N{-}E{-}N{=}CH(CH_2)_3CH \tag{8.6}$$

```
—CH═N—E—N═CH(CH₂)₃CH
         |            ‖
         N            N
         ‖            |
         CH           E
         |            |
       (CH₂)₃         N
         |            ‖
         CH           CH
         ‖            |
         N
         |
—CH═N—E—N═CH—
```

交联法制备的固定化酶结合牢固，稳定性较好，但因反应条件较剧烈，酶活力损失较大，活力回收率一般比较低(30%)。交联法制备的固定化酶颗粒较细，且交联剂一般价格昂贵，故此法很少单独使用，常与其他方法联合使用。如将酶用角叉菜胶包埋后用戊二醛交联，或先用硅胶吸附，再用戊二醛交联等。采用两个或多个方法进行固定化的技术称为双重或多重固定化。

一种酶可以用不同方法固定化，但没有一种固定化方法可以普遍适用于每一种酶。特定的酶要根据酶的化学特性和组成、底物和产物性质、具体的应用目的等来选择特定的固定化方法。在实际应用时常将两种或数种固定化方法并用，取长补短。

各种固定化方法的优缺点详见表8-1。

表8-1　各种固定化方法的比较

(郑宝东.食品酶学.南京：东南大学出版社，2006)

比较项目	吸附法		包埋法	共价结合法	交联法
	物理吸附法	离子吸附法			
制备	易	易	较难	难	较难
结合程度	弱	中等	强	强	强
活力回收率	高，酶易流失	高	高	低	中等
再生	可能	可能	不可能	不可能	不可能
固定化成本	低	低	低	高	中等
底物专一性	不变	不变	不变	可变	可变

8.1.4　固定化酶的性质

固定化酶的性质与游离酶相比，发生了一些改变。

8.1.4.1　酶活力

固定化酶的活力一般比天然酶低，其原因可能是：①酶活性中心的重要氨基酸与载体结合；②酶与载体结合导致酶的高级构象发生变化，致使酶结合或催化底物的能力发生改变；③载体的空间位阻影响底物与酶的接触等；④载体与底物间极性差异较大，或者带相同电荷等造成互相排斥，使底物不易与酶接触。

8.1.4.2　酶的稳定性

固定化酶的操作及贮藏稳定性，对热、酸、碱的稳定性以及对蛋白酶的稳定性有所提高。

8.1.4.3 酶的反应特性

固定化酶的专一性、最适 pH、最适温度、米氏常数、最大反应速率等反应特性均与游离酶不同。

(1) 专一性的改变。固定化酶的专一性与底物分子大小有关。固定化酶对小分子底物的专一性变化不大,如氨基酰化酶、葡萄糖氧化酶、葡萄糖异构酶等;而固定化酶对大分子底物的专一性往往发生变化,如蛋白酶、α-淀粉酶、磷酸二酯酶等。这是由于大分子底物受载体空间位阻作用,难与酶分子接近,导致固定化酶催化活性明显下降;而小分子底物受空间位阻作用影响较小,故固定化酶的专一性变化不大。因此,酶固定化后会倾向于优先选择小分子底物。例如,糖化酶用 CMC 叠氮衍生物固定化时,对相对分子质量 8 000 的直链淀粉的活性为游离酶的 77%,而对相对分子质量为 50 万的直链淀粉的活性只有 15%～17%。固定化导致酶的构象改变,也会改变酶的专一性。

(2) 最适 pH 的改变。固定化酶的最适 pH 常会发生偏移,可能原因:①酶本身电荷在固定化前后发生变化;②由于载体电荷性质的影响,致使固定化酶分子内外扩散层的氢离子浓度产生差异;③由于酶催化反应产物,导致固定化酶分子内部形成带电微环境。

载体的电荷性质对固定化酶作用的最适 pH 影响明显。一般来说,用带负电荷载体制备的固定化酶的最适 pH 较游离酶偏高,即向碱性偏移;用带正电荷载体制备的固定化酶的最适 pH 较游离酶偏低,即向酸性偏移。使用带负电荷的载体时,由于载体的聚阴离子效应会吸引反应液中的阳离子(H^+)到其表面,使固定化酶扩散层的 H^+ 浓度比周围外部溶液高,从而造成固定化酶反应区域 pH 比外部溶液的 pH 偏酸,这样实际上酶的反应是在比反应液的 pH 偏酸一侧进行,外部溶液的 pH 只有向碱性偏移才能抵消微环境作用;反之,用带正电荷的载体制备的固定化酶的最适 pH 比游离酶的最适 pH 低一些。

产物性质对固定化酶的最适 pH 也有影响。与游离酶相比,产物为酸性时,固定化酶的最适 pH 升高;产物为碱性时,固定化酶的最适 pH 降低。这是由于酶经固定化后,产物的扩散受到一定的限制所造成的。当产物为酸性时,由于扩散限制使固定化酶所处微环境的 pH 与周围环境相比较低,需提高周围反应液的 pH,才能使酶分子所处的催化微环境达到酶反应的最适 pH。

(3) 最适温度的改变。固定化酶的最适温度往往较游离酶高,如色氨酸酶经共价结合后,最适温度比固定前提高 5～15℃。但也有不变甚至降低的情况。固定化酶的最适温度提高与酶的热稳定性提高有关。

(4) 米氏常数的改变。酶经固定化后,酶蛋白分子高级构象的变化,以及载体电荷的影响,可导致底物和酶的亲和力变化。载体结合法制成的固定化酶,其 K_m 变化的主要原因是载体与底物间的静电相互作用。当两者所带电荷相反时,载体和底物之间的吸引力增加,使固定化酶周围的底物浓度增大,从而使酶的 K_m 值减小;当两者电荷相同时,载体与底物之间相互排斥,固定化酶的 K_m 值比游离酶的 K_m 值增大。另外,K_m 值还与载体颗粒大小有关,一般而言,载体的颗粒越小,K_m 值在固定化前后的变化越小。

(5) 最大反应速率的改变。固定化酶的最大反应速率与游离酶大多数是相同的。有些酶的最大反应速率会因固定化方法的不同而有所差异。

8.1.5 影响固定化酶性能的因素

固定化后酶活性中心的氨基酸残基、高级构象和电荷状态等发生了改变,引起酶性质的改变;此外,固定化载体影响固定化酶的微环境,造成的扩散限制效应、空间效应、电荷效应以及分配效应等,也会影响固定化酶的性质。

8.1.5.1　微环境的影响

微环境是指紧邻固定化酶的环境区域。微环境效应是由于固定化酶处于与整体溶液(宏观体系)不尽相同的物理环境导致的,主要是载体以及产物的疏水、亲水和电荷性质带来的影响。这在多电解质载体制备的固定化酶中最为显著,带电的载体使酶在固定化后具有十分不同的微环境。

8.1.5.2　扩散限制、分配效应的影响

扩散限制效应是指底物、产物、抑制剂、激活剂等效应物在微环境中的迁移运转速率受到的限制作用,即底物、产物、效应物在微观反应区与宏观体系之间的迁移速率低于理论反应速率的效应。这两种效应都和微环境密切相关。固定化酶反应系统中酶分子和底物、抑制剂等处于不同相中,底物必须通过水不溶性载体周围的扩散层,从主体溶液扩散到酶的活性中心或调节部位才能发生反应。同样,产物也须从固定化酶的活性中心扩散到主体溶液,因此发生扩散限制作用。扩散限制有外扩散限制和内扩散限制两种类型。

外扩散限制是指物质从宏观体系穿过包围在固定化酶颗粒周围近乎停滞的液膜层(又称Nernst 层)达到微粒表面时所受到的限制。在充分混合的反应器内,可通过增加搅拌程度来减小,但不能避免外扩散限制作用;在管式反应器内可以采用增加流速的方法,或通过提高底物浓度或采用黏度较低的底物的方法来减小其影响。

内扩散限制是指上述物质进一步向微粒内部酶所在位置扩散所受到的限制。内扩散效应一般是由于载体的孔径小(和弯曲)引起的。如对于高载量的固定化酶产生的内扩散限制常会导致酶活性的下降。这是由于固定化酶颗粒中靠近外层的酶将优先与渗入底物反应,而处于颗粒较深部位的酶与底物接触的机会大大减少,未能充分发挥其催化作用,从而导致观察到的酶活力下降。一般可通过如下一些方法来降低内扩散限制的影响:使用低分子质量底物、高底物浓度、低载量的固定化酶、高孔率载体,且孔径要尽可能大,尽可能不弯曲,固定化酶的颗粒尽可能小等。

分配效应是由于载体性质造成的酶的底物或其他效应物在微观环境和宏观体系之间的不等性分配,从而影响酶促反应速率的一种效应。分配效应通常由微环境效应引起,如亲水底物选择性地吸附在亲水载体表面或孔内,使底物的局部浓度增加,而疏水底物被亲水载体排斥。同样,带正电荷的底物和质子吸附在带负电荷的载体上,使局部底物浓度增加,并导致载体内 pH 降低。此分配效应使固定化酶最适 pH 和 K_m 值与游离酶不同,如前所述,在底物带正电荷、载体带负电荷时,固定化酶的 K_m 减小,最适 pH 向碱性方向偏移。

8.1.5.3　立体屏蔽的影响

立体屏蔽是指固定化后由于载体空隙太小,或固定化的结合方式使酶活性中心或调节部位造成某种空间障碍,效应物或底物与酶的邻近或接触受到干扰,不易与酶接触。因此,选择载体的孔径不可忽视。尤其是固定化酶作用于高分子底物时,载体的空间位阻可能显著地影响酶的催化功能。可采用载体加“臂”的方法,改善这种立体屏蔽的不利影响。

8.1.5.4　酶分子构象、化学结构改变的影响

酶固定化过程中,由于酶和载体相互作用,引起酶分子构象发生扭曲、形变,导致酶和底物

的结合能力或催化底物转化的能力改变，效应物对酶的变构效应改变。在大多数情况下，固定化致使酶活性不同程度地下降。尤其是当酶活性部位的氨基酸残基，或者是保持酶的高级构象的重要氨基酸残基与载体结合时，构象的改变对酶的活性影响特别严重。

8.2 辅酶的固定化

目前工业化规模应用的酶有 60 多种，基本为水解酶，如淀粉酶、蛋白酶、果胶酶、脂肪酶、纤维素酶等，这些酶的共同特点是一般不需要辅因子。而氧化还原酶类和转移酶类等是需要辅因子传递电子或基团的酶类，由于这些酶的辅因子往往是小分子有机物，价格高，如不能连续使用或回收，成本高，生产上难以承受；而且辅因子参与反应后，结构改变，很多辅因子不能自行再生，人工再生处理技术复杂。故此导致这类酶较难在工业生产中应用。辅酶的固定化是解决这一问题的出路。

8.2.1 辅因子的定义及分类

按照化学组成，酶可分为简单蛋白质和结合蛋白质两大类。蛋白酶、淀粉酶等水解酶属于简单蛋白质，这些酶只由氨基酸组成，此外不含其他成分。转氨酶、乳酸脱氢酶及其他氧化还原酶等属于结合蛋白质，这些酶除了蛋白质组分外，还含有非蛋白质的小分子物质，前者称为酶蛋白，后者称为辅因子(cofactor)。对于那些需要辅因子的酶，酶蛋白单独存在时一般无催化能力，只有当酶蛋白与辅因子结合时才具有活力，此完整的酶分子称为全酶。辅因子可能是金属离子，如 Ca^{2+}、Mg^{2+} 等，它们称为无机辅因子；也可能是小分子有机物质，如磷酸吡哆醛、焦磷酸硫胺素等，它们称为有机辅因子。辅因子或松或紧地与酶蛋白结合，与酶蛋白结合松弛，可以通过透析除去的辅因子称为辅酶(coenzyme)；而与酶蛋白结合紧密，不能通过透析除去的辅因子称为辅基(prosthetic group)。

辅基是酶蛋白不可分割的部分，两者必须结合在一起才有催化活性，如各种转氨酶需要磷酸吡哆醛为辅基，在反应过程中。氨基酸将其氨基转移给磷酸吡哆醛变为磷酸吡哆胺，本身成为酮酸，然后磷酸吡哆胺将氨基转交给另一分子酮酸生成新的氨基酸，本身又变回磷酸吡哆醛，如反应式(8.7)所示。

丙氨酸 $H-C(CH_3)(NH_2)-COOH$ ⇌ 丙酮酸 $CH_3-C(=O)-COOH$

磷酸吡哆醛（4-位 $HC=O$，3-位 HO，2-位 H_3C，5-位 $CH_2-O-P(=O)(O^-)-O^-$）⇌ 磷酸吡哆胺（4-位 CH_2-NH_2，3-位 HO，2-位 H_3C，5-位 $CH_2-O-P(=O)(O^-)-O^-$）

谷氨酸 $COOH-(CH_2)_2-CH(NH_2)-COOH$ ⇌ α-酮戊二酸 $COOH-(CH_2)_2-C(=O)-COOH$　　(8.7)

辅基与酶蛋白结合紧密，通常可以用超滤膜截留等物理方法回收酶，同时也回收了辅基；另外如果将酶固定化，则辅基也被固定化。

辅酶往往要在两种酶之间或酶与其他物质之间传递电子或基团，能自由移动，可以不断地与酶蛋白结合、分离及反复循环，如呼吸链中的NADH、FAD等在各种脱氢酶之间不断穿梭传递电子。

很多辅酶和辅基由水溶性维生素或其衍生物构成，如NAD^+和$NADP^+$由尼克酸构成；转氨酶的辅基为磷酸吡哆醛；丙酮酸脱羧反应的辅酶为焦磷酸硫胺素；FAD、FMN由维生素B_2（核黄素）衍生而来；维生素H（生物素）是羧化酶的辅酶；叶酸衍生物参与一碳基团的转移；维生素B_{12}的衍生物钴胺酰胺参与酶催化的异构反应等。

8.2.2 辅酶的固定化方法

辅酶分子较小，与酶蛋白的结合较松弛，直接用超滤膜截留效果不理想。固定化是有效回收辅酶的技术之一。固定化后的辅酶必须保持其在酶促反应中仍能自由移动的特性。通常可采用下述两种辅酶固定化方法。

8.2.2.1 通过一段可以自由摆动的长链将辅酶固定到不溶性载体上

在辅酶与不溶性载体之间连接一段可以自由摆动的长链接壁基团，减少空间效应，增加辅酶的可移动性。常用的接壁分子有：1,6-己二胺、6-氨基己酸、2-羟基-3-羧基丁胺、琥珀酸等。常用的不溶性载体有：琼脂糖、纤维素、多孔玻璃等。其固定化方法与固定化酶的方法类似，有溴化氰法、碳化二亚胺法、重氮偶联法等共价结合法等。

8.2.2.2 将辅酶高分子化

将辅酶键合到水溶性大分子载体上（高分子化），高分子化后的辅酶仍能溶于水，正常发挥作用，参与反应后用超滤膜回收、再生，实现了辅酶的连续利用。可溶性大分子载体的扩散限制相对较小，用这种方法固定化的辅酶往往活性较高。常用的可溶性大分子载体有：可溶性葡聚糖、右旋糖酐、聚赖氨酸、聚乙烯亚胺、聚乙二醇、聚丙烯酰胺、聚丙烯酸等。

可溶性大分子固定化辅酶的方法与不溶性载体的方法相似，可用溴化氰法、重氮偶联法、碳二亚胺法等。可溶性大分子要求溶解度大，分子量大小适宜。分子量过大，溶液黏度太大，影响操作；分子量过小，易从半透膜中漏出。此外还需关注其结构及解离情况、辅酶的量等参数。

8.2.3 辅酶的再生

辅酶反应后，氧化型会变为还原型或反之等。为使反应连续进行，必须使辅酶回复到原型，即辅酶的再生。

生物素、焦磷酸硫胺素、磷酸吡哆醛、异构反应中的钴胺素等有机辅因子在反应中能自行再生，如转氨酶催化转氨基反应中的磷酸吡哆醛和磷酸吡哆胺就可以自行相互转化。

有机辅因子有些需要分子氧作为电子受体，通过氧化还原才能再生。如氧化态的辅酶NAD^+、$NADP^+$、FAD、FMN等，参与脱氢反应后变为还原态的$NADH+H^+$、$NADPH+H^+$、$FADH_2$、$FMNH_2$，这些还原态的辅酶经溶液中的氧分子氧化得到再生。如葡萄糖氧化酶以FAD为辅酶，将葡萄糖脱氢成为葡萄糖酸，而FAD被还原成为$FADH_2$，$FADH_2$直接被溶液中的氧分子氧化为FAD,得到再生。

还有一类辅因子必须有其他适当底物作为电子受体才能再生,如抗坏血酸、辅酶A、辅酶Q、谷胱甘肽、钴胺素、细胞色素、四氢叶酸、三磷酸腺苷以及还原态的NADH、NADPH等,均需要其他适当底物作为电子受体才能再生。

辅酶的再生包括非酶法再生和酶法再生。

非酶法再生包括化学方法和电化学方法。化学法再生可通过化学试剂,如连二亚硫酸钠、一磷酸黄素核苷酸、二氢吡啶衍生物、亚甲蓝等的作用完成。该法的化学试剂稳定性好,价格便宜;但分子质量小,反应后分离操作困难,反应体系易受污染。

辅酶的电化学法再生是通过电子在电极和辅酶间直接传递,完成电氧化或电还原过程。该法反应速度较慢,选择性差,需要很高的超电势或负超电势从而导致严重的电极污染。这种方法通常作为某些固定化酶电极的再生方法用于分析领域,工业应用不太实用。

辅酶的酶法再生包括底物偶联法和酶偶联法。底物偶联辅酶再生体系(图8-2(a))由一种酶和两种底物组成,其中底物Ⅰ为目标底物,经酶催化生成目标产物Ⅰ,而辅酶转则转变为氧化型(或还原型);底物Ⅱ为辅助底物,经过上述相同酶的催化生成为副产物,而辅酶则重新转变为还原型(或氧化型),得到再生。在这一体系中,目标底物(底物Ⅰ)和辅助底物(底物Ⅱ)同时转化,但两者方向相反。例如,马肝醇脱氢酶(HLADH)就是这样一种酶,它可以某些醇、醛、酮类化合物为底物进行氧化还原反应,通过与底物偶联实现辅酶NAD^+再生,如图8-2(b)所示。

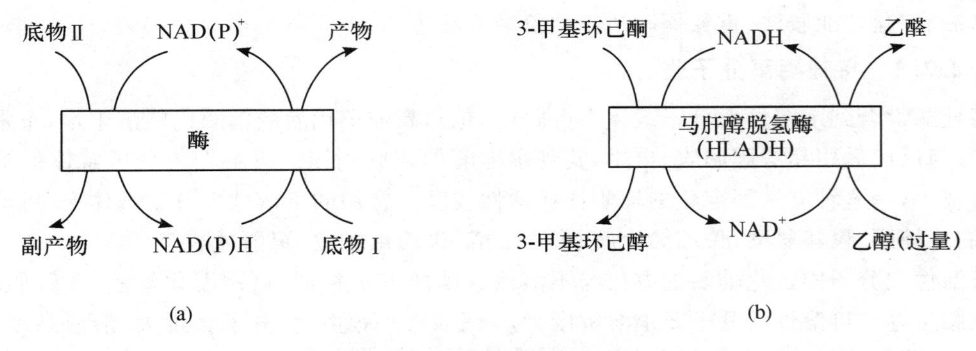

图8-2 底物偶联辅酶再生体系

(俞俊堂,唐孝宣.生物工艺学.上海:华东理工大学出版社,1991)

这种再生系统使用简单,但要求酶能够同时作用于目标底物和辅助底物,通常会降低酶催化效率,有时高浓度辅助底物会抑制酶活性,此外,还需要将产物与辅助底物分离,增加了分离操作的复杂性。

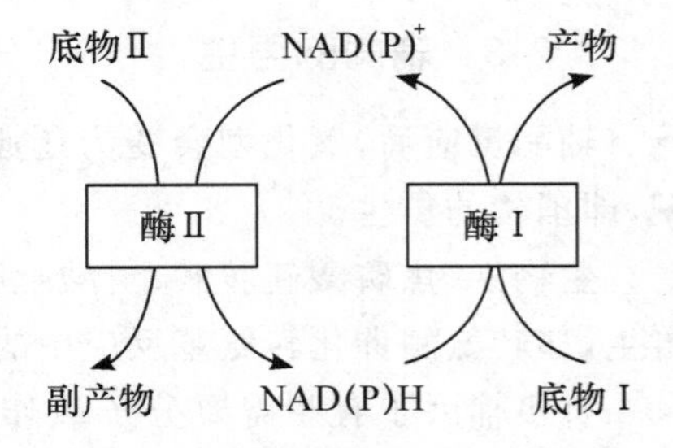

图8-3 酶偶联辅酶再生体系

(张翀等.辅酶再生体系的研究进展.生物工程学报,2004,20(6):811-816)

酶偶联辅酶再生体系(图8-3)是利用两个平行的氧化还原反应酶系统实现辅酶的反应和再生的偶联。在这种体系中,两个酶系统的反应方向相反,其中一个酶系统催化底物转化(辅酶发生转型),另一个酶系统则催化辅酶循环再生,因此在这一体系里包括两种酶和两种底物。为了达到最佳效果,两个酶的底物应相对独立,以避免两个底物竞争同一酶的活性中心。酶偶联法再生效率高，但由于需要外加酶和对应的底物，再生系统较复杂，过程控制难。

酶偶联辅酶再生体系在工业上已有成功的应用范例，如德国 Degussa 公司利用 *Candida boidinii* 的 FDH 大规模生产 *L*-亮氨酸，他们将甲酸/甲酸脱氢酶(FDH)系统与亮氨酸/亮氨酸脱氢酶(LeDH)系统偶联，实现 NADH 的再生，如图 8-4 所示。该工业规模的辅酶再生系统采用了持续超滤膜(UF)反应器，将 FDH 和辅酶截留下来。

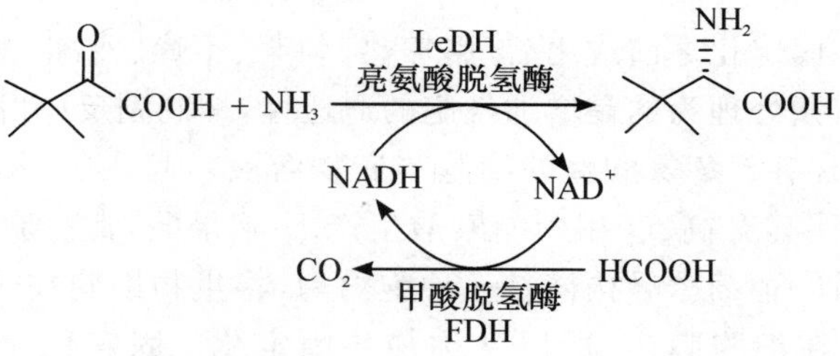

LeDH
亮氨酸脱氢酶
COOH + NH_3 → NH_2 COOH
NADH　NAD^+
CO_2 ← HCOOH
甲酸脱氢酶
FDH

图 8-4　甲酸/甲酸脱氢酶(FDH)系统与亮氨酸/亮氨酸脱氢酶(LeDH)系统偶联用于工业生产 *L*-亮氨酸

(吕陈秋等. 烟酰型辅酶 $NAD(P)^+$ 和 NAD(P)H 再生的研究进展. 有机化学，2004，24(11)：1366-1379)

8.3　细胞的固定化

固定化细胞(immobilized cell)技术是指利用物理或化学手段，将游离细胞定位于限定空间区域，使其保持活性，并可反复使用的一种技术。固定化细胞是在固定化酶技术的基础上发展起来的。1973 年，日本首次在工业上成功利用固定化微生物细胞连续生产 *L*-天冬氨酸。随后，固定化细胞技术很快从固定化休止细胞发展到固定化增殖细胞。目前，固定化细胞的应用范围已遍及食品、医药、化学分析、环保、化工、能源开发等多个领域，如可以利用固定化细胞生产酒精、葡萄糖、氨基酸、有机酸、抗生素、生化药物和甾体激素等发酵产品；固定化细胞制成的生物传感器可用于医疗诊断、测定醋酸、乙醇、谷氨酸、氨和 BOD 等。

根据细胞的类型，固定化细胞可分为固定化动物细胞、固定化植物细胞和固定化微生物细胞。这三类细胞的特性和生产性能各不相同，其简单特性比较见表 8-2。

表 8-2　各种细胞特性比较

细胞种类	植物细胞	微生物细胞	动物细胞
细胞大小/μm	20～300	1～10	10～100
倍增时间/h	＞12	0.3～6	＞15
营养要求	简单	简单	复杂
光照要求	大多数要光照	不要求	不要求
对剪切力	敏感	大多数不敏感	敏感
主要产物	色素、药物、香精、酶等	醇、有机酸、氨基酸、抗生素、核苷酸、酶	疫苗、激素、抗体、酶

根据细胞的生理状态，固定化细胞分为固定化活细胞及固定化死细胞等，详细分类见表8-3。

表8-3　固定化细胞的分类

分类方式	细胞类型			生理状态					
固定化细胞	动物细胞	植物细胞	微生物细胞	固定化死细胞			固定化活细胞		
				完整细胞	细胞碎片	细胞器	增殖细胞	静止细胞	饥饿细胞

固定化死细胞是在固定化之前或之后，用加热、匀浆、干燥、冷冻、酸及表面活性剂等物理或化学方法处理细胞。预处理为的是增加细胞的通透性，抑制副反应发生，将细胞内的酶固定到细胞上等。如：①将含有天冬氨酸酶的细胞与底物溶液一起在37℃保温48 h，细胞对底物的通透性增加，酶活性明显升高；②用延胡索酸生产*L*-苹果酸，常有琥珀酸生成，可用胆汁处理，抑制琥珀酸的生成；③葡萄糖异构酶是一种胞内酶，将生物细胞加热至60℃，10 min，其他酶失活，则该酶被固定在细胞膜内，所以又称加热固定化。固定化死细胞适于单酶催化的反应。

固定化静止细胞和饥饿细胞是活细胞，固定前不对细胞做任何处理，只通过限制营养或其他措施使细胞处于饥饿或休眠状态。

固定化增殖细胞是能够在载体中继续生长繁殖的活细胞，在连续反应过程中，流过的反应液即是细胞的培养基。与固定化酶和固定化死细胞比较，固定化增殖细胞由于不断增殖、更新，参与反应的酶也不断更新；而且反应时酶稳定地处于天然环境中，适宜于连续使用。理论上，只要载体不解体、不污染，就可以长期使用。固定化细胞保持了细胞原有的全部酶活性，适合于多酶体系连续反应，目前已用于生产青霉素、乙醇、氨基酸等。固定化增殖细胞的缺点是载体易受破坏，有污染，还要给细胞提供营养。

因用途和制备方法不同，固定化细胞可以制成颗粒状、块状、条状、薄膜状或不规则状（与吸附物形状相同）等，但以球状颗粒为多，这是因为球状颗粒不易磨损，抗压能力强，不易变形。

8.3.1　固定化细胞的制备方法

理论上，任何一种限制细胞自由流动的技术，都可用于制备固定化细胞。制备固定化细胞理想载体的条件要求：①固定化过程简单，易于制成各种形状，适于大规模生产；②材料容易获得，成本低；③固定化过程及固定化后对微生物无毒害作用；④基质通透性好，传质阻力小；⑤固定化密度大；⑥载体内细胞泄漏少，外面的细胞难以进入；⑦机械强度及化学稳定性好，使用时间长；⑧抗微生物分解；⑨沉降分离性能好。

制备固定化细胞与制备固定化酶的方法相似，大致可分为吸附法、包埋法、共价结合法、交联法等，以吸附法和包埋法使用最普遍，这些不同方法可以适当组合使用。

8.3.1.1　吸附法

细胞有吸附到固体物质表面的能力，这种吸附能力可以是本来就具有的，也可以是经过处理诱导产生的。吸附法可分为物理吸附法和离子交换吸附法。

1. 物理吸附法

物理吸附法是将细胞附着于固体载体上的一种固定方法。将具有吸附能力的载体如硅胶、活性炭、多孔玻璃、多孔陶瓷、石英砂、活性氧化铝、活性白土、磷灰石、泡沫塑料、淀粉、纤维素等与待吸附的细胞一起培养,细胞被吸附到载体表面。如在环境保护中用木片、石砾等固定微生物细胞作为污水处理的过滤器。物理吸附法载体与微生物细胞间不起反应,吸附量大,但细胞极容易脱落而流失。

2. 离子交换吸附法

根据细胞表面的带电性质,可以将细胞结合到带相反电荷的离子交换剂上,如 DEAE-纤维素、DEAE-Sephadex、CM-纤维素等。如利用阴离子交换树脂吸附含葡萄糖异构酶的放线菌细胞等。

吸附法操作简单,条件温和,载体可以反复利用,反应体系传质阻力小,即使是大分子也很容易自由出入载体,尤其适应于大分子底物及产物的发酵过程;但是,细胞与载体结合不牢固,容易脱落。

8.3.1.2　包埋法

包埋法是制备固定化细胞最常用的方法,可采用凝胶包埋法和微胶囊包埋法。

包埋法采用的载体主要有:琼脂、琼脂糖凝胶、明胶、卡拉胶、海藻酸钙、壳聚糖、聚乙烯醇(PVA)和聚丙烯酰胺等。几种常见的包埋法固定化载体性能如表 8-4 所示。

表 8-4　包埋法固定化载体的性能

载体	海藻酸钙	卡拉胶	聚乙烯醇	明胶	聚丙烯酰胺	琼脂
强度	较好	一般	好	差	好	差
传质性能	好	较好	较好	差	差	较好
耐生物分解性	较好	一般	好	差	好	好
对细胞毒性	无	无	适中	无	高	无
固定难易程度	易	易	易	易	较难	易
价格	较贵	较贵	便宜	较贵	贵	较贵

1977 年我国投入生产的固定化青霉素酰胺酶,使用明胶、戊二醛包埋大肠杆菌而成。美国、欧洲和日本等大规模生产高果糖浆的工艺多数采用固定化菌体的酶柱工艺。

目前常用的包埋法有下述几种。

1. 聚丙烯酰胺凝胶包埋法

该法将细胞悬浮液与丙烯酰胺、甲叉双丙烯酰胺、二甲氨基丙氰及过硫酸铵溶液混合,聚合得到聚丙烯酰胺凝胶,细胞被包埋在凝胶内。将凝胶切成小块,洗净即可。

聚丙烯酰胺凝胶机械强度高,通过改变丙烯酰胺的浓度可以调节凝胶的孔径,适用于多种细胞的固定化,但凝胶中未聚合的丙烯酰胺单体对细胞有毒性,聚合过程会发热而杀伤细胞;聚丙烯酰胺凝胶制作过程复杂,凝胶传质阻力较大,内部微生物细胞增殖不好。

2. 海藻酸钙包埋

该法将细胞悬浮液与海藻酸钠溶液均匀混合,滴加到 $CaCl_2$ 溶液中,海藻酸钠遇钙离子即形成海藻酸钙凝胶，从而将细胞固定在海藻酸钙凝胶颗粒内。将上述凝胶浸泡在 $CaCl_2$ 溶液中，置冰箱中硬化 10 h，用生理盐水冲洗 2 次即可。海藻酸钙凝胶的机械强度较好，内部呈多孔结构，传质阻力较小，对生物的毒性小，方便制作固定化细胞。

8.3.1.3 共价结合法

共价结合法通过一定的化学反应，使细胞表面某些基团与载体表面的基团形成共价键连接，将细胞固定化。该法细胞与载体之间的连接很牢固，使用过程中不会发生脱落，稳定性好，但制备时反应条件激烈，操作复杂，细胞很难存活，一般用于固定化死细胞。

8.3.1.4 交联法

交联法与共价结合法都是靠共价键使细胞固定化。区别是交联法是在细胞间发生交联，如采用戊二醛等双功能试剂，使细胞与细胞发生交联，制成固定化细胞。该法与共价结合法一样，反应条件激烈，对细胞活性影响大，一般用于固定化死细胞。

固定化细胞技术作为固定化酶技术的延伸，其相关技术和应用不断发展，近年来出现了无载体固定化等新技术。固定化微生物细胞用于废水处理取得很大成功，在其他领域的应用也不断扩大，相信随着固定化细胞技术的不断完善，该技术必将在众多领域取得更多实际应用。

8.3.2 固定化细胞的性质

固定化细胞既利用了游离细胞完整的酶系统和细胞膜的选择透过性，也利用了酶的固定化技术，兼具二者优点，制备比较容易，因此在工业生产和科学研究中广泛应用。

固定化细胞与固定化酶相比，不需要进行酶的分离纯化；酶处于原有细胞环境中，稳定性更高；细胞保持生命活动状态，细胞中的辅因子可自动再生；细胞含有多酶体系，可催化一系列反应。

固定化细胞与游离细胞发酵过程相比，在一定空间范围内生长繁殖，细胞密度增大，发酵能力强；可以在高稀释率的条件下连续或半连续发酵，提高生产效率；受载体的保护，对 pH 和温度的适应范围增宽，稳定性比游离细胞高，半衰期延长，可以反复使用；可以边培养，边排出发酵液，消除或减轻产物抑制；细胞不与发酵液混合，有利于产品的分离纯化；基因工程细胞质粒稳定性和目的基因表达产物的产量提高。

固定化细胞的缺点或限制因素：只适用于细胞内酶催化的反应；细胞内蛋白酶可能会分解反应所需的酶；细胞中的酶很多，可能产生副反应，使产物不纯；细胞膜和细胞壁对底物和产物的渗透和扩散产生限制，反应速度降低；酶的性质，如最适 pH、最适温度等有所改变；若细胞发生自溶，将影响产品纯度等。

8.4 固定化酶和固定化细胞的表征

8.4.1 评价固定化酶(细胞)的指标

与游离酶相比：①固定化酶的催化环境发生了变化，由游离酶在均一的水相中起催化作用，变为固定化酶在固-液相不均一的环境中起催化作用；②酶被固定化后自身性质发生一定的变化，大多数固定化酶活性下降。为此，需要分析固定化酶的性质，测定相关参数，判断固定化方法的优劣及固定化酶的实用性。常见的评估指标有酶活力、相对酶活力、酶结合率或活力回收率以及半衰期等。

8.4.1.1　固定化酶(细胞)的活力

固定化酶（细胞）的活力即其催化某一化学反应的能力，其活力高低可以用在一定条件下催化某一反应的初速度表示，即在一定条件下每分钟转化 1 μmol 底物量或形成 1 μmol 产物的固定化酶（细胞）量为一个活力单位。

固定化酶（细胞）的比活力可以用单位质量或单位面积的固定化酶（细胞）所具有的酶活力单位数表示。颗粒状的固定化酶，可以用每毫克干固定化酶所具有的酶活力单位数表示[μmol/(mg · min)]；酶膜、酶管、酶板，可以用每平方厘米所具有的酶活力单位数表示[μmol/(cm^2 · min)]。

由于固定化酶多呈颗粒状，不能溶解于水，所以一般用于测定溶液酶活力的方法要适当改进，才能用于测定固定化酶的活力，可以在填充床或均匀悬浮的保温介质中测定。常用的固定化酶活力的测定方法包括振荡测定法、反应柱测定法、连续测定法等。

1. 振荡测定法

振荡测定法是在特定温度、pH 等条件下，在振荡或搅拌等条件下测定固定化酶（细胞）的活力。该法简单方便，但是影响因素较多，容器的大小、形状、底物溶液体积、振荡或搅拌速度等都会影响测定结果。

2. 反应柱测定法

将固定化酶装进恒温反应柱中，使底物溶液以一定的速率流过反应柱，收集流出的反应液并测定底物的消耗量或产物的生成量，计算出固定化酶活力。

3. 连续测定法

连续测定法是利用连续分光光度测定等手段，对固定化酶反应液进行连续测定，测出底物的消耗量或产物的生成量。实际测定时，常将振荡反应器中的反应液或固定化酶柱中流出的反应液连续引进连续测定仪（如双束紫外分光光度计等）的流动比色杯中，进行连续测定。

8.4.1.2　固定化酶(细胞)的操作半衰期

固定化酶（细胞）反复使用后，活力逐渐下降，固定化酶（细胞）的半衰期（half life）是衡量其操作稳定性的指标，其意义为在连续测定条件下，固定化酶（细胞）的活力下降为最初活力 1/2 时所经历的连续工作时间，常用 $t_{1/2}$ 表示。固定化酶（细胞）的操作稳定性是影响其实际应用的关键因素。

固定化酶（细胞）半衰期的测定可以长期实际操作测定，也可根据短时测定的结果推算，在没有扩散限制时，$t_{1/2}=0.693/K_D$。

其中 $K_D=(-2.303/t)\times\lg(E/E_0)$；$E/E_0$ 为时间 t 后酶活力残留的百分率。

8.4.1.3　固定化酶的结合效率与酶活力回收率

将一定量的酶进行固定化时，不是全部酶都结合到载体上成为固定化酶，而总是有一部分没有结合上。

酶结合效率是指酶与载体结合的百分率，一般由加入的总酶活力减去未结合的酶活力的差值与加入的总酶活力的百分数来表示，它反映了固定化方法的固定化效率。

$$酶结合效率=\frac{加入的总酶活力-未结合的酶活力}{加入的总酶活力}\times 100\%$$

酶活力回收率是指固定化的总酶活力与用于固定化的总酶活力的百分比值。

$$酶活力回收率=\frac{固定化的总酶活力}{用于固定化的总酶活力}\times 100\%$$

酶结合效率或酶活力回收率的测定可以评价酶固定化效果的好坏，当固定化载体和固定化方法对酶活力影响较大时，两者的数值差别较大。酶活力回收率反映了固定化方法及载体等因素对酶活力的影响，一般情况下，活力回收率小于1。若大于1，可能是由于某些抑制因素被排除的结果，或者反应为放热反应，由于载体颗粒内的热传递受限制使载体颗粒的温度升高，从而使酶活性增强。

8.4.1.4　相对酶活力

具有相同酶蛋白量的固定化酶与游离酶活力的比值称为相对酶活力。它与载体的结构、颗粒大小、底物分子质量大小及酶的结合效率有关。相对酶活力的高低表明了固定化酶应用价值的大小，相对酶活力太低则没有实际应用价值。

$$相对酶活力=\frac{固定化酶活力}{溶液总酶活力-未结合的酶活力}\times 100\%$$

8.4.2　载体活化程度和固定化配基密度的测定

用不同的方法活化不同的载体材料后，载体表面活化基团的密度可能差别很大，因此，载体材料上能与酶分子或配基偶联的位点的密度就不同。活化的位点或结合的配基分子密度太低，则固定化效率太低；相反，活化的位点或结合的配基分子太密，则可能导致一个酶分子与载体多个位点发生交联，或配基产生非特异结合等问题。因此，在酶固定化前需要对载体的活化程度和配基密度进行测定，可以根据待测基团的不同性质采用不同的测定方法，一般有如下方法。

(1) 对于含有氨基或羧基的活化基团，可以采用酸碱滴定法测定。

(2) 对于有紫外吸收的基团，可用紫外分光光度法测定。

(3) 对于伯胺基可以采用茚三酮试剂测定，伯胺基可以与茚三酮发生反应，呈现紫色。

(4) 对于酰胺基可以用双辛可宁酸法测定，酰胺基可将 Cu^{2+} 还原为 Cu^{+}，Cu^{+} 与双辛可宁酸(BCA)显色。

(5) 对于氨基或酰肼基团可以用三硝基苯磺酸测定。

(6) 对于巯基可以用 DTNB 试剂(Ellman 试剂)测定。

(7) 对于固定的蛋白质可以用考马斯亮蓝法测定。

(8) 还可以通过测定活化反应前后活化试剂浓度的变化，进一步推算载体的活化程度。

8.5　固定化酶和固定化细胞在食品工业中的应用

近年来，食品工业既得益于其他行业技术进步带来的便利，同时作为传统产业也承受着这些技术进步带来的压力和挑战。习总书记曾指出“要发展就必须充分发挥科学技术第一生产力的作用”;“要坚持把发展基点放在创新上,发挥我国社会主义制度能够集中力量办大事的制度优势,大力培育创新优势企业,塑造更多依靠创新驱动、更多发挥先发优势的引领型发展。”在新形势下食品工业要生存、发展,就要不断革新原有技术和吸纳相关新技术。固定化酶和固定化细胞技术在食品工业中已经有成功应用的范例,并不断扩大新的应用领域;同时,新的固定化方法也不断出现。以下是固定化酶在食品工业中应用的一些例子。

8.5.1　固定化酶在乳制品中的应用

牛奶中含有5%的乳糖,由于部分人体内缺乏乳糖酶,饮用牛奶后会发生腹泻等乳糖不耐受症状;此外,乳糖在温度较低时易结晶,冰激凌类产品中乳糖结晶导致产品口感变差。为解决这些问题,采用固定化乳糖酶处理牛奶,将乳糖转化为半乳糖和葡萄糖,避免乳糖不适症的发生。这一技术已实现工业化应用,成为固定化酶技术应用的典范之一。

8.5.2　固定化酶在油脂工业中的应用

脂肪酶可以催化酯交换、酯转移、油脂水解等反应,所以在油脂工业中有广泛应用。1,3-特异性脂肪酶可催化酯交换反应,将棕榈油改性为代可可脂。代可可脂是生产巧克力的原料,价格甚高,而棕榈油价廉,因此该工艺受到重视。有研究证明,用固定化脂肪酶可将棕榈油转化成代可可脂,用表面活性剂处理固定化酶,使酶活性大幅度提高,并可延长固定化酶的寿命。

8.5.3　固定化酶在果汁中的应用

柑橘类产品加工中的苦味是柑橘加工中的重要问题。造成苦味的物质有两类:一类为柠檬苦素;另一类为果实中的柚皮苷。脱苦的方法主要有吸附法和固定化酶法。吸附法是一次去除苦味物质,而固定化酶法主要是利用不同酶分别作用于柠檬苦素和柚皮苷,生成不含苦味的物质。工业上采用固定化柚皮苷酶减少柑橘类果汁中的柚皮苷含量。

8.5.4　固定化酶在茶叶加工中的应用

固定化酶法已应用于茶饮料生产中,单宁酶作为一种水解酶,可以水解没食子酸单宁中的酯键和缩酚酸键。果胶酶是作用于果胶质的*D*-半乳糖醛酸残基之间的糖苷键,使高分子的聚半乳糖醛酸降解为小分子物质。固定化的单宁酶和果胶酶应用于茶饮料加工可以改善茶饮料的品质。若在绿茶加工中使用单宁酶,可以部分消除茶的苦涩味道。

8.5.5　固定化酶在啤酒工业上的应用

8.5.5.1　固定化酶和固定化细胞酿造啤酒新工艺

利用固定化酶和固定化细胞技术酿造酒是近年来啤酒工业的新工艺。苏联专家把酵母细胞固定在陶瓷或聚乙烯材料载体上进行啤酒发酵,发酵周期缩短到2 d,鲜啤酒的理化指标均可达到传统工艺水平,产量比传统工艺增加2～2.5倍。

8.5.5.2 固定化酶提高啤酒稳定性

啤酒中含有多肽和多酚物质，在长期放置过程中，会发生聚合反应，使啤酒变混浊。在啤酒中添加木瓜蛋白酶等蛋白酶，可以水解其中的蛋白质和多肽，防止出现混浊。但是，如果水解作用过度，会影响啤酒泡沫的稳定性。研究用固定化木瓜蛋白酶处理啤酒，既可克服这一缺陷，又可防止啤酒的混浊。

Witt 等用戊二醛交联固定化木瓜蛋白酶，可连续水解啤酒中的多肽。在 0℃下施加一定的二氧化碳压力，将经预过滤的啤酒通过木瓜蛋白酶的反应柱，得到的啤酒可在长期贮存中保持稳定。Finley 等报道，木瓜蛋白酶固定在几丁质上，在大罐内冷藏时或在过滤后装瓶时处理啤酒，通过调节流速和反应时间，可以精确控制蛋白质的分解程度。固定化酶可以多次反复使用，成本低廉。经处理后的啤酒在风味上与传统啤酒无明显的差异。

8.5.6 固定化酶用于果葡糖浆的生产

早期工业生产果葡糖浆是采用游离的葡萄糖异构酶或含有此酶的微生物菌体分批进行的，现在已成功采用固定化葡萄糖异构酶大规模生产果葡糖浆，目前在淀粉糖行业已大量采用。工业使用的葡萄糖异构酶有两种形式，一种是固定化酶，另一种是固定化细胞。生产上将固定化酶或固定化细胞装制成填充床反应器，使葡萄糖溶液以一定速度通过反应器，在固定化葡萄糖异构酶的作用下，部分葡萄糖转变成果糖，从而生产果葡糖浆。

8.5.7 固定化酶在食品添加剂和食品配料中的应用

固定化酶技术广泛应用于生产食品添加剂和配料的行业中。如低聚果糖、天门冬氨酸、*L*-苹果酸、阿斯巴甜、酪蛋白磷酸肽(CPP)等的生产、固定化黑曲霉发酵生产柠檬酸。

以富马酸为原料，天门冬氨酸和 *L*-苹果酸都可以采用固定化酶生产。使用由大肠杆菌得到的天门冬氨酸酶催化富马酸与氨作用，可以得到 *L*-天门冬氨酸，固定化富马酸酶将富马酸转化为苹果酸。一个 10 m^3 的固定化细胞柱每月可生产数吨 *L*-天门冬氨酸和 *L*-苹果酸。

采用固定化酶还可以用 *D*,*L*-氨基酸生产 *L*-氨基酸。*D*,*L*-氨基酸首先被转化为酰基-*D*,*L*-氨基酸，然后用固定化氨基酰化酶进行拆分得到有活性的 *L*-氨基酸和完整的酰基-*D*-氨基酸。*D*-氨基酸再消旋化、重新拆分处理即可得到 *L*-氨基酸。日本的 Tanabe Seiyaku 公司使用 10 m^3 的固定化氨基酰化酶柱，进行氨基酸拆分操作，每月可以生产 520 t *L*-蛋氨酸、*L*-苯丙氨酸。

党的二十大报告提出了“尊重自然、顺应自然、保护自然”的理念，并制定了“加快发展方式绿色转型”的方针。传统的固定化酶和固定化细胞的技术方法一方面减少了酶、细胞的消耗，可减轻生产对环境的压力；另一方面固定化过程中消耗的载体和各种化学试剂又增加了环境压力。对于该技术的两面性，应在今后的技术开发和生产应用中予以关注，尽量采用易降解的天然材料作载体，并注意减少化学试剂的污染。

近年来，相关领域的新技术不断向固定化酶和固定化细胞领域渗透，新的固定化方法不断出现，例如，由于纳米材料具有比表面积大、表面易于修饰、与酶分子大小相近等优点，研究以各种纳米材料作为固定化酶的载体成为目前的研究热点。此外，定向固定化、无载体固定化等新的固定化方法也不断取得进展。

思考题

1. 固定化酶和固定化细胞有何优缺点？
2. 制备固定化酶和固定化细胞有哪些方法？这些方法各有什么特点？
3. 影响固定化酶活力和催化性质的因素有哪些？
4. 辅酶有几种固定化方法？辅酶的再生有几种方法？各有何特点？
5. 测定固定化酶、固定化细胞的活力有几种方法？需要注意什么问题？
6. 什么是固定化酶、固定化细胞的半衰期？该指标有何意义？

参考文献

[1] 于国萍，迟玉杰．酶及其在食品中的应用．哈尔滨：哈尔滨工程大学出版社，2000.
[2] 彭志英．食品生物技术．北京：中国轻工业出版社，1999.
[3] 郭勇．酶工程．北京：科学出版社，2004.
[4] 姜锡瑞．酶制剂应用手册．北京：中国轻工业出版社，1994.
[5] 郑宝东．食品酶学．南京：东南大学出版社，2006.
[6] 陈守文．酶工程．北京：科学出版社，2008.
[7] 袁勤生，赵健．酶与酶工程．上海：华东理工大学出版社，2005.
[8] 孙君社，江正强，刘萍．酶与酶工程及其应用．北京：化学工业出版社，2006.
[9] 周晓云．酶学原理与酶工程．北京：中国轻工业出版社，2005.
[10] 俞俊棠，唐孝宣．生物工艺学．上海：华东理工大学出版社，1991.
[11] 罗贵民．酶工程．北京：化学工业出版社，2002.
[12] 张翀，邢新会．辅酶再生体系的研究进展．生物工程学报，2004，20(6)：811-816.
[13] 吕陈秋，姜忠义，王姣．烟酰型辅酶 $NAD(P)^+$ 和 NAD(P)H 再生的研究进展．有机化学，2004，24(11)：1366-1379.
[14] 孙成行，陈历俊．固定化乳糖酶制备低乳糖牛奶的研究进展．中国食品添加剂，2012(3)：195-199.
[15] 尹顺义，宗敏华，刘耘，等．有机相中脂肪酶催化棕榈油酯交换反应生产代可可脂的研究．食品与发酵工业，1995(2)：17-21.
[16] 励建荣，梁新乐，王向阳，等．柑橘类果汁脱苦技术．食品与发酵工业，2000，26(1)：55-58.
[17] 饶建平．固定化单宁酶澄清茶汤工艺条件的研究．茶叶学报，2018，59(1)：53-56.
[18] 时思全．固定化酶技术及其在茶叶中的应用．中国茶叶加工，2003(2)：31-33.
[19] 黄亚东．应用固定化酵母进行啤酒连续发酵的研究．酿酒，2000(3)：54-57.
[20] 何力，金凤燮，刘茵，等．固定化木瓜酶处理的啤酒中高分子多肽的分解．大连轻工业学院学报，1984(1)：94-100.
[21] 金利群，郭东京，廖承军，等．固定化葡萄糖异构酶的研究进展．发酵科技通讯，2015，44(3)：47-51.
[22] Нахапетян Л А，姚振威．由含淀粉原料制取果葡糖浆．生物技术通报，1990(6)：1-6.

[23] 周剑平,龚伟中,王治业,等. 固定化黑曲霉发酵玉米糖液生产柠檬酸的研究. 微生物学通报,2001,28(5):29-31.

[24] 董文玥,姚培圆,吴洽庆. 纳米材料固定化酶的研究进展. 微生物学通报,2020,47(7):2161-2176.

[25] 姚稼灏,薛雅鞠,赵永亮,等. 多孔纳米材料固定化酶研究进展. 微生物学通报,2020,47(7):2177-2192.

[26] 张玮玮,杨慧霞,薛屏. 功能化磁性纳米粒子在固定化酶研究中的应用. 中国生物化学与分子生物学报,2020,36(4):392-400.

[27] 柯彩霞,利范艳,苏枫,等. 酶的固定化技术最新研究进展. 生物工程学报,2018,34(2):188-203.

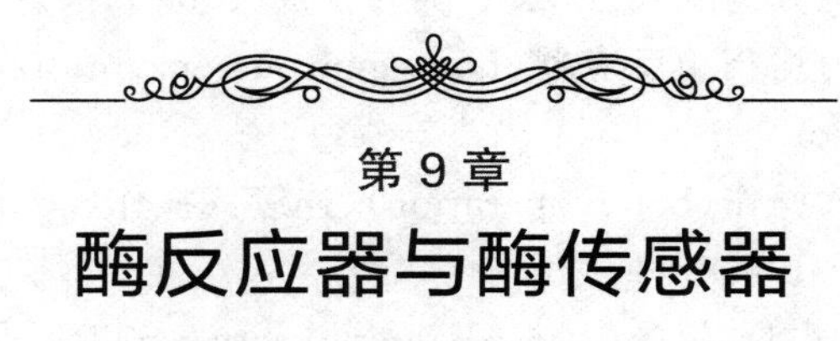

第9章

酶反应器与酶传感器

本章学习目的与要求

1. 通过学习，在加深对固定化酶理论与应用认识的基础上，了解酶反应器和酶传感器的类型。

2. 学习并掌握酶反应器和酶传感器的结构、工作原理与性能。

3. 了解酶反应器和酶传感器的应用。

9.1 酶反应器

以酶或固定化酶作为催化剂进行酶促反应的装置称为酶反应器(enzyme reactor)。酶反应器不同于化学反应器,它是在常温、常压下发挥作用,反应器的耗能和产能比较少。酶反应器也不同于发酵反应器,因为它不表现自催化方式,即细胞的连续再生。但是酶反应器与其他反应器一样,都是根据它的产率和专一性进行评价。

9.1.1 酶反应器的类型

酶反应器类型可以按多种方式进行分类。

根据其几何形状及结构分为罐式(tank type)、管式(tube type)和膜式(diaphragm type)。

根据反应物的状态分为均相酶反应器(homogeneous enzyme reactor)和固定化酶反应器(immobilized enzyme reactor)。

按操作方式分为分批式操作(batch operation)、连续式操作(continuous operation)和流加分批式操作(fed-batch operation)3 种。

按结构可分为搅拌罐式反应器(stirred tank reactor,STR)、固定(填充)床式反应器(packed column reactor,PCR;packed bed reactor,PBR)、流化床式反应器(fluidized bed reactor,FBR)、鼓泡塔式反应器(bubble column reactor,BCR)、喷射式反应器(jet reactor,JR)以及膜式反应器(membrane reactor,MR)等。

常见的酶反应器类型及特点如表 9-1 所示。

表 9-1 常见的酶反应器类型及特点

反应器类型	适用的操作方式	适用的酶形式	特点
搅拌罐式反应器	分批式 流加分批式 连续式	游离酶 固定化酶	设备简单,操作容易,酶与底物混合较为均匀,传质阻力较小,反应比较完全,反应条件容易调节控制
固定(填充)床式反应器	连续式	固定化酶	设备简单,操作方便,单位体积反应床的固定化酶密度大,可以提高酶催化反应的速度,在工业生产中应用普遍
流化床式反应器	分批式 流加分批式 连续式	固定化酶	混合均匀,传质和传热效果好,温度和 pH 的调节控制比较容易,不易堵塞,对黏度大的反应液也可以进行催化反应
鼓泡塔式反应器	分批式 流加分批式 连续式	游离酶 固定化酶	结构简单,操作容易,剪切力小,混合效果好,传质、传热效率高,适合于有气体参与的酶催化反应
喷射式反应器	连续式	游离酶	通入高压喷射蒸汽实现酶与底物混合进行高温短时催化反应,适用于某些耐高温酶的催化反应
膜式反应器	连续式	游离酶 固定化酶	结构紧凑,集反应与分离于一体,利用连续化生产,但容易发生浓差极化而引起膜孔阻塞,清洗比较困难

9.1.1.1　搅拌罐式反应器

搅拌罐式反应器是具有搅拌装置的一种反应器，由反应罐、搅拌器和保温装置等部分组成。

搅拌罐式反应器有分批式搅拌罐反应器(batch stirred tank reactor,BSTR)和连续式搅拌罐反应器(continuous flow stirred tank reactor,CSTR)(图 9-1 至图 9-3)。这类反应器的特点是内容物混合充分均匀，结构简单，温度和 pH 容易控制，传质阻力较低，能处理胶体状底物、不溶性底物，固定化酶易更换。

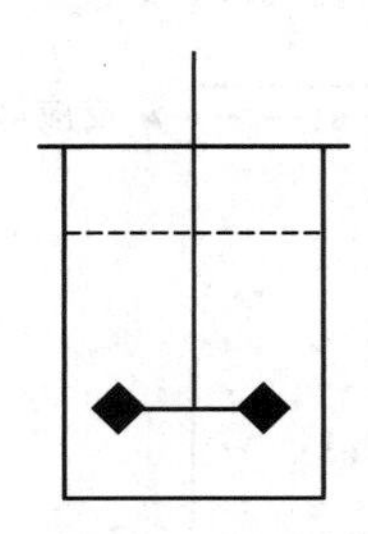

图 9-1　分批式搅拌罐反应器示意图

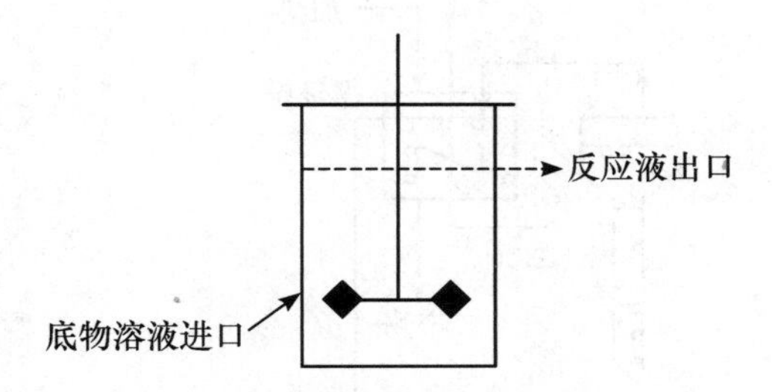

图 9-2　连续式搅拌罐反应器示意图

9.1.1.2　固定(填充)床式反应器

固定(填充)床式反应器是把颗粒状或片状等固定化酶填充于固定床(也称填充床，床可直立或平放)内，底物按一定方向以恒定速度通过反应床的装置(图 9-4)。它是一种单位体积催化负荷量多、效率高的反应器。典型的填充床，整个反应器可以看作是处于活塞式流动状态，因此这种反应器又称为活塞流式反应器(plug flow reactor,PFR)。

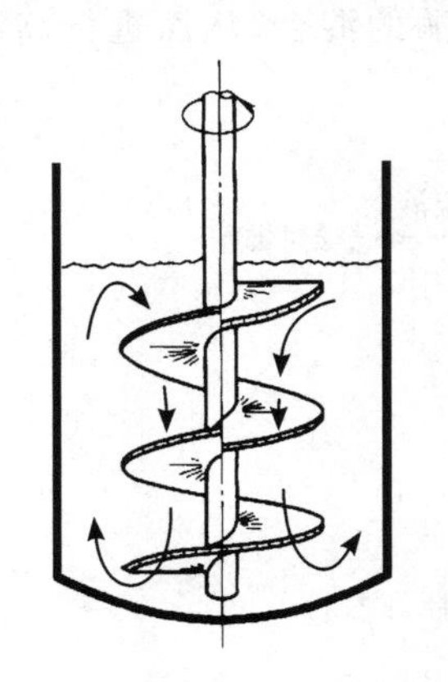

图 9-3　一种搅拌罐式反应器示意图(提供了螺旋杆)

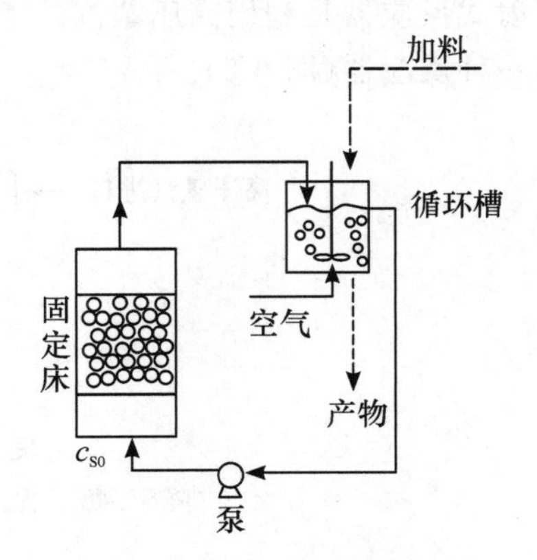

图 9-4　固定(填充)床式反应器

9.1.1.3　流化床式反应器

流化床式反应器是在装有比较小的固定化酶颗粒的垂直塔内，通过流体自下而上的流动使固定化酶颗粒在流体中保持悬浮状态，即流态化状态进行反应的装置(图 9-5)。流态化的固体颗粒与流体的均一混合物可作为流体处理。

9.1.1.4 鼓泡塔式反应器

在生物反应中，有不少的反应要涉及气体的吸收或产生，这类反应最好采用鼓泡塔式反应器（图 9-6）。它是把固定化酶放入反应器内，底物与气体从底部通入，大量气泡在上升过程中起到提供反应底物和混合两种作用的一类反应器。在使用鼓泡塔式反应器进行固定化酶的催化反应时，反应系统中存在固、液、气三相，所以鼓泡塔式反应器又称为三相流化床式反应器。

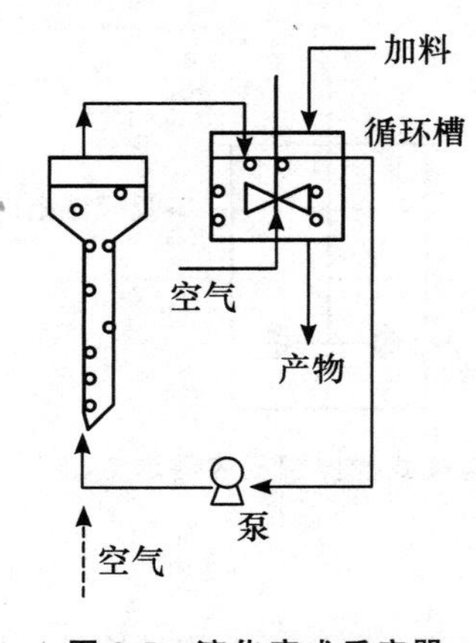

图 9-5 流化床式反应器

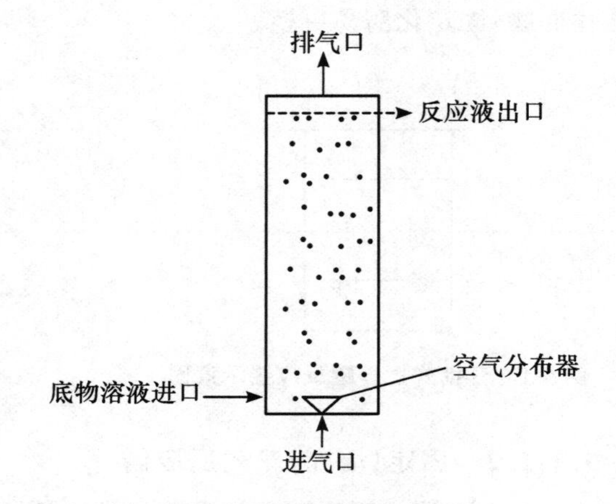

图 9-6 鼓泡塔式反应器

（陈宁. 酶工程. 北京：中国轻工业出版社. 2011）

9.1.1.5 喷射式反应器

喷射式反应器是利用高压蒸汽的喷射作用实现底物与酶的混合，从而进行高温短时催化反应的一种反应器（图 9-7）。

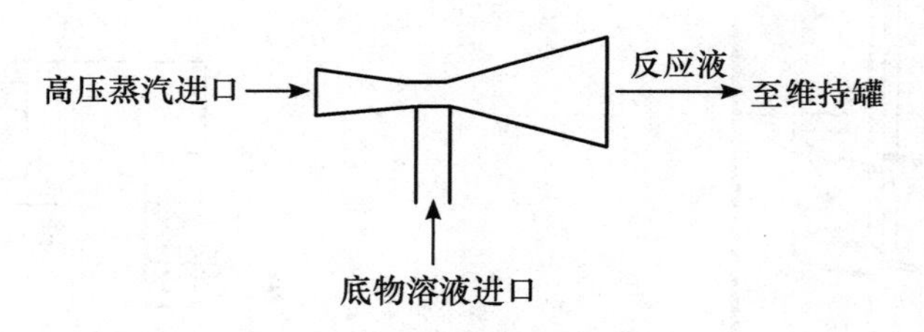

图 9-7 喷射式反应器

（陈宇. 酶工程. 北京：中国轻工业出版社，2011）

9.1.1.6 膜式反应器

膜式反应器最早应用于微生物的培养，1958 年 Stem 用透析装置培养出了牛痘苗细胞，1968 年 Blatt 第一次提出膜式反应器概念。

1. 膜式酶反应器的分类

膜式酶反应器（enzyme membrane bioreactor，EMBR，也称为 membrane bioreactor）是利用选择性的半透膜分离酶和产物（或底物）的生产或实验设备，是反应与分离偶合的装置（图 9-8 和图 9-9）。膜式酶反应器的优缺点如表 9-2 所示，分类如表 9-3 所示。

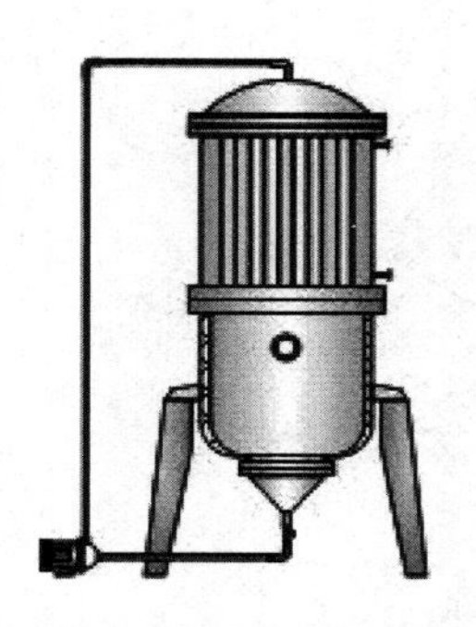

图 9-8　膜式酶反应器 MEF2000 外形图

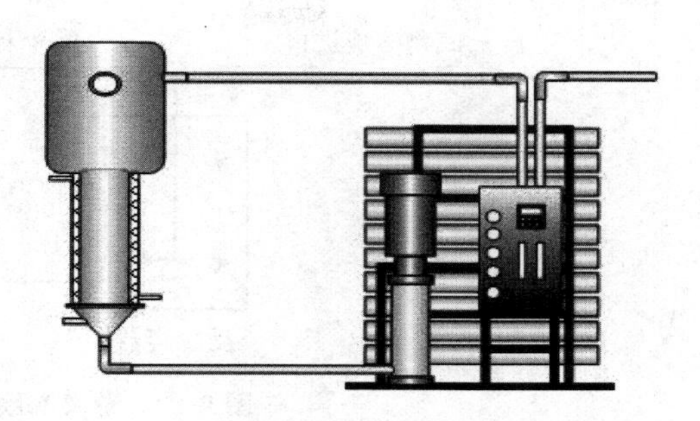

图 9-9　膜式酶反应器 EF2000 外形图

表 9-2　膜式酶反应器的优缺点

（陈宁. 酶工程. 北京：中国轻工业出版社，2011）

优　点	缺　点
能实现连续的生产工艺/高产率	酶的吸附及中毒
更佳的过程控制/推动化学平衡移动	与剪切力相关的酶失活
不同操作单元的集成与组合	膜表面产生底物或产物的抑制
改善产物抑制反应的速率	酶活化剂或辅酶的流失
操作过程中能富集及浓缩产物	浓差极化
控制水解产物的分子质量	膜污染
实现多相反应	酶的泄漏
研究酶机制的理想手段	

表 9-3　膜式酶反应器的分类

分类标准	类　型
酶状态	自由态式、固定化式
膜孔径大小	反渗透膜式、纳滤膜式、超滤膜式、微滤膜式、普通过滤膜式
膜材料	有机膜式、无机膜式
膜组件型式	平板式、螺旋卷式、管式、中空纤维式
酶与底物接触方式	直接接触式、扩散式、界面接触式
膜材料的对称性(膜结构形态)	对称膜式、非对称膜式、复合膜式
膜亲水性	亲水性膜式、疏水性膜式
传质推动力	压差驱动式、浓差驱动式、电位差驱动式

（1）根据反应器内酶的状态不同，可分为自由态式和固定化式膜式酶反应器。自由态式酶又包括游离酶和固定化酶，其中游离酶膜式酶反应器如图 9-10 所示。

（2）根据膜的孔径由小到大依次分为：反渗透（reverse osmosis，RO）膜式、纳滤（nanofiltration，NF）膜式、超滤（ultrafiltration，UF）膜式、微滤（microflitration，MF）膜式及普通过滤膜式。孔径大小从 RO 膜到 UF 膜下限附近的半透膜称为渗析膜。

（3）根据膜材料的种类不同，可分为有机膜式和无机膜式酶反应器。有机膜式材料主要包括聚砜、乙酸纤维素、聚醚、聚砜-聚乙烯基四唑等高分子聚合物。无机膜式材料包括陶瓷膜、玻璃膜、金属膜和碳分子膜。

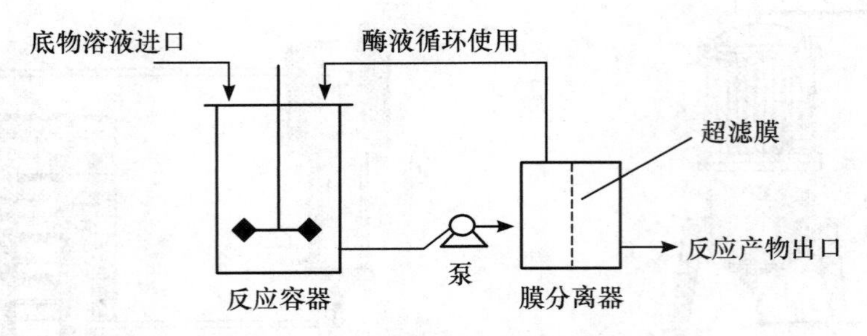

图 9-10 游离酶膜式酶反应器示意图

(4) 根据反应器结构的膜组件型式,可分为平板式、螺旋卷式、管式、中空纤维式酶反应器(图 9-11)。

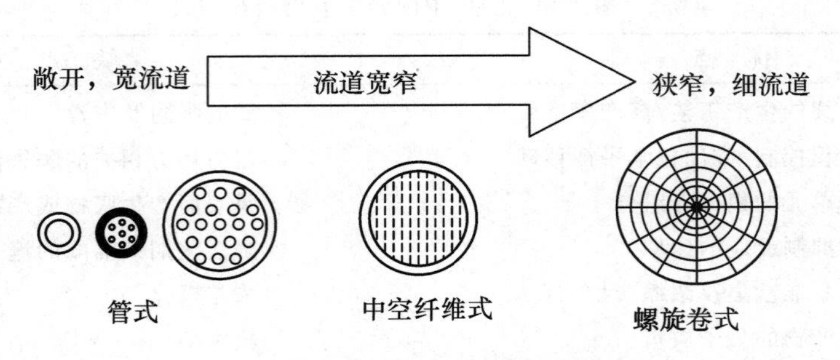

图 9-11 酶反应器结构的膜组件型式

(5) 根据酶与底物接触方式将膜式酶反应器分为直接接触式、扩散式和界面接触式。中空纤维膜式酶反应器一般采用这种形式;而界面接触式主要是指多相膜式酶反应器。

(6) 根据底物和产物通过膜的传质推动力不同,可分为压差驱动膜式酶反应器(图 9-12)和浓差驱动膜式酶反应器等。电位差作为膜的一种驱动力,将是今后发展的一个重要方向。

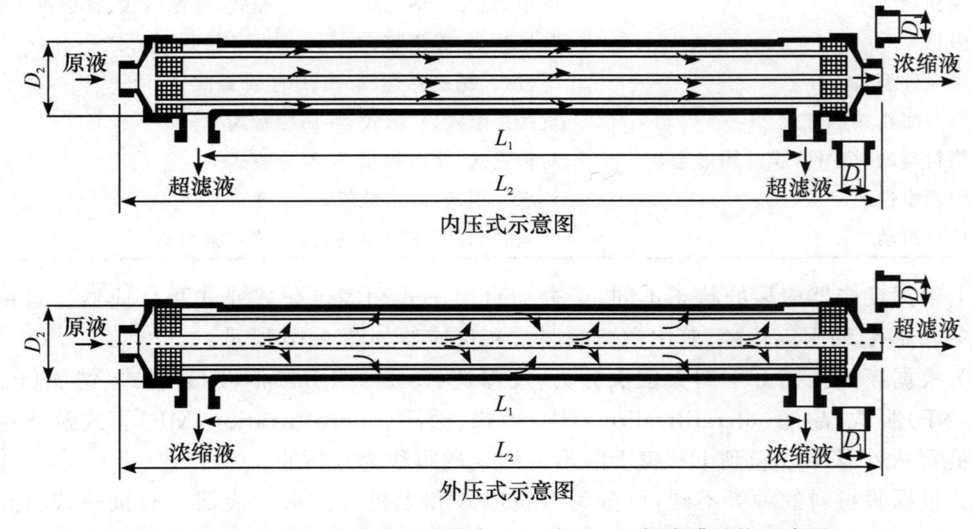

图 9-12 中空纤维式酶反应器内(N)、外(W)压超滤膜结构示意图

2.膜式酶反应器的应用和发展

膜式酶反应器的应用主要表现在下述几个方面：辅酶或辅助因子的再生；有机相酶催化；手性拆分与手性合成；反胶束催化作用；生物大分子的分解。其中辅酶或辅助因子的再生、有机相酶催化、手性拆分与手性合成是膜式酶反应器最具有技术优势的体系。

膜式酶反应器未来有望在以下领域更受关注：①以电位差作为溶质传递驱动力的膜式酶反应器作为辅酶再生技术的一种新的途径；②利用膜式酶反应器实现产物为固体状态的反应，以发挥超滤膜截留固体颗粒的能力。

随着国内对这方面的大力研究，必将大大促进生产工艺创新和产品创新，相信基于膜式酶反应器特性的深入认识，其生产潜能将在我国食品工业中得到进一步的体现。

9.1.2　酶反应器的选择

酶反应器的类型多种多样，不同的反应器特点不同，在实际应用中，需根据酶的应用形式，底物和产物的性质以及操作要求，反应动力学及传质传热特性，酶的稳定性、再生及更换，反应器应用的可塑性及成本等进行选择。所选择的酶反应器应尽可能具有结构简单、操作方便、易于维护和清洗、可以适用于多种酶的催化反应、制造和运行成本较低等特点。

9.1.2.1　酶的应用形式

游离酶可以选用搅拌罐式、鼓泡塔式、喷射式反应器等，一般都是分批式反应器或者连续式反应器；连续式搅拌罐反应器或超滤膜式反应器虽然可以解决反复使用的问题，但酶常因超滤膜吸附与浓差极化而损失，同时高流速超滤也可能造成酶的切变失效。

颗粒状酶可采用搅拌罐、固定床式和鼓泡塔式反应器，而细小颗粒的酶则宜选用流化床式反应器。对于膜状催化剂，则可考虑采用螺旋卷式、平板式、管式、中空纤维式等膜式反应器。

固定化酶的机械强度越大越好。对搅拌罐式反应器，要注意颗粒不要被搅拌桨叶的剪切力损伤。对填充凝胶颗粒的固定床式反应器来说，必须用多孔板等将塔身部分适当隔成多层。

9.1.2.2　反应体系的性质

在酶催化过程中，底物和产物以及酶的理化性质会影响酶催化反应的速度。

通常底物有3种形式：可溶解性物质(包括乳浊液)、颗粒物质与胶体物质。可溶解性底物对任何类型的反应器都适用。难溶底物、底物溶液可选用CSTR和PBR。

对于有气体参与的酶催化反应，通常采用鼓泡塔式反应器。

当酶催化反应的底物或产物的分子质量较大时，不宜采用膜式反应器。需要小分子物质作为辅酶参与的酶催化反应，通常也不采用膜式反应器。

9.1.2.3　反应操作要求

有的酶反应需要不断调整pH、控制温度或间歇地补充反应物，或经常供氧，有时还需要更新酶。所有这些操作，在搅拌罐及串联罐类型的反应器中可以连续进行。若底物在反应条件下不稳定或酶受高浓度底物抑制时，可采用分批式搅拌罐反应器。若反应需氧，则反应器必须配有一种充分混合空气的系统，可选用鼓泡塔式反应器。

对于某些价格较高的酶，由于游离酶与反应产物混在一起，可以采用膜式酶反应器。

9.1.2.4 酶的稳定性

酶的稳定性是酶反应器选择的一个重要参数。酶的失活可能是由热、pH、毒物或微生物等引起的。一些耐极端环境的酶，如高温淀粉酶，可以在高温下采用喷射式反应器。在酶反应器的运转过程中，由于高速搅拌和高速液流冲击，可使酶从载体上脱落，或者使酶扭曲、分解，或使酶颗粒变细，最后从反应器流失。在各种类型的反应器中，CSTR一般远比其他类型反应器更易引起这类损失。

9.1.2.5 应用的可塑性及成本

选择反应器时，还要考虑其应用的可塑性，所选的反应器最好能有多种用途，生产各种产品，这样可降低成本。CSTR类型的反应器应用的可塑性较大，结构简单，成本较低；而与之相对的PBR反应器则较为逊色。在考虑成本时，必须注意酶本身的价值与其在相应的反应器中的稳定性。

9.1.3 酶反应器的设计

酶反应器设计的目的是获得能适应酶催化反应过程的最佳酶反应器，使酶催化反应过程的生产成本最低、产品的质量和产量最高。反应器的规模和操作应该与产量相适应，应根据规模效益确定反应器的大小和操作方式。一般地，酶反应器的设计包括酶反应器类型的选择、反应器制造材料的选择、热量和物料衡算等。

9.1.3.1 酶反应器设计的原理

设计酶反应器以及决定反应操作条件，需注意以下事项：①反应组分的速率特性以及温度、压力、pH等操作变量的影响；②反应器的形式，内部流体流动的状态，传热特性以及物质传递的影响；③必要的转化率和产率。

9.1.3.2 酶反应器设计的要点

1. 酶反应器类型的选择

酶反应器设计的第一步就是根据酶、底物和产物的性质，按照酶反应器的选择部分中讨论的原则，进行选择。

2. 酶反应器制造材料的确定

酶反应器对制造材料的要求比较低，一般采用不锈钢或玻璃等材料即可，可根据投资的大小来选择合适的材料。

3. 热量衡算

采用化工原理中的相关方法进行，主要是根据热水的温度和使用量来进行热量衡算。若采用喷射式反应器，可根据所使用的水蒸气的焓和用量进行计算。

4. 物料衡算

物料衡算是酶反应器设计的重要任务，主要包括酶催化反应动力学参数的确定，底物用量、反应液总体积、酶用量、反应器数量等的计算等几个方法的内容。

（1）酶催化反应动力学参数的确定。酶催化反应动力学参数是反应器设计的主要依据之一，在反应器设计之前就应当根据酶反应动力学特性，确定反应所需的底物浓度、酶浓度、最适温度、最适pH、激活剂浓度等参数。

(2) 底物用量的计算。可以根据产品的产量要求、产物转化率和收率来计算所需要的底物用量。

(3) 反应液总体积的计算。根据所需底物的用量和底物浓度,可以计算得到反应液的总体积。对于分批式反应器,反应液的总体积一般是以每天的反应液总体积来表示;而对于连续式反应器,则以每小时获得的反应液总体积表示。

(4) 酶用量的计算。根据催化反应所需的酶浓度和反应液体积就可以计算出所需的酶用量,所需的酶用量为所需的酶浓度与反应液体积的乘积。

(5) 反应器数量的计算。在酶反应器的设计过程中,待选定了酶反应器类型,并通过计算得到反应液总体积后,就可以根据生产规模、生产条件等确定反应器的有效体积和反应器的数量。

在反应器设计过程中,一般不应采用单一足够大的反应器,而是根据规模和条件选用两个以上的反应器较为合适。选择合适数量的反应器首先要求确定反应器的有效体积,并进而确定所需反应器的数量。

9.1.3.3　酶反应器设计的优化

固定化酶反应器的优化包括:①选择最优的反应器形式;②连续操作过程中,确定最优的底物供给流量、反应温度和催化剂更换周期等操作条件;③把两种酶固定于同一载体上进行连续反应 A→B→C 时,确定使 A 到 C 的转化率最高的最适酶配比等。

9.1.4　酶反应器的应用

9.1.4.1　酶反应器应用中的控制要点

酶反应器在应用中,应注意以下几个方面。

1. 控制酶反应器液态流动方式

不同酶反应器中流动方式的改变受不同因素的影响。在填充床反应器中,柱高及通过柱的液流速度是决定压降的主要因素。在搅拌罐式反应器中,要控制搅拌速度。为预防固定化酶积聚在出料口滤器上,造成酶分布不均匀,可在出料口和进料口上各装一个滤器。

2. 酶反应器对底物恒定转化

使用填充床式反应器时,可通过控制底物的流速来维持底物恒定的转化,也可通过增加温度维持产量恒定。可将若干使用时间不同和处于不同阶段的柱反应器串联,并与上述方法之一相结合。国外多数工厂最少使用 6 个柱的反应器组,并用微处理机反馈控制。反应器可以串联,也可以并联。串联操作要控制的物流较小,酶能充分利用,但是操作中的压降和压缩问题比较大。并联的操作适应性最好,每个反应器基本上可以单独工作,每个单元能方便地加入或离开运转系统。

3. 保持酶反应器的稳定性

为了使酶反应器长期使用,必须保持酶反应器的稳定性,主要是防止酶的变性、中毒、自溶或因载体磨损而造成的酶失活。

4. 防止酶反应器中微生物污染

酶反应器与发酵反应器不同,不必在完全无菌的条件下操作,但要在必要的卫生条件下进行操作。向底物中加入杀菌剂、抑菌剂、有机溶剂或将底物料液预先过滤除菌等措施可以防止微生物的污染；在温度45℃以上或酸性、碱性缓冲液中进行操作都可避免微生物的生长。酶反应器在每次使用后要进行适当消毒，可用酸性水或含有H_2O_2、季铵盐的水反冲。在连续运转中也可周期性地用H_2O_2或50％甘油水溶液处理反应器。

9.1.4.2　酶反应器在生产中的应用举例

1. 糖类的生产

利用含葡萄糖异构酶的固定化酶生产高果糖浆（high fructose syrup，HFCS）是固定化酶在工业应用方面规模最大的一项。果葡糖浆生产流程如图9-13所示。

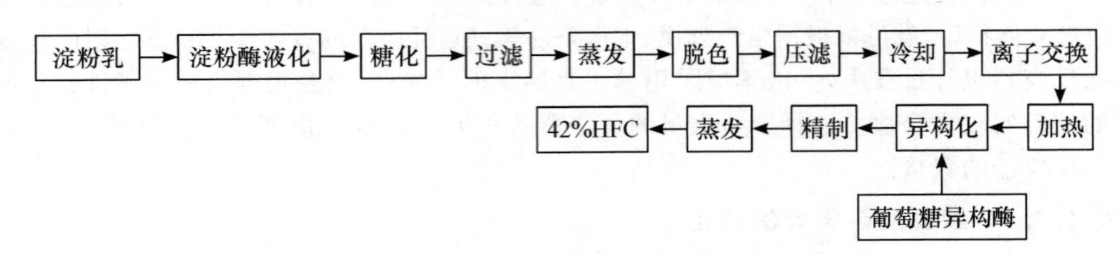

图9-13　果葡糖浆生产流程

果葡糖浆的生产过程因具有很好的动力学和近平衡的热力学条件，所以采用活塞流式反应器进行连续异构更合适。

喷射式反应器在高温淀粉的淀粉液化反应中已得到广泛应用。添加Na_2CO_3溶液调整淀粉乳的pH至合适范围后，向淀粉乳中添加1/3量的液化酶，进行一次喷射液化。直接蒸汽将水解液的温度迅速提升到135℃，进行二次喷射液化。二次喷射后，降温维持液化反应，然后补加2/3量的液化酶，新加入的液化酶在合适的温度下将水解液中的糖类分子降解得比较彻底，每个分子中的葡萄糖单元数几乎都降解到10个以下。

采用改进了的具微滤的聚砜中空纤维膜式酶反应器，以淀粉为原料，经α-淀粉酶水解，并经中空纤维超滤膜式酶反应器循环分离较高葡萄糖聚合度的糊精后，继续酶解成葡萄糖聚合度（DP）＜13的糊精，经二次反向分离，分出较低聚合度的低聚糖。产品主要含葡萄糖聚合度为8～12的分支和不分支糊精。

蔗渣作为糖厂的副产物，全世界每年产量可达100亿t以上。有关蔗渣的酶法水解，人们已进行了广泛的研究。在工业化过程中，采用固定床式反应器对蔗渣酶解反应比釜式反应器较为有利。对固定床式反应器，循环流速增大，可提高蔗渣酶解的还原糖得率。

β-半乳糖苷酶具有催化转半乳糖糖苷反应，合成半乳糖寡糖（galactooligosaccharide，GOS）。GOS是母乳中的重要组分，是一种双歧因子，能促进肠道内双歧杆菌增殖，改善肠道内菌群分布，GOS作为第三代功能食品的功能因子，具有极好的稳定性，在酸性和高温条件下都很稳定，在食品的加工过程中结构和性质不会改变，是理想的食品配料。利用固定化酶在纤维固定床式反应器中连续合成GOS，通过反应条件优化和流加*β*-半乳糖，能提高GOS合成的产率，降低生产费用。

2. 氨基酸、有机酸及多肽的生产

目前，用固定化酶和细胞进行工业化生产的氨基酸和有机酸主要有：*L*-天门冬氨酸、*L*-谷氨酸、*L*-异亮氨酸、*L*-赖氨酸、乳酸、醋酸、柠檬酸、葡萄糖酸等。

陈芳艳等在研究了丝素固定化木瓜蛋白酶的固定化条件和酶学性质的基础上，研制了丝素固定化木瓜蛋白酶填充床式反应器（图 9-14），用以降解酪蛋白，对反应器的性能和实用性进行了研究。以丝素为载体，采用共价交联法固定木瓜蛋白酶，制备的固定化酶具有比表面积大，吸附性能良好的特性，符合填充床式反应器的要求。研究结果表明，填充床式反应器的操作效果良好。

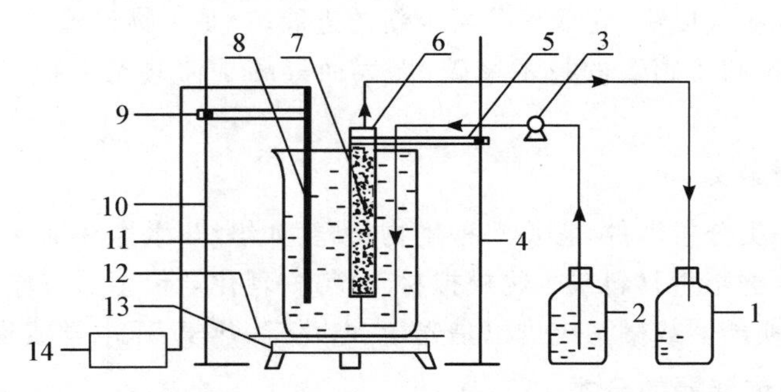

1. 产物收集瓶　2. 底物瓶　3. 恒流泵　4,10. 铁架台 5,9. 铁夹　6. 反应柱
7. 固定化酶　8. 温度计　11. 烧杯　12. 石棉网　13. 电炉　14. 电子继电器

图 9-14　木瓜蛋白酶填充床式反应器的装置示意图

目前，生物活性肽的酶促合成可避免外消旋作用，并能保护具有功能性氨基酸的侧链，是生物活性肽最有优势的合成方法，而膜式酶反应器为此提供了广阔的发展空间。姜忠义曾报道，利用膜式酶反应器进行二肽 *N*-Ac-*L*-Phe-*L*-Leu-NH_2 的合成研究。*N*-乙酰-*L*-苯丙氨酸乙酯（APEE）的正辛醇溶液从聚丙烯腈中空纤维式膜的管程通入并循环，*L*-亮氨酰胺的磷酸盐缓冲液（pH＝7.8）也从聚丙烯腈中空纤维式膜的管程通入并循环。两股进料液扩散进入膜孔后，由固定在膜中的脂肪酶催化而生成二肽，二肽依据其溶解度被分配在水相或有机相中，当超过饱和溶解度后从液相沉淀出来，从而得到纯化，实现了酶促反应与分离纯化的有效耦合而达到较高的效率。

二维码 9-1　伦世仪——中国发酵工程专家

二维码 9-2　科学前沿：固定化多酶级联反应器

二维码 9-3　科学前沿：酶反应器筛选胰蛋白酶抑制剂

9.2　酶传感器

9.2.1　生物传感器概述

9.2.1.1　生物传感器的发展和定义

1. 生物传感器的发展

生物传感器是分析生物技术的一个重要领域，是现阶段必不可少的一种先进的检测方法

和监控方法。

生物传感器发展大致可分为3个阶段。第一个阶段为20世纪60—70年代的起步阶段，以Clark传统酶电极为代表。第二阶段为20世纪70年代末期到80年代，其代表之一是媒介体电极，它不仅开辟了酶电子学的新研究方向，还为酶传感器的商品化奠定了重要基础。第三个阶段是20世纪90年代以后，它取得了两个新的进展，一是生物传感器的市场开发获得了显著的成绩，二是生物亲和传感器的技术突破，以表面等离子体共振生物传感器和生物芯片为代表。

2. 生物传感器的定义

生物传感器是一类分析器件，它将一种生物材料（如组织、微生物细胞、细胞器、细胞受体、酶、抗体、核酸等）、生物衍生材料或生物模拟材料，与物理化学传感器或传感微系统密切结合，行使分析功能，这种换能器或微系统可以是光学、电化学、热学、压电学或磁学的。

9.2.1.2 生物传感器的分类

生物传感器的类型很多，目前主要有两种分类方法，即分子识别元件分类法和器件分类法。根据分子识别元件的不同可以分为酶传感器、免疫传感器、组织传感器、细胞传感器、微生物传感器等，见图9-15。

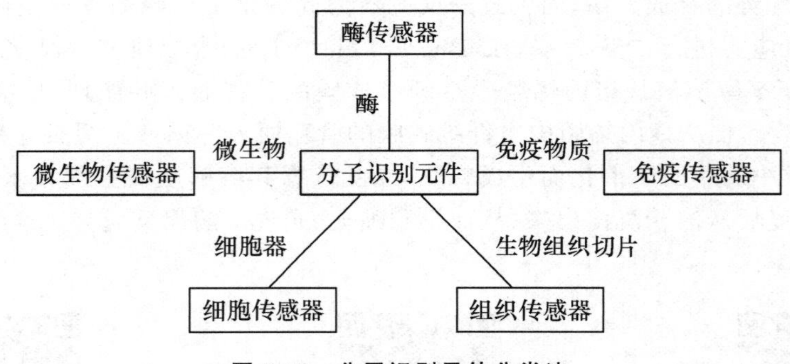

图9-15 分子识别元件分类法

按器件的不同可以分为电化学生物传感器、光生物传感器、热生物传感器、半导体生物传感器、声波生物传感器、压电晶体生物传感器等，见图9-16。

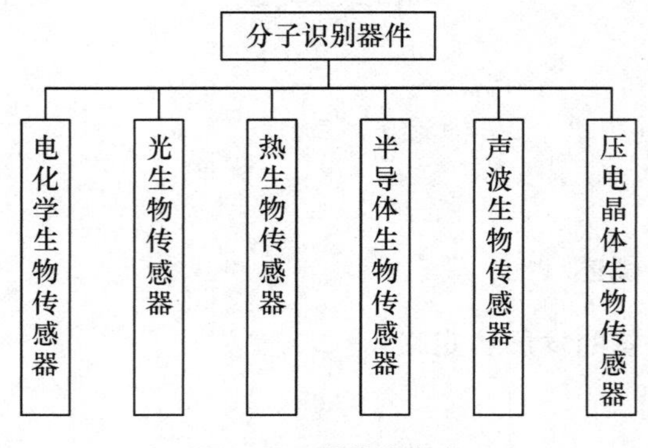

图9-16 器件分类法

9.2.2 酶传感器的结构与工作原理

酶传感器的一般原理，如图 9-17 所示。其最主要的两个部分是生物活性材料(酶)和换能器。被分析物进入生物活性材料，经分子识别，发生生物化学反应，产生的信号继而被相应的物理或化学换能器转变成可定量处理的电信号，再经过检测放大器放大并输出，便可计算出或直接读出被分析物浓度等相关信息。

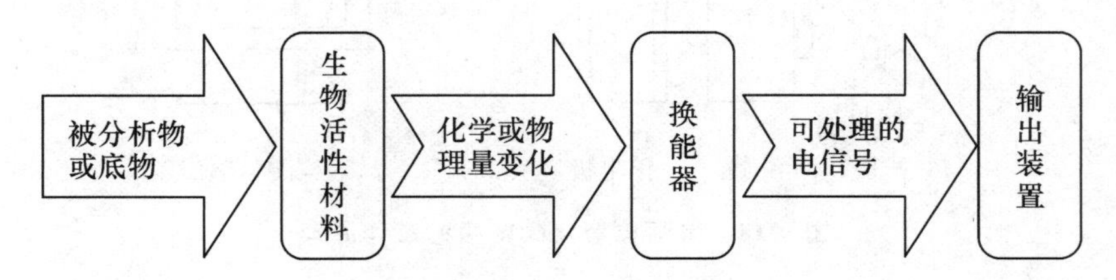

图 9-17 酶传感器的原理

根据所测量的信号不同，可以把酶传感器的工作原理分为以下几类。

9.2.2.1 将化学变化转变成电信号

已研究的大部分生物传感器的工作原理都属于这种类型。常用的这类信号转换装置有 Clark 氧电极、过氧化氢电极、氢离子电极、离子选择性电极、氨敏电极、二氧化碳电极、离子敏场效应晶体管(ISFET)等。

9.2.2.2 将光信号转变为电信号

有些酶，如过氧化氢酶，能催化过氧化氢-鲁米诺体系发光，因此如设法将过氧化氢酶膜附着在光纤或光敏二极管的前端，再和光电流测定装置相连，即可测定过氧化氢含量。光学传感器可用于吸收光、反射光、发射光(荧光和磷光)等的测定，其中以测定发射光，尤其是荧光的灵敏度最高。

9.2.2.3 将热变化转换成电信号

大多数酶与相应的被测物作用时伴有热的变化。用热敏电阻将反应的热转换成热敏电阻的阻值变化，后者通过放大电路系统把结果记录到相应仪器。这样就可以间接测得被测物的浓度。

9.2.2.4 直接产生电信号

上述 3 种原理的酶传感器，都是间接测量方式。此外还有一类直接测量方式，可使酶反应所伴随的电子转移或电子传递在电极表面发生。电极表面电信号产生方式可归纳为 3 种类型。

1. 以氧为中继体的电催化(第一代生物传感器)

葡萄糖氧化酶电极是研究最早、最成熟的酶电极。它主要是由葡萄糖氧化酶膜和化学电极组成的，如图 9-18 所示。

2. 基于人造中继体的电催化(第二代生物传感器)

采用含有电子媒介体的化学修饰层。化学修饰层不仅能促进电子传递过程，而且由于排除了过氧化氢，使得酶传感器的工作寿命延长。电子媒介体近 10 年发展迅速。

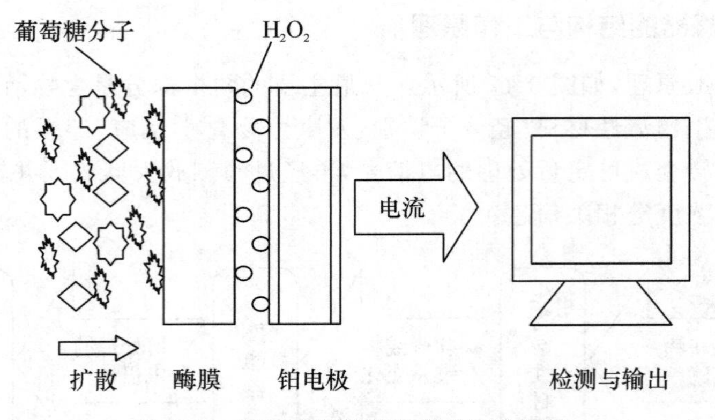

图 9-18　葡萄糖氧化酶电极的工作原理

3. 直接电催化(第三代酶传感器)

酶与电极间进行直接电子传递,与氧或其他电子受体无关,无需媒介体,是无媒介体传感器。

到目前为止,只发现辣根过氧化物酶、葡萄糖氧化酶、酪氨酸酶、细胞色素 c 过氧化物酶、超氧化物歧化酶、黄嘌呤氧化酶、微过氧化物酶等少数物质能在合适的电极上进行直接电催化。

图 9-19 更直观地示意出直接或间接产生电信号的方式。

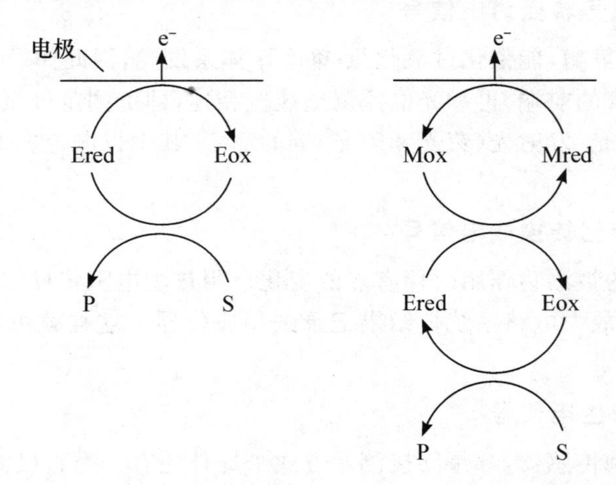

S—底物;P—产物;Eox—氧化态酶;Ered—还原态酶;
Mox—氧化态媒介体;Mred—还原态媒介体

图 9-19　酶电极电流产生方式

9.2.3　酶传感器的制备及性能

9.2.3.1　酶传感器的制备

由于换能器种类繁多,测量方式多样,以致酶传感器的制备方式多种多样,下面介绍几种常见的酶传感器。

1. 场效应晶体管酶传感器

场效应晶体管(FET)是一种监测和控制 MIS(金属/绝缘层/半导体)系统变化的装置,其基本类型为隔离栅极场效应晶体管(IGFET),如图 9-20 所示。

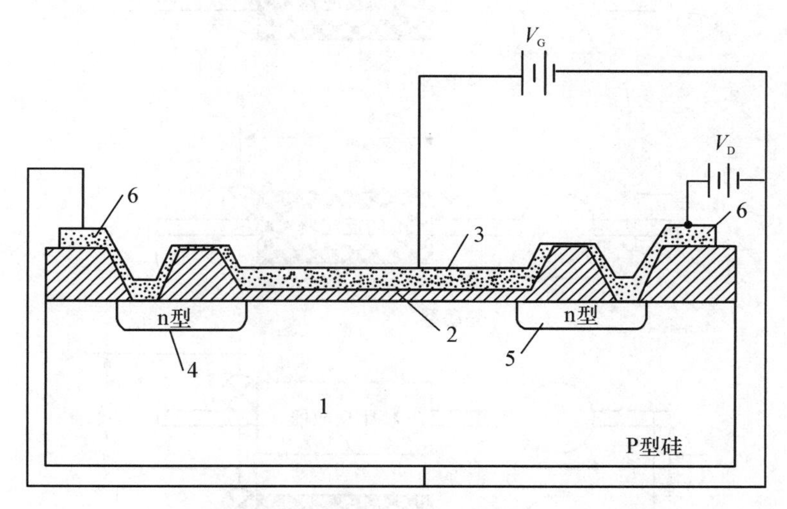

1—P 型硅基质;2—绝缘层;3—栅极金属;4—n 型源极;
5—n 型漏极;6—连接源极与漏极的金属

图 9-20　隔离栅极场效应晶体管(IGFET)示意图

(司士辉. 生物传感器. 北京:化学工业出版社,2003)

近年来,薄膜物理与固态物理学的发展,为 FET-酶传感器的微型化开拓了新的前景。离子敏场效应晶体管、气敏金属氧化物半导体电容器、薄膜电极等微型传感器都使用微电子生产工艺制造,有良好的重现性、可靠性和适用性。微型化的 FET-酶传感器具有输入阻抗小、响应时间短、线性好、体积小、样品用量少、信号倍增等特点,是酶传感器重要的发展方向。

2. 热敏电阻酶传感器

热敏电阻酶传感器由固定化酶和热敏电阻组合而成,具有热容量小、响应快、稳定性好、使用方便、价格便宜的特点,其测定待测物的含量依据酶促反应产生热量的多少,可测定 10^{-4} K 微小的温度变化,精度达 1%,测定方式有简单型、差动型和分流型。这 3 种仪器的结构如图 9-21 所示。

3. 光学型酶传感器

如果被分析物 A 无光学活性,经酶催化后产生有特征光吸收的产物 P,或者反之,A 有特征光吸收性而 P 无光学活性,这两种情况都能通过反应前后消光值的变化来测定底物。利用分析物的这种性质可制成光学型酶传感器。

图 9-22(传感系统)和图 9-23(传感探头)是用双束光纤与固定化碱性磷酸酶装配成传感器。目前,研究和应用最多的当属检测 NADH 的光纤光学型酶传感器。这类传感器的探头是基于脱氢酶进行分子识别。

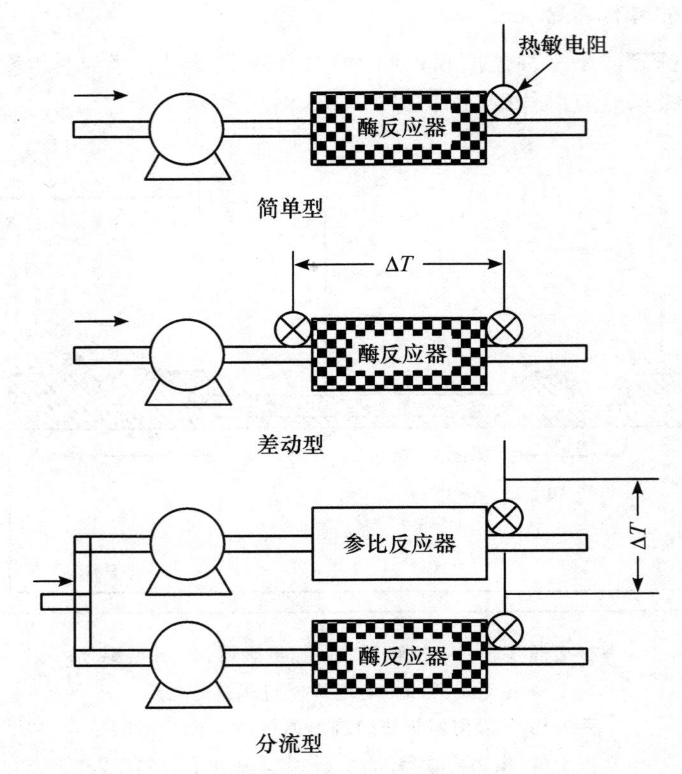

图 9-21 热敏电阻测定酶反应温度变化的方式

(司士辉.生物传感器.北京:化学工业出版社,2003)

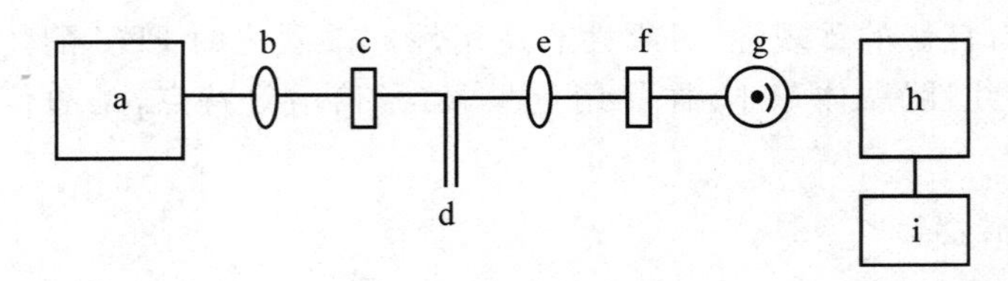

a—光源(100 W 石英氢钨灯);b—聚焦镜;c—衰减滤光片;
d—双束光纤酶探头;e—准直镜;f— 404.7 nm;
g—光电倍增管;h—直读测光仪;i—记录仪

图 9-22 酶光纤传感系统

(布莱恩·埃金斯.化学传感器与生物传感器.北京:化学工业出版社,2005)

9.2.3.2 酶传感器的性能

影响酶传感器性能的主要因素如下。

1.酶的选择性和酶活力

酶是生物传感器中最常用的选择性试剂。不同的酶具有特定的选择性。例如,葡萄糖氧化酶在血液中其他糖存在下对葡萄糖有高度的选择性;酪氨酸酶(从蘑菇提取物中得到)可以不同程度地催化苯酚类化合物的氧化。

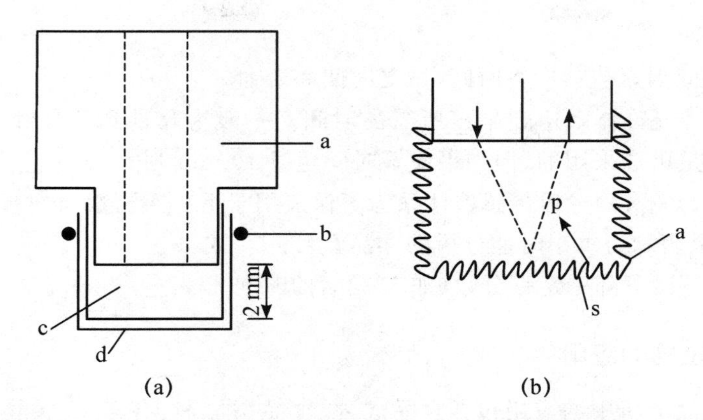

(a)酶光纤探头结构：a—双束光纤共末端，b—固定密封圈，c—载酶内部溶液，d—外层尼龙网膜

(b)探头酶促反应的过程：a—酶/散射层，s—酶底物，p—光吸收性酶促反应产物

图 9-23　酶光纤探头结构

（布莱恩・埃金斯. 化学传感器与生物传感器. 北京：化学工业出版社，2005）

从表 9-4 可见，脲酶的量从 25 U 增加到 75 U，酶传感器寿命明显改进，从 3 周提高到 16 周，但应答时间稍微变长，检测限稍微变差。青霉素氧化酶也引起相似的变化。

表 9-4　一些酶传感器性能特征的比较

类型	酶①	传感器②	稳定性	应答时间/min	线性范围/(mol/L)
尿素	脲酶(25 U)	阳离子(P)	3 周	0.5～1	5×10^{-5}～10^{-1}
尿素	脲酶(75 U)	阳离子(P)	16 周	1～2	10^{-4}～10^{-2}
青霉素	青霉素氧化酶(400 U)	pH(P)	2 周	0.5～1	10^{-4}～10^{-2}
青霉素	青霉素氧化酶(1 000 U)	pH(D)	3 周	2	10^{-4}～10^{-2}

① U，酶活力单位。

② P，聚丙烯酰胺的物理截留；D，溶解作用。

2. 固定化方法与灵敏度

一般地，化学方法（共价键和交联）可延长使用寿命。物理方法（吸附），虽然操作简单，但是酶和载体间的结合力不强，会导致催化活力的丧失和污染反应产物。

按照 IUPAC（国际理论化学和应用化学联合会）规定，检测限（表示灵敏度）是在校正曲线的外延线性部分于基线相交处的被测物浓度，其中基线是相应于几个标量浓度范围内应答不变的平行线。如图 9-24 所示。

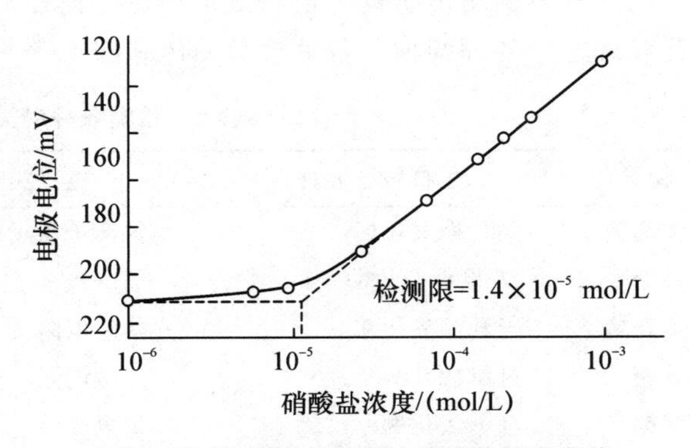

图 9-24　表示测定极限的硝酸盐校准曲线

3. 时间

酶传感器的时间因素包括应答时间、恢复时间和寿命。

(1) 应答时间。允许体系达到平衡所需的时间。一般为几秒到几分钟,目前认为长达 5 min 的应答时间还是可以采用的,但如果应答时间超过 10 min 则太长了。

(2) 恢复时间。一次测量后传感器体系为了保证用于下一次测量前的基本平衡所必需的休息时间,可将结果表示为每小时能分析的样品数目。

(3) 寿命。应答已下降一定百分数(如 5%)后的时间。

9.2.4 酶传感器的应用

酶传感器在食品分析中的应用包括食品成分、食品添加剂、有毒/有害物质残留及其他方面等的测定分析。

9.2.4.1 食品成分分析

1. 食品中氨基酸的测定

在测定氨基酸的酶传感器中,以谷氨酸酶传感器的研究最为广泛。目前较成熟的一些检测氨基酸的传感器列于表 9-5。

表 9-5 检测氨基酸的酶传感器

类型	酶	稳定性	应答时间/min	线性范围/(mol/L)
L-酪氨酸	*L*-酪氨酸羟基酶	3 周	1～2	$10^{-4}\sim10^{-1}$
L-谷胺酰胺	谷氨酰胺酶	2 d	1	$10^{-4}\sim10^{-1}$
L-谷氨酸	谷氨酸脱氢酶	2 d	1	$10^{-4}\sim10^{-1}$
L-天冬酰胺	天冬酰胺酶	1 个月	1	$5\times10^{-5}\sim10^{-2}$
D-氨基酸	*D*-氨基酸氧化酶	1 个月	1	$5\times10^{-5}\sim10^{-2}$

2. 食品中糖含量的测定

最早研制成功的酶传感器是葡萄糖氧化酶传感器,现已广泛应用于医疗、食品及发酵工业中。

已经开发的酶传感器可快速测定香蕉中葡萄糖、牛奶中的 *L*-和 *D* -乳糖及白酒、苹果汁、果酱和蜂蜜中的葡萄糖。各种糖类酶传感器见表 9-6。

表 9-6 检测各种糖类的酶传感器

糖类	生物敏感元件	电极类型	线性范围
葡萄糖	葡萄糖氧化酶	氢离子敏场效应管	$2.78\times10^{-5}\sim1.11\times10^{-3}$ mol/L
果糖	*D*-果糖脱氢酶	氧电极	$1.0\times10^{-5}\sim1.0\times10^{-3}$ mol/L
半乳糖	半乳糖氧化酶	热敏电阻	$1.0\times10^{-5}\sim1.0\times10^{-3}$ mol/L
乳糖	过氧化氢酶	热敏电阻	$5.0\times10^{-5}\sim1.0\times10^{-3}$ mol/L
蔗糖	蔗糖氧化酶	氧电极	$2.5\times10^{-4}\sim5\times10^{-3}$ mol/L
淀粉	葡萄糖氧化酶与糖化酶	过氧化氢电极	$0\sim3.0\times10^{-3}$ mol/L
麦芽糖	葡萄糖淀粉酶	铂电极	$10^{-2}\sim10^{3}$ mg/L

9.2.4.2　食品添加剂分析

食品添加剂的种类很多，如甜味剂、酸味剂、抗氧化剂等。将酶传感器用于食品添加剂的分析较为快速、准确。

采用亚硫酸盐氧化酶为敏感材料，制成电流型二氧化硫酶电极，可用于水果干、酒、醋、果汁等食品中亚硫酸盐的测定，测定的线性范围为 0～0.6 mmol/L，这给食品添加剂的分析提供了方便。

9.2.4.3　食品中农、兽药物残留量分析

近年来，人们就生物传感器在农、兽药物残留量分析领域的应用做了一些有益的探索。如用乙酰胆碱酯酶(AChE)和丁酰胆碱酯酶(BChE)为敏感材料，制作了离子敏场效应晶体管型传感器，两种生物传感器均可用于蔬菜等样品中有机磷农药毒死蜱、敌敌畏和伏杀磷的测定，检测限为 10^{-5}～10^{-7} mol/L。用胆碱酯酶(ChE)制成的电流型生物传感器，可用于谷物等样品中氨基甲酯类杀虫剂涕灭威、西维因、灭多虫和残杀威的测定，测定的线性范围为 5×10^{-5}～50 μg/g，检测限为 1×10^{-4}～3.5 μg/g，与 GC/UV 测定结果有较好的相关性，相关系数为 0.93。

9.2.4.4　食品微生物的检测

采用光纤酶传感器可以在几分钟内检测出食物中的病原体(如大肠杆菌 $O_{157}:H_7$)，而传统的方法则需要几天。这种酶传感器从检测出病原体到从样品中重新获得病原体并使它在培养基上独立生长总共只需 1 d 时间，而传统方法需要 4 d。

9.2.4.5　食品中毒素的检测

采用乙酰胆碱酯酶、胆碱氧化酶和氧电极组成的酶传感器可用于海产品中沙蚕毒素的检测。采用光纤酶传感器测定食品中的肉毒杆菌毒素，检测限达 5.0 ng/mL，检测时间通常不超过 1 min。还有一种快速灵敏的免疫酶传感器可以用于测量牛奶中双氢除虫菌素的残余物，已达到的检测限为 16.2 ng/mL，1 d 可以检测 20 个牛奶样品。

另外，在食品鲜度、感官评定、转基因成分检测等方面，酶传感器也开始有所应用。

二维码 9-4　董绍俊——分析化学家

二维码 9-5　科学前沿：便携快速测定水体中的重金属含量仪——ANDalyze

思考题

1. 比较常见的酶反应器类型及特点。
2. 列举膜式酶反应器的类型及优缺点。
3. 选择酶反应器时需考虑哪几方面的因素？
4. 设计酶反应器时需考虑哪些操作参数？
5. 酶反应器在使用过程中应该注意哪些控制要点？
6. 简述生物传感器的定义和分类。

7. 简述酶传感器的一般原理及分类。

8. 酶传感器的直接测量方式和间接测量方式分别指的是什么?

9. 按制备方式不同列举几种常见的酶传感器。

10. 光学型酶传感器的原理是什么?

11. 简述影响酶传感器性能的主要因素有哪些。

12. 简述酶传感器在食品检测中有哪些应用。

参考文献

[1] 梅乐和,岑沛霖. 现代酶工程. 北京:化学工业出版社,2013.

[2] 陈宁. 酶工程. 北京:中国轻工业出版社,2011.

[3] 赵常志,孙伟. 化学与生物传感器. 北京:科学出版社,2012.

[4] 布莱恩·埃金斯,化学传感器与生物传感器. 罗瑞贤,陈亮寰,陈霭璠,译. 北京:化学工业出版社,2005.

[5] 司士辉. 生物传感器. 北京:化学工业出版社,2003.

[6] 何国庆,丁立孝. 食品酶学. 北京:化学工业出版社,2006.

[7] 彭志英. 食品酶学导论. 2版. 北京:中国轻工业出版社,2009.

[8] 臧帅,刘纚,卢蓝蓝,等. 丝网印刷生物传感器在食品分析中的应用. 食品工业科技,2013,34(14):370-374.

[9] 程小飞,肖通虎,章表明,等. 酶膜反应器及其在生物催化领域的应用. 高分子通报,2011(8):60-65.

[10] 袁勤生. 酶与酶工程. 2版. 上海:华东理工大学出版社,2012.

[11] 姜华. 酶工程技术及应用探析. 北京:中国水利水电出版社,2015.

[12] 郭勇. 酶工程. 3版. 北京:科学出版社,2009.

[13] Guo Yong. Enzyme Engineering. 3 ed. 北京:科学出版社,2013.

第 10 章 非水相酶催化

本章学习目的与要求

1. 了解非水相酶学研究发展的历史。
2. 理解非水相酶学原理。
3. 认识酶在非水相中的催化特性与应用。

10.1 非水相酶催化的概念与意义

酶作为生物催化剂，具有选择性、高效性、反应条件温和等优点，受到人们的普遍关注。但是，在开始非水相酶催化研究以前，酶的研究和应用大多数是在水溶液中进行的，有关酶的催化理论也是基于酶在水溶液中的催化反应而建立的，因此，人们普遍认为只有在水溶液中酶才具有催化活性，而在其他介质中，酶往往不能催化，甚至会使酶变性失活。

1984年，Klibanov等在*Science*上报道了酶在有机介质中的应用。他们利用酶，在仅含微量水的有机介质中成功地合成了酯、肽、手性醇等多种有机化合物。他们发现，只要条件适合，酶可以在非生物体系的疏水介质中催化天然或非天然的疏水性底物向产物转化，酶不仅可以在水与有机溶剂互溶的体系中表现出催化活性，还可在仅含微量水或几乎无水的有机溶剂中表现出催化活性。另外，同一种酶在不同的有机溶剂中可以表现出不同的立体选择性。酶在非水介质中进行的催化作用称为非水相酶催化(enzymatic non-aqueous catalysis)。

现已报道，脂肪酶、酯酶、蛋白酶、纤维素酶、淀粉酶等水解酶类；过氧化物酶、过氧化氢酶、醇脱氢酶、胆固醇氧化酶、多酚氧化酶、细胞色素氧化酶等氧化还原酶类和醛缩酶等转移酶类中的几十种酶，在适宜的有机溶剂中均具有与水溶液中可比的催化活性。

与传统水相酶催化相比，非水相酶催化反应具有下列优点。

(1) 酶催化产物不需进行萃取等后处理步骤，总产率通常更高；可以避免乳化造成的损失；使用低沸点的有机溶剂，产物回收容易。

(2) 非极性底物溶解性增加，底物转化速率更高。

(3) 有机溶剂“环境”不利于活细胞生存，可以降低微生物污染的风险。这对于工业规模的反应尤其重要，因为在工业上保持无菌是一个严重的问题。

(4) 亲脂性底物和(或)产物引起的酶的失活和(或)抑制作用可以降至最小，因为其在有机溶剂中的溶解性使得其在酶表面的局部浓度降低。

(5) 许多依赖于水的副反应，如不稳定基团的水解，醌类(quinones)的聚合反应，氰醇(cyanohydrins)的外消旋化或酰基转移(acyl-migration)等，在有机溶剂中多数可以被抑制。

(6) 酶即使不固定化，因为不溶于有机溶剂，反应后通过简单的过滤即可回收。亲脂的环境可以在很大程度上阻止固定化后的酶从载体上脱落到介质中。

(7) 很多与酶变性有关的反应是水解性反应，因此在低水环境中酶更加稳定。

(8) 酶在形成酶-底物复合物时(诱导-契合)构型的改变(即局部去折叠和再折叠)，导致大量氢键断裂。在水介质中，断裂的氢键迅速被周围水形成的氢键替代。因而，水在这里发挥了“分子润滑剂”的作用。而在有机溶剂中没有这种“润滑”作用，酶在有机溶剂中表现出更多的“刚性”。所以，有可能通过改变溶剂，调整某些酶的催化性质，如底物专一性，化学键、区域和对映体选择性等。

(9) 非水相酶催化反应最突出的优势在于热力学平衡从水解向合成方向移动的可能性。因而，在有机溶剂中利用水解酶类(主要是脂肪酶和蛋白酶)能够以化学、区域和对映体选择性的方式合成酯、聚酯、内酯、氨基化合物和肽。

非水相酶学的理论体系已初步建立，并在多肽、酯类物质、功能高分子的合成，甾体转化，手性药物的拆分等方面取得了显著成果。非水相酶催化的研究主要集中在3个方面。

（1）非水相中酶学基本理论研究，包括影响非水相酶催化的主要因素以及非水相中酶学性质。

（2）通过对酶在非水相中结构与功能的研究，阐明非水相中酶的催化机制，建立和完善非水相酶学的基本理论。

（3）利用基本理论指导非水相酶催化反应的研究和应用。

10.2　酶催化反应的非水相体系

酶催化反应中常用的非水相体系有：水-有机溶剂两相体系、反相胶束体系、水不互溶有机溶剂单相体系、水互溶有机溶剂单相体系、超临界流体、离子液、气相等。图10-1为3种典型的非水相体系示意图。

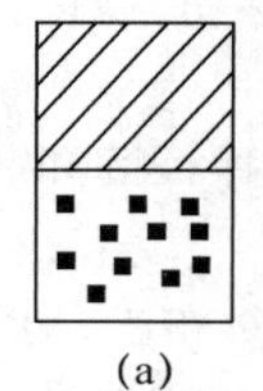
(a)

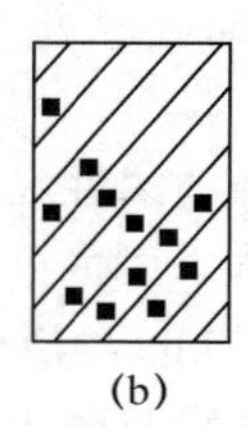
(b)

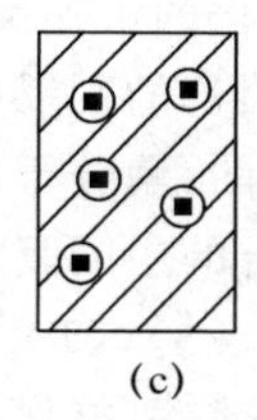
(c)

(a)水-有机溶剂两相体系；(b)水不互溶有机溶剂单相体系；

(c)反相胶束体系。斜线代表有机相，黑点代表酶，白色代表水相

图10-1　非水相体系示意图

（张玉彬．生物催化的手性合成．北京：化学工业出版社，2002）

10.2.1　水-有机溶剂两相体系

水-有机溶剂两相体系(biphasic aqueous-organic solution)是指由水相和非极性有机溶剂相组成的宏观上分相的反应体系，酶溶解于水相中，底物和产物溶解于有机相中。水与有机溶剂的比例可以从纯水到纯有机溶剂。但是为了保持酶的活力，通常需要保留一定的水分，只要水分足以在酶周围形成一层水膜维持酶的活力即可。有机相一般为非极性、亲脂的溶剂，如烷烃、醚和氯代烷烃等，这样可使酶与有机溶剂在空间上相分离，保证酶处在有利的水环境中，而不直接与有机溶剂相接触。水相中仅含有限的有机溶剂，减少了它对酶的抑制作用。反应中及时将产物从酶表面移去，将推动反应朝有利于产物生成的方向进行。两相体系中酶催化反应仅在水相中进行，必然存在着反应物和产物在两相之间的质量传递。振荡和搅拌将加快两相反应体系中生物催化反应的速度。

通常在两相体系中，酶的操作稳定性比较好。

在两相体系中，热力学的分配系数和动力学的传质系数会支配酶的催化常数 K_{cat}。因此，总的反应速率主要由体系的物理性质（如溶解性和搅拌）决定，酶的催化能力只在较小的程度上起作用。换句话说，酶能够更快地工作，但是不能够稳定地得到足够的底物。增强搅动（搅拌和摇动）会促进传质，但由于机械和化学的压力，又容易导致酶的失活。

水-有机溶剂两相体系已成功地用于强疏水性底物，如甾体、脂类和烯烃的生物转化。例如，在两相体系中用微生物催化烯烃不对称环氧化，珊瑚色诺卡氏菌（*Nocardia corallina*）使

烯烃环氧化产生的环氧化物及时转移到有机相中，使产物环氧化物对微生物的毒性降低到最低程度。

10.2.2 水不互溶单相有机溶剂体系

单相有机溶剂体系(monophasic organic solution)是指用水不互溶的有机溶剂取代几乎所有的溶剂水(>98%)，形成固相酶分散在有机溶剂中的单相体系。实际上这是一种含有微量水的有机溶剂体系。虽然酶在宏观上看上去是“干”的，但实际上它必须含有少量的结合水以保持其催化活性。这类体系的研究主要在20世纪80年代进行。但早在1900年即首次报道了这类生物转化。一般有机溶剂中含有小于2%的微量水。常用的水不互溶性有机溶剂有烷烃、醚、芳香族化合物、卤代烃等，它们的 $\log P$（P 值为溶剂在正辛醇和水中的分配系数）较大。

该体系能促进水解酶催化的可逆反应向合成方向移动，催化在水相中不能进行的酰基转移反应，应尽量避免大量水引起的副反应。

固相酶结构上仍是柔性的，酶分子内部的柔性足以保证酶和底物结合时酶能产生微小的构象变化，形成酶和底物结合的中间复合体。

酶分子的比表面积为$(1\sim3)\times10^6\ m^2/kg$，与活性炭相当，酶分子体积的1/3～2/3是空的，充满了溶剂，因此足够的搅拌，将保证底物与酶表面的活性中心或酶内部的活性中心结合并起催化反应。

10.2.3 反相胶束体系

反相胶束(reverse micelle)是表面活性剂溶解在有机相及少量水中自发形成的具有热力学稳定、光学透明的球形聚集体。

二维码10-1 酶在反相胶束体系中示意图

典型的反相胶束一般由约10%的表面活性剂，80%～90%有机溶剂及少量水混合形成的溶液。表面活性剂可以是阳离子型、阴离子型或非离子型，常用的AOT[双(2-乙基己基)琥珀酸酯磺酸钠]、Tween等，由疏水性尾部和亲水性头部两部分组成。在含水有机溶剂中，表面活性剂的疏水性基团与有机溶剂接触，而亲水性头部形成极性内核，从而组成一个反相胶束，水分子聚集在反相胶束内核中形成“小水池”，里面容纳酶分子，这样酶被限制在含水的微环境中，而底物和产物可以自由进出胶束，从而实现酶催化作用。由于反胶束之间碰撞时间很短，底物和产物没有扩散限制。反胶束体系的重要参数是水化率 W_0，其定义为反胶束内水含量与表面活性剂含量的摩尔比率。W_0 决定了溶解在反胶束内水的物理性质，反胶束的大小。水含量少($W_0<15$)的聚集体通常被称为反相胶束，水含量多($W_0>15$)的聚集体则称为微乳液。

由于反相胶束体系能够较好地模拟酶的天然状态，因而在反相胶束体系中，大多数酶能够保持催化活性和稳定性，甚至表现出“超活性”(superactivity)。自1974年Wells发现磷脂酶 A_2 在卵磷脂-乙醚-水反相胶束体系中具有催化卵磷脂水解活性以来，国内外兴起了反胶束酶学的研究和应用，由此产生了一个新的研究领域——胶束酶学(micellar enzymology)。反相胶束体系中酶催化反应的微型反应器(microreactor)有可能成为生物催化反应的通用介质。

反相胶束体系作为反应介质具有以下优点。

(1) 组成的灵活性。大量不同类型的表面活性剂、有机溶剂甚至是不同极性的物质都可用于构建适宜于酶反应的反相胶束体系。

(2) 热力学稳定性和光学透明性。反相胶束是自发形成的,不需要机械混合,有利于规模化。反相胶束的光学透明性允许采用 UV、NMR、弛豫技术、量热法等方法跟踪反应过程,研究酶的动力学和反应机理。

(3) 反相胶束有非常高的界面积/体积比,远高于有机溶剂-水两相体系,使底物和产物的相转移变得极为有利。

(4) 反相胶束的相特性随温度而变化,这一特性可以简化产物和酶的分离纯化。例如,马肝醇脱氢酶在 AOT 或 $C_{12}E_5$ 反相胶束体系中催化 4-甲基环己酮还原生成 4-甲基环己醇,反应后通过温度诱导可使产物回收到有机相中,而酶、辅酶在水相中,并可多次循环反复使用,每一次循环酶活性损失很小。

反相胶束中的酶催化反应可用于辅酶再生、消旋体拆分、肽和氨基酸合成和高分子材料合成。色氨酸合成可采用色氨酸酶催化吲哚和丝氨酸缩合而成,由于吲哚在水中溶解度很低且对酶有抑制作用。Eggers 运用 Brij-Aliguat 336-环己醇为反相胶束体系,建立了膜反应器中反相胶束酶法合成色氨酸的生产工艺。

10.2.4 水互溶有机溶剂单相体系

单相水-有机溶剂体系(monophasic aqueous-organic solution)是指由水和与水互溶的有机溶剂组成的反应体系,酶、底物、产物均能溶解于该体系中。常用的有机溶剂有二甲基亚砜(DMSO)、二甲基甲酰胺(DMF)、四氢呋喃(THF)、二噁烷(dioxane)、丙酮和低分子量醇类(甲醇、叔丁醇等)。这种反应体系主要适用于亲脂性底物的生物转化,否则这类底物在单一水溶液中溶解度很低,反应速度很慢。有些酶(如酯酶和蛋白酶)在水-有机溶剂单相体系中的酶反应选择性增加。一般地,该体系中水互溶有机溶剂的量可达总体积的 10%,在一些特殊条件下,甚至可高达 50%~70%。如果该体系中有机溶剂的比例超过某一极限,将夺去酶分子表面的结合水,使酶失活。少数稳定性很高的酶,如枯草杆菌蛋白酶(subtilisin)和南极假丝酵母(*Candida antarctica*)脂肪酶,在水互溶有机溶剂中只需极少量的水就能保持它们的催化活性。当生物催化反应在 0℃以下的温度操作时,水互溶有机溶剂体系还能用于降低水体系的冰点温度。

10.2.5 超临界流体体系

超临界流体(supercritical fluids,SCF)是一种温度和压力都处于临界点以上,性质介于液体和气体之间的流体。1985 年,Hammnod 等首先提出了酶催化反应在超临界流体中进行的可行性。超临界流体作为一种特殊的非水相,在酶催化反应性质上与有机溶剂非常相似。常用的超临界流体,如二氧化碳、氟利昂(CF_3H)、烃类(甲烷、乙烯、丙烷)、无机化合物(SF_6,N_2O)等,都可以作为酶催化亲脂性底物的溶剂。酶在这些溶剂中就像在亲脂性有机溶剂中一样稳定。超临界流体适用于多数酶类,酶催化的酯化、转酯、醇解、水解、羟基化和脱氢等反应都可在此体系中进行,但研究最多的是水解酶的催化反应。这种溶剂体系最大的优点是无毒、低黏度、产物易于分离。超临界气体的黏度介于气体与液体之间,其扩散性比一般溶剂高 1~2

个数量级。

超临界气体在临界点附近的温度或压力的微小变化，都会导致底物和产物溶解度的极大变化，因而可通过此调控超临界气体中酶催化反应的特性，如反应速率和立体选择性。该体系的缺点是需要有能耐受几十个兆帕的高压容器，并且减压时易使酶失活。此外，有些超临界流体，如二氧化碳可能会与酶分子表面的活泼基团发生反应，导致酶活性的丧失。

10.2.6 离子液

近年来，离子液(ionic liquid)作为绿色、高技术反应介质以其独特的优势成为生物催化反应研究的热点。离子液是由离子组成的液体，一般由有机阳离子和无机阴离子组成。研究最广泛的阳离子为烷基取代的咪唑离子或吡啶离子，阴离子主要有 BF_4^-、PF_6^-、$(CF_3SO_2)N^-$、$(C_2F_5SO_2)N^-$、NO_3^-、SO_4^{2-}、$Al_2Cl_7^-$、$CF_3SO_3^-$ 等。离子液具有许多独特的优点：①制备简单，易循环使用；②耐强酸性，有优异的化学和热稳定性；③通过阴阳离子的设计可调节其极性、黏度、密度等性质，这样就可和有机溶剂、水混溶与不溶形成双相或多相反应体系。

离子液已经应用在转酯化、水解、氨解、酯化等反应中。多种脂肪酶在离子液中表现出稳定性高、反应选择性提高、产率提高等优良特性；某些蛋白酶在离子液中稳定性提高，具有酯酶的活性；5-半乳糖苷酶在离子液中的催化产率提高；完整细胞在离子液中的催化反应效果也较好。但是有些酶，如纤维素酶、某些过氧化物酶等在离子液中活性会降低或丧失。

10.2.7 低共熔混合体系

低共熔酶催化反应是在非水相酶催化反应基础上发展起来的新的酶催化反应技术。低共熔状态是由两种或多种固体化合物混合而得到的具有一个最低共熔点的状态，在低共熔固-固体系中，酶催化反应是靠反应底物形成低共熔点，由于反应体系的液固体积比(或质量比)远小于水溶液或有机溶剂，因此反应底物浓度高、反应速度快、产物浓度和收率高，反应体积小，还可以大大降低产物分离提纯的成本。

由于没有液相这类酶催化反应是无法完成的，因此低共熔混合体系(eutectic mixtures)需要加入极少量的液相组分来产生反应所需的液相，形成固-固-液悬浮体系，或一种底物是液态，另一种是固态形成的液-固悬浮体系。加入的液相组分既要促进多组分体系的低共熔形成，又要尽可能少加，以保证高底物浓度，还要不影响酶的选择性。即既要符合物理化学概念上的低共熔二元反应体系，具有低共熔反应体系的主要特征，又能够适合酶的催化反应。

国内外低共熔固-固底物体系酶催化反应的研究主要集中在采用蛋白酶合成具有生物活性的寡肽和糖脂的应用上。例如，采用嗜热菌蛋白酶对 Z-L-AspOH 与 L-PheOMe 催化合成阿斯巴甜(aspartame)时，2 h 内收率可达 95%。

10.3 非水相中酶的结构和性质

10.3.1 非水相中酶的结构

传统酶学中，酶分子存在于水溶液中，除固定化酶外，酶分子是均一地溶解于水中。酶不溶于疏水有机溶剂，它在含微量水的有机溶剂中以悬浮状态起催化作用(图 10-2)。

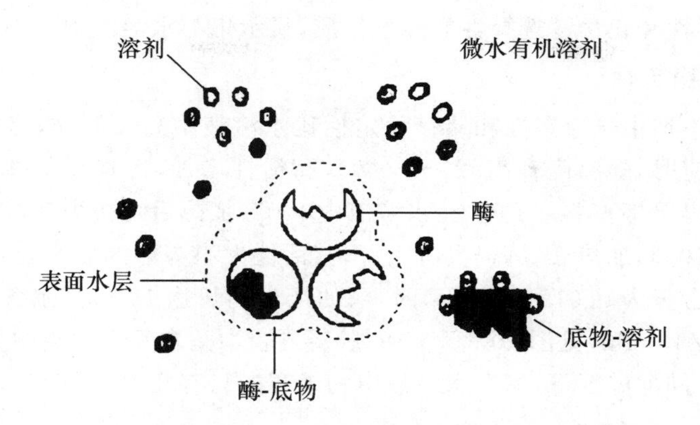

图 10-2　酶在有机溶剂中的分散状态

（施巧琴. 酶工程. 北京：科学出版社，2005）

根据热力学原理预测，球状蛋白质的构象在水溶液中是稳定的，在疏水环境中是不稳定的。但是，大量实验结果表明，酶悬浮于苯、环己烷等疏水有机溶剂中不变性，而且还能表现出催化活性。为此，许多学者对酶在水相和有机相中的结构进行了比较，他们的实验证实了酶在有机相中能够保持其整体结构的完整性；有机溶剂中酶的结构，至少酶活性部位的结构，与水溶液中是相同的。例如，Fitzpatrick 用 0.23 nm 分辨率的 X 射线衍射技术比较枯草杆菌 Carlsberg 蛋白酶在水中和乙腈中的晶体结构，发现酶的三维结构在乙腈中与水中相比变化很小，这种变化甚至比在水中两次重复测定的结果还小，酶活性中心的氢键结构仍保持完整。Yennawar 等对胰凝乳蛋白酶晶体在正己烷中的 X 射线结构研究也显示，酶在有机溶剂中蛋白质分子骨架的构象与水中相比没有明显变化。目前晶体结构实验证据都支持酶在有机溶剂中蛋白质能保持三维结构和活性中心的完整性。

酶作为蛋白质，在水溶液中以具有一定构象的三维结构状态存在。这种结构和构象是酶发挥催化功能必需的“紧密”而又有“柔性”的状态。紧密状态主要取决于蛋白质分子内的氢键，溶液中水分子与蛋白质分子之间形成的氢键使蛋白质分子内氢键受到一定程度的破坏，蛋白质结构变得松散，呈一种“开启”状态。北口司博认为，酶分子的“紧密”和“开启”两种状态处于一种可动的平衡中，表现出一定的柔性。

酶分子在水溶液中以其紧密的空间结构和一定的柔性发挥催化功能。Zaks 认为，酶悬浮于含微量水（<1%）的有机溶剂中时，与蛋白质分子形成分子间氢键的水分子极少，蛋白质分子内氢键起主导作用，导致蛋白质结构变得“刚硬”，活动的自由度变小。蛋白质分子的这种动力学刚性限制了疏水环境下蛋白质构象向热力学稳定状态转化，能维持和水溶液中相同的结构和构象，不变形而且能表现出催化活性。

二维码 10-2　蛋白质分子内氢键和分子间氢键

10.3.2　非水相中的酶学性质

酶在有机溶剂中能够保持其整体结构及活性中心结构的完整，从而发挥其催化功能。然而，酶在有机介质中起催化作用时，由于有机溶剂的极性与水有很大差别，对酶的表面结构、活性中心的结合部位和底物性质都会产生一定的影响，从而影响酶的热稳定性、底物专一性、立体选择性、区域选择性和化学键选择性等酶学性质，显示出与水溶液中不同的催化特性。

10.3.2.1 热稳定性

许多酶在有机溶剂中热稳定性和储存稳定性比水溶液中高。例如，猪胰脂肪酶(PPL)在苯中催化酯交换反应时，随温度升高(20～70℃)，酶活性增加，而且在70℃连续反应7次(每次96 h)后，酶活力仍保持60%。PPL在水溶液中100℃加热后很快失活，而在非水相(戊醇和三丁酸甘油酯)中，100℃加热后，酶仍具有活性，其活性大小与溶剂中水含量相关。在100℃，当有机溶剂中的水含量为0.015%(m/V)时，酶的半衰期长达12 h；当水含量为0.8%(m/V)时，酶的半衰期约为15 min，见图10-3。又如，胰凝乳蛋白酶在无水辛烷中20℃放置6个月后活力没有降低，而在同样温度下，酶在水溶液中的半衰期只有几天。

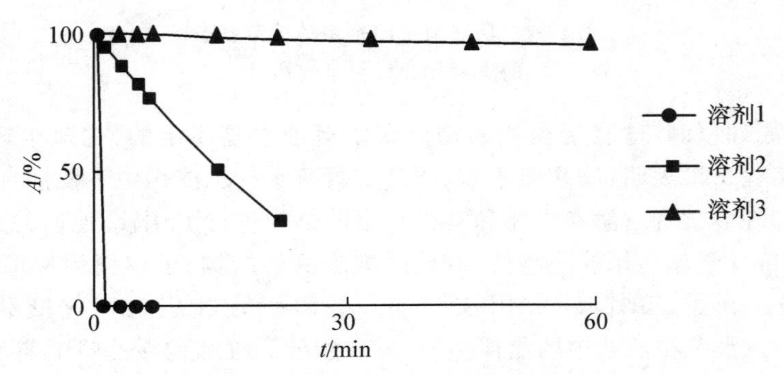

溶剂1：水或0.1 mol/L磷酸盐缓冲液；

溶剂2：2 mol/L戊醇，三丁酸甘油酯(含0.8%水)；

溶剂3：2 mol/L戊醇/三丁酸甘油酯(含0.015%水)

图10-3 猪胰脂肪酶在不同溶剂中加热后酶活性的改变

(张玉彬.生物催化的手性合成.北京：化学工业出版社，2002)

二维码10-3 一些酶在有机溶剂中的热稳定性

Klibanov等认为，有机溶剂中酶的热稳定性比水溶液中高的原因是：有机溶剂中缺少使酶热失活的水分子，因此由水而引起的酶蛋白热失活的过程，如酶分子中天冬酰胺、谷氨酰胺的脱氨基作用，天冬氨酸肽键的水解，二硫键的破坏，半胱氨酸的氧化以及脯氨酸和甘氨酸的异构化等很难进行。

上述因素只是热稳定性高的一个原因，还有更重要的原因，即结构的刚性提高热稳定性。

10.3.2.2 酶的选择性

1.底物专一性

底物专一性(substrate selectivity)是指酶具有区分两个结构相似的不同底物的能力。它取决于底物疏水性能的差异。许多蛋白酶(如α-胰凝乳蛋白酶和枯草杆菌蛋白酶)与底物的结合能力取决于氨基酸底物侧链与酶的活性中心之间的疏水作用，由于疏水底物与酶的结合能力大，因此疏水底物比亲水底物容易反应。但是在有机介质中，酶与底物的结合受溶剂的影响发生了某些变化，底物与酶之间的疏水作用不再那么重要了。例如，α-胰凝乳蛋白酶催化N-乙酰-L-丝氨酸乙酯和N-乙酰-L-苯丙氨酸乙酯的水解反应时，由于苯丙氨酸的疏水性比丝氨酸强，所以，酶在水溶液中催化苯丙氨酸酯水解的速度比在同等条件下催化丝氨酸酯水解的速度高 5×10^4 倍；而在辛烷介质中，酶催化丝氨酸酯水解的速度却比催化苯丙氨酸酯水解的速度快 20 倍。又如，在二氯甲烷中，枯草杆菌蛋白酶与 *N*-乙酰-*L*-苯丙氨酸乙酯反应的速度比作用 *N*-乙酰-*L*-丝氨酸乙酯的反应快 8 倍，但是在叔丁酰胺中，情况正好相反。

另一方面，溶剂的改变会引起底物在水与有机溶剂两相分配系数的改变，从而导致有机溶剂中底物专一性的改变。如猪胰脂肪酶催化月桂酸与月桂醇的酯合成反应，在非极性强的十二烷（$\lg P=6.6$）中，酶的催化活力仅是苯（$\lg P=2$）中催化活力的 1/2，这是因为疏水性底物在介质与酶活性中心之间的分配比例不同，十二烷与苯相比，底物更倾向于分配在十二烷中。

2. 对映体选择性

酶的对映体选择性（stereoselectivity）是指酶识别外消旋化合物中某种构型对映异构体的能力。这种选择性取决于两种对映体自由能的差异。在疏水性强的有机溶剂中，酶的立体选择性差，因此某些蛋白水解酶在有机溶剂中可以合成 *D* -氨基酸的肽，而在水溶液中，酶只选择 *L*-氨基酸。Klibanov 等对有些脂肪酶也观察到类似的现象。他们认为在该酶活性中心底物结合部位有一个大口袋和一个小口袋，慢反应异构体是由于它的大基团与小口袋之间有较大的空间障碍，因此反应速度慢。任何降低蛋白质的刚性，减小空间障碍的手段都会提高慢反应异构体的反应速度。蛋白质的刚性主要是由于静电相互作用及分子内氢键的存在，因此在低介电常数的溶剂中（如二氧六环）催化的选择性要高于高介电常数的溶剂（如乙腈）中催化的选择性。计算机模拟的结果也证实了上述实验结果。不过上述模型并不适用于所有的酶。例如，溶剂的疏水性对猪胰脂肪酶的对映体选择性的影响非常小。

Ottolina 报道溶剂的几何形状也影响酶的对映体选择性。如一些脂肪酶和蛋白酶在（*R*）-香芹酮及（*S*）-香芹酮中的立体选择性不同。

3. 区域选择性

酶在非水相中进行催化时具有区域选择性（regioselectivity），即酶能够选择性地优先催化底物分子中某一区域的基团。例如，Klibanov 用猪胰脂肪酶在无水吡啶中催化各种脂肪酸（C_2、C_4、C_8、C_{12}）的三氯乙酯与单糖的酯交换反应，实现了葡萄糖 1 位羟基的选择性酰化。当然不同来源的脂肪酶催化上述反应时，选择性酰化羟基的位置不同。因此，选择合适的酶，能够实现糖类、二元醇和类固醇的选择性酰化，制备具有特殊生理活性的糖酯和类固醇酯。

有机介质中酶的位置选择性也可以通过溶剂来控制。Klibanov 等在研究 *Pseudomonas cepacia* 脂肪酶催化芳香化合物两个不同的酯基团和催化糖羟基时发现，溶剂能够调节这种基团上的差异。

二维码 10-4　非水相对酶区域选择性的影响

4. 化学键选择性

化学键选择性（chemoselectivity）是指酶选择性地催化底物分子中不同功能基团中某个基团的反应。化学键选择性与酶的来源和有机溶剂的种类有关。例如，脂肪酶催化 6-氨基-1-己醇的酰化反应，底物分子中的氨基和羟基都可能被酰化，分别生成肽键和酯键。当用 *Pseudomonas* sp. 脂肪酶进行催化时，羟基的酰化占绝对优势；而用 *Mucor miehei* 脂肪酶时，则优先使氨基酰化。

二维码 10-5　验证脂肪酶化学键选择性的化合物结构

同样，在不同的有机介质中，化学键选择性也不同，反应介质对某些氨基醇的丁酰化的化学键选择性（*O*-酰化与 *N*-酰化）有很大影响。例如，酶催化的酰化反应在叔丁醇中和在 1,2-二氯乙烷中的酰化程度不同。

10.3.2.3　pH 记忆

Zaks 等在研究脂肪酶催化三丁酸甘油酯与正庚醇的转酯反应中发现，酶的反应速度与其冷冻干燥前水溶液的 pH 密切相关，反应最适 pH 接近水溶液中的最适 pH，即有机溶剂中的酶能够“记忆”它冷冻干燥或丙酮沉淀前所在缓冲溶液中的 pH。Zaks 等称这种现象为 pH 记忆。因为有机溶剂不会改变酶蛋白带电基团的离子化状态，当酶分子从水溶液转移到有机溶剂中时，酶保持了原有的离子化状态，即酶在缓冲溶液中所处的 pH 状态仍被保留在有机溶剂中。利用酶的“pH 记忆”特性，可以通过控制缓冲溶液 pH 的方法，有效地控制非水相中酶催化的最适 pH。

10.4　非水相酶催化反应在食品工业中的应用

非水相中酶常常具有高度的选择性，包括对映体选择性、区域选择性和化学选择性，这为其在有机合成领域中的应用开辟了极有意义的新天地。迄今为止，已有以脂肪酶、蛋白酶为代表的多种酶被用于非水相中催化酯化、酯交换、肽合成和大环内酯合成等多种反应，其中特别在手性化合物的不对称合成、对映体的选择性拆分等方面获得了应用，并且有些已经成功地实现了产业化。

食品添加剂和配料的绿色制造是现代食品工业的主要领域与核心技术之一。随着我国环境保护力度的加大、消费者对食品安全性的重视，非水相酶催化反应在食品工业和研究领域的一些应用日渐增加。以下主要介绍非水相酶催化反应在食品工业和研究领域的一些应用。

10.4.1　在油脂工业中的应用

10.4.1.1　鱼油 EPA 和 DHA 浓缩

EPA（二十碳五烯酸）和 DHA（二十二碳六烯酸）为 $_{\omega}$-3 系多不饱和脂肪酸，主要存在于鱼类等水产品中，由于其具有防治心脑血管疾病，提高智力等一系列保健作用，受到广泛重视。然而，天然鱼油中 EPA 和 DHA 的总含量通常在 15%～25%，不能满足生产保健品的需要。目前浓缩 EPA、DHA 的方法主要有低温溶剂结晶法、脂肪酸盐结晶法、尿素包合法、超临界萃取法、减压蒸馏与分子蒸馏法等。这些方法存在成本高，操作复杂，对设备要求高等缺点。目前浓缩 EPA、DHA 制品主要是脂肪酸乙酯型，这类产品存在人体吸收利用率低等问题，其安全性也受到质疑。因此生产更加安全的甘油酯型浓缩 EPA、DHA 鱼油产品将是一种更好的选择。

EPA、DHA 等长链多不饱和脂肪酸由于存在 5～6 个顺式双键而比其他中、低碳链饱和或低饱和脂肪酸有更大的空间位阻，一些脂肪酶对由长链多烯脂肪酸构成的甘油酯无水解能力或水解能力差，而优先水解由低、中碳链的饱和或低不饱和脂肪酸（如软脂酸、硬脂酸、油酸、亚油酸等）与甘油构成的酯键；还有一些脂肪酶对酯键的位置有选择性，优先水解甘油酯中的

1,3-酯键。一些学者尝试利用脂肪酶的这种专一性浓缩鱼油中 EPA、DHA,取得一定成效。与常规的物理和化学方法相比,酶法催化效率高;酶催化反应条件温和,可以减少 EPA、DHA 发生氧化、异构化、双键移位、聚合等反应;如采用固定化酶还可以反复使用;酶催化可以在无溶剂条件下进行,可简化工艺、减少设备、降低成本,因而日益受到关注。

1. 水解法

一般来说,鱼油中甘油酯的 2 位分布更多的 $_{\omega}$-3 系多不饱和脂肪酸(主要为 EPA、DHA),所以利用 1,3-位选择性脂肪酶水解鱼油,可以将大量非 $_{\omega}$-3 系多不饱和脂肪酸水解下来,达到浓缩 EPA、DHA 的目的。如用解脂假丝酵母脂肪酶水解鱼油,所得甘油酯中 EPA 和 DHA 含量分别达到 13.9%和 34.0%,总含量为 47.9%。选择性水解鱼油浓缩 EPA、DHA 方法简单,但浓缩程度不高。

2. 醇解法

该法利用 1,3 区域选择性脂肪酶催化鱼油与乙醇等发生醇解反应,乙醇与甘油三酯分子上大量非 $_{\omega}$-3 系多不饱和脂肪酸形成乙酯分离出来,达到浓缩 EPA、DHA 的目的。如用固定化脂肪酶 Lipozyme RM IM 催化鱼油与乙醇发生醇解反应,通过转酯反应优先将 1,3 位的饱和或单不饱和脂肪酸以脂肪酸乙酯的形式解离出去,使鱼油中大部分 EPA、DHA 保留在甘油酯中,得到甘油酯形式的浓缩 EPA、DHA 鱼油。在优化条件下,可以使鱼油中 EPA、DHA 的含量由 26.1%升至 43.0%,得率大于 75%。

10.4.1.2 生物精炼(酶催化酯化)

从植物种子提取的毛油中往往游离脂肪酸含量较高,必须经过脱酸才能达到食用油的品质要求。油脂工业中传统的脱酸方法是物理精炼法和化学精炼法。物理精炼法就是将加热的油脂在高真空条件下将游离脂肪酸蒸发除掉,该法对油脂前处理和设备要求较高,并有副反应发生。化学精炼法即碱炼法,通过向油脂中加入一定量的碱以中和游离脂肪酸,生成皂脚,然后经水洗除去。在化学精炼法中不但游离脂肪酸被除去,部分中性油、生育酚、甾醇等也会损失,还会产生大量废水。

利用脂肪酶除去油脂中游离脂肪酸的生物精炼法日益引起关注。所谓生物精炼法即酶催化酯化,该法利用 1,3-特异性微生物脂肪酶催化游离脂肪酸与甘油发生酯化反应,将游离脂肪酸转化为中性甘油酯(包括甘油一酯、甘油二酯、甘油三酯),不但降低了油脂的酸值,避免了原有中性油的损失,而且还新增加了中性油。该法尤其适合高酸值油(如毛米糠油)的精炼。经过生物精炼脱酸处理的油中还残余一些游离脂肪酸,可再经碱炼除去。如 Bhattacharyys 等在游离脂肪酸含量 30%的毛米糠油中加入脂肪酶和甘油,反应 5 h 和 7 h 后,游离脂肪酸含量分别降至 4.7%和 3.6%。

10.4.1.3 类可可脂生产

可可脂是生产巧克力等食品的原料,其脂肪酸组成主要是棕榈酸(P)、硬脂酸(S)、油酸(O),2 位为油酸的甘油三酯(如 POS、SOS、POP)占 75%以上,常温下呈固态,在 32~35℃的狭窄范围内迅速熔化。由于天然可可脂来源有限,价格昂贵,所以人们一直在探寻用其他脂肪代替天然可可脂,目前已有各种类可可脂商品出现。

生产类可可脂主要是通过酯交换反应实现的,将几种天然不同油脂混合后,通过酯交换反应改变油脂的脂肪酸组成,生产出理化性质与天然可可脂类似的类可可脂。近二十年来发展起来的1,3-定向脂肪酶酯交换改性技术,为生产类可可脂提供了更加方便的手段。

类可可脂生产中采用的1,3-定向脂肪酶有动物胰脂酶和米黑毛霉脂肪酶等,供交换的脂肪酸主要是硬脂酸或硬脂酸和棕榈酸,用于生产类可可脂的原料油脂主要有乌桕脂、棕榈油脂中间分提物、茶油等。乌桕脂是我国特有的油脂资源,其主要化学成分为1-棕榈酰-2-油酰-3-棕榈酰(POP)甘油酯,适合生产类可可脂。通过1,3-定向脂肪酶的酯交换作用,可将硬脂酸交换到乌桕脂1,3-位上,制得类可可脂。

目前,日本、英国已有了以棕榈油中间分提物为原料经酶催化改性制取类可可脂的小规模生产。国内近几年用乌桕脂和茶油经酶催化酯交换制备类可可脂的研究较多。

10.4.2 酯类香料的合成

食品香气成分中包含多种酯类,许多酯类用于配制食品香精,目前许多酯可以用酶在非水相条件下合成。最常用的酶有2类:酯酶和脂肪酶,有时也可以用蛋白酶。

乙酸异戊酯是多种水果的主要香味成分。Romero等用Novozym 435脂肪酶作为催化剂,通过控制底物乙酸酐的浓度,并在反应中加入过量异戊醇,使生成的乙酸与过量的醇反应生成酯,从而大大降低了乙酸、乙酸酐对酶的钝化作用。在40℃反应2 h,乙酸异戊酯最高产率达到192%。

己酸乙酯是浓香型白酒的主体风味物质,目前白酒厂调香所用的己酸乙酯是化学合成品,但也可用脂肪酶合成。如用*Pseudomonas* sp.脂肪酶,以辛烷作为溶剂,用己酸和无水乙醇合成己酸乙酯,反应中加入分子筛控制体系的水分含量,于36℃反应24 h后己酸转化率达92.3%。用正己烷作为溶剂,用吸附在聚苯乙烯大孔疏水性树脂上的国产解脂假丝酵母脂肪酶催化己酸和乙醇合成己酸乙酯,采用$MgCl_2$控制水分,在25℃、100 r/min振荡水浴中反应24 h后,己酸乙酯转化率可达99.07%。

乙酸正己酯具有浓烈的水果香味,广泛用于饮料、冰激凌、糖果和烘制食品中。杨本宏等研究了固定化德氏根霉菌脂肪酶在有机溶剂中催化乙酸与正己醇的酯化反应。比较了五种溶剂的极性对酯合成的影响,发现在$\lg P$值为2～4的有机溶剂中随着溶剂极性的降低,酯化率增高,当溶剂为正庚烷时,酯化率最高,乙酸正己酯的转化率达88%。但在$\lg P>4.0$的非极性溶剂中,却有所下降。

10.4.3 橙花醇的分离

烯丙基萜醇类化合物香叶醇和橙花醇是一对顺反异构体,均可用作香料。其混合物可用猪胰脂肪酶(PPL)为催化剂,用长链酸酐作为酰基供体,通过选择性酰化分离。

二维码10-6　萜醇类化合物*E*/*Z*-立体选择性酶催化酰化

其中香叶醇快速地被酰化形成乙酸香叶醇酯(geranyl acetate),留下橙花醇。

10.4.4 阿斯巴甜的合成

阿斯巴甜(aspartame,APM,$C_{14}H_{18}N_2O_5$),化学名称为*N*-α *L*-天冬氨酰-*L*-苯丙氨酸甲酯,学名为天门冬酰苯丙氨酸甲酯,俗称蛋白糖,是最早发现的二肽甜味剂,其甜度是蔗糖的180～200倍,但热量仅为蔗糖的1/200,属于新型、高效的甜味剂。自1981年美国食品药品监督管理局核准通过使用后，该甜味剂已经被100个国家及多个权威机构认可。我国于1986年正式批准其在食品中使用。目前，阿斯巴甜已成为国际市场上的主导强力甜味剂。

传统化学合成法是将天冬氨酸转变为酸酐，然后与苯丙氨酸甲酯缩合成阿斯巴甜。化学法的区域选择性较差，产生2种异构体：α-阿斯巴甜和β-阿斯巴甜，α-阿斯巴甜为主产物，β-阿斯巴甜有苦味，必须分离除去，工艺比较复杂。

嗜热菌蛋白酶(thermolysin)已成功用于有机相中阿斯巴甜前体的合成，它使苯丙氨酸甲酯与氨基保护的天冬氨酸缩合形成阿斯巴甜前体，再经还原、脱保护基，即可得到阿斯巴甜。酶法催化的反应具有对映体选择性，只合成α-阿斯巴甜，反应中可以采用外消旋体苯丙氨酸甲酯作为底物，酶催化反应时只利用L-苯丙氨酸甲酯，未反应的D-苯丙氨酸甲酯可形成盐，酸化后可使之外消旋化而循环利用。

该催化反应具有以下特色：①利用了耐有机溶剂的嗜热菌蛋白酶；②利用非水相体系，显著提高了底物浓度；③嗜热菌蛋白酶对DL-苯丙氨酸甲酯中L-苯丙氨酸甲酯具有严格的选择性，可以利用廉价的外消旋体作为原料；④ 将嗜热菌蛋白酶与合成原料置于水相中进行酶促反应，生成的中间体则随时被萃取到有机相中。因此，酶促反应不受抑制，可连续进行，产率超过95%。

思考题

1. 酶催化反应中常用的非水相体系有哪些？非水相中酶的特性和酶促反应的特点是什么？

2. 为什么在非水相中酶仍可以保持催化活性和稳定性？

3. 什么是必需水和水活度？水如何影响非水相中酶的特性？

4. 非水相酶催化反应在食品工业中的应用主要有哪些？

5. 讨论

学完本节课的理论内容后，班级同学分组查找对非水相酶催化做出重要贡献的科学家及其研究故事，以小组的形式进行整理、汇报，重点探讨在科学研究中应该怎样养成认真观察、勤于思考、勇于创新的精神。

参考文献

[1] 张玉彬. 生物催化的手性合成. 北京：化学工业出版社，2002.

[2] 施巧琴. 酶工程. 北京：科学出版社，2005.

[3] 罗贵民. 酶工程. 北京：化学工业出版社，2016.

[4] 梅乐和，岑沛霖. 现代酶工程. 北京：化学工业出版社，2006.

[5] 库尔特·法贝尔. 有机化学中的生物转化. 吉爱国等译. 北京：化学工业出版社，2006.

[6] 郭勇. 酶工程. 北京：科学出版社，2016.

[7] 吴敬，殷幼平. 酶工程. 北京：科学出版社，2013.

第 11 章

酶工程新技术及其研究应用进展

本章学习目的与要求

1. 明确极端酶、模拟酶、合成酶、印迹酶、核酸酶等的概念。
2. 认识并掌握酶工程新技术的基本理论及技术方法。
3. 了解酶工程新技术应用及研究进展。

21 世纪是生物技术的世纪。根据辩证思维我们应以动态发展的眼光，观察和分析生物技术问题。党的二十大要求我们高举中国特色社会主义伟大旗帜，全面贯彻新时代中国特色社会主义思想，弘扬伟大建党精神，自信自强、守正创新，踔厉奋发、勇毅前行，为全面建设社会主义现代化国家、全面推进中华民族伟大复兴而团结奋斗。随着科学技术的不断发展，人类对自然界及其规律的认识和研究应用也不断深化。在火山、深海等极端环境中发现的极端微生物，其耐受高温、高压、高盐等极端环境的特殊生物代谢，成为人类寻找和研究新酶——极端酶等的重要途径之一。随着蛋白质结晶学、X 射线衍射技术及光谱技术的发展，模拟生物分子的分子识别和功能，在分子水平上模拟酶对底物的识别与催化功能，引起各国科学工作者的广泛关注，动力学方法的发展及对酶活性中心、酶抑制剂复合物和催化反应过渡态等结构的描述，促进了酶作用机制的研究进展，为模拟酶的发展注入了新的活力。随着生物技术的发展，用于现代生物技术的工具酶也得到了长足进步，新的酶不断被发现和改造，如核酸酶、进化酶、杂合酶及抗体酶等，它们在实践中也得到了良好的应用。本章将从极端酶、模拟酶及核酸酶等生物酶工程领域，重点介绍这些酶的特点、作用机理与应用举例等，为深入学习和掌握酶工程新技术进展打下初步的理论和应用基础。

11.1　极端酶

在地球进化过程中形成了不同的生态系统，不同的物理化学因素和生物因子构成了不同的生态体系。根据辩证思维的观点，将研究对象作为一个整体，从其内在矛盾的运动、变化及各个方面的相互联系中进行考察，以便从本质上系统地、完整地认识对象。pH 和盐度被认为是地球化学因素，温度、压力和辐射被称为物理因素。地球上存在的生物及其体内的酶，一般不耐极端环境，极端环境被认为是死亡区，尤其在高温、强酸、强碱和高渗透压等极端条件下，酶不能承受反应条件，容易失活，限制了酶在工业和其他领域中的应用。40 多年前由于极端环境中生存的微生物的发现，人们开始了对该类微生物的了解和深入研究。极端环境微生物为了适应生存环境，在长期进化过程中形成了独特的生物代谢途径和调控机制，进化出与这些生理生化特性有关的新基因，并产生许多具有特殊功能的生物活性物质。

近年来，随着我国综合国力的不断提升和深海技术的快速发展，极端酶在极端条件下保持高活力和高稳定性的特性优势，受到了国家的日益重视，极端酶和极端微生物的研究与应用快速发展。根据国家提出的绿色发展精神，积极发展不同特性的极端酶，充分发挥酶作为“绿色制造”的核心工具作用，实现制造过程的绿色化及制造伴生的垃圾废弃物处理的绿色化，积极推动极端酶在食品工业发展中的至关重要作用。

存在于自然界且在超常生态环境下生存的微生物，即嗜极微生物(extremophiles)。嗜极微生物体内存在大量适应极端条件的新型酶资源，其生存的极端生态环境不同于人体系统、淡水系统和海洋系统三大生态系统。根据耐受环境的不同，嗜极微生物可分为嗜热微生物(thermophile)、嗜冷微生物(psychrophile)、嗜盐微生物(halophile)、嗜酸微生物(acidophile)、嗜碱微生物(alkalophile)等多种类型。

二维码 11-1　主要有机体可生长的最高温度

11.1.1 极端酶的种类

11.1.1.1 天然极端酶

天然极端酶是在自然界各种极端环境条件下生长的一类生物(主要是微生物类群)中自身所包含的酶。极端环境通常是指普通微生物不能生存的那些环境条件,如高温、低温、高盐、高压、高或低的 pH、含抗代谢物、有机溶剂、干旱、重金属及有毒有害物等环境条件。能在这种极端环境中生长的嗜极微生物细胞中必然包含能在其相应极端环境条件下起生物催化作用的各种酶类,这些酶被称为天然极端酶(extremozymes)。根据嗜极微生物的分类,相应地将极端酶大致分为嗜热酶、嗜冷酶、嗜酸酶、嗜碱酶、嗜压酶、嗜盐酶、耐有机溶剂酶、耐抗代谢物酶及耐重金属酶等。到目前为止已被确定的极端微生物大多数属于古细菌类,是一类简单菌。

二维码 11-2 极端微生物及其生存环境

二维码 11-3 极端微生物系统发育树

二维码 11-4 嗜热、嗜冷微生物及其酶类

二维码 11-5 嗜酸、嗜碱微生物及其酶类

二维码 11-6 嗜盐、嗜压微生物及其酶类

11.1.1.2 人工极端酶

人工极端酶主要包括固定化酶、蛋白质工程酶和交联酶晶体几种类型。

(1) 固定化酶主要是通过物理吸附或化学键合的方法,把酶固定在不溶性载体上,起到提高酶的稳定性和增加酶的使用效率的作用,但此酶存在体积产量低的缺陷,通常只有 5%的固定化酶在起催化作用,而大部分酶在载体内没有作用。

(2) 蛋白质工程酶则主要基于不同催化功能酶的氨基酸组成差异及结构特性,进行蛋白质工程方面的酶设计,以改善酶的催化作用及在特定催化体系中的稳定性。

二维码 11-7 交联酶晶体

(3) 交联酶晶体是人工设计的一种耐有机溶剂的酶,通过将生物材料中分离提纯的酶进行结晶后得到的酶晶体,使用双功能试剂如戊二醛等对酶晶体进行化学交联,形成交联酶晶体,还可以加入一些活性玻璃等微粒载体(直径约 1 mm)进

行共交联，提高交联酶晶体的机械强度，更好适应工业应用。

11.1.2　极端酶的结构特点与生产

11.1.2.1　极端酶的结构特点

嗜热酶、嗜冷酶、嗜碱酶、嗜酸酶和嗜盐酶为目前常见的几种极端酶，都表现为在极端环境下的催化酶，但各自均具有自己相应的特定结构特征。

嗜热酶：①具有热稳定性的天然构象，其与常温酶在大小、亚基结构、螺旋程度、极性大小和活性中心虽都极为相似，但构成它们高级结构的非共价力、结构域的包装、亚基与辅基的聚集以及糖基化作用、磷酸化作用等却不尽相同，形成的微妙空间结构的相互作用决定了酶蛋白对高温的适应；②氨基酸的突变适应，个别氨基酸的改变会引起离子键、氢键和疏水作用的变化，显著增加整个酶的热稳定性；③活性的六聚体也是维持嗜热酶热稳定性的重要因素。

嗜冷酶：①其分子结构上的盐桥、疏水基团、芳香烃-芳香烃反应比嗜温酶少；②含有大量带负电荷的氨基酸残基，特别是天冬氨酸残基，使其更具柔韧性、松散性和高效的催化效率，容许更少的活化自由能即产生具有催化效能的构象变化。

嗜酸酶：在酸性环境的稳定性主要基于酶分子所含的酸性氨基酸的比率高，尤其在酶分子的表面，如天冬氨酸和谷氨酸。

嗜碱酶：分子含碱性氨基酸的比率高，如赖氨酸和精氨酸。

嗜盐酶：①其蛋白表面具有超额的负电荷，与溶液中的阳离子形成离子对，对整个蛋白形成静电屏蔽网，起到对蛋白的稳定作用；②位于蛋白内部的强疏水氨基酸的含量比较高，在高盐环境中，随着盐浓度的提高，疏水作用力逐渐增强，使嗜盐酶在高盐条件下仍保持灵活性。

二维码 11-8　几类极端酶的结构基础研究

11.1.2.2　极端酶的筛选与生产

嗜极微生物是天然极端酶的主要来源。极端酶的研究和开发涉及嗜极微生物的培养和极端酶的筛选。极端酶的筛选主要包括3种方法。

(1) 常规的极端酶筛选方法。从极端环境中采集样品，富集、分离嗜极微生物，通过特定选择标记筛选嗜极微生物。但由于人们对环境的认识仍有限，或者还没有找到很好的分离培养方法，实际上还有很多嗜极菌还未被培养。

(2) 酶联免疫法(enzyme linked immunosorbent assay，ELISA)。该法是利用特殊抗体与酶结合筛选极端酶的一种方法。但利用这种方法的前提是必须有酶结合的特殊抗体，其优点是专一性强，但是费用较高。

(3) 直接筛选极端酶基因方法。该法直接从极端环境中收集DNA样品，随机切割成限制性片段，再插入寄主细胞(如 *E. coli* 或其他细菌等)进行表达，筛选极端酶。

极端酶的生产，传统的方法是将分离的极端微生物先培养再分离纯化极端酶，但极端微生物生长速度极其缓慢，酶产量低，且还需要使用超高温、高静压、耐腐蚀等专用仪器，导致极端酶生产

二维码 11-9　极端酶的生产

成本极高。目前人们采用微生物酶生产的经典路线来获得极端酶，包括极端微生物纯培养生物体的分离，对极端微生物相应基因的克隆与表达，其中最为重要的是将极端微生物的基因转移到普通宿主菌中，在温和条件下利用普通微生物来生产极端酶，建立极端酶大量制备的方法和生产路线，使极端酶得以广泛应用于工业生产。

11.1.3 极端酶在食品工业中的应用

20 世纪 80 年代末和 90 年代初，第一个极端酶——嗜热 DNA 聚合酶（*Taq* Pol Ⅰ）被成功地应用于基因工程的 PCR 技术，其后多种极端酶陆续投入工业应用。极端酶在酿造、传统发酵、冷冻饮品、制糖、焙烤、乳品及其他食品工业上具有巨大的应用潜力。酿造上，利用添加酸性蛋白酶可提高酱醅发酵中氨基酸的生产率和提高酱油产量；食醋酿造的发酵阶段加入纤维素酶以提高食醋产量；白酒和啤酒生产中加入酸性蛋白酶则分别起到充分利用原料和提高啤酒的澄清度的作用。传统发酵工业中，用小麦、大豆、谷子制作食品调味的酱产品，中度嗜盐菌是其发酵的推动者和承担者，韩国海产品的发酵也主要利用一种中度嗜盐菌。冷冻饮品工业中，利用嗜热α-淀粉酶将添加在雪糕、冰激凌中的淀粉液化成糊精，经糖化酶糖化生成部分葡萄糖，使淀粉的大分子物质变成糊精、葡萄糖等小分子物质，可使产品的口感细腻、柔软，质量得到改善。制糖工业中，利用高温α-淀粉酶实现淀粉的连续液化生产葡萄糖；用酸热芽孢杆菌生产的酸性α-淀粉酶对淀粉液化后无须调节 pH 就可直接进行糖化，简化了淀粉糖浆生产的工艺。焙烤工业中，真菌α-淀粉酶可使制作的面包颜色和风味得到改善，麦芽糖淀粉酶可防止制作的面包老化，脂肪氧化酶可使制作的面包增白。其他的还包括利用脂肪酶进行乳制品的增香，利用酸性蛋白酶使解冻鱼类脱腥及将鱼碎片酶解制作人造肠衣等。

但是，一些极端微生物在食品中的生长，会引起食品色泽和味道的改变，导致食品不适于消费。

二维码 11-10 极端酶在工业中的应用

二维码 11-11 极端酶在食品工业中的应用

11.1.4 极端酶工程研究进展

利用基因重组技术，克隆极端酶的编码基因，并进行序列分析，从而进一步探讨酶的结构与功能的关系，是目前研究极端酶的主要方法之一。由于极端酶的保守序列难以确定，极端微生物难以培养，极端酶基因克隆难度较大。随着微生物培养技术的发展，推动了极端酶基因的发现和极端微生物基因组测序工作的发展。序列分析发现，极端微生物基因组中很多开放阅读框和现有核苷酸序列数据库中的序列几乎没有同源性，很可能是适应极端环境的新基因并将具有重大应用前景。

由于极端微生物生长缓慢且产酶量低、需要特殊的设备，传统的生物发酵技术不能适应极端酶的生产，将极端酶基因在常温宿主中高效表达是一个引人注目的替代方案。研究发现许多极端酶基因可以在常温宿主（*E. coli*）中表达，但不同种类的极端酶在大肠杆菌中往往具有不同的表达特性，且高效表达均易出现包涵体问题。

近年来，国内外极端微生物和极端酶的研究发展很快。各国研究者和酶制剂公司对极端酶展开了广泛而深入的研究，取得了积极的进展，尤其诺维信公司和 Dyadic 公司在极端酶的商业化上取得比较大的成功。但整体上目前实际可应用的极端微生物催化酶和微生物的数量仍很有限，仍需要加大研发力度。今后极端酶研究的主攻方向，包括更好揭示极端酶结构和功能以拓展其在生产实践中的应用，缩小实验室产酶到商业化应用的鸿沟，进一步加强对极端酶稳定机制的基础性研究，并将新的生物技术引入极端酶工程领域，研究发展新的重组酶生产培养宿主，开发新的分子工具、新的基因和蛋白质编辑技术应用于极端酶。

二维码 11-12　极端酶分子生物学研究进展

二维码 11-13　极端酶工程研究前景

11.2　模拟酶

11.2.1　模拟酶的理论基础和策略

在分子水平上模拟酶对底物的识别与催化功能已引起各国科学工作者的广泛关注，模拟酶由于它在阐述酶的结构和催化机制方面所发挥的重要作用以及其潜在的应用价值，已经成为化学、生命科学以及信息科学等多学科及其交叉研究领域共同关注的焦点。

11.2.1.1　模拟酶的概念

模拟酶又称人工酶或酶模型，模拟酶的研究就是利用有机化学、生物化学等方法设计和合成一些较天然酶简单的非蛋白质分子或蛋白质分子，以这些分子作为模型来模拟酶对其作用底物的结合和催化过程。也就是说，模拟酶是在分子水平上模拟酶活性部位的形状、大小及其微环境等结构特征，以及酶的作用机制和立体化学等特性的一门科学。

11.2.1.2　模拟酶的分类

模拟酶常见的分类方法有小分子模拟酶体系和大分子模拟酶体系分类法、Kirby 分类法及根据模拟酶的属性分类的方法。

1. 小分子模拟酶体系和大分子模拟酶体系分类法

较为理想的小分子模拟酶体系有环糊精、冠醚、环番、环芳烃和卟啉等大环化合物等；大分子模拟酶体系主要有合成高分子仿酶体系和生物高分子仿酶体系。合成高分子仿酶体系有聚合物酶模型、分子印迹酶模型和胶束酶模型等。

2. Kirby 分类法

一般可通过有机化学和生物化学的方法合成模拟酶。依据合成方法，将模拟酶分为半合成酶和全合成酶两大类。根据 Kirby 分类法，模拟酶可分为：单纯酶模型（enzyme-based mimics）、机理酶模型（mechanism-based mimics）、单纯合成的酶样化合物（synzyme）。Kirby 分类法基本上属于合成酶的范畴。

3. 根据模拟酶的属性分类的方法

模拟酶按照属性可分为:①主-客体酶模型,包括环糊精、冠醚、穴醚、杂环大环化合物和卟啉类等;②胶束酶模型;③肽酶;④抗体酶;⑤分子印迹酶模型;⑥半合成酶。

11.2.1.3 模拟酶的理论基础

1987年的诺贝尔奖获得者 Cram、Pederson 与 Lehn 提出了主-客体化学(host-guest chemistry)和超分子化学(supermolecular chemistry)理论,奠定了模拟酶的重要理论基础。

1. 模拟酶的酶学基础

Pauling 的稳定过渡态理论在有关酶催化高效率机理的众多假说中得到了广泛的认可。模拟酶应和酶一样,能够在底物结合中,通过底物的定向化、键的扭曲及变形来降低反应的活化能。此外,模拟酶的催化基团和底物之间必须具有相互匹配的立体化学特征,这对形成良好的反应特异性和催化效力是相当重要的。

2. 主-客体化学和超分子化学

Pederson 和 Cram 在进行光学活性冠醚的合成时,冠醚作为主体与伯铵盐客体形成复合物。Cram 把主体与客体通过配位键或其他次级键形成稳定复合物的化学领域称为"主-客体"化学。其本质意义主要是源于酶和底物的相互作用,体现为主体和客体在结合部位的空间及电子排列的互补,这种主-客体互补与酶和它所识别的底物结合情况近似。

法国著名科学家 Lehn 在研究穴醚和大环化合物与配体络合过程中,提出了超分子化学理论,该理论认为超分子的形成源于底物和受体的结合,这种结合基于非共价键相互作用,如静电作用、氢键和范德华力等。当接受体与络合离子或分子结合成具有稳定结构和性质的实体时,即形成了"超分子",它兼具分子识别、催化和选择性输出的功能。

二维码 11-14　与模拟酶相关的酶的结构和酶的性质

从主-客体化学和超分子化学理论出发,根据酶催化反应的机理,如果能够合成既能识别底物又具有酶活性部位催化基团的主体分子,就可以有效地模拟酶的催化过程。

11.2.2 合成酶

Kirby 分类法基本属于合成酶的范畴,依据合成方法,将模拟酶分为半合成酶和全合成酶两大类。半合成酶是以天然蛋白质或酶为母体,用化学或生物学方法引入适当的活性部位或催化基团,或改变其结构,从而形成一种新的模拟酶。全合成酶,这类酶不是蛋白质,而是有机物,通过引入酶的催化基团与控制空间的构象,像自然酶那样能选择性地催化化学反应。

11.2.2.1 主-客体酶模型

主-客体酶模型中研究得比较成熟的有环糊精酶模型和合成的主-客体酶模型。

1. 环糊精酶模型

环糊精(cyclodextrin,简称 CD)也称作环聚葡萄糖,是由环糊精葡萄糖基转移酶作用于淀粉所产生的由多个 *D*-葡萄糖以 α-1,4-糖苷键结合而成的一类环状低聚糖(图 11-1)。环糊精具有不同数目的葡萄糖单元,因此可以拥有不同的空腔尺寸。环糊精的空腔可以提供与模型底物结合的空间,当糊精与底物结合后,糊精的理化性质在特定的条件下有可能发生改变。最常见的 3

种环糊精为α-、β-及γ-环糊精，分别含有6个、7个、8个葡萄糖单元，它们均是略呈锥形的圆筒，其伯羟基和仲羟基分别位于圆筒较小和较大开口端。这样，CD分子外侧是亲水的，其羟基可与多种客体形成氢键，其内侧是C_3、C_5上的氢原子和糖苷氧原子组成的空腔，具有疏水性，能包结多种客体分子，类似酶对底物的识别。环糊精及其乙酰化产物能结合各种有机化合物生成包结物，环糊精及其衍生物一直是主-客体化学的重要研究对象，被广泛应用于酶模型的设计。

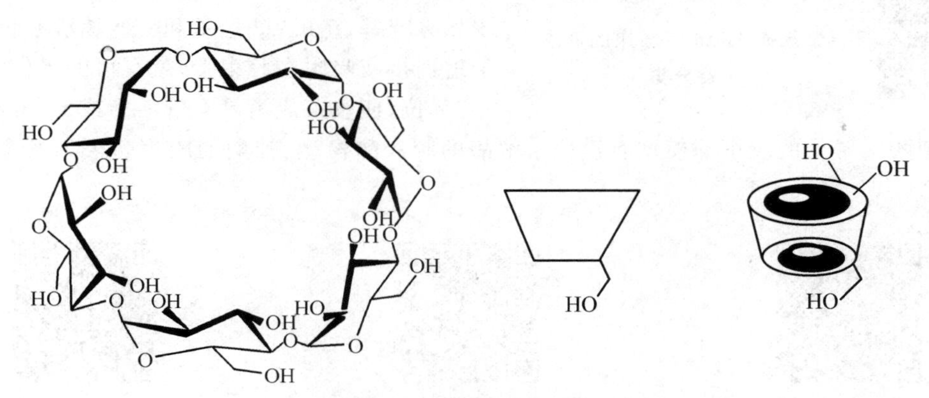

图 11-1　环糊精结构示意图

利用环糊精为酶模型已对水解酶、核糖核酸酶、转氨酶、氧化还原酶、碳酸酐酶、硫胺素酶和羟醛缩合酶等多种酶的催化作用进行了模拟。

二维码 11-15　修饰环糊精模拟酶和环糊精聚合物模拟酶

2. 合成的主-客体酶模型

除天然存在的宿主酶模型（如环糊精）外，人们合成了冠醚、穴醚、环番、环芳烃等大环多齿配体用以构筑酶模型。

（1）环番酶模型。环番是一类以芳环为基本结构单位的大环化合物。Diederich利用环番酶模型构建了丙酮酸氧化酶模拟物，该模拟物具有底物结合部位，维生素B_1和维生素B_2两个辅基通过共价键结合在底物结合部位进行了丙酮酸氧化酶的模拟，能够催化完成丙酮酸的氧化反应。

（2）冠醚酶模型。日本学者Koga等采用冠醚为主体，合成了带有巯基的模拟酶模型（图11-2），此模型具有结合2个氨基酸的能力。

图 11-2　带巯基的仿酶模型

（罗贵民. 酶工程. 北京：化学工业出版社，2003）

11.2.2.2 胶束模拟酶

在模拟生物体系的研究中，胶束模拟酶是近年来比较活跃的领域之一，有关胶束的形成及分类见二维码 11-16。

二维码 11-16 胶束的形成及分类

胶束在水溶液中提供了疏水微环境(类似于酶的结合部位)，可以对底物束缚。如果将催化基团如咪唑基、硫醇基、羟基和一些辅酶共价或非共价地连接或吸附在胶束上，就有可能提供"活性中心"部位，使胶束成为具有酶活力或部分酶活力的胶束模拟酶。常见的胶束酶模型有模拟水解酶的胶束酶模型、辅酶的胶束酶模型及金属胶束酶模型。

二维码 11-17 模拟水解酶的胶束酶模型

二维码 11-18 模拟辅酶的胶束酶模型

二维码 11-19 模拟金属胶束酶模型

11.2.2.3 肽酶

肽酶(pepzyme)就是模拟天然酶活性部位而人工合成的具有催化活性的多肽，这是多肽合成的一大热点。

11.2.2.4 半合成酶

半合成酶是以天然蛋白质或酶为母体，用化学或生物学方法引进适当的活性部位或催化基团，或改变其结构从而形成一种新的"人工酶"。有的半合成酶是与具有催化活性的金属或金属有机物而合成的；有的半合成酶是与具有特异性的物质相结合而形成的。

二维码 11-20 肽酶

二维码 11-21 半合成酶

11.2.3 印迹酶

大分子模拟酶体系主要有合成高分子仿酶体系和生物高分子仿酶体系，印迹酶属于合成高分子仿酶体系。

11.2.3.1 分子印迹及生物印迹技术概述

1. 分子印迹

所谓分子印迹技术(molecular imprinting technique，MIT)，也叫分子模板技术(molecular template technique，MTT)，是制备对特定目标分子(模板分子也称印迹分子)具有特异预定选择性的高分子化合物-分子印迹聚合物(molecularly imprinted polymer，MIP)的技术。分子印迹技术是设计新型人工模拟酶材料的最有效手段之一，应用此技术已成功地制备出具有酶水解、转氨、脱羧、酯合成、氧化还原等活性的分子印迹酶。

2. 生物印迹

生物印迹(bioimprinting)是指以天然的生物材料，如蛋白质和糖类物质为骨架，在其上进行分子印迹而产生对印迹分子具有特异性识别空腔的过程。

二维码 11-22　分子印迹技术概述及原理

二维码 11-23　生物印迹技术概述及原理

11.2.3.2　分子印迹酶

分子印迹酶是通过分子印迹技术可以产生类似于酶的活性中心的空腔，对底物产生有效的结合作用，更重要的是利用此技术可以在结合部位的空腔内诱导产生催化基团，并与底物定向排列。产生底物结合部位并使催化基团与底物定向排列是获得高效人工模拟酶至关重要的两个方面。

二维码 11-24　分子印迹酶

11.2.3.3　生物印迹酶

生物印迹是分子印迹中非常重要的内容之一，它的优势亦在酶的人工模拟。利用此技术人们首先获得了有机相催化印迹酶，并做了系统的研究。近年来，人们利用此技术制备出水相印迹酶。

二维码 11-25　生物印迹酶

模拟酶技术生产稳定性好、价格低、催化效率高、能够满足现代化工业需求，是酶学发展的一个方向。模拟酶主要分为传统模拟酶和纳米材料模拟酶两大类。传统模拟酶的研究在本节已详细论述。近年来，不少研究者对模拟酶进行了发展，如 Shang Yingxu 等综述了模拟酶纳米材料及其应用。对酶的模拟已不限于化学、免疫学手段，基因工程、蛋白质工程等分子生物学手段正在发挥越来越大的作用，化学和分子生物学方法的结合使酶模拟更加成熟。

但目前模拟酶催化效偏低、催化性能有限、底物选择特异性不高等缺点仍需不断改进，模拟酶的研究任重而道远。模拟酶的研究由传统模拟酶发展到纳米材料模拟酶，这是科研工作者不断探索的成果，体现了科研工作者的钻研、发展、创新的思维及方法。

党的二十大指出：实践没有止境，理论创新也没有止境。在人工模拟酶的研究中，我们必须坚持守正创新！只有守正才能不迷失方向，只有创新才能把握时代、引领时代。我们要以科学的精神追求真理。不断拓展人工模拟酶研究的深度和广度，以新的理论指导新的实践。本节对模拟酶的概念、理论基础、分类及设计模拟酶的基本要素进行了介绍。经过模拟酶研究领域科学工作者的不断努力，模拟酶的研究从合成简单模型到构筑复杂模型，到已经制备出了可与天然酶活性相当的人工酶。模拟酶的研究是生物与化学交叉的重要研究领域之一，研究酶模型可以较直观地观察与酶的催化作用相关的各种因素，是实现人工合成具有高性能模拟酶的基础，在理论和实际应用上具有重要意义。

11.3 生物酶工程

20世纪中后期，生物技术的发展促成了用于现代生物技术的工具酶的快速发展，核酸酶、进化酶、杂合酶、抗体酶等新酶不断被发现和改造，并在实践中得到了很好的应用。本节将重点介绍核酸酶的特点、作用机理及其应用等。

11.3.1 核酸酶的发现

20世纪80年代初，具有催化功能的RNA在自然界不断被发现。1981年T. Cech发现四膜虫rRNA前体在鸟苷(G)或其衍生物存在下，具有自剪接的特性，1986年后四膜虫rRNA前体的内含子更被证实还具催化分子间反应的能力。1983年S. Altman等发现，大肠杆菌RNase P(一种核糖核蛋白复合体酶)中的RNA，在较高Mg^{2+}浓度下具有类似全酶的催化活性。其后，用体外转录方法获得了一批主要具切割活性的RNA。这一系列的研究结果均证明RNA具有催化活性。S. Altman和T. Cech因在此领域的突出贡献于1989年获得了诺贝尔化学奖。

具有催化功能的蛋白质叫作酶(enzyme)；具有催化功能的RNA开始时被叫作“RNA enzyme”。1982年T. Cech首次提出用“ribozyme”表示具有催化活性的RNA，中文译为核酶。核酶(ribozyme，Rz)和脱氧核酶(deoxyribozyme，DRz)被统称为“核酸酶(nucleozyme)”。

在逻辑思维中，事物一般是“非此即彼”“非真即假”，而在辩证思维中，事物可以在同一时间里“亦此亦彼”“亦真亦假”而无碍思维活动的正常进行。核酸酶的发现，突破了酶是蛋白质的经典概念，是人类对酶化学本质认识的飞跃，启发了生物学家从进化角度思考研究生命起源问题，并补充和发展了“中心法则”。表11-1为已知的几类生物催化剂。

表11-1　几类生物催化剂的名称与含义

(祁国荣.核酶的22年.生命的化学，2004，24(3)：262-265)

定义	英文名	中文名	注解
具有催化功能的RNA	ribozyme，RNA enzyme	核酶	不能叫RNA酶①
具有催化功能的DNA	deoxyribozyme，DNA enzyme	脱氧核酶	不能叫DNA酶②
具有催化功能的核酸	nucleozyme	核酶③	
具有催化功能的蛋白质	enzyme	酶	
具有催化活性的抗体	abzyme	抗体酶	化学本质是蛋白质

注：①RNA酶的对应英文名是：RNase，即ribonuclease。②DNA酶的对应英文名是：DNase，即deoxyribonuclease。③也只能定名为“核酶”。

11.3.2 核酸酶的分类与作用机理

11.3.2.1 天然核酶

核酶广泛存在于从低等到高等的多种生物中，参与细胞内RNA及其前体的加工和成熟过程。目前自然界发现的核酶按其分子大小可分为：大分子核酶和小分子核酶两类。自然界中的核酶多在分子内起作用(RNase P 和核糖体除外)，即核酶的活性序列与作用底物序列在同一条链上，其底物主要是带有磷酸二酯键的核酸，自然界是否存在非核酸底物的核酶，目前尚无定论。

大分子核酶又分为第一类内含子(group Ⅰ intron)、第二类内含子(group Ⅱ intron)和核糖核酸酶 P 的 RNA 亚基(RNA subunit of RNase P)3 种，它们都是由几百个核苷酸组成的具复杂结构的大分子。大分子核酶可以看成是金属酶，其催化作用与金属离子尤其是二价离子密不可分，这些金属离子或者作为广义酸碱，或者作为路易斯酸碱催化内含子的剪接。RNA 的自我剪接是许多基因表达的必需过程，它包括精确切除内含子并共价连接外显子边界。大量属于第一类、第二类内含子已证明在体外能催化其自我剪接。小分子核酶比较常见的有 4 种类型，包括锤头形、发夹形、HDV 和 VS 核酶。目前研究最多的是锤头形和发夹形核酶。

根据其催化的反应特点，可以将自然界中发现的核酶分成两大类：①剪切型核酶，这类核酶催化自身或者异体 RNA 的切割，相当于核酸内切酶，主要包括锤头形核酶、发夹形核酶、丁形肝炎病毒(HDV)核酶以及有蛋白质参与协助完成催化的蛋白质-RNA 复合酶(RNase P)；②剪接型核酶，这类核酶主要包括第一类内含子和第二类内含子，实现 mRNA 前体自我拼接，具有核酸内切酶和连接酶两种活性。

小分子核酶有一些共同的特征：①分子较小；②都是天然的，与其发生作用的 RNA 的复制过程有关；③在各种情况下经由它们产生的催化作用都将产生 5-羟基末端和 2,3-环状磷酸基末端；④其催化机理与其分子结构密切相关，金属离子或特定碱基都可作为催化反应的关键成分。

二维码 11-26　锤头形核酶

二维码 11-27　发夹形核酶

二维码 11-28　第一类内含子和第二类内含子

11.3.2.2　脱氧核酶

DNA 一般认为是一种很不活泼的分子，在生物体内通常以双链形式存在，仅适合编码和携带遗传信息。但单链 DNA 是否可以像 RNA 通过自身卷曲形成不同的三维结构而行使特定的功能呢？

RNA 分子中的 2′-羟基使 RNA 结构多样性增加，并且作为质子的供体和受体直接参与许多催化反应。单链 DNA 由于没有 2′-羟基，其催化潜能大大降低，自然界中没有发现催化 DNA 存在。但正像缺少了蛋白质酶分子中的那些活性基团的 RNA 可以具有催化活性一样，缺少了 RNA 中 2′-羟基的 DNA 同样可以形成特定的高级结构，在辅助因子的协助下，催化完成某些化学反应。人们已经利用体外选择技术获得了许多具有催化功能和其他一些功能(DNA 适体等)的 DNA 分子。

1. 脱氧核酶的结构

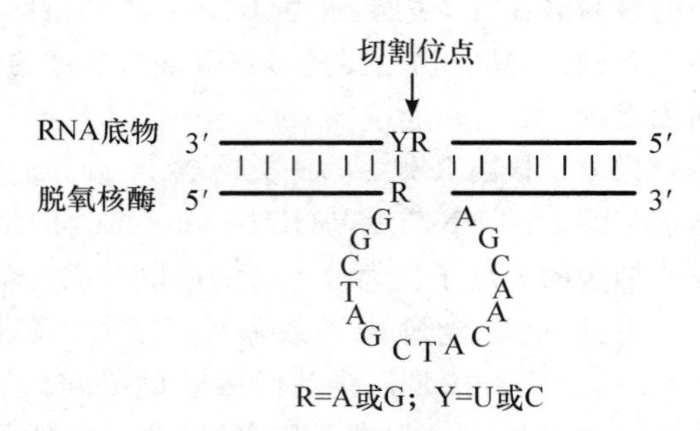

图 11-3　10-23 型脱氧核酶分子

不同的脱氧核酶催化的反应类型不同，分子结构也存在差异。下面以 Santoro 等通过体外选择技术获得的一种用于 RNA 切割的脱氧核酶 10-23 为例介绍。10-23 的结构包括催化序列和底物结合臂两个部分(图 11-3)。其催化序列由 15 个脱氧核苷酸构成，两边分别连有 7～8 个脱氧核苷酸构成的底物结合臂。RNA 底物通过 Watson-Crick 碱基配对形式与酶结合，未配对的嘌呤和配对的嘧啶残基之间构成特异性磷酸二酯键切割位点(图 11-3 中箭头所指位置)。改变底物结合臂的 DNA 序列，可作用于不同的靶 RNA 底物。

2. 脱氧核酶的催化特性

脱氧核酶具有非常高的催化效率，以 K_{cat}/K_m 表示，可达 $10^9\ mol^{-1} \cdot min^{-1}$，超过其他任何核酶。同时，其催化活性的高低与底物的序列有很大关系，不同的序列其底物活性差异很大，这主要是由于受到酶底物所形成的异源双链的动力学稳定性的影响。杂交自由能越低，双链的稳定性越高，酶的活性也越高。双链的稳定性对酶活性的影响主要是通过降低 K_m 值来实现的。通常情况下，可以增加结构臂的长度和调整 GC 含量来达到酶的最大活性。然而，结合臂的长度又影响酶的催化活性。因此，适当长度的结合臂对达到酶的最大催化效率至关重要。研究表明，结合臂的最佳长度在 8～9 bp，酶的催化效率最高。

如核酶和许多蛋白酶均需辅助因子或辅酶帮助来实现其功能一样，大多脱氧核酶的催化也需要 Mg^{2+}、Zn^{2+}、Cu^{2+}、Pb^{2+}、Ca^{2+} 等二价金属离子辅助因子。这些离子主要具有以下 3 点作用：①中和 DNA 单链上的负电荷，从而增加单链 DNA 的刚性。刚性结构对催化分子精确定位，发挥功能是必需的。②利用金属离子的螯合作用发挥空间诱导效应，使脱氧核酶和底物形成复杂的空间结构。③产生 H^+，诱导并参与体系的电子或质子传递，催化体系发生氧化-还原反应。三价金属离子(如镧系元素中的钆、铕、铽等)也可以作辅助因子，特别是铕、铽离子当与核酸结合时发光性增强，这个特性对研究脱氧核酶的催化机制是十分有帮助的。有人发现当把切割位点 5′端的核苷酸换为脱氧核苷酸时，铕、铽离子的发光性减弱，这说明切割位点 5′端的核苷酸的 2′-羟基参与了与金属离子的结合。

脱氧核酶的催化活性对某些金属离子表现出一定的依赖性，但每种结构的脱氧核酶依赖的二价金属离子的种类和依赖程度存在差别，具有特异性。这表明脱氧核酶存在一个或几个对几何形状和大小尺寸有严格要求的金属离子结合位点。除金属离子外，某些氨基酸如组氨酸、精氨酸也能促进脱氧核酶的催化活性。

核酸生物催化剂与蛋白质类酶不同，它缺乏化学多样性。化学家很早以前就想把额外的功能团移入 RNA 和 DNA 中以扩增它们结构和功能多样性，包括在 DNA 和 RNA 上增加基团，用氨基酸或其他有机物作为真正的辅因子。

Roth 和 Breaker 筛选得到以组氨酸为辅助因子的催化 RNA 切割的脱氧核酶，它在 *L*-组氨酸或其相应的甲基或苄基酯存在下，可以提高反应速率大约 10^6 倍。*D*-组氨酸及各种 *L*-组氨酸的其他衍生物则缺乏催化作用，这些暗示 DNA 形成了特异识别底物和辅因子的结合口袋。分析表明，这个 DNA-His 复合物的催化机制与 RNase A（核糖核酸酶 A）催化的第一步相似，在 RNase A 中组氨酸的咪唑基充当一般碱起催化作用。这提示我们可以采用辅酶、维生素、氨基酸等有机小分子作辅助因子，借助有机小分子具有更为多样性的活性基团和空间结构，来增加 DNA/RNA 的催化潜能。Geyer 等将获得的催化切割 RNA 分子的脱氧核酶，称为“G3”，其在既没有二价阳离子也没有任何其他的辅因子存在下反应速率提高近 10^8 倍。

不依赖辅因子的脱氧核酶报道较多，现在人们应用体外选择技术已经获得了多种脱氧核酶，包括切割 RNA 的脱氧核酶、切割 DNA 的脱氧核酶、具有激酶活性的脱氧核酶、连接酶功能的脱氧核酶、催化卟啉环金属整合反应。

二维码 11-29　几种脱氧核酶

11.3.2.3　核酶/脱氧核酶的应用

核酶/脱氧核酶在基因功能研究、核酸突变分析、生物传感器等方面已成为新型的工具酶，在生物技术领域具有很大的应用潜力。核酶/脱氧核酶大多应用于医学领域，具体有以下几个方面。

1. 核酶和脱氧核酶用于抗病毒的研究与治疗

据报道，核酶和脱氧核酶对多种病毒具有抵抗或者杀灭作用，这些病毒包括各类肝炎病毒、HIV、HPV（人乳头状瘤病毒）、流感病毒以及昆虫核多角体病毒等，其中以抗 HIV 核酶研究最多，很早以前就报道进行Ⅱ期临床试验，但迄今仍未发表明显疗效的报道。

2. 抗肿瘤的研究与应用

Cairn 等用多重剪切分析法来分析含 10～23 基序的 DRz 对人乳头状瘤病毒 216（HPV216）E6 mRNA 的剪切能力。结果 80 种 DRz 中约 10％能高效剪切对应的靶位，这些靶位相距很近，提示它们对 DRz 有相似的可接近性；其余靶位不能被有效剪切，可能与结构上的不可接近性等因素有关。Sioud 等对恶性肿瘤细胞蛋白激酶 Cα（PKCα）异构体 mRNA的起始密码子设计了几种 DRz，以抑制细胞内异常 PKCα 蛋白的产生，减少细胞存活蛋白 Bcl2XL 的生成，促使多种敏感的恶性肿瘤细胞的凋亡，故被称为“凋亡酶（apoptozymes）”。Warashina 等针对畸变的 *bcr2ab1* 融合基因的 mRNA 设计的脱氧核酶可以减少其表达，减少表达蛋白对凋亡的抑制作用，从而抑制粒细胞和淋巴母细胞的增殖和恶性转化。

3. 其他领域的研究与应用

除了用于抗病毒、抗肿瘤的基因治疗之外，核酶和脱氧核酶还被用于心血管疾病、遗传病的基因治疗和生物学研究。如以原癌基因 *c2myc* RNA 翻译起始区为靶序列的 DRz 在体外能有效切割其全长底物，下调 *c2myc* 在平滑肌细胞内的基因表达，抑制细胞的增殖。Laising 等针对突变的遗传性慢性舞蹈病（Huntington’s disease，HD）基因设计的 DRz 可选择性地降解突变的 HD mRNA，从而有效地降低 HD 突变蛋白的表达，减缓 HD 的发展。Cairns 等首先将 10-23 型 DRz 用于生物学研究中。他针对某些基因设计了很多的 DRz，然后以 DRz 混合物作为探针选择靶 mRNA 上的有效结合位点。此外，DRz 作为一种 mRNA 水平的强有效的基因灭活因子，为基因的功能研究提供了新的方法学。

马克思曾说过，人类认识世界的最终目的是为了改造世界。工具是人类认识世界和改造世界的手段。人工设计合成的这些核酶和脱氧核酶展示了多种催化活性，同时它们具有催化的高效性、高特异性、化学性质的稳定性、易修饰、价廉低毒等多种优势，显示出巨大的应用潜能。但要使核酶和脱氧核酶更好地服务于人类食品行业的发展，仍有很长的路要走。

思考题

1. 极端酶的种类有哪些？其各有何分子结构基础？
2. 怎样筛选及生产极端酶？
3. 极端酶在食品工业中有什么应用？
4. 什么是人工模拟酶？人工模拟酶的理论基础是什么？
5. 人工模拟酶如何分类？按照模拟酶的属性，模拟酶可以分为几类？
6. 查阅纳米材料模拟酶有关研究及应用现状，分析传统模拟酶和纳米材料模拟酶的优缺点。并思考当代大学生应该如何培养自己的探索、钻研及创新能力。
7. 什么是核酶？试述核酶的类型与功能。
8. 什么是脱氧核酶？它有哪些功能？

参考文献

[1] 王柏婧，冯雁. 嗜热酶的特性及其应用. 微生物学报，2002，42(2)：259-262.

[2] 王伟伟，唐鸿志，许平. 嗜盐菌耐盐机制相关基因的研究进展. 微生物学通报，2015(3)：550-558.

[3] Brock T D, Freeze H. *Thermus aquaticus* gen. n. and sp. n., a non-sporulating extreme thermophile. J Bacteriol. 1969, 98, 289-297.

[4] Buchanan C L, Connaris H, Danson M J, *et al*. An extremely thermostable aldolase from *Sulfolobus solfataricus* with specificity for non-phosphorylated substrates. Biochem J. 1999, 343(3): 563-570.

[5] 徐宁，程海娇，刘清岱，等. 细菌 Na^+/H^+ 逆向转运蛋白的研究进展. 微生物学通报，2015，10：2002-2011.

[6] 朱允华，李俭，方俊，等. 宏基因组技术在开发极端环境未培养微生物中的应用. 生物技术通报，2011(9)：52-58.

[7] Doyle M P, Beuchat L R, Montville T J. Food microbiology: fundamental and frontiers, 2nd ed. Washington, D. C.: ASM Press, 2001.

[8] Frances H Arnolad., Lori Giver., Anne Gershenson., *et al*. Directed evolution of mesophilic enzymes into their thermophilic counterparts. Ann N Y Acad Sci, 1999, 870: 400-403.

[9] 李桂英，廖祥儒，蔡宇杰. 微生物转化浮萍资源生产蛋白酶的条件. 氨基酸和生物资源，2018，40(1)：64-69.

[10] 迟乃玉，肖景惠，倪瑞琪，等. 海洋源低温微生物产苹果酸脱氢酶发酵条件优化. 中国酿造，2019(5)：31-37.

[11] Kushner D J. Microbial life in extreme environments. London: Academic Press, 1978.

[12] 林影，卢涞德. 极端酶及其工业应用. 工业微生物，2000，20(2)：51-53.

[13] 刘欣，魏雪，王凤忠，等. 极端酶研究进展及其在食品工业中的应用现状. 生物产业技术，2017，4(7)：62-69.

[14] 李淑彬，陆广欣，林如妹，等. 嗜热菌——工业用酶的新来源. 中国生物工程杂志，2003，23(7)：67-71.

[15] Michels P. C.，Clark D. S.. Pressure-enhanced activity and stability of a hyperthermophilic protease from a deep-sea methanogen. Appl Environ Microbiol. 1997，63(10)：3985-3991.

[16] Rothschild L J，Mancinelli R L. Life in extreme environments. Nature，2001，409：1092-1101.

[17] 孙志浩. 生物催化工艺学. 北京：化学工业出版社，2005.

[18] 曾静，郭建军，邱小忠，等. 极端嗜热微生物及其高温适应机制的研究进展. 生物技术通报，2015(9)：30-37.

[19] 曾胤新，陈波. 低温微生物适冷特性及其在食品工业中的潜在用途. 生物技术，2000，10(2)：32-37.

[20] 张俊梅，杜密英. 极端酶的结构特性及其在食品工业中的应用. 食品工程，2007(3)：17-19.

[21] 徐书景，张彩凤，薛张伟，等. 嗜酸热脂环酸杆菌中甘露聚糖酶活性位点的确立. 微生物学报，2011(1)：66-74.

[22] 张光亚，高嘉强，方柏山，酸性和碱性酶稳定性机制及其识别. 生物工程学报，2009，25(1)：95-100.

[23] Strazzulli A，Cobucci-Ponzano B，Iacono R，*et al.*，Discovery of hyperstable carbohydrate-active enzymes through metagenomics of extreme environments. The FEBS Journal，2020，287(6)：1116-1137.

[24] Jin M，Gai Y，Guo X，*et al.*，Properties and applications of extremozymes from deep-sea extremophilic microorganisms：a mini review，Marine Drugs，2019，17(12)：656.

[25] Ali I，Akbar A，Yanwisetpakdee B.，*et al.*，Purification，characterization，and potential of saline waste water remediation of a polyextremophilic α-amylase from an obligate halophilic *Aspergillus gracilis*，BioMed Research International，2014：106937.

[26] Park S，Zheng L，Kumakiri S，*et al.* Development of DNA-based hybrid catalysts through direct ligand incorporation：toward understanding of DNA-based asymmetric catalysis. ACS Catalysis，2014，4(11)：4070-4073.

[27] Zhao H，Shen K. DNA-based asymmetric catalysis：role of ionic solvents and glymes. RSC Advances，2014，4(96)：54051-54059.

[28] Liu Y C，Yen T H，Chu K T，*et al.* Utilization of non-innocent redox ligands in Fe-hydrogenase modeling for hydrogen production. Comments on Inorganic Chemistry，2016，36(3)：141-181.

[29] Xu T，Yin C-J M，Wodrich M D，*et al.* A functional model of Fe-hydrogenase. Journal of the American Chemical Society，2016，138(10)：3270-3273.

[30] Wong Y M, Masunaga H, Chuah J A, *et al*. Enzyme-Mimic Peptide Assembly To Achieve Amidolytic Activity. Biomacromolecules, 2016, 17(10): 3375-3385.

[31] Miyazaki T, Nishikawa A, Tonozuka T. Crystal structure of the enzyme-product complex reveals sugar ring distortion during catalysis by family 63 inverting α-glycosidase. Journal of Structural Biology, 2016, 196(3): 479.

[32] Wang L, Qu X, Xie Y, *et al*. Study of 8 types of glutathione peroxidase mimics based on β-cyclodextrin. Catalysts, 2017, 7(10): 289.

[33] Kirby A J. Enzyme mimics. Angewandte chemie International Edition, 1994, 33: 551.

[34] Cram D J, Cram J M. Host-guest chemistry-complexes between organic compounds simulate the substrate selectivity of enzymes. Science, 1974, 183(4127): 803-809.

[35] Diederihc F, Mattei P. Catalytic cyclophanes. Helvetica Chimica Acta, 1997, 80: 1555.

[36] Mosbach K. Toward the next generation of molecular imprinting with emphasis on the formation, by direct molding of compounds with biological activity(Biomimetics). Analytica Chimica Acta, 2001, 435(1), 3-8.

[37] Breslow R, Anslyn E. Proton inventory of a bifunctional ribonuclease model. Journal of Americanrican Chemical Society, 1989, 111(24): 8931-8932.

[38] Kuwabara T, Nakajima H, Nanasawa M, *et al*. Color change indicators for molecules using methyl red-modified cyclodextrins. Analytical. Chemistry, 1999, 71 (14): 2844-2849.

[39] Shang Y, Liu F, Wang Y, *et al*. Enzyme mimic nanomaterials and their biomedical applications. Chem BioChem, 2020, 21(17): 2408-2418.

[40] Bruggemann O. Chemical reaction engineering using molecularly imprinted polymeric catalysts. Analytica Chimica Acta, 2001, 435(1): 197-207(11).

[41] Ohkubo K, Sawakuma K, Sagawa T. Influence of cross-linking monomer and hydrophobic styrene comonomer on stereoselective esterase activities of polymer catalyst imprinted with a transition-state analogue for hydrolysis of amino acid esters. Polymer, 2001, 42 (5): 2263-2266.

[42] Bruggemann O. Catalytically active polymers obtained by molecular imprinting and their application in chemical reaction engineering. Biomolecular Engineering, 2001, 18(1): 1-7.

[43] 赵孔银.大分子表面印迹藻酸盐基杂化聚合物微球的制备与特性.天津:天津大学, 2007, 1-23.

[44] 郑细鸣.单分散分子印迹聚合物微球的制备、修饰及性能研究.广州:华南理工大学, 2006.

[45] 董襄朝, 孙慧, 吕宪禹, 等.邻羟基苯甲酸分子印迹聚合物对于异构体的识别及色谱行为研究.化学学报, 2002, 60(11): 2035-2047.

[46] Vaidya A A, Lele B S, Kulkarni M G, *et al*. Creating a macromolecular receptor by

affinity imprinting. Journal of Applied Polymer Science,2001,81(5):1075-1083.

[47] 霍鹏伟,闫永胜,李松田,等. 分子印迹技术及其在催化领域中的应用. 化学试剂,2008,30(6):421-425,448.

[48] 董斌,宋锡瑾,王杰. 脂肪酶生物印迹研究进展. 中国生物工程杂志,2006,26(3):78-82.

[49] 陈宁. 酶工程. 北京:中国轻工业出版社,2005.

[50] 梅乐和,岑沛霖. 现代酶工程. 北京:化学工业出版社,2006.

[51] 罗贵民. 酶工程. 2版. 北京:化学工业出版社,生物·医药出版分社,2008.

[52] Doherty E A,Doudna J A. Ribozyme structures and mechanisms. Annu Rev Biochem,2000,69:597-615.

[53] Hopfner K P,Kopetzki E. New enzyme lineages by subdomain shuffling. Biochemistry,1998,95(17):9813-9818.

[54] 蔡勇,杨江科,闫云君. 酶的定向进化策略. 生命的化学,2007,27(2):186-189.

[55] 卢忠心. 脱氧核酶及其应用进展. 国外医学分子生物学分册,2003,25(5):282-285.

[56] 毛华伟,赵晓东,杨锡强. 脱氧核酶研究进展. 中国生物工程杂志,2003(4):43-47.

[57] 祁国荣. 核酶的22年. 生命的化学,2004,24(3):262-265.

[58] 王凡强,马美荣,王正祥. 等. 枯草杆菌蛋白酶基因工程的研究进展. 生物工程进展,2000,20(2):41-44.

[59] 王俊峰,廖祥儒,付伟. 小型核酶的结构和催化机理. 生物化学与生物物理进展,2002,29(5):674-677.

[60] 张红缨,孔祥铎,张今. 蛋白质工程的新策略——酶的体外定向进化. 科学通报,1999,44(11):1121-1127.

[61] 周晓云. 酶学原理与酶工程. 北京:中国轻工业出版社,2005.

[62] 孙万儒. 我国酶与酶工程及其相关产业发展的回顾. 微生物学通报,2014,41(3):466-475.